Günter Warnecke

Meteorologie und Umwelt

Springer

*Berlin
Heidelberg
New York
Barcelona
Budapest
Hongkong
London
Mailand
Paris
Santa Clara
Singapur
Tokio*

Günter Warnecke

Meteorologie und Umwelt

Eine Einführung

Mit 266 Abbildungen, und 58 Tabellen

 Springer

Prof. Dr. Günter Warnecke
Ribeckweg 18
14165 Berlin

ISBN 3-540-61593-8 Springer-Verlag Berlin Heidelberg New York

Die Deutsche Bibliothek - CIP-Einheitsaufnahme

Warnecke, Günter: Meteorologie und Umwelt: Eine Einführung; mit 58 Tabellen / Günter Warnecke.
2. bearbeitete und aktualisierte Auflage Berlin; Heidelberg; New York; Barcelona; Budapest; Hong Kong; London; Mailand; Paris; Santa Clara; Singapur; Tokio: Springer 1997
ISBN 3-540-61593-8

Dieses Werk ist urheberrechtlich geschützt. Die dadurch begründeten Rechte, insbesondere die der Übersetzung, des Nachdrucks, des Vortrags, der Entnahme von Abbildungen und Tabellen, der Funksendung, der Mikroverfilmung oder der Vervielfältigung auf anderen Wegen und der Speicherung in Datenverarbeitungsanlagen, bleiben, auch bei nur auszugsweiser Verwertung, vorbehalten. Eine Vervielfältigung dieses Werkes oder von Teilen dieses Werkes ist auch im Einzelfall nur in den Grenzen der gesetzlichen Bestimmungen des Urheberrechtsgesetzes der Bundesrepublik Deutschland vom 9. September 1965 in der jeweils geltenden Fassung zulässig. Sie ist grundsätzlich vergütungspflichtig. Zuwiderhandlungen unterliegen den Strafbestimmungen des Urheberrechtsgesetzes.

Die Wiedergabe von Gebrauchsnamen, Handelsnamen, Warenbezeichnungen usw. in diesem Werk berechtigt auch ohne besondere Kennzeichnung nicht zu der Annahme, daß solche Namen im Sinne der Warenzeichen- und Markenschutz-Gesetzgebung als frei zu betrachten wären und daher von jedermann benutzt werden dürften.

© Springer-Verlag Berlin Heidelberg 1997
Printed in Germany

Datenkonvertierung: Büro Stasch, Bayreuth
Umschlaggestaltung: design & production, Heidelberg

SPIN: 10546480   VA 32/3136   - 5 4 3 2 1 0 - Gedruckt auf säurefreiem Papier

ERRATA

G.Warnecke: Meteorologie und Umwelt

2. Auflage
Springer-Verlag

Wegen eines technischen Fehlers wurden die folgenden Abbildungen nur unvollständig wiedergegeben:

1. S. 3, Abb. 1.1:

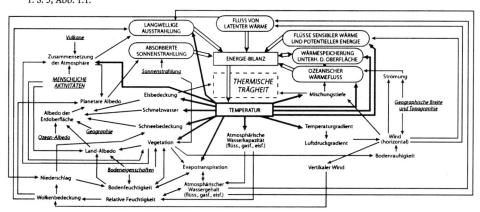

2. S. 6, Abb. 1.3:

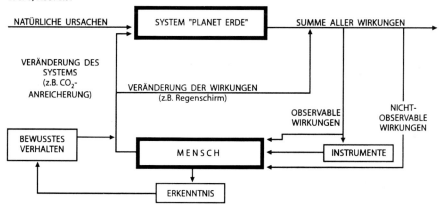

3. S. 33, Abb. 2.25:

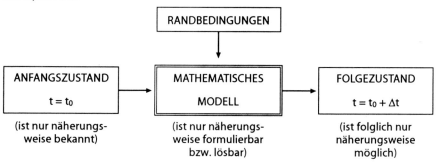

Jeder Mensch, seine Thätigkeit sei noch so sehr durch die Anforderungen des bürgerlichen Lebens auf einen bestimmten Kreis von Geschäften gewiesen, hat doch eine Seite, nach welcher er sich zur Natur verhält, und wäre es auch nur die, nach der er sie gewähren lässt, und wer kann sich ihr entziehen! Wenn Wochenlang der Himmel mit einem einförmigen Grau bedeckt ist, so werden am Ende auch wir trübe, wenn es endlich oben wieder hell wird, werden auch wir heiter. So sind wir ein treuer Spiegel des Himmels über uns, wir gehen ein in seine Launen, und jeder ist in diesem Sinne nicht nur ein Meteorologe, sondern so zu sagen die Meteorologie selbst.

    H.W. Dove, Meteorologische Untersuchungen.
Verlag der Sander´schen Buchhandlung (C.W. Eichhoff), Berlin 1837

Vorwort zur 2. Auflage

Seit dem Erscheinen der 1. Auflage haben sich die mit der Atmosphäre und dem Wetter verknüpften Umweltprobleme trotz vieler nationaler und internationaler Bemühungen zur Schadstoffminderung keineswegs entschärft. Das Interesse an den hier behandelten Themenkreisen, vor allem an dem zu ihrem Verständnis erforderlichen Grundwissen, scheint deshalb weiter gewachsen zu sein. Dieser Umstand, besonders aber auch die erfreuliche Akzeptanz des Buches gaben den Anlaß zu dieser neuen Auflage. Hierbei wurde es möglich, typographische Korrekturen und kleinere inhaltliche Ergänzungen vorzunehmen, sowie – auf Anregung von Studenten – zur thematischen Vervollständigung auch auf die luftelektrischen Vorgänge bei Gewitter einzugehen.

Dem Verlag habe ich für das Erstellen eines neuen, verbesserten Schriftsatzes, für die höchst vorteilhafte Überarbeitung der Abbildungen, insbesondere der reproduzierten Wetterkarten, und für die vorzügliche redaktionelle Zusammenarbeit sehr zu danken.

Günter Warnecke, im Februar 1997

Vorwort zur 1. Auflage

Es gibt kaum einen Lebensbereich, der nicht irgendwann in irgendeiner Weise vom Wetter oder vom Klima berührt wäre. So gab es neben den Meteorologen schon immer einige ausgesprochene Wetterliebhaber, die sich für das Geschehen in unserer Atmosphäre besonders interessierten, die es unbedingt genauer wissen wollten und sich deshalb um meteorologische Kenntnisse bemühten. In den letzten Jahren ist nun das gesellschaftliche Umweltbewußtsein allgemein erfreulich gewachsen. So hat sich angesichts der öffentlichen Diskussionen über die Luftverschmutzung, über Smog, sauren Regen, das Ozonloch, den Treibhauseffekt auch die Zahl derer beträchtlich vermehrt, die mehr meteorologisches Hintergrundwissen anstreben oder gar beruflich benötigen. Sie wollen mehr über die vielfältigen und teilweise recht verwickelten Vorgänge in der Atmosphäre wissen, um schließlich auch die uns immer drängender bewußt werdenden Zusammenhänge mit unserem Leben besser verstehen zu lernen. Dieses Buch will solchem Bedürfnis entgegenkommen. Es wendet sich an einen weiten Kreis am Wetter und an dessen Zusammenhängen mit der Umwelt Interessierter, ist aber keineswegs populärwissenschaftlich gedacht, sondern lädt ein auf einen für den meteorologischen Anfänger vereinfachten, aber dennoch physikalisch sowohl begründeten als auch nachvollziehbaren Weg.

Das Buch entstand aus den Vorlesungen des Autors am Fachbereich Umwelttechnik der Technischen Universität Berlin, an denen in wachsender Anzahl auch Hörer anderer Fachbereiche teilnehmen. Es handelt sich nicht um eine spezielle „Meteorologie der atmosphärischen Schadstoffausbreitung" oder ähnliches, sondern es führt allgemein in die Meteorologie ein und versucht, deren Grundlagen einfach zu vermitteln. Es gibt einen Überblick über den Gegenstand des Interesses, die Erdatmosphäre, über die darin ablaufenden Prozesse und ihre Vernetzungen sowie über die für den Umgang mit Umweltfragen grundlegenden meteorologischen Beschreibungs- und Erklärungsmodelle und Erkenntnisse. Dabei werden selbstverständlich die gegenwärtig für wichtig erachteten Umweltzusammenhänge aufgezeigt, doch können diese zumeist nur einführend besprochen werden. Eine detaillierte und vollständige Behandlung der in Umwelttechnik und Umweltschutz relevanten zahlreichen speziellen Tatsachen, Probleme und Arbeitsmethoden würde den vorgegebenen Rahmen sprengen und muß der Vertiefung durch weiterführende Fachliteratur überlassen bleiben. Ein Glossar soll deshalb das Verständnis, Leseempfehlungen und ein ausführliches Literaturverzeichnis sollen die Weiterarbeit erleichtern. Ziel ist es allerdings, gründliche Leserinnen und Leser in den Stand zu versetzen, die grundlegenden atmosphärischen Zustände und Vorgänge in Ursache und Wirkung so weit zu verstehen, daß sie sich weitere einfache Zusammenhänge jederzeit selbst klarmachen oder ableiten können, für kompliziertere Zusammenhänge und Tatsachen, besonders im Falle quantitativer Fragestellungen, sollen sie wenigstens Ansatzpunkte für weiterführendes Detailstudium bzw. für eine gezielte Expertenbefragung erkennen.

Auf dem hierbei verfolgten Weg wird nach einigen allgemeinen Vorbemerkungen, insbesondere nach der Vorstellung der Erde als ein komplexes dynamisches System – einem Teilsystem des Systems „Planet Erde" – dieses System zunächst in viele Einzelprozesse zerlegt. Diese werden dann jeweils gesondert behandelt, um sie später allmählich mosaikartig zur Beschreibung der komplexeren Vorgänge wieder zusammenzufügen. Als logischer „roter Faden" dient hierfür die Kausalkette der Energieumsetzungen vom Strahlungsstrom der Sonne über seine Wechselwirkungen mit der Atmosphäre und mit der Erdoberfläche und die sich daraus ergebenden Konsequenzen für den Aufbau, die Thermodynamik und schließlich die Dynamik der Atmosphäre. Bei letzterer wird ein Bogen gespannt von ihrer thermischen Anregung über die allgemeine, globale Zirkulation hin zur Abfolge des uns vertrauten Wettergeschehens in den mittleren Breiten. Auf besondere Erscheinungen der Tropen und der sog. Mittleren Atmosphäre (15–80 km Höhe) wird aber ebenso eingegangen wie auf Probleme der Verfolgung von Luftbeimengungen, bzw. der numerischen Simulation ihrer Ausbreitung, und des „nuklearen Winters".

Ermutigt zu dieser Darstellung wurde ich vor allem durch die Erfahrungen mit meinem meteorologisch nicht vorgebildeten, aber hoch motivierten und kritischen Hörerkreis, dem ich mich für viele direkte und indirekte Anregungen dankbar verbunden fühle. Dank gebührt so Herrn *Dipl.-Ing. Jörg Göpfert* für Ermunterung und Kritik in den Anfängen, Frau *Dipl.-Met. Dr. Margit Scholl* für zahlreiche Anregungen bei der endgültigen Fassung.

Mein ganz besonderer Dank gilt Frau *Doris Beelitz* für ihre nie versagende Umsicht, Ausdauer und Sorgfalt bei der Herstellung des Textes vom Entwurf bis zur schließlich kamerafertigen Druckvorlage. Dank gebührt auch Frau *Karin Hahn-Schmidt* für die Anfertigung bzw. Bearbeitung und Reproduktion der Abbildungen.

Ausdrücklich gedankt sei zudem all jenen Verlagen und Autoren, die z.T. sehr großzügig die Übernahme von Abbildungen genehmigten; dem Springer-Verlag gilt mein besonderer Dank für die angenehme Kooperation und vor allem für die günstige Preisgestaltung.

Das Buch sei meiner Frau *Hannelore* gewidmet, als ein bescheidener Dank für so viele liebevolle Unterstützung und ihre stetige, verständnisvolle Geduld, sowie unseren Enkeln *Jonas, David* und *Maia Yasmin*, für deren und ihrer Folgegenerationen Zukunft wir uns gemeinsam um die Entwicklung von Atmosphäre und Umwelt sorgen.

Günter Warnecke, im Juli 1991

Inhalt

1	**Einführung**	1
1.1	Begriffe, Definitionen, Motivation	1
1.1.1	Was ist Meteorologie?	1
1.1.2	Was ist Wetter?	2
1.1.3	Was ist Klima?	2
1.1.4	Warum beschäftigen wir uns mit der Meteorologie?	5
1.2	Prinzipielle Methoden und Besonderheiten der Meteorologie	9
2	**Das System Erdatmosphäre**	13
2.1	Zusammensetzung der Atmosphäre	15
2.1.1	Die Gaszusammensetzung	17
2.1.2	Das atmosphärische Aerosol	22
2.2	Erdgeschichtliche Entwicklung der Atmosphäre	26
2.3	Bemerkungen zur Schichteneinteilung der Atmosphäre	28
2.4	Atmosphärisches „Scale"-Verhalten und Folgerungen	31
2.5	Räumliche Vernetzungen	36
3	**Sonne und Erdatmosphäre (Strahlung)**	41
3.1	Energiequellen	41
3.2	Grundlegende physikalische Strahlungsgesetze	41
3.2.1	Das Plancksche Strahlungsgesetz	41
3.2.2	Das Stefan-Boltzmann-Gesetz	43
3.2.3	Das Wiensche Verschiebungsgesetz	45
3.2.4	Das Kirchhoffsche Strahlungsgesetz	46
3.3	Sonne, Sonnenwind, Magnetfeld, Obergrenze der Atmosphäre	47
3.4	Strahlung der Sonne, Solarkonstante	49
3.5	Wechselwirkungen zwischen Sonnenstrahlung und Atmosphäre	53
3.5.1	Absorption	53
3.5.1.1	Photo-Ionisierung, Ionosphäre	53
3.5.1.2	Photo-Dissoziation, Photochemie, Ozonschicht	56
3.5.1.2.1	Das stratosphärische Ozon	56
3.5.1.2.2	Anthropogene Eingriffe - Das „Ozonloch"	60
3.5.1.2.3	Das troposphärische Ozon	64
3.5.1.2.4	Bedeutung des stratosphärischen Ozons	66
3.5.1.3	Die hauptsächlichen atmosphärischen Absorber	69

3.5.1.4	Das Lambert-Bouguer-Gesetz	71
3.5.2	Die Streuung	72
3.5.2.1	Streuung an Luftmolekülen (Rayleigh-Streuung)	72
3.5.2.2	Aerosolstreuung (Dunststreuung, Mie-Streuung)	74
3.5.3	Die Extinktion	75
3.5.4	Die atmosphärische Trübung	75
3.5.5	Bemerkungen zur Sichtweite	77
3.5.6	Die Reflexion	77
3.6	Die Terrestrische Strahlung	77
3.7	Der Strahlungshaushalt der Erde	80
3.7.1	Die Strahlungsbilanz der Erdoberfläche	80
3.7.1.1	Astronomische und geographische Einflüsse auf die Verteilung der Sonnenstrahlung auf der Erde	81
3.7.1.2	Die diffuse Himmelsstrahlung	84
3.7.1.3	Die atmosphärische Gegenstrahlung	88
3.7.2	Die Komponenten der Strahlungsbilanz am Beispiel der Messungen in Hamburg	90
3.7.3	Die Strahlungsbilanz der Atmosphäre	93
3.7.4	Die globale Verteilung der Strahlungsbilanz	97
3.8	Anmerkungen zum Glashauseffekt	100
4	**Die Wärmebilanz der Erdoberfläche**	**105**
4.1	Wärmeaustausch mit tieferen Schichten	106
4.2	Wärmeaustausch mit der Atmosphäre	111
4.2.1	Wärmeleitung	111
4.2.2	Verdunstung	114
4.2.2.1	Mikrophysikalische Beschreibung der Verdunstung	114
4.2.2.2	Makrophysikalische Beschreibung der Verdunstung	115
5	**Statik und Thermodynamik der Atmosphäre**	**119**
5.1	Allgemeine physikalische Grundlagen	119
5.2	Die hydrostatische Grundgleichung	119
5.3	Schwerebeschleunigung und Geopotential	121
5.4	Die Barometrische Höhenformel	123
5.5	Die Temperaturänderung adiabatisch vertikal bewegter Luft	124
5.6	Die vertikale Stabilität der Luftschichtung	125
5.6.1	Die Auftriebskraft	125
5.6.2	Hydrostatische Stabilität/Instabilität	126
5.7	Potentielle Temperatur und vertikale Stabilität	130
5.8	Stabilitätsänderungen bei erzwungenen Vertikalbewegungen	132
5.9	Thermodynamik feuchter Luft	134
5.9.1	Zustandsgrößen des Wasserdampfes und der feuchten Luft	135
5.9.2	Adiabatische Zustandsänderungen feuchter Luft	141
5.9.3	Berechnung der Auslösung von Konvektionsbewölkung	148
5.9.4	Die Stabilität (Instabilität) feuchter Luft	150
5.9.5	Zusammenfassung der wichtigsten Feuchtigkeitsmaße und der die Feuchtigkeit berücksichtigenden Temperaturbegriffe	152

5.9.6	Periodische Änderungen von Dampfdruck und relativer Feuchte in Bodennähe	153
5.10	Das Thermodynamische Diagrammpapier nach Stüve	155
5.11	Temperatur und Wärmeempfinden	157
5.12	Kondensation und Niederschlagsprozesse	158
5.12.1	Tropfenbildung	158
5.12.2	Tropfenwachstum und Niederschlag	161
5.12.3	Wolken- bzw. Niederschlagsteilchen und Luftbeimengungen	167
5.13	Die internationale (phänomenologische) Wolkenklassifikation	167
6	**Dynamik der Atmosphäre**	171
6.1	Der Wind	171
6.2	Die Druckkraft	173
6.3	Horizontale Luftdruckverteilung und Topographie von Druckflächen (Isobarflächen)	174
6.4	Thermisch angeregte Zirkulationen	176
6.4.1	Zirkulationen aufgrund unterschiedlicher Erwärmung	176
6.4.1.1	Die Seewindzirkulation	178
6.4.1.2	Die Landwindzirkulation	182
6.4.2	Baroklinität und Zirkulation	182
6.4.3	Zirkulationen an geneigten Flächen	183
6.4.3.1	Anabatische Winde	184
6.4.3.2	Katabatische Strömungen	184
6.5	Topographisch bedingte, mechanisch verursachte Zirkulationen	186
6.5.1	Wirkungen von Hindernissen	187
6.5.1.1	Wellen und Wirbel mit horizontaler Achse	187
6.5.1.2	„Föhn"-Wirkungen von Hindernissen	189
6.5.1.3	Wirbel mit vertikaler Achse	190
6.5.2	Auswirkungen von Großstädten	191
6.6	Konvektive Erscheinungen	191
6.6.1	Niedrige Konvektion („shallow convection")	192
6.6.1.1	Zellularkonvektion	192
6.6.1.2	Wolkenstraßen	192
6.6.1.3	Konvektionsbänder	193
6.6.2	„Durchgreifende" Konvektion („deep convection"), Gewitter	193
6.6.3	Squall-lines (Instabilitätslinien)	196
6.7	Schwerewellen	196
6.8	Bewegungsgesetze	197
6.8.1	Bewegungen auf der rotierenden Erde	197
6.8.2	Der geostrophische Wind	201
6.8.3	Der Gradientwind	204
6.8.4	Einfluß der Bodenreibung, antitriptischer Wind	206
6.8.5	Wind im Nicht-Gleichgewicht, dynamische Druckänderungen	211
6.9	Zusammenhang zwischen Temperatur-, Druck- und Windfeld	213
6.9.1	Änderung des Windes mit der Höhe	213
6.9.2	Veränderung der Drucksysteme mit der Höhe	217
6.10	Großräumige Zirkulation – Strahlströme, Wellen und Wirbel	233

6.10.1	Die allgemeine atmosphärische Zirkulation	233
6.10.2	Dynamik der extratropischen Wirbel	236
6.10.3	Wirbelstruktur, Fronten und Wetter	244
6.10.4	Darstellung in der Wetterkarte	257
6.10.5	Besondere Erscheinungen in den Tropen	258
6.10.6	Besondere Erscheinungen in der Stratosphäre	267
7	**Die Planetarische Grenzschicht**	**275**
7.1	Definitionen und allgemeine Beschreibung	275
7.2	Die atmosphärische Turbulenz	281
7.3	Turbulenz und vertikales Windprofil	284
7.3.1	Einfluß von Bodenbeschaffenheit und Stabilität	284
7.3.2	Windstruktur in der Prandtl-Schicht	289
7.3.3	Windstruktur in der Ekman-Schicht	291
7.3.4	Der Einfluß inhomogenen Terrains auf die Grenzschicht	294
7.4	Grenzschichtstruktur und Ausbreitungsvorgänge	298
7.4.1	Auswirkungen der Schichtungsstabilität	298
7.4.2	Auswirkungen interner Grenzschichten	301
7.4.3	Wirkungen thermischer Zirkulationen über irregulärem Terrain	303
7.4.4	Auswirkungen besonderer Geländeformen	304
8	**Anmerkungen zu speziellen Problemen**	**307**
8.1	Anmerkungen zu den Luftbahnen (Trajektorien)	307
8.2	Anmerkungen zur Ermittlung von Emittenten-Rezeptor-Beziehung	313
8.3	Anmerkungen zur Simulation regionaler Schadstofftransporte in der Atmosphäre - das TADAP-Modell	316
8.4	Anmerkungen zum „Nuklearen Winter"	324
9	**Anhang**	**327**
9.1	Einige durchschnittliche klimatologische Mittel- und Extremwerte meteorologischer Beobachtungen von Berlin	327
9.2	Literaturempfehlungen zur Begleitung und Vertiefung	329
9.3	Glossar	330
10	**Literaturnachweis**	**339**
11	**Filmliste**	**347**
12	**Sachverzeichnis**	**351**

KAPITEL 1

Einführung

1.1
Begriffe, Definitionen, Motivation

1.1.1
Was ist Meteorologie?

Dem Wort nach ist die Meteorologie jene Wissenschaft, die sich mit den Vorgängen in der Atmosphäre beschäftigt, denn in dem Wort „Meteorologie" sind die griechischen Wörter „meta" (in Zusammensetzungen: mit, zwischen, nach, hinzu; drückt häufig einen Übergang oder Veränderung aus), und „eora" (das Schweben) enthalten, bzw. „meteoron" („in der Luft befindlich", d.h. die „Erscheinungen im Dunstkreis der Erde").

Die Meteorologie umfaßt – über die traditionell als empirisch beschreibend verstandene „Wetterkunde" weit hinausgehend – die gesamte Physik und Chemie der Atmosphäre und auch die der Atmosphären anderer Planeten; dabei verstand sie sich bisher weitgehend als ein Zweig der Angewandten bzw. Kosmischen Physik. Heute wird die Meteorologie aber vielfach auch als Teil einer Umweltwissenschaft (Environmental Science) aufgefaßt, und zwar zunehmend in dem Maße, in dem sie sich nicht mehr nur auf die Beschreibung, Erklärung und (numerische) Simulation des Systemkomplexes „Atmosphäre" selbst – einschließlich aller darin auftretenden internen Wechselwirkungen – beschränkt, sondern in dem sie auch die externen Wechselwirkungen mit anderen Wirkungssystemen zu ihrem Gegenstand macht.

Das drückt sich u.a. durch die gebräuchlichen Bezeichnungen für viele, zumeist interdisziplinäre Teilbereiche der Meteorologie aus, wie z.B. *Biometeorologie, Medizin*meteorologie, *Agrar*meteorologie, *Flug*meteorologie, *Maritime* Meteorologie, *Technische* Meteorologie, *Hydro*meteorologie, etc.; seit neuestem auch *Forensische* Meteorologie, d.h. Gerichts-Meteorologie.

Die klassische Einteilung unterscheidet im wesentlichen die

– *Allgemeine* (beschreibend physikalische) *Meteorologie,*
– *Theoretische* (d.h. mathematische) *Meteorologie,*
– *Synoptische Meteorologie* (Wetterkunde/Wettervorhersage),
– *Angewandte Meteorologie,*
– *Physikalische Klimatologie.*

Daneben wird die Meteorologie auch vielfach als Teil der im weiteren Sinne verstandenen Geophysik bzw. der Planetarischen Physik bezeichnet.

1.1.2
Was ist Wetter?

DEFINITION: Wetter ist der Atmosphärenzustand zu einem Zeitpunkt an einem Ort!

Das Wetter ist ein komplexer Begriff, denn der in ihm jeweils zusammengefaßte Atmosphärenzustand setzt sich aus einer Vielzahl von Faktoren zusammen, die – bewußt oder unbewußt von uns wahrgenommen – auf uns selbst und auf unsere Umwelt einwirken. Das Wetter wird im allgemeinen durch eine Vielzahl objektiver und subjektiver Parameter beschrieben. Im weitesten Sinne handelt es sich um eine nicht abgeschlossene Parametermenge, im engeren Sinne (meistens auch so verwendet) um eine mehr oder weniger begrenzte Teilmenge von Parametern, die sich nach den jeweiligen Interessen oder Bedürfnissen der Wetter-„Konsumenten" richtet. So wird unter „Wetter" ganz Unterschiedliches verstanden werden, je nachdem, ob es das Interesse von Landwirten, Seefahrern, Piloten, Großstädtern, hier wiederum ob es Autofahrer, Energielieferer, Spaziergänger, Filmer etc. betrifft. Selbst bei den Meteorologen wird sich im allgemeinen der Theoretiker mehr für die Elemente Luftdruck, Temperatur, Wind und Dampfdruck interessieren, der Synoptiker darüber hinaus noch für Sichtweite, Niederschlagsformen, Himmelsbedeckung, Wolkenart u.v.a.m.

Wetter ist zudem kein statischer, sondern ein *dynamischer* Begriff: Die zeitliche Änderung aller Zustände ist ständig implizit. Zu einer vollständigen Beschreibung an Hand von Parametern gehören daher stets auch deren *Tendenzen*, d.h. mathematisch gesprochen, ihre lokalen oder individuellen zeitlichen Ableitungen.

1.1.3
Was ist Klima?

Das Wort stammt aus dem Griechischen (klino: Inklination, Neigung; hier gemeint im Zusammenhang mit dem Sonnenstand!).

DEFINITION: Unter Klima wird im allgemeinen die Gesamtheit der über einen längeren Zeitraum zusammengefaßten Zustände der Atmosphäre an einem Ort (Mikroklima, Lokalklima) oder in einem definierten Gebiet (Regionalklima) verstanden.

Das Klima ist also gewissermaßen die Synthese der für einen Ort bzw. für ein Gebiet charakteristischen Menge von Wetterzuständen, etwa im Zeitraum eines Monats, einer Jahreszeit oder eines Jahres. Dabei sind aber nicht nur die Durchschnittswerte der das Klima beschreibenden Parameter von Interesse, sondern auch ihre übrigen statistischen Kenngrößen und u.U. auch deren Kombination. Beim Mikroklima – etwa dem eines Pflanzenbestandes – kann im übrigen auch der Betrachtungszeitraum wesentlich kürzer sein, z.B. nur eine bestimmte Tageszeit (Morgen, Mittag o.ä.) umfassen.

Das Klimasystem ist sehr komplex. Es äußert sich uns gegenüber in vielfältigen Formen. Sein Wirkungskomplex bestimmt in hohem Maße das Erscheinungsbild unserer Umwelt. Wüste, Tundra, Regenwald sind z.B. bekannte klimabestimmte Biotope.

1.1 Begriffe, Definitionen, Motivation

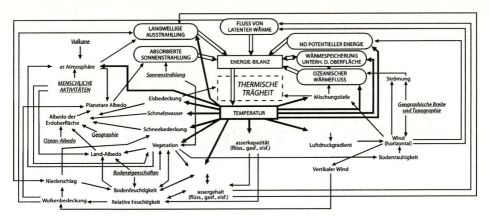

Abb. 1.1. Beziehungsschema zwischen den Klimaelementen, den äußeren Antriebskräften (*in Schrägschrift*), den Energieflüssen (*rund umrandet*) und der Temperatur (deren Wirkungen als Pfeile besonders hervorgehoben) im Rückkopplungssystem Klima (nach Robock 1985)

Eine der primären atmosphärischen Äußerungsformen des Klimas ist beispielsweise die Temperatur. Abbildung 1.1 demonstriert eindrücklich ihre Verwobenheit innerhalb des Klimasystems. Wie unterschiedlich sich infolgedessen die Temperatur als „Output"-Signal des Klimasystems in verschiedenen Regionen der Erde äußert, zeigt Abb. 1.2. Darin sind – geordnet nach der geographischen Breite – die täglichen und jährlichen Temperaturschwankungen für einige Beobachtungsstationen dargestellt, die für die jeweilige Klimaregion typisch sind. Es soll darin u.a. folgendes deutlich werden: In den Tropen (Beispiel: Djakarta 1943) ist die tägliche Temperaturschwankung größer als die jahreszeitliche Schwankung. Die Insel Key West, Florida (1953), zeigt typisch maritim gedämpfte tägliche und jährliche Temperaturschwankungen, und dabei in den Sommermonaten durchaus tropischen Charakter, im Winter den Einfluß gelegentlicher Einbrüche kontinentaler Kaltluft. Im kontinentalen Wüstenklima (Beispiel: Phoenix, Arizona, 1953) sind die Tagesamplituden am größten. Im Polargebiet (Beispiel: Eisinsel T-3, 1953) verschwindet weitgehend die reine Tagesperiode zugunsten mehrtägiger Temperaturschwankungen, die stark vom Wind regiert werden. Die kanadische Station (Dawson, Yukon Territory, November 1952 bis Oktober 1953) verhält sich im Winterhalbjahr wie eine Station im inneren Polargebiet, im Sommer mehr wie eine der kontinentalen mittleren Breiten.

Unter Klimatologie versteht man die Lehre vom Klima, d.h. die Lehre von seinem Zustandekommen, seinen räumlichen Verteilungen, seinen zeitlichen Änderungen und seinen Wechselwirkungen mit anderen Wirkungssystemen, von den diesem allen zu Grunde liegenden Gesetzmäßigkeiten.

Während sich die „klassische" Klimatologie hauptsächlich mit der Beschreibung und Klassifizierung der auf der Erde vielfältig entwickelten Klimate befaßte, insbesondere mit deren geographischer Verteilung (Klimageographie), hat sich die Klimatologie in den letzten Jahrzehnten in zunehmendem Maße der mathematisch-physikalischen Beschreibung und Begründung des Klimas und seiner Schwankungen zugewandt (Physikalische Klimatologie). Mit der Meteorologie konvergierend stellt

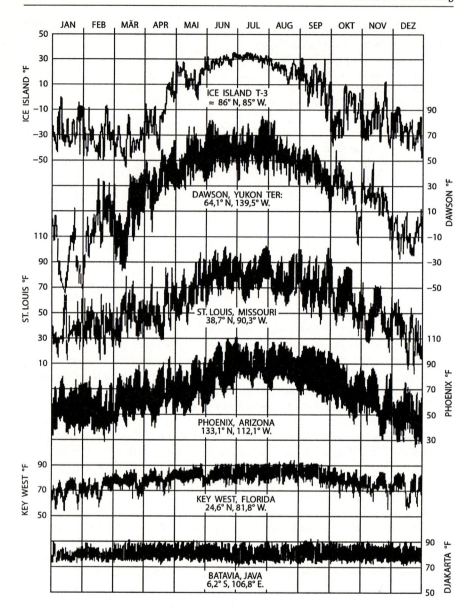

Abb. 1.2. Temperatur als „Output"-Signal des Klimasystems, dargestellt an Hand der täglichen Schwankungsweite der Temperatur im Laufe jeweils eines Jahres an ausgewählten Stationen der Nordhalbkugel (nach Valley 1965). Die Temperaturangaben sind in °F (Fahrenheit); eine Temperaturdifferenz von 2 °F entspricht grob 1 K; zur weiteren Orientierung: 32 °F = 0 °C, 50 °F = 10 °C, −40 °F = −40 °C

sie nunmehr, da inzwischen moderne Großrechenanlagen eine numerisch-mathematische Simulation des komplexen Klimasystems – oder zumindest von wesentlichen Teilen desselben – erlauben, einen Schwerpunkt weltweiter Großforschung dar, mit hohen mathematischen Anforderungen.

Für die Frage nach den Ursachen von Klimaschwankungen muß vielfach auf Klimazeugen früherer geologischer Epochen zurückgegriffen werden; das betreibt u.a. die Paläoklimatologie. Einen weiten Fächer praktischer Anforderungen deckt die Angewandte Klimatologie ab, etwa vergleichsweise wie bei der Meteorologie, so z.B. Laderaum-Klimatologie, Gebäude-Klimatologie u.ä.

Zwei weitere Begriffe, die gelegentlich gebraucht werden, sind die Aerologie, der Zweig der Meteorologie, der sich mit den Sondierungen der Luftschichten (vom Boden bis etwa 40 km Höhe) und ihren Auswertungen beschäftigt, und die Aeronomie, d.h. die Physik und Chemie der Hochatmosphäre (Zusammensetzung, Dichte, Temperatur, chemische Reaktionen; ab etwa 40 km Höhe, hauptsächlich oberhalb 80 oder 100 km Höhe).

1.1.4
Warum beschäftigen wir uns mit der Meteorologie?

Die Atmosphäre ist unser primäres Lebenselement. Sie äußert sich uns gegenüber in den beschriebenen Wirkungskomplexen Wetter und Klima. Wir sind mit ihr verbunden in dem

Wechselwirkungssystem Atmosphäre – Mensch.

In der Geschichte der Menschheit sind zahlreiche Zeugnisse von Abhängigkeiten des Menschen und seiner Tätigkeiten von Wetter und Klima zu finden. Als Beispiele seien vor allem Zusammenhänge mit Lebensform und Siedlungsverhalten (Völkerwanderungen), mit Landwirtschaft und Ernte, Bauformen, Seefahrt erwähnt.

Wie sehr der Mensch seit jeher in enger Beziehung (physisch und geistig) zu seiner Umwelt, wie sie sich ihm als unmittelbare Folge von Wetter- und Klimaeinwirkungen darbietet, steht, sei exemplarisch an einer der ältesten schriftlichen Überlieferungen der Menschheit, der Schöpfungsgeschichte in der Hebräischen Bibel, aufgezeigt. So drückt sich in den zwei darin nebeneinander dargestellten antiken Vorstellungen über die Entstehung der Welt sehr eindrücklich die jeweilig unterschiedliche Umwelterfahrung der beiden Erzähler aus [vgl. etwa 1. Mose 1, 6–12 (eine „feuchte Version", vermutlich auf mesopotamischem Erfahrungshintergrund entstanden) und 1. Mose 2, 4–7 (eine „trockene Version", offensichtlich wüstennomadischen Ursprungs)].

Aus dem griechischen Altertum ist mit Aristoteles' (384–322 v.Chr.) „Meteorologie" gar das erste umfassende physikalische erdwissenschaftliche Lehrbuch überliefert, in dem auch bereits auf Wirkungen auf das Leben und das Verhalten des Menschen Bezug genommen wird. Später hat kein Geringerer als der Philosoph Immanuel Kant (1724–1804) eine Abhandlung über das Phänomen des „Seewindes" publiziert.

Nun ist es aber nicht nur so, daß der Mensch von der Atmosphäre beeinflußt wird, sondern es geschieht bekanntlich auch umgekehrt. Der Mensch ist mit der Atmosphäre, wie schließlich mit dem gesamten System „Planet Erde", in einem Wechselwirkungssystem verknüpft (vgl. hierzu Abb. 1.3 und 1.4). Beispiele von anthropogenen Einwirkungen auf Atmosphäre und Klima sind ebenfalls aus der Geschichte wohlbekannt:

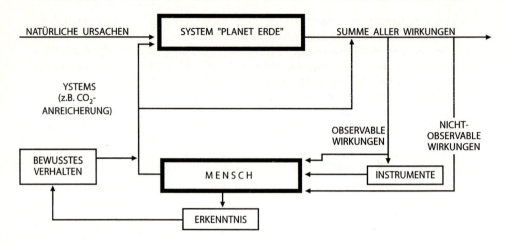

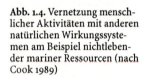

Abb. 1.3. Mensch und Atmosphäre in Wechselwirkung

Abb. 1.4. Vernetzung menschlicher Aktivitäten mit anderen natürlichen Wirkungssystemen am Beispiel nichtlebender mariner Ressourcen (nach Cook 1989)

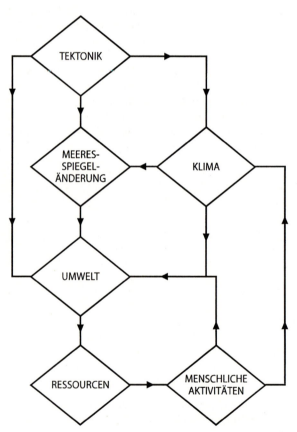

- Die Aridisierung und das Verkarsten von Gebieten (z.B. der Mittelmeerregion) durch Abholzen der Wälder;
- Versteppung bis Verwüstung (Desertifikation) durch Abholzung und Überweidung großer semi-arider Gebiete (wie z.B. im Südwesten der USA und am Sahara-Nordrand (Karthago). Das geht heute – vielfach sogar verstärkt – weiter: Sahelzone, Zentralafrika, Amazonien, Himalaja;
- das Fruchtbarmachen von Wüsten- und Steppen-Gebieten durch anhaltend exzessive künstliche Bewässerung birgt bei hoher Verdunstungsrate die Gefahr allmählicher Versalzung der Böden.

Gegenwärtig sind – bekanntermaßen – in großem Maßstab wirksam:

- Die SO_2-Produktion durch Verbrennung fossiler Brennstoffe (Versäuerung der Niederschläge, und als Folge davon die Versäuerung von Gewässern; besonders eklatant in Kanada und Skandinavien);
- die CO_2-Produktion durch Verbrennung fossiler Brennstoffe, Brandrodung und Verbrennung organischer Abfälle (Eingriffe in den Wärmehaushalt der Erde über den atmosphärischen Strahlungshaushalt);
- die großflächige Zerstörung der tropischen Regenwälder reduziert die globale Sauerstoffproduktion, die nicht mehr durch den dichten Wald geschützten Böden unterliegen starker Erosion, außerdem verhärten vielfach die bloßgelegten Laterit-Böden allmählich zu unfruchtbarem Gestein;
- die Injektion von FCKW (Fluorchlorkohlenwasserstoffe) in die Atmosphäre, die die uns schützende Ozonschicht der Stratosphäre gefährden und außerdem intensiv in den Strahlungshaushalt eingreifen;
- lokal noch vieles andere mehr (z.B. den Sonnenschein behindernde Kühlturmschwaden, Abwärme, die Förderung der Boden-Erosion an Berghängen durch Tourismus (Skipisten u.a.), künstliche Radioaktivität, u.a.).

Etliche der anthropogenen Einwirkungen sind derart intensiv oder nachhaltig, daß teilweise sogar schon von einer Bedrohung der Atmosphäre gesprochen werden kann (s. Bericht der Enquete-Kommission des Deutschen Bundestages, 1989) (vgl. Abb. 1.5).

Die heute besonders aktuellen Fragen und Probleme der Meteorologie sind neben dem klassischen Problem der Wettervorhersage folglich zumeist betont umweltrelevante, d.h., zusätzlich zu allen historisch erfahrenen Abhängigkeiten von der natürlichen Umwelt steht heute vor allem das Problem der Wechselwirkungen, insbesondere das der anthropogenen Rückwirkungen auf Wetter und Klima, im Vordergrund des Interesses. Internationale Forschungs-Großprojekte wie Global Change und das Geo-Biosphere Program versuchen diesem Interesse zu entsprechen.

Neben der Frage nach den Ursachen und Mechanismen globaler Klimaschwankungen und der Rolle anthropogener Einwirkungen sind es folgende, auch öffentlich diskutierte Teilprobleme, zu deren Erforschung wichtige Beiträge von der Meteorologie erwartet und geleistet werden:

- Der Transport und die Verteilung von Luftverunreinigungen;
- das Waldsterben (SO_2, O_3, NO_X; Atmosphäre das Vehikel);
- die oben erwähnte Seenversauerung, (SO_2; die Atmosphäre ist das Vehikel, d.h. sie besorgt den Transport und die Deposition);

- der Photochemische Smog (atmosphärische Schichtung und Sonneneinstrahlung, Atmosphäre auch Vehikel);
- die Gefährdung der Ozonschicht (FCKW) (Atmosphäre das Transportvehikel, Wechselwirkung mit Sonnenstrahlung) (s. Fabian 1989, Fabian 1991);
- die Erhöhung der Glashauswirkung der Atmosphäre durch anthropogene Emission von CO_2 und anderer Spurengase (CH_4, FCKW, u.a.) (s. Schönwiese u. Diekmann 1988, Georgii 1988, Georgii 1991);
- der Nukleare Winter als extremste anthropogene Einflußnahme auf Atmosphäre und Biosphäre (s.z.B. Crutzen 1988, Crutzen u. Warnecke 1991).

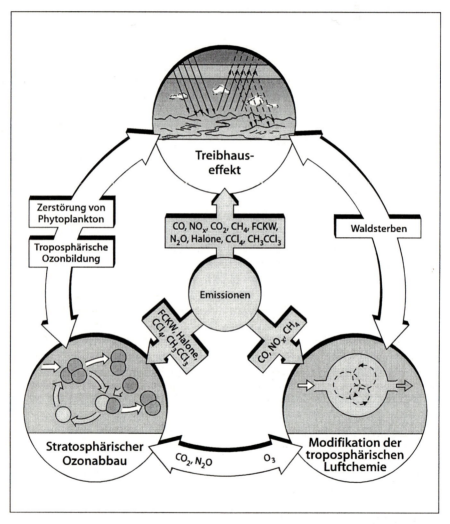

Abb. 1.5. Zusammenhänge zwischen drei Bedrohungen für die Atmosphäre, schematisch (Deutscher Bundestag 1989)

1.2
Prinzipielle Methoden und Besonderheiten der Meteorologie

Ausgangspunkt für die Meteorologie ist – wie für jede Naturwissenschaft – die Beobachtung. Die Meteorologie bedient sich darüber hinaus grundsätzlich der allgemeinen Methoden der Physik
- Messung,
- Experiment (sehr eingeschränkt !!!),
- Beschreibung,
- Modellbildung,
- mathematische Formulierung,
- Theoriebildung,
- Simulation

und der Mathematik.

Hinzu kommen einige aus der Komplexität des Gegenstands sich ergebende spezielle meteorologisch-geophysikalische Methoden und Besonderheiten, die im Folgenden kurz skizziert werden:
- Die visuelle Beobachtung spielt bei der Datengewinnung eine große Rolle; sie unterliegt subjektiven Einflüssen.
- Beobachtet werden muß die zeitliche Variation von dreidimensional verteilten Feldgrößen, d.h. alle Vorgänge sind wegen f(x,y,z,t) vierdimensional, wobei x,y,z die drei Raumkoordinaten seien und t die Zeit.
- Alle Vorgänge geschehen auf der rotierenden Erdkugel.
- Es sind zeitlich kontinuierliche flächendeckende (vielfach globale) dreidimensionale Beobachtungen nötig, hierzu sind „rund um die Uhr" arbeitende Beobachtungsnetze und für den entsprechenden internationalen Datenaustausch aufwendige Nachrichten- und Kommunikationssysteme für den Austausch großer Datenmengen erforderlich.
- Die Abläufe in der Atmosphäre bieten ein weites Spektrum von Größenordnungen, und zwar von atomar/molekularen (Strahlungsprozesse, Luftchemie, Diffusion) und mikroskopischen Dimensionen (Kondensation, Staub) bis hin zu planetarisch-globalen (großräumige Wind- und Zirkulationssysteme etc.) (s. besonders 2.4); dasselbe gilt für die unteren Randbedingungen, und infolge differenzierter Einflüsse der Erdoberfläche auf die Atmosphäre (Land-Meer-Verteilung, Gebirge, Bewuchs, Bebauung etc.) zeigen somit alle atmosphärischen Parameter eine entsprechend strukturierte räumliche Variabilität; daher sind für eine vollständige Beschreibung Beobachtungen in allen entsprechenden räumlichen Größenordnungsskalen erforderlich.
- Die große zeitliche Variabilität der meisten Zustände, von sehr kurzzeitigen Fluktuationen im Sekundenbereich bis zu Schwankungen in geologischen Zeiträumen, wobei es sich einerseits um Reaktionen auf periodische äußere Einflüsse wie die Änderung der Erdbahnelemente, die jahreszeitlichen Sonnenstandsänderungen oder den Tag- und Nacht-Wechsel (Tages- und Jahresperiode) handelt (s. hierzu Abb. 1.6), andererseits um die Folgen nichtperiodischer Einflüsse und sporadischer Störungen, die vielen Vorgängen eine stochastische Natur verleihen, stellen im allgemeinen auch hohe Anforderungen an die zeitliche Auflösung von Messungen und Beobachtungen.

- Für viele Fragestellungen – vor allem, wenn es sich um Klimafragen handelt – sind zudem möglichst lange (u.U. Jahrhunderte!) und möglichst homogene Beobachtungs- bzw. Meßreihen erforderlich, d.h. mit zeitlich unveränderten Meßmethoden und Instrumenten gewonnene Zeitreihen in zeitlich möglichst unveränderter Umgebung.
- Es müssen daher im allgemeinen sehr große Mengen von Daten, ihrer Natur nach aus oft sehr unterschiedlichen Datenbasen stammend, zusammengebracht und gemeinsam verarbeitet und interpretiert werden.
- Alle beobachteten Vorgänge und Erscheinungen sind vorübergehender Natur, d.h., kein Zustand kann beliebig lange beobachtet werden, er kann auch nicht beliebig oft beobachtet werden, denn es gibt streng genommen keine Wiederholung (wie beispielsweise beim physikalischen Laborexperiment möglich).

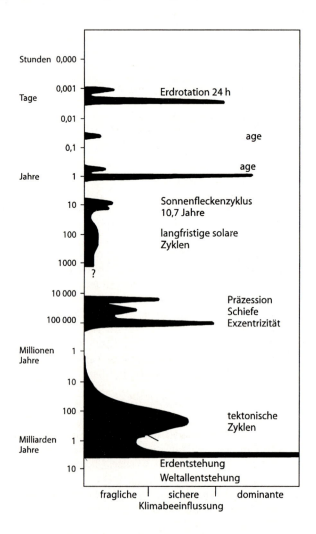

Abb. 1.6. Beeinflussung des Klimas durch die auf den Planeten Erde einwirkenden periodischen Einflüsse (logarithmische Zeitskala!) (nach Degens 1984)

1.2 Prinzipielle Methoden und Besonderheiten der Meteorologie

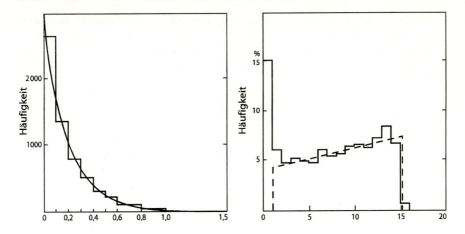

Abb. 1.7. Häufigkeitsverteilung der Regentage nach Klassen von 0,1 inch = 2,54 mm Niederschlagsmenge für Kilmarnock, Schottland (1902–1930, insgesamt 10592 Meßwerte). Eine sogenannte „L-förmige" Häufigkeitsverteilung (nach Brooks u. Carruthers 1953)

Abb. 1.8. Häufigkeitsverteilung der täglichen Sonnenscheindauer [%] nach Klassen von je 1 Std. für Newquay, England (1893–1932). Beispiel einer Häufigkeitsverteilung in „Trapezform" (nach Brooks u. Carruthers 1953)

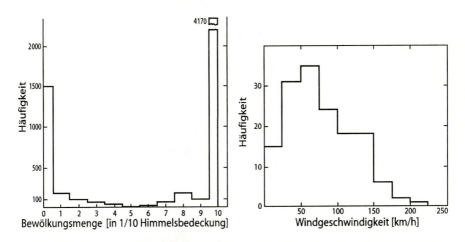

Abb. 1.9. Häufigkeitsverteilung des Bewölkungsgrades nach Klassen von 1/10 Himmelsbedeckung für Breslau (1876–1885, 3653 Beobachtungen); das sekundäre Minimum bei 9/10 ist wahrscheinlich nicht reell. Bei dieser „U-Form" sind Median- und Mittelwert die am seltensten beobachteten Werte (nach Brooks u. Carruthers 1953)

Abb. 1.10. Häufigkeitsverteilung der Windgeschwindigkeit [km/h] in der 300-hPa-Fläche (ca. 9 km Höhe) über Larkhill, England (Juli, 1940–1944, 150 Meßwerte), eine „schiefe" Normalverteilung (nach Brooks u. Carruthers 1953)

- Alle Messungen und Beobachtungen haben nur Stichprobencharakter und bedürfen (oftmals problematischer) räumlicher und zeitlicher Interpolation.
- Die meisten Meßdaten haben nach all dem Gesagten prinzipiell nur Näherungscharakter.

Meteorologische Meßdaten zeigen vielfach Häufigkeitsverteilungen, die erheblich von Gauss-(Normal-)Verteilungen abweichen können! Zur Illustration mögen die Abb. 1.7–1.10 dienen.

KAPITEL 2

Das System Erdatmosphäre

Die Erde ist ein dynamisches System (s. Germann et al. 1988), das der Übersichtlichkeit halber im allgemeinen in die ebenfalls dynamischen Teilsysteme „feste Erde", „Hydrosphäre" und „Atmosphäre" unterteilt wird. Diese sind aber nicht jeweils in sich abgeschlossen, sondern stehen in Wechselwirkung miteinander. Nicht nur, daß die Erde im Verlauf ihrer geologischen Geschichte ihr äußeres Erscheinungsbild, d.h. die Land-Meer-Verteilung und ihre Oberflächengestalt, z.B. durch die Plattentektonik („Kontinentalverschiebung"), die Bildung und Abtragung von Gebirgen, laufend veränderte; ein Großteil der in und auf ihr ablaufenden Vorgänge und beobachteten Erscheinungen ist zudem in vielfältig miteinander vernetzten Stoff- und Wirkungs-Kreisläufen organisiert. In diese ist der Mensch mit vielen seiner Aktivitäten häufig mit einbezogen, wofür in den folgenden Kapiteln einzelne Beispiele gegeben werden. In Abb. 1.4 war bereits versucht worden, diese prinzipielle Verknüpfung schematisch zu verdeutlichen. Die angesprochene Vernetzung bedeutet, wie schon aus Abb. 1.1 hervorgeht, daß im System neben rein linearen Kausalverknüpfungen zahlreiche Rückkopplungen (engl. „feedback loops") enthalten sind, in denen das Ausgangssignal („Wirkung") auf den Eingang („Ursache") rückwirkt. So läßt sich beispielsweise die außerordentlich verwickelte Wechselbeziehung zwischen Ozean und Atmosphäre global als ein Rückkopplungssystem verstehen, wie dies z.B. in Abb. 2.1 vereinfacht dargestellt wurde. Eine Vielzahl von beobachteten Zuständen ist dabei das Ergebnis von dynamischen Gleichgewichten, die durch den Mechanismus negativer Rückkopplung (s. auch Abb. 2.28) aufrechterhalten werden, indem die Rückwirkung die Ursache dämpft. Es kommen im System aber auch positive Rückkopplungen vor, die Selbstverstärkungsprozesse auslösen. Ein Beispiel hierfür gibt Abb. 2.2, aus dem jedoch keine vorschnellen Schlüsse gezogen werden dürfen, denn es ist hier nur ein Teil des Wirkungsgefüges zur Verdeutlichung herauspräpariert worden. In Wirklichkeit greifen die durch den hier betrachteten Prozeß erzeugten Wolken auch in den langwelligen Strahlungshaushalt (s. 3.7.1.3) und wirken dabei erwärmend auf das Temperaturfeld; gleichzeitig wird über die Verdunstung in den hydrologischen Zyklus eingegriffen, etc., so daß eine isolierte Betrachtung keine Aussage über die tatsächlichen Auswirkungen ermöglicht (vgl. hierzu weiter unten die Bemerkungen zu Abb. 2.3).

Die Energie für nahezu alle diese Vorgänge auf der Erde stammt im wesentlichen von der Sonne (s. hierzu 3.1), nur zu einemdem gegenüber verschwindenden Anteil aus dem übrigen Weltraum. Diese Energie wird der Erde in Form von Strahlung zugeführt, und die Erde gibt sie – soll sie sich nicht insgesamt erwärmen – in gleicher Menge auch wieder in Form von Strahlung nach außen ab.

Abb. 2.1. Schematische Darstellung der globalen Rückkopplung zwischen Atmosphäre und Ozean

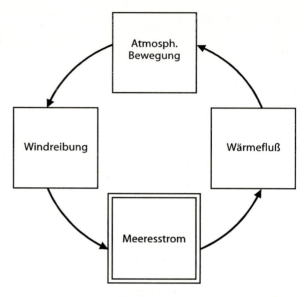

Abb. 2.2. Einfluß des Wasserdampfausstoßes hochfliegender Flugzeuge auf den kurzwelligen Strahlungshaushalt der Atmosphäre – Beispiel einer positiven Rückkopplung (nach Oke 1978)

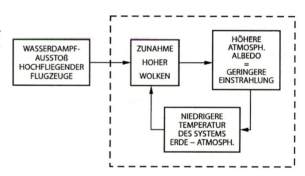

Die Erde steht dabei mit dem Weltraum quasi in einem Strahlungsgleichgewicht, und zwar in der Weise, daß der globale Energieeintrag durch Sonnenstrahlung durch die Summe aus reflektierter Sonnenstrahlung und eigener thermischer Emission (s. hierzu die Systemdarstellung in Abb. 2.3) ausgeglichen wird. Es sei in diesem Zusammenhang noch darauf hingewiesen, daß die in Abb. 2.2 angesprochene Anregung einer positiven Rückkopplung auf die Bewölkung wirkt, die wiederum den dominierenden Beitrag zu dem „Schalter" Reflexion in Abb. 2.3 liefert. Sie stellt also nicht nur einen störenden Eingriff in den Strahlungshaushalt dar, sondern gleichzeitig über eine weitere, hier nicht weiter aufgeschlüsselte Verknüpfung eine Einwirkung auf das Gesamtsystem.

Die thermo-hydrodynamischen Vorgänge innerhalb des Systems Erdkörper-Atmosphäre-Ozean dienen größtenteils dazu, durch den Ausgleich interner Ungleichverteilungen die erforderliche Balance der globalen Strahlungs-Energie-Bilanz zu bewerkstelligen, wozu sie intern einen gewissen verfügbaren Teil der im System befindlichen Energie beständig in andere, meist thermische oder mechanische Energieformen umwandeln.

Abb. 2.3. Blockschaltbild des energetischen Einnahme-Ausgabe-Systems Erde (nach Oke 1978)

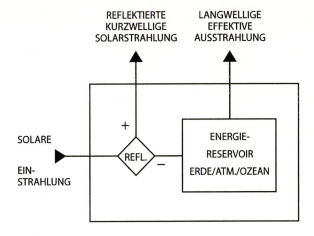

2.1 Zusammensetzung der Atmosphäre

Die Atmosphäre ist die Gashülle unseres Planeten. Sie besteht primär aus einem Gasgemisch, das als Luft bezeichnet wird. Sie wird am Erdkörper durch die Schwerkraft festgehalten. Der von der Schwerkraft angestrebten Sedimentation wirkt die Brownsche Molekularbewegung entgegen, die sich im Luftdruck äußert.

Die Atmosphäre enthält unter natürlichen Bedingungen neben dem Gasgemisch Luft auch feste oder flüssige Beimengungen in Form von Schwebeteilchen natürlichen und anthropogenen Ursprungs, wie z.B. *Wassertropfen* (Kondensat des Wasserdampfes in Form von Nebel, Wolken), *Eiskristalle* (Solidifikat des Wasserdampfes in Form von Schnee, Graupel, Hagel), *Staub, Ruß, Asche, organische Substanzen* (z.B. *Pollen, Milben, Bakterien, Insektenteile*, etc.), *Salze* (natürlichen und anthropogenen Ursprungs). Das heißt:

Atmosphäre = Luft + Beimengungen.

Oftmals werden allerdings die Beimengungen auch in den Begriff der Luft mit einbezogen. Der Begriff „reine Luft" wird ganz unterschiedlich gebraucht:

a) für Luft ohne jegliche festen oder flüssigen Beimengungen (rein theoretischer, wissenschaftlicher Begriff);
b) für Luft mit relativ geringem Gehalt an Beimengungen (z.B. „Seeluft"; allgemeiner, bürgerlicher Begriff).

Als sogenannte Reinluftstationen des Luftgütemeßnetzes des Umweltbundesamtes gelten beispielsweise u.a. Westerland/Sylt („Seeluft") und der Schauinsland/Freiburg („Bergluft"), jedoch kann auch hier nur von einem relativen Reinheitsbegriff gesprochen werden (z.B. Ferne von bedeutsamen Schadstoffquellgebieten, wie industriellen Ballungszentren), da schließlich Schadstoff-Ferntransporte (im Falle Westerland aus England oder aus dem Ruhrgebiet) oder konvektive Schadstoffzuträge (im Falle Schauinsland aus der Oberrheinischen Tiefebene) keineswegs ausgeschlossen werden können.

Häufig wird der Begriff „trockene Luft" (dry air) gebraucht. Er tritt in drei Bedeutungen auf:

a) im strengen Sinne: Luft die überhaupt keinen Wasserdampf enthält (pure „Schreibtischversion", d.h. Modell-Luft für rein theoretische Überlegungen);
b) im allgemeinen meteorologischen Sinne: Luft, deren Wasserdampf während der Betrachtung keine Sättigung erfährt, so daß Kondensation ausgeschlossen ist und der Wasserdampf – ebenso wie die übrigen Gase – als „ideales Gas" behandelt werden kann;
c) im mehr „bürgerlichen" Sinne: Luft mit geringem Sättigungsgrad.

Der Begriff „feuchte Luft" (moist air) kommt entsprechend in drei Bedeutungen vor:

a) für das Gemisch von trockener (wasserdamp*freier*) Luft und Wasserdampf (unabhängig von dessen Anteil !!!); streng genommen handelt es sich in der Realität in diesem Sinne stets um feuchte Luft;
b) für Luft mit hohem Wasserdampfgehalt;
c) für Luft mit hoher relativer Feuchtigkeit, d.h. hohem Sättigungsgrad („Waschküche" ist jedoch Nebel!).

Tabelle 2.1. Normale Zusammensetzung reiner, trockener Luft in Bodennähe (nach U.S. Standard Atmosphere 1962)

Gas	Symbol	Anteil [Vol.-%]	Molekulargewicht[a]
Stickstoff	N_2	78,084	28,0134
Sauerstoff	O_2	20,9476	31,9988
Argon	Ar	0,934	39,948
Kohlendioxid[b]	CO_2	0,0314	44,00995
Neon	Ne	0,001818	20,183
Helium	He	0,000524	4,0026
Krypton	Kr	0,000114	83,80
Xenon	Xe	0,0000087	131,30
Wasserstoff	H_2	0,00005	2,01594
Methan[b]	CH_4	0,0002	16,04303
Distickstoffoxid	N_2O	0,00005	44,0128
Ozon[b]	O_3 Sommer	0–0,000007	47,9982
	Winter	0–0,000002	47,9982
Schwefeldioxid[b]	SO_2	0–0,0001	64,0628
Stickstoffdioxid[b]	NO_2	0–0,000002	46,0055
Ammoniak[b]	NH_3	0–Spuren	17,03061
Kohlenmonoxid[b]	CO	0–Spuren	28,01055
Jod[b]	I_2	0–0,000001	253,8088

[a] Nach der C^{12}-Isotopenskala, in der C^{12} das Molekulargewicht 12,0000 hat.
[b] Der Gehalt an diesen Gasen kann räumlich und zeitlich stark variieren, Kohlendioxid zeigt einen stetig steigenden Trend bei z.Zt. 0,0345 Vol.-%.

2.1.1
Die Gaszusammensetzung

Bei der Beschreibung der Zusammensetzung des Gasanteils der Luft unterscheidet man zwischen den permanenten Bestandteilen, die in nahezu permanenten Anteilen darin zu finden sind (das sind die drei Hauptbestandteile N_2, O_2, und Ar sowie die Spurengase Ne, He, Kr, Xe, H_2, N_2O) und variable Bestandteile, die zwar auch zumeist vorhanden sind, deren Anteile aber starken räumlichen und zeitlichen Schwankungen unterliegen. Dazu gehören hauptsächlich Wasserdampf (H_2O), Kohlendioxid (CO_2), Methan (CH_4), Ozon (O_3), Schwefeldioxid (SO_2) und Kohlenmonoxid (CO) (s. Tabelle 2.1) sowie eine unbestimmte Zahl meist anthropogener Spurengase (vgl. Tabelle 2.2 und Abb. 2.4 und 2.5). Den stärksten Volum-Anteil an der Luft mit 78 % hat der molekulare Stickstoff (N_2), dann folgt mit 21 % der molekulare Sauerstoff (O_2), gefolgt vom Edelgas Argon (Ar) mit 0,9 %. Das sind zusammen bereits 99,9 %.

Den anthropogenen Spurengasen gilt gegenwärtig ein besonderes wissenschaftliches Interesse, da der Anteil vieler von ihnen in der Luft beständig und rapide wächst und sie z.T. erheblich in die Chemie der Atmosphäre sowie auch in den Strahlungs- und Wärmehaushalt der Erde einzugreifen beginnen. Die Abb. 2.6 und 2.7 zeigen Beispiele für die eklatantesten Zuwächse, nämlich von CO_2 und CH_4, während der letzten Jahrzehnte.

Das mittlere Molekulargewicht der Luft beträgt 28,9644 [g/mol]. Da die genannte prozentuale Zusammensetzung bis etwa 100 km Höhe nahezu konstant ist (vgl. Abb. 2.8), bleibt bis dahin auch das mittlere Molekulargewicht konstant (s. Abb. 2.9). Erst darüber nimmt das mittlere Molekulargewicht der Luft mit der Höhe ab, als Folge der mit der Höhe zunehmenden Photodissoziation der Sauerstoffmoleküle, höher hinauf auch des Stickstoffs.

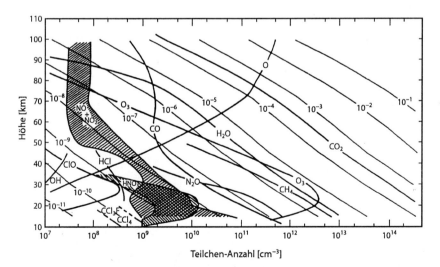

Abb. 2.4. Mengenverteilung atmosphärischer Spurengase in Stratosphäre und Mesosphäre (10–100 km Höhe) (nach Ackerman, 1976, aus Schanda 1986)

Tabelle 2.2. Charakteristika der wichtigsten in der Mittleren Atmosphäre wirksamen anthropogenen Spurengase (nach Deutscher Bundestag 1989)

Verbindung	Gemessene Konzentration [ppt] (1985)	Geschätzte industrielle Produktion [10^6 kg]	Atm. Lebensdauer [Jahre]	Konzentrationsanstieg [%/Jahr]	Hauptquellen	ODP-Wert[c]
FCKW 11 (CCl_3F)	250[a] (200) 220	(310) 400	50–80	5,7	anthropogen	1
FCKW 12 (CCl_2F_2)	430[a] (320) 375	(444) 560	100–150	6,0	anthropogen	1 (1,1)
FCKW 13 (CF_3Cl)	~ 3,4	–	400	–	anthropogen	–
H-FCKW 22 ($CHClF_2$)	~ 52	206	16–22	11,7	anthropogen	0,5–(0,08)
FCKW 113 (CCl_2FCClF_2)	~ 32	(138–141) 160	90–110	10	anthropogen	0,9 (0,8)
FCKW 114 ($CClF_2CClF_2$)	13	(13–14) ~ 24	200–300	–	anthropogen	0,8 (–)
FCKW 115 (C_2ClF_5)	9	(–?) ~ 15	400–800[b]	–	anthropogen	0,2 (0,6)
Methylchloroform (CH_3CCl_3)	(~120) 140	(545) 640	6,2–7,4	7	anthropogen	0,15
FCKW 116 (C_2F_6)	~ 4	–	> 500	–	anthropogen	0
Tetrachlorkohlenstoff (CCl_4)	~ 140	~ 830	50–70	1	anthropogen	1,2 (1)
Methylchlorid (CH_3Cl)	630	~ 500	~ 1,5	–	Ozean/Biomasseverbr.	–
Halon 1211 ($CBrClF_2$)	2 (~1,2)	(–) ~ 10	25	–	anthropogen	3
Halon 1301 ($CBrF_3$)	1,5 (~1)	(7–8) ~ 10	110	–	anthropogen	8
Methylbromid (CH_3Br)	(9,0)–15	–	2,3	–	Ozean/marine Pflanzen	–

[a] extrapoliert
[b] hier handelt es sich um die partielle Verweilzeit durch die Photolyse in der Stratosphäre
[c] ODP = Ozone Depletion Potential (s. Glossar)

Es sei nochmals hervorgehoben, daß ein großer Teil der natürlichen wie anthropogenen gasförmigen Bestandteile der Atmosphäre in komplizierte Stoffkreisläufe eingebunden ist, so daß sich ihre Anteile an der Luft nur aus dem Gleichgewicht dynamischer Prozesse ergeben. Das bekannteste Beispiel ist das atmosphärische CO_2, das in einen planetarischen Kohlenstoffkreislauf eingebettet ist (s. Abb. 2.10), was die genaue Einschätzung des thermischen Effekts (Glashauswirkung) der zunehmenden anthropogenen Einspeisung von CO_2 in die Atmosphäre durch Verbrennung von Vegetation (Brandrodung) und fossilen Brennstoffen (Torf, Kohle, Öl) so schwierig macht. Ebenso verhält es sich beispielsweise mit dem Schwefel (Abb. 2.11) und mit Stickstoffverbindungen (Abb. 2.12).

2.1 Zusammensetzung der Atmosphäre

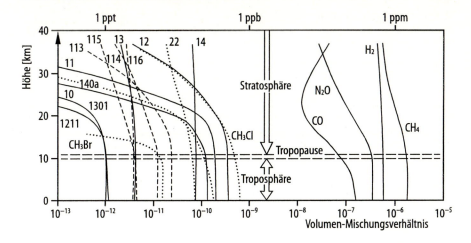

Abb. 2.5. Vertikalprofile verschiedener anthropogener Spurengase in der Atmosphäre. Die Angaben beruhen auf Luftproben (nach Deutscher Bundestag 1989)

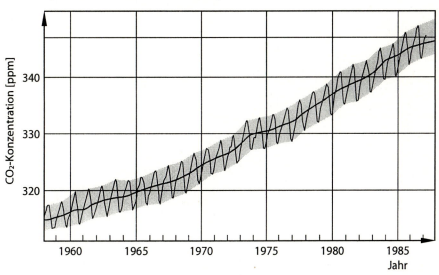

Abb. 2.6. Langzeitlicher Verlauf des Mischungsverhältnisses von atmosphärischem Kohlendioxid zur Gesamtluft [ppm] am Mauna-Loa-Observatorium, Hawaii. Deutlich erkennbar ist sowohl die laufende CO_2-Zunahme aufgrund wachsender Verbrennung fossiler Brennstoffe, als auch die durch die globale biologische Aktivität aufgeprägte jahreszeitliche Schwankung (nach Deutscher Bundestag 1989)

Abb. 2.7. Langzeitlicher Verlauf des global gemittelten Mischungsverhältnisses von troposphärischem Methan zur Gesamtluft [ppm] (nach Blake u. Rowland, 1988; aus: Brasseur u. Verstraete, 1988). Als Ursache für den erkennbaren Trend wird hauptsächlich die globale Zunahme von Reisproduktion und Viehhaltung angesehen

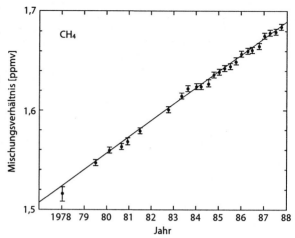

Abb. 2.8. Relative Anteile der atmosphärischen Hauptbestandteile in Abhängigkeit von der Höhe (nach U.S. Standard Atmosphere 1962)

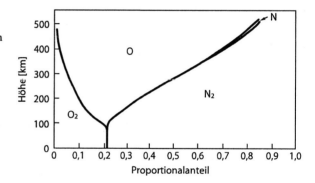

Abb. 2.9. Mittleres Molekulargewicht der Luft in Abhängigkeit von der Höhe (nach U.S. Standard Atmosphere 1962)

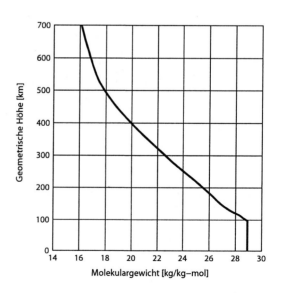

2.1 Zusammensetzung der Atmosphäre

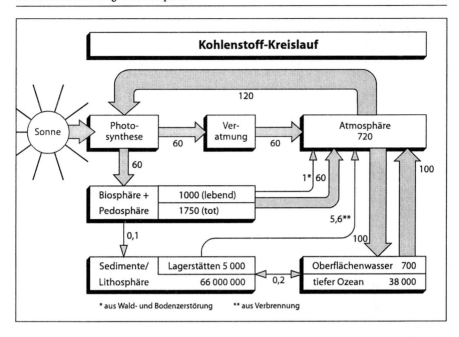

Abb. 2.10. Globaler Kohlenstoffkreislauf. Die Zahlenwerte betreffen Kohlenstoffflüsse [10^9 t/Jahr] bzw. Kohlenstoffreservoire [10^9 t] (nach Deutscher Bundestag 1989)

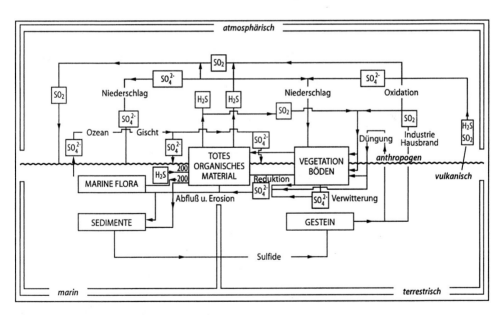

Abb. 2.11. Schema des globalen Schwefelkreislaufs mit den hauptsächlichen Reservoiren, den Wegen und Erscheinungsformen des Schwefels (nach Seinfeld 1986).

Gase sind bekanntlich (wegen des Fehlens der Wirksamkeit intermolekularer Anziehungskräfte) bestrebt, jeden ihnen zur Verfügung stehenden Raum auszufüllen. Für Gasgemische gilt das Dalton-Gesetz:

$$p = \sum_i p_i$$

d.h. der *Gasdruck p* eines Gasgemischs (hier: der Luftdruck) setzt sich aus den *Partialdrucken p_i* der Einzelgase des Gemischs zusammen.

Die Luft kann (mit Ausnahme des Wasserdampfes in der Nähe des Kondensationspunktes) mit ausreichender Genauigkeit als ideales Gas angesehen werden. Dann gilt insbesondere die allgemeine Gasgleichung für ideale Gase:

$$p = \varrho \cdot R \cdot T = \varrho \cdot (R^*/M) \cdot T,$$

wobei

$R = 0{,}28704$ [J g^{-1} K^{-1}] = die *mittlere spezielle Gaskonstante für trockene Luft* ist,
$R^* = $ *universelle Gaskonstante* = 8,314 [J mol^{-1} K^{-1}],
$M = $ das *mittlere Molekulargewicht der Luft* (s. weiter oben).

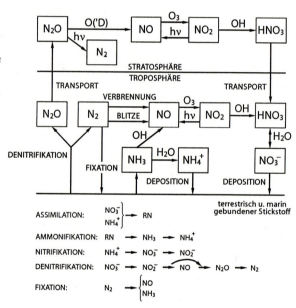

Abb. 2.12. Schematische Darstellung der hauptsächlichsten Prozesse, die den Kreislauf von Stickstoffverbindungen bestimmen. Die *Symbole über den Pfeilen* bezeichnen jeweils die Substanz, mit der jene reagiert, von der der Pfeil ausgeht (nach Seinfeld 1986)

2.1.2
Das atmosphärische Aerosol

Unter dem Aerosol, früher zuweilen auch „Luftplankton" genannt, versteht man die in der Luft suspendierten festen oder flüssigen Schwebeteilchen (Suspensionen). Sichtbar wird das Aerosol als Dunst, der die Atmosphäre trübt (s. Abb. 2.13 und 2.14).

2.1 Zusammensetzung der Atmosphäre

Das Aerosol setzt sich zusammen aus

a) natürlichen organischen Anteilen: Pollen, Sporen, Bakterien, „Insektenbeine"(ca. 0,1 %),
b) natürlichen anorganischen Anteilen: Staub, Rauch, Seesalz,
c) anthropogenen Anteilen: diverse Verbrennungsprodukte wie Rauch, Aschen und Stäube.

Tabelle 2.3. Größenklassen verschiedener Aerosolarten

Aerosolart	Größenklasse
Aerosol allgemein	10^{-3} mm $<$ r $<$ 10^2 mm
„eigentliches Aerosol"	5×10^{-2} mm $<$ r $<$ 10 mm (Dunst)
Rauch	hauptsächlich r $<$ 10^{-1} mm
Staub	hauptsächlich r $>$ 10^{-1} mm

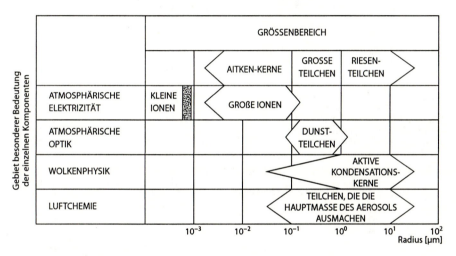

Abb. 2.13. Bezeichnung natürlicher atmosphärischer Aerosolteilchen in Abhängigkeit von Größe und Anwendungsgebiet (nach Junge 1963)

Das atmosphärische Aerosol zeigt im allgemeinen eine ausgeprägte Höhenabhängigkeit, und zwar zunächst in Form einer starken Abnahme mit zunehmendem Abstand von der Erdoberfläche. In 10 km Höhe findet man im Durchschnitt nur noch ein Zehntausendstel (10^{-4}) des Bodenwertes von ca. $2 \cdot 10^{-6}$ g Aerosol/g Luft. Um 20 km Höhe werden aber noch einmal höhere Werte beobachtet, die etwa das Fünffache des Wertes in 10 km Höhe betragen („Junge-Layer"), vermutlich SO_4 aus SO_2 durch Reaktion mit Ozon entstehend (vgl. dazu Abb. 2.15). Besonders starke Aerosolanreicherungen in der Luft treten im Verlauf von Vulkanausbrüchen (z.B. Tambora 1815, Krakatau 1883, Katmai 1912, El Chichon 1982; vgl. auch Abb. 2.16) und von Stürmen in ariden Gebieten (Wüsten) (Saharastaub) auf. Derartige Staubwolken können über weite Distanzen (u.U. Zehntausende von Kilometern) verfrachtet werden und im Falle sehr intensiver Ereignisse sogar auf das globale Klima einwirken. Bemerkenswerte Aerosolanreicherungen finden sich vielfach auch in Großstädten und industriellen Ballungszentren (Dunstglocke, Dunstfahne) und können dort sowie in der Umgebung auf das lokale Klima einwirken.

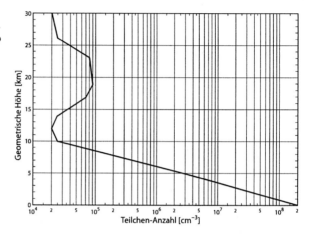

Abb. 2.14. Globale vertikale Aerosolverteilung in der Standardatmosphäre [Teilchen pro cm³] (nach Valley 1965)

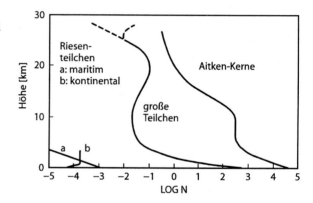

Abb. 2.15. Vertikalverteilung der durchschnittlichen Anzahl bestimmter Aerosolteilchen [Teilchen pro cm³] (nach Valley 1965)

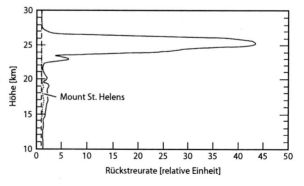

Abb. 2.16. Rückstreurate einer Aerosolschicht in ca. 25 km Höhe am 1. Juli 1982 über Virginia, USA. Diese durch die Eruptions-Aerosolwolke des Vulkans El Chichon, Mexiko, verursachte Rückstreuung wird verglichen mit einer Messung von der Eruptionswolke des Mt. St. Helens, Washington, USA (*ganz links, gestrichelt*) (nach Labitzke 1988)

2.1 Zusammensetzung der Atmosphäre

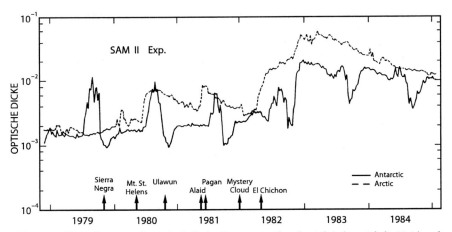

Abb. 2.17. Trübung der Atmosphäre oberhalb der Tropopause über der Arktis (*gestrichelte Linie*) und über der Antarktis (*ausgezogene Linie*) Die Daten der wesentlichen Vulkanausbrüche sind *unten* angezeigt (nach McCormick u. Trepte 1987)

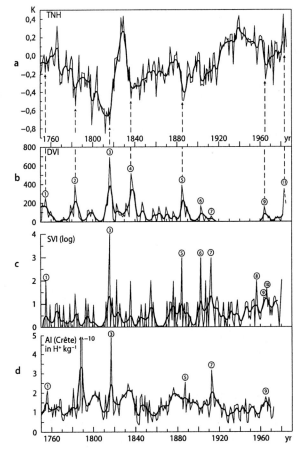

Abb. 2.18. a Abweichungen der Nordhemisphären-Jahresmitteltemperatur [K] vom Mittel der Periode 1951–1970, *dicke* Linie: 10jährig gefiltert; **b** Stratospheric Dust Veil Index (*DVI*); **c** Smithsonian Volcanic Index (*SVI*), logarithmische Skala; **d** Acidity Index (*AI* = Säuregehalt von Eiskernbohrungen) (nach Labitzke 1988)

Aus extraterrestrischen Quellen (Meteoritenstaub) und aus Vulkanausbrüchen stammend findet sich Staub auch an der Mesopause (80 km Höhe) angereichert und gibt zuweilen – im Falle mit Eishüllen umgebener Staubteilchen – zum Phänomen der „Leuchtenden Nachtwolken" („noctilucent clouds") Anlaß (vgl. Abb. 2.17).

2.2
Erdgeschichtliche Entwicklung der Atmosphäre

Einzelheiten der im folgenden gegebenen Darstellung unterliegen von Zeit zu Zeit einem Wandel in der Auffassung – in unserem Zusammenhang geht es hier jedoch nur um ein exemplarisches Beschreibungsmodell (s. Abb. 2.19).

Nach gegenwärtigen Vorstellungen hat unsere Erde – was die chemische Zusammensetzung anbetrifft – jetzt ihre vierte Atmosphäre.

1) Die *Uratmosphäre* bildete sich während der Entstehung der Erde; infolge der hohen Temperatur über dem glutflüssigen Erdkörper verflüchtigten sich die daraus entwichenen heißen Gase aber sogleich (oder allmählich) in den Weltraum (ca. 5 Mrd. Jahre vor unserer Zeit).

2) Eine *zweite Atmosphäre* entstand nach dem Erstarren der Erdkruste, zunächst durch starke vulkanische Gas-Exhalationen von H, N, C und O aus dem Erdkörper. Diese Gase reagierten jedoch rasch miteinander und bildeten die Gase CH_4 (Methan), NH_3 (Ammoniak), H_2O (Wasserdampf), N_2 (molekularer Stickstoff) und H_2 (molekularer Wasserstoff), wie sie etwa heute auf dem Jupiter vorgefunden werden. Bei fortschreitender Abkühlung kondensierte ein großer Teil des Wasserdampfes und bildete die Meere. Darin löste sich schließlich ein Teil des stark wasserlöslichen Ammoniaks, und es bildete sich die sogenannte Wasser-Ammoniak-„Ursuppe". Die zweite Atmosphäre bestand demnach aus CH_4, NH_3, N_2, H_2 und H_2O-Resten (vor ca. 4 Mrd. Jahren).

3) Es erfolgte dann vermutlich eine photochemische Umwandlung dieser zweiten Atmosphäre, denn wahrscheinlich wurden große Teile der Gase durch das ultraviolette Licht (UV) der Sonne wieder aufgespalten (Dissoziation der Moleküle):

NH_3 dissoziierte zu N und H,

CH_4 dissoziierte zu C und H,

H_2O dissoziierte zu O und H,

wobei der Wasserstoff jeweils in den Weltraum entwich. Der resultierende Stickstoff bildete weitere N_2-Moleküle, die chemisch sehr träge sind, d.h. nicht gern weitere Verbindungen eingehen. Kohlenstoff (C) und Sauerstoff (O) haben jedoch zueinander eine grosse chemische Affinität, und außerdem ist der Sauerstoff ein chemisch höchst aktives Element, so daß sich (vor ca. 3 Mrd. Jahren) schließlich daraus mit

$C + O + O \rightarrow CO_2$ (Kohlendioxid)

die *dritte Atmosphäre* bildete, und zwar in einer Zusammensetzung, wie sie sich heute noch auf der Venus findet: hauptsächlich aus N_2 und CO_2 bestehend.

4) Der entscheidende Schritt der Entwicklung zur heutigen, der demnach *vierten Atmosphäre* geschah dann durch die Entstehung des Lebens auf der Erde, bzw. –

genauer – durch das Chlorophyll in Meeresalgen, das diese in die Lage versetzte, unter Aufnahme von Lichtquanten des Sonnenlichts CO_2 in $C + O_2$ aufzuspalten, dabei C für den eigenen Aufbau zu verwenden und den Sauerstoff freizusetzen. Dieser wurde zwar zunächst, d.h. 2 Mrd. Jahre lang (s. Abb. 2.19) zur Oxidation des im Wasser gelösten zweiwertigen Eisens verbraucht, als dieses jedoch weitgehend ausgefällt war, gelangte schließlich dieser biologisch produzierte Sauerstoff in den letzten 2 Mrd. Jahren auch in die Atmosphäre, wo er sich allmählich als O_2 anreicherte.

Ozonbildung (O_3) in der höheren Atmosphäre (s. 3.5.1.2) erlaubte dann das Vordringen des Lebens auf das Festland (vor ca. 500 Mio. Jahren), und die Pflanzenentwicklung beschleunigte schließlich die Sauerstoffproduktion so, daß wir heute in einer überwiegend aus

Stickstoff (N_2) und Sauerstoff (O_2)

bestehenden Atmosphäre leben. Da jedoch Oxidation, Atmung und Verbrennungsprozesse ständig Sauerstoff verbrauchen, muß zur Erhaltung des für uns lebenswichtigen Sauerstoffgehalts der Atmosphäre dieser beständig durch Photosynthese reproduziert werden.

Der gegenwärtige Sauerstoffanteil der Erdatmosphäre ist also Folge und Ausdruck eines dynamischen Gleichgewichtszustandes aus Sauerstoff freisetzenden und Sauerstoff bindenden Prozessen!

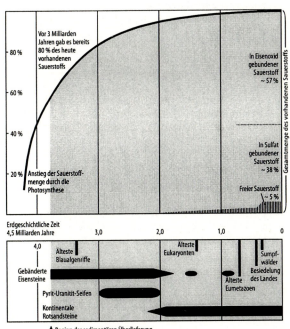

Abb. 2.19. Zunahme des irdischen Sauerstoff-Reservoirs photosynthetischer Herkunft im Laufe der Erdgeschichte. Die dargestellte Wachstumskurve stützt sich auf ein Modell, das die Ansammlung von biologischem Kohlenstoff in den Sedimentgesteinen während der letzten 3,8 Mrd. Jahre beschreibt, wobei durch die Photosynthese ein Sauerstoffmolekül für jedes im Sediment begrabene organische Kohlenstoff-Atom freigesetzt wird. Da freier Sauerstoff rasch mit anderen Stoffen reagiert, liegen heute 95 % des Gesamtbudgets in gebundener Form – vor allem als Eisenoxid oder Sulfat – vor (*rechter Bildrand*). Der freie Sauerstoff der Atmosphäre bildet mit 5 % nur die „Spitze des Eisbergs". Die Kurve des wahrscheinlichen Sauerstoffanstiegs im freien Reservoir stützt sich auf paläontologische und geologische Befunde, die *im unteren Teil* der Abbildung zusammengestellt sind (nach Schidlowski u. Wendt 1981)

2.3
Bemerkungen zur Schichteneinteilung der Atmosphäre

Es hat sich international eingebürgert, die Schichtnamen durch das Anhängen des aus dem Griechischen entlehnten Wortes „Sphäre" (eigentlich „Kugel", hier im Sinne von „Kugelschicht") zu kennzeichnen, die Bezeichnung der Schichtobergrenzen durch Anhängen der Silbe „Pause" (von griech. pausis = Unterbrechung).

Schichteinteilungen werden nach ganz unterschiedlichen Gesichtspunkten vorgenommen:

a) Lebenszone:

0 – 20 km Höhe	BIOSPHÄRE

b) Physiko-chemische Prozesse:

16 – 50 km Höhe bzw.	OZONOSPHÄRE / Ozonschicht
20 – 600 km Höhe	CHEMOSPHÄRE (Obergrenze: CHEMOPAUSE)

c) Radio-physikalischer Zustand:

50 – 90 km Höhe:	D-Schicht	
90 – 150 km Höhe:	E-Schicht	IONOSPHÄRE
150 – 220 km Höhe:	F_1-Schicht	
220 – 600 km Höhe:	F_2-Schicht	
300 – ? km Höhe:	MAGNETOSPHÄRE	

d) Zusammensetzung:

0 – 100 km Höhe	HOMOSPHÄRE (quasi-homogen)
100 – 120 km Höhe	HOMOPAUSE
120 – 170 km Höhe	HETEROSPHÄRE

e) Temperaturverteilung:

0 – 12 km Höhe	TROPOSPHÄRE	
——— TROPOPAUSE ———		
12 – 50 km Höhe	STRATOSPHÄRE	
——— STRATOPAUSE ———		
50 – 85 km Höhe	MESOSPHÄRE	HOCHATMOSPHÄRE
——— MESOPAUSE ———		(Upper Atmosphere)
85 – 600(?) km Höhe	THERMOSPHÄRE	
Darüber: die EXOSPHÄRE		

Neuerdings hat sich zusätzlich der Begriff Mittlere Atmosphäre eingebürgert, der Stratosphäre *und* Mesosphäre umfaßt.

f) Aerodynamischer Zustand:

0 – 50 m Höhe	PRANDTL-SCHICHT	PLANETARISCHE
		GRENZSCHICHT
50 – 1000 m Höhe	EKMAN-SCHICHT	(Reibungsschicht)
> 1000 m Höhe:	FREIE ATMOSPHÄRE	

2.3 Bemerkungen zur Schichteneinteilung der Atmosphäre

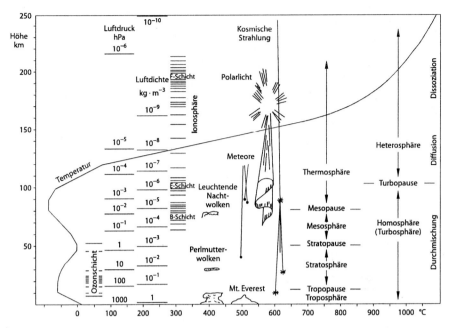

Abb. 2.20. Vertikale Verteilung von Temperatur (*ausgezogene Kurve*), Luftdruck und Luftdichte (Zahlenangaben für ausgesuchte Punkte) sowie Zuordnung der geläufigen Schichtbezeichnungen und einiger bekannter Phänomene (nach Liljequist 1974)

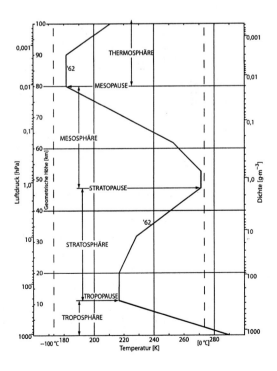

Abb. 2.21. Mittleres vertikales Temperaturprofil bis 100 km Höhe nach der „U.S. Standard Atmosphere 1962" mit den von der World Meteorological Organization angenommenen Schichtbezeichnungen

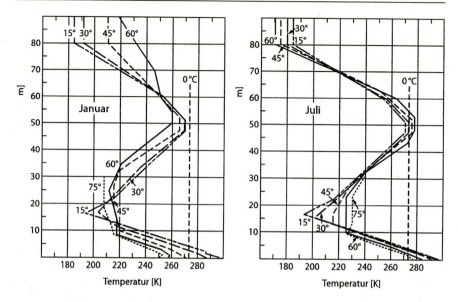

Abb. 2.22. Mittlere vertikale Temperaturprofile bis 90 km Höhe nach der „U.S. Standard Atmosphere 1962 Supplements" für 15°, 30°, 45°, 60° und 75° nördlicher Breite, jeweils für Januar und Juli (nach Valley 1965)

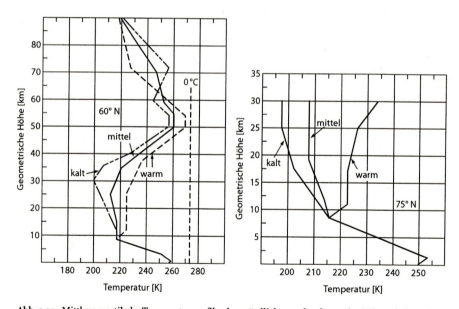

Abb. 2.23. Mittlere vertikale Temperaturprofile der nördlichen subpolaren (60°N) und der arktischen (75°N) Stratosphäre für den ganzen Winter, zusätzlich unterschieden nach kalten und warmen Wintern (nach Valley 1965), d.h. nach Wintern ohne oder mit starken Stratosphärenerwärmungen (s. Abschn. 6.10.6)

Die Abbildungen 2.20, 2.21 und 2.22 geben hierzu einige Illustrationen. So sind in Abb. 2.20 die wesentlichsten Bezeichnungen zusammengefaßt und einer Reihe von Beschreibungsparametern und Phänomenen zugeordnet. Die in Abb. 2.21 dargestellte Standardatmosphäre stellt die weltweit akzeptierte mittlere globale vertikale Temperaturverteilung dar. In Abb. 2.22 ist diese Standard-Atmosphäre nach Breitenzonen und Jahreszeiten (Winter und Sommer der Nordhalbkugel) spezifiziert. Abbildung 2.23 gibt mittlere Profile für die winterliche Stratosphäre der hohen Breiten wieder, unterschieden nach Jahren mit und ohne starke Stratosphärenerwärmungen (s. hierzu 6.10.6).

2.4
Atmosphärisches „Scale"-Verhalten und Folgerungen

Es war bereits in der Einführung darauf hingewiesen worden, daß die dynamischen atmosphärischen Prozesse und Phänomene sich über ein weites Spektrum von Zeit- und Raumskalen („Scales") erstrecken. Glücklicherweise existiert nun gewissermaßen ein Ordnungsprinzip derart, daß die Größenordnungen von charakteristischer Ausdehnung und typischer Lebensdauer der meisten dynamischen Erscheinungen der Atmosphäre einander proportional sind. In anderen Worten: Je großräumiger (kleinräumiger) eine Erscheinung ist, um so langlebiger (kurzlebiger) ist sie im allgemeinen. Das führt beispielsweise dazu, daß die in ein (x,t)-Diagramm eingetragenen charakteristischen Größen beobachteter dynamischer atmosphärischer Phänomene (Abb. 2.24) sich etwa längs der Diagonalen x = t anordnen. Die Ursache hierfür liegt in der jeweils beteiligten Menge an kinetischer Energie, für deren Erzeugung sowie anschließende Dissipation je nach Größe, d.h. beteiligter Masse, unterschiedlich lange Zeiten erforderlich sind. Außerdem läßt sich dieser schematischen Darstellung aber auch noch entnehmen, daß längs dieser Diagonalen sich eine Reihe von Häufungen ergeben („Cluster"-Bildungen), die es erlauben, gewisse Größenordnungsbereiche der atmosphärischen Dynamik voneinander abzugrenzen und u.U. auch ge-

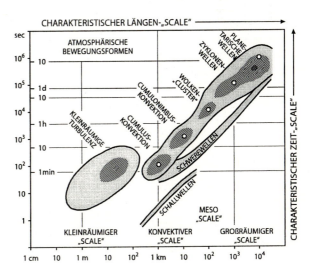

Abb. 2.24. Sogenanntes „Scale-Diagramm" der atmosphärischen Dynamik (nach Fortak 1971)

trennt zu behandeln. So werden z.B. die folgenden grundlegenden „Scales" unterschieden:

- Mikro-Scale, die *Turbulenz* („Mikro-γ"), die kleinräumige Konvektion, *Thermik* („Mikro-β"), und die mittlere Konvektion, *Quellwolken* bis zu Tornados („Mikro-α"), umfassend;
- Meso-Scale, vom *Gewitter* („Meso-γ") über die *Gebirgs-* und *Seewindzirkulationen* („Meso-β") bis zu *Wetter-Fronten* und Hurrikanen („Meso-α") reichend;
- Makro-Scale, von den *Zyklonen und Antizyklonen* der mittleren Breiten („Makro-β") bis in *globale* klimatologische Dimensionen („Makro-α") sich erstreckend.

Ein ähnlich weites Spektrum von Zeit- und Raumskalen findet sich auch unter den auf die atmosphärischen Vorgänge einwirkenden Randbedingungen, wie z.T. schon Abb. 1.6 zu entnehmen war. Das bedeutet, daß die hinsichtlich der räumlichen und auch der zeitlichen Dichte ihrer Beobachtungen praktischen und ökonomischen Beschränkungen unterliegenden Beobachtungsnetze niemals alle Skalen in ausreichendem Maße erfassen können. Aber schon mit dem technisch und finanziell Machbaren fallen riesige Datenmengen an, zu deren Bewältigung und (zumeist in Realzeit erforderlichen) Nutzung es einer straffen weltweiten, internationalen Organisation der Beobachtungen, der Daten-Formatierung und der Datenflüsse bedarf. Dieses leistet die World Meteorological Organisation (WMO), eine Unterorganisation der Vereinten Nationen, mit ihrem Sitz in Genf.

Da – wie gesagt – ausgedehnte Meßnetze aus Kostengründen nicht beliebig dicht sein können, findet durch ihre räumliche und zeitliche „Maschenweite" bereits eine Filterung der Daten statt, und zwar derart, daß z.B. das für die Zwecke der üblichen Wettervorhersage strukturierte konventionelle globale meteorologische Meßnetz die sogenannten mesoskaligen Phänomene (etwa unterhalb 50 km) schon nur noch sehr bruchstückhaft, alle kleinerskaligen Erscheinungen überhaupt nicht mehr erfaßt. Darüber hinaus werden diese niederskaligen Vorgänge auch vielfach schon durch die Wahl der Meßverfahren oder durch nachträgliche Manipulation der Meßdaten absichtlich herausgefiltert. Als Beispiel sei das Quecksilber-Thermometer erwähnt, mit dem – wo es nicht kälter als $-38{,}8\,°C$ (Erstarrungspunkt von Hg) wird – allgemein die Temperatur gemessen wird. Durch die thermische Trägheit der Quecksilberfüllung des Thermometers werden nun alle Fluktuationen der Temperatur unterhalb einer Frequenz von einigen Minuten unterdrückt. Beim Wind, und zwar bei Windrichtung und -stärke, werden diese hochfrequenten turbulenten Schwankungen, gewöhnlich als Böigkeit bezeichnet, durch einfache Mittelung über einen Zeitraum von 10 min ebenfalls ausgefiltert.

Besonders problematisch und aufwendig ist die Sondierung der freien Atmosphäre, d.h. die Gewinnung von Meßdaten aus den Luftschichten oberhalb der unmittelbaren bodennahen Schicht. Dies geschieht entweder

- vom Boden her *direkt* durch Meßgeräte, die von Ballonen (Radiosonde), Flugzeugen oder Raketen hochgetragen werden, oder *indirekt* durch „Remote Sensing" (Fernmeßverfahren), seien es Radar, Sonar, Lidar o.a., oder
- von oben her *direkt* durch sogen. Drop-Sonden von Raketen oder *indirekt* wieder durch Remote Sensing, aber diesmal von Flugzeugen oder Satelliten aus.

2.4 Atmosphärisches „Scale"-Verhalten und Folgerungen

Es ist evident, daß z.B. das Radiosondenmeßnetz aus Kostengründen bei weitem nicht so dicht sein kann wie das Meßnetz der Boden-Wetterstationen, so daß in der freien Atmosphäre das Ausfiltern niederskaliger Strukturen bei noch höheren Skalen (einige Hundert Kilometer) als bei den Bodenbeobachtungen (s. Abb. 2.25) ansetzt.

Das wirft dann natürlich sofort das Problem der räumlichen und zeitlichen Repräsentativität von meteorologischen Messungen und Beobachtungen (Korrelation der Daten benachbarter Stationen; statistische Unabhängigkeit von Messungen, u.a.m.) auf, die bei der Verwendung meteorologischer Meßdaten stets sorgfältig zu untersuchen ist.

Was die horizontale räumliche und die zeitliche Meßdichte anbetrifft, liefern meteorologische Satelliten heute relativ kostengünstig bereits Meßdaten bis zum Kilometer und zur halben Stunde (geostationäre Satelliten) herab. Das bedeutet aber einen zusätzlichen Strom gewaltiger Datenmengen.

Zu den weiteren Besonderheiten der Meteorologie gehört nun, daß von ihr von jeher Vorhersagen von zukünftigen Zuständen und Abläufen erwartet, gefordert, erwünscht, angestrebt werden. Die Vorhersage geht dabei von der Beobachtung eines Ist-Zustandes aus, dem Anfangszustand, und versucht mit Hilfe eines Modells die Beschreibung des Folgezustands (s. Abb. 2.27). Heute geschieht dies bereits weitgehend auf der Basis mathematisch-meteorologischer Modelle. Die zuvor behandelten Tatsachen bedeuten nun aber, daß die Kenntnis des Anfangszustandes *grundsätzlich* nur unvollständig sein kann, und allein daraus ergeben sich *prinzipielle* Unsicherheiten jeglicher Prognose (s. hierzu Fortak 1988, 1991). Aus denselben Gründen können aber auch die zur Vorhersage anzuwendenden Modelle *prinzipiell* niemals vollständig sein, nämlich niemals alle Skalen atmosphärischen Geschehens ausreichend genau beschreiben bzw. berücksichtigen. Es kommen also weitere prinzipielle Unsicherheiten hinzu, und da sich die eingebrachten Ungenauigkeiten zudem innerhalb der Rechenmodelle fortpflanzen, und zwar nichtlinear –d.h., sie wachsen mit der Zeit zunehmend an – so müssen die Prognosen logischerweise mit anwachsendem Vorhersagezeitraum Δt unzuverlässiger werden. Daraus ergibt sich für das Wetter eine absolute Grenze der Vorhersagbarkeit („Predictability") bei etwa 10–14 Tagen. Aber nicht nur die Unzulänglichkeit (nicht alle wirksamen Parameter sind bekannt oder berücksichtigt) des mathematischen Modells führt dieses nach einer gewissen Anzahl von Zeitschritten ins „stochastische Chaos", d.h. in einen Zustand der Nichtvor-

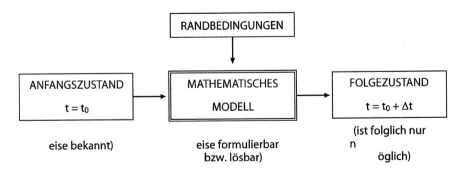

Abb. 2.25. Schematische Darstellung des Prognoseproblems der Meteorologie

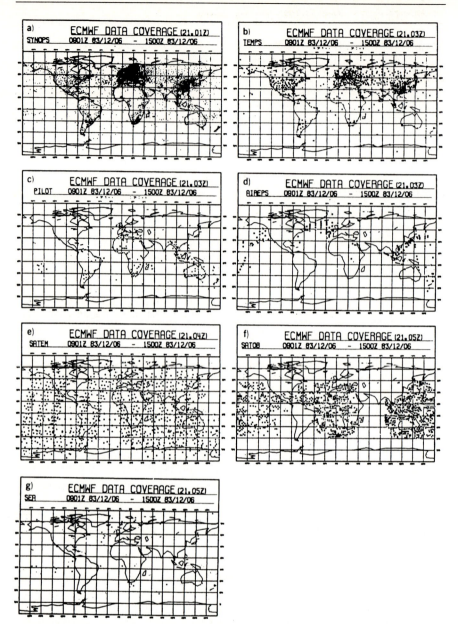

Abb. 2.26. ECMWF-Datendeckung am 6. Dezember 1983, 09–15 GMT für den Kartentermin 12 GMT als Beispiel für die Verfügbarkeit weltweiter meteorologischer Meßdaten für ein globales Rechenmodell (ECMWF = European Center for Medium-Range Weather Forecasts, Reading, England); die Orte, für die Beobachtungen vorliegen, sind durch *Symbole* markiert (nach Wergen 1984). Die einzelnen Karten betreffen: **a** *SYNOP* = Synoptische Bodenbeobachtungen (ca. 5000 Land- und 800 Schiffsmeldungen; davon insgesamt nur etwa 700 von der Südhalbkugel); **b** *TEMPS* = Radiosondenmessungen (Vertikale Profile von Temperatur, Feuchtigkeit, Luftdruck und Wind; ca. 600 Meldungen, davon etwa 50 von der Südhalbkugel); **c** *PILOT* = Vertikale Windprofile mittels Ballon-Peilungen, liegen – anstelle von Radiosondenmessungen – hauptsächlich von der Südhalbkugel

vor; d *AIREPS* = Flugzeugmeldungen (i. allg. Temperatur und Wind im Flugniveau; ca. 400–500, meist entlang der interkontinentalen Flugrouten); e *SATEM* = Vertikale Temperaturprofile mit Remote-Sensing-Verfahren von Satelliten von 09–15 GMT; f *SATOB* = Winddaten aus Wolkendriftbestimmungen aus Satelliten-Bildfolgen geostationärer Wettersatelliten; g *SEA* = Me-teorologische „Boden"-Daten von driftenden Bojen (ca. 150)

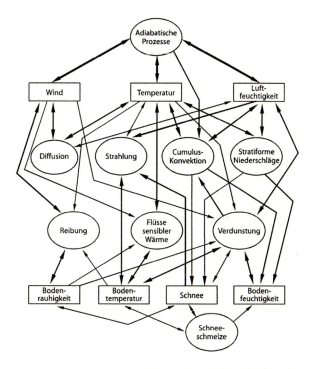

Abb. 2.27. Schematische Darstellung der komplexen physikalischen Struktur des Wettervorhersage-Modells des Europäischen Rechenzentrums ECMWF, Reading, England. Wegen des relativ kurzen Vorhersagezeitraums (maximal 10 Tage) im Vergleich zu klimatischen Prozessen, ist die Komplexität jedoch lange nicht so hoch wie beim Klimasystem (s. Abb. 1.1). (nach Edelmann 1986)

hersagbarkeit, sondern die Chaostheorie (s. z.B. Lange 1991) hat zudem gezeigt, daß wegen der nur endlich genauen Kenntnis der Anfangsbedingungen selbst ein absolut vollständiges und exaktes mathematisches Modell infolge nichtlinearer Wechselwirkungen innerhalb des Systems kurz über lang ins Chaos, und zwar ins sogenannte „deterministische Chaos" liefe. Das heißt, der Vorhersagbarkeit eines solchen Systems sind grundlegende natürliche Grenzen gesetzt.

Die Transmission der in die Atmosphäre emittierten Beimengungen und Schadstoffe und deren Immission unterliegen grundsätzlich der *Gesamtheit aller*, in sämtlichen charakteristischen Größenordnungsklassen, „Scales", der atmosphärischen Dynamik *gleichzeitig* stattfindenden, z.T. ihrer Natur nach höchst unterschiedlichen Vorgänge. Aus dieser Vielfalt erhalten jedoch, je nachdem, für welche Ausbreitungsareale und für welche Zeiträume man sich interessiert, in jedem der entsprechenden Scales spezifische, für diesen charakteristische Vorgänge jeweils besonderes Gewicht. So spielt beispielsweise für viele Fragen der Nahwirkung von bodennahen Emittenten die Betrachtung der turbulenten Diffusion die dominierende Rolle (s. Abb. 2.26), während die weiträumigen troposphärischen Verfrachtungen, in mehr kontinentalen Dimensionen, überwiegend durch die sogenannten synoptisch-skaligen Prozesse, u.U. bis hin zu Elementen der allgemeinen, globalen Zirkulation, bestimmt werden.

Wenn es schließlich um Fragen des Eindringens der halogenierten Kohlenwasserstoffe (FCKW) in die Ozonschicht geht, gewinnt – wegen der großen vertikalen Stabilität der Stratosphäre über dem größten Teil der Erde – neben der globalen Zirkulation der Gesamtatmosphäre (zumindest bis 30 km Höhe, also 99 % ihrer Masse) abermals die Diffusion für die Beschreibung eine größere Bedeutung.

In einer detaillierten Betrachtung von Ausbreitungsvorgängen im sogenannten regionalen Bereich, also in Arealen von der Größenordnung von Teilen Deutschlands, einschließlich der grenzüberschreitenden Transporte, müssen hingegen gegenüber den genannten Prozessen der synoptischskaligen atmosphärischen Dynamik jene im sogenannten Mesoscale ein besonderes Gewicht erhalten; denn diese sind den größerskaligen Vorgängen jeweils überlagert und für die meisten Detailstrukturen verantwortlich. Zu ihnen gehören etwa Phänomene wie der Berg- und Talwind, die Seewindzirkulation, Gewitter und auch noch sogenannte sub-synoptische Wirbel, wie wir sie z.B. in manchen Polartiefs (s. z.B. Rasmussen u. Zick 1987) vorfinden. Aus dieser knappen Aufzählung ist bereits ersichtlich, daß sich in diesen Phänomenen zum großen Teil unmittelbare Einflüsse der Struktur und der Topographie der Erdoberfläche widerspiegeln.

Im Meso- und Makro-Scale liegen auch die Transportzeiten von Beimengungen – bei ausreichender Verweilzeit – in Größenordnungen, bei denen im allgemeinen chemische Reaktionen zwischen den Luftbestandteilen eine Rolle spielen und deshalb in Ausbreitungsbetrachtungen unbedingt mit berücksichtigt werden müssen. Außerdem werden die Beimengungen in diesen Scales z.T. in den hydrologischen Zyklus, d.h. in Kondensations- und Niederschlagsprozesse einbezogen, die vielfach kleinräumig strukturiert sind (Konvektion) und bei denen häufig topographische Einflüsse ebenfalls von großer Bedeutung sind. Wir haben es hier also erneut mit hoch komplexen Vorgängen zu tun.

Ab Kapitel 3 wollen wir daher schrittweise die einzelnen Teilchen des „Puzzles" kennen und ihre Bedeutung und Funktion verstehen lernen.

2.5
Räumliche Vernetzungen

Das Kapitel über den allgemeinen Systemcharakter der Atmosphäre kann nicht abgeschlossen werden, ohne noch einen weiteren charakteristischen Aspekt angesprochen zu haben, der das Bild von der Komplexität dieses Systems noch vertieft. Es gilt nämlich nicht nur, daß – wie gesagt – eine Vielzahl von Wirkungskreisläufen existieren, die miteinander vernetzt sind, sondern es kommen auf der Erde auch noch Vernetzungen von räumlich weit voneinander entfernten Vorgängen hinzu. Dies soll am Beispiel eines speziellen Phänomens der Wechselwirkung zwischen Ozean und Atmosphäre dargestellt werden. Es handelt sich um einen vor etwa 20 Jahren von Bjerknes (1969) an Hand damals neueren Beobachtungsmaterials beschriebenen weiträumigen Regelmechanismus, der zu charakteristischen, mehr oder weniger regelmäßigen Schwankungen im atmosphärisch-ozeanischen Zirkulationssystem des zentralen und südlichen Pazifik führt. Sein Name „Southern Oscillation" geht dabei auf Sir Gilbert Walker (Walker 1924) zurück, der erstmals auf einen gegenläufigen statistischen Zusammenhang zwischen dem mehrjährigen Luftdruckgang über dem Indischen Ozean und Indonesien einerseits und über dem Südost-Pazifik anderer-

2.5 Räumliche Vernetzungen

seits hingewiesen hatte. Dieser Regelkreis verbindet also Erscheinungen in Gebieten, die viele Tausende Kilometer voneinander entfernt sind, und es lassen sich derartige „Telekonnexionen" inzwischen bis in unsere Breiten – und somit als globale Erscheinung – nachweisen (Wright 1985).

Das pazifische Rückkopplungssystem sei hier exemplarisch aufgegriffen, weil es am weitesten untersucht worden ist. Es existiert in einem Gebiet (vgl. Abb. 2.28), das meteorologisch durch das Ineinandergreifen der nord- und südhemisphärischen Hadley-Zirkulationen einerseits und der pazifischen Walker-Zirkulation (Bjerknes 1969) andererseits charakterisiert ist. Es läßt sich – hypothetisch und stark vereinfacht – wie folgt verstehen:

Die Hadley-Zirkulation (s. 6.10.1), bekanntlich eine über dem Ozean ausgeprägte planetarische, thermisch bedingte Vertikalzirkulation zwischen dem Subtropen-Hochdruckgürtel und der äquatorialen Tiefdruckrinne, transportiert in der oberen Troposphäre den aus der positiven Strahlungsbilanz resultierenden tropischen Wärmeüberschuß in verschiedenen Energieformen (fühlbare Wärme, latente Wärme des Wasserdampfes und Drehimpuls) polwärts, und zum Ausgleich fließt in Bodennähe kältere Luft in Form der bekannten, sehr beständigen Passatwinde äquatorwärts.

Diese üben nun – wie alle Winde – auf die Meeresoberfläche einen Windschub aus. Vor der südamerikanischen Westküste bewirkt der hier wehende Südostpassat durch seine stark ablandige Wirkungsrichtung, daß der ohnehin aus kühleren Regionen kommende Humboldt-Meeresstrom zusätzlich mit kaltem Auftriebswasser versorgt wird, was im Südostpazifik zu einer beachtlichen negativen Abweichung der Wassertemperatur vom sonst üblichen Breitenkreismittel führt (vgl. Dietrich und Ulrich 1968). Dieser relativ kalte Humboldt-Strom geht im Bereich der Galapagos-Inseln – deren Wüstenklima unter dem Äquator übrigens z.T. durch die vom Kaltwasser hervorgerufene Niederschlagsarmut herrührt – in den westwärts driftenden Äquatorialstrom über. Dessen Kaltwassercharakter bleibt trotz intensiver Sonnenbestrahlung wiederum über weite Strecken erhalten. Der Schub der hier weitgehend rein östlichen Winde sorgt nämlich erneut für kaltes Auftriebswasser. Infolge der

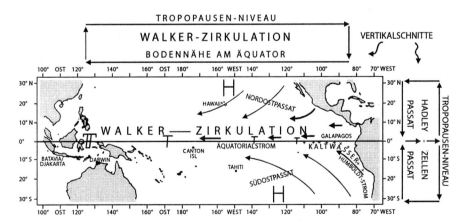

Abb. 2.28. Orientierungsskizze zum großräumigen atmosphärisch-ozeanischen Rückkopplungssystem im Pazifischen Ozean („Southern Oscillation"). Am *oberen* und am *rechten Bildrand* sind vertikale Schnitte der Troposphäre, in die Kartenebene geklappt, dargestellt

beiderseits des Äquators in entgegengesetzte Richtungen wirkenden, wegen der Westwärtsbewegung jeweils polwärts gerichteten Corioliskraft (6.8.1) driftet das Oberflächenwasser polwärts auseinander und wird durch kälteres Tiefenwasser ersetzt. Dadurch stellt sich im Äquatorialstrom ein ausgeprägtes Temperaturgefälle längs des Äquators von West nach Ost ein, das sich auch den unteren Atmosphärenschichten mitteilt.

Diese Temperaturverteilung bewirkt eine der Hadley-Zirkulation verwandte thermische Zirkulation längs des Äquators, am Boden von Ost nach West, in der mittleren und oberen Troposphäre in umgekehrter Richtung: die Walkerzirkulation (Bjerknes 1969), die sich in entsprechender Weise auch über dem äquatorialen Atlantik und dem Indischen Ozean finden läßt (Wyrtki 1982). In deren aufsteigendem Ast, im Westteil des tropischen Pazifiks, wird dadurch eine rege tropische Niederschlagstätigkeit begünstigt, während über den östlichen Teilen des tropischen Pazifiks der absinkende Teil dieser äquatorialen Vertikal-Zirkulation durch seine die tropische Quellbewölkung unterdrückende Wirkung die kaltwasserbedingte Niederschlagsarmut (Galapagos) noch zusätzlich verstärkt. Die bodennahen Ostwinde dieser Walker-Zirkulation tragen nun ihrerseits, den Passatwinden überlagert, zur Aufrechterhaltung der negativen Temperaturanomalie des Äquatorialstroms bei.

Es läßt sich eine anschauliche Kausalkette finden, die zu den erstmals von Walker beobachteten und von Bjerknes beschriebenen, verhältnismäßig regelmäßigen charakteristischen Schwankungen des geschilderten Zirkulationssystems führt. Gehen wir, unter Zuhilfenahme der Abb. 2.28 und 2.29 von einem ausgeprägten kalten Äquatorialstrom aus, dann muß in diesem Fall die Hadley-Zirkulation, die ja vom Temperaturunterschied zwischen den warmen Tropen und den demgegenüber küh-

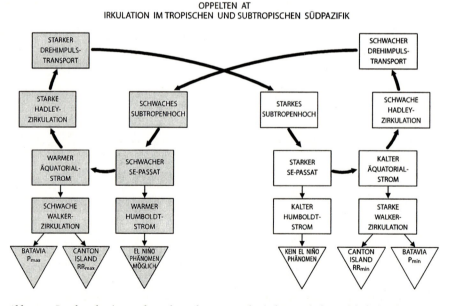

Abb. 2.29. Regelmechanismus der gekoppelten atmosphärisch-ozeanischen Zirkulation im tropischen und subtropischen Südpazifik (Southern Oscillation) (vgl. Abb. 2.28)

2.5 Räumliche Vernetzungen

leren Subtropen angetrieben wird, relativ schwach ausgeprägt sein, weil die Temperaturdifferenz gering ausfällt. Folglich ist der polwärtige Energieabtransport in die Subtropenregion geschwächt, und der verringerte Drehimpulstransport sorgt für eine schwächere Ausprägung des Subtropenhochs. Dadurch verringert sich die Luftdruckdifferenz Subtropenhoch – Äquator, die den Passat antreibt, d.h., der Südost-Passat wird geschwächt, so daß sich seine Auftriebswasserproduktion vor der südamerikanischen Küste verringert, der Humboldt-Strom wird damit wärmer und folglich schwächt sich auch die Walker-Zirkulation ab, wodurch schließlich auch der Äquatorialstrom wärmer wird.

Ein wärmeres Äquatorialgebiet facht nun aber wieder die Hadley-Zirkulation an, deren sich verstärkender Drehimpulstransport das Subtropenhoch kräftigt, damit den Südost-Passat beschleunigt und dadurch den Humboldt- und schließlich den Äquatorialstrom kälter macht. Wir sind wieder am Ausgangspunkt der Schleife, im Sinne einer negativen, d.h. system-stabilisierenden Rückkopplung.

In dieses Schema fügen sich einige bekannte kurzperiodische klimatische Schwankungen ein. Ist zum Beispiel der Äquatorialstrom kalt (starke Walker-Zirkulation), erstreckt sich seine niederschlagsdämpfende Wirkung bis weit in den zentralen Pazifik; ist er wärmer (schwache Walker-Zirkulation), treten im zentralen Pazifik – wie sonst erst weiter westlich – beachtliche tropische Regenfälle auf. Dies geht aus dem weitgehenden Gleichlauf der Kurven A und B in Abb. 2.30, durch den (dreieckigen) Indikator „Regenmenge (RR) Canton Isld." in Abb. 2.29 verdeutlicht, hervor.

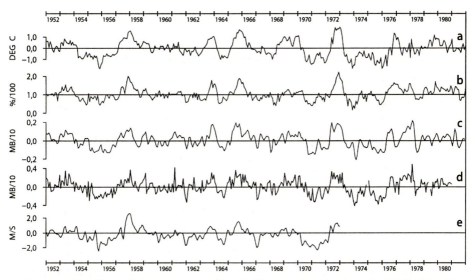

Abb. 2.30. Monatliche Mittelwerte ausgewählter Indikatoren der „Southern Oscillation" (nach Wright 1985); a Anomalie der Monatsmittel der Meeresoberflächentemperatur [K] in den Regionen 6–2°N, 170–90°W; 2°N–6°S, 180–90°W; 6–10°S, 150–110°W; b Anomalie eines Niederschlagsindex in Prozent des Normalwerts, ermittelt über maximal sechs äquatornahe Inselstationen zwischen 157°W (Christmas I.) und 167°E (Nauru); c Luftdruckanomalie in Darwin, geglättet durch ein (0,25; 0,5; 0,25)-Filter; d Luftdruckanomalie in Darwin minus Luftdruckanomalie auf Tahiti; e Anomalie der zonalen Windgeschwindigkeit in der Region 5°N–7°S, 150°E–150°W, übergreifend gemittelt wie c

Ist der Humboldtstrom ungewöhnlich warm, so tritt an der südamerikanischen Westküste, vor allem an der peruanischen, das gegebenenfalls über Monate anhaltende „El Niño"-Phänomen (s. Glossar) auf, d.h. starke, z.T. verheerende Regenfälle in dem sonst niederschlagsarmen Küstenstreifen, verbreitetes Fischsterben infolge des Ausbleibens von nährstoffreichem Tiefenwasser u.v.a.m. (vgl. Fairbridge 1967).

So waren z.B. die Jahreswenden (Südsommer) 1957/58, 1965/66, 1972/73, 1976/77 ausgesprochene El Niño-Zeiten. In den Kurvenverläufen aller dargestellten Elemente in Abb. 2.30 sind sie an den markanten Gipfeln unschwer zu erkennen. Das ganze System wird zusätzlich kompliziert, weil insbesondere bei den ozeanischen Komponenten des Regelsystems angesichts der sehr weiträumigen Verknüpfungen für die „Signalübertragung" längere Transport- und Ausbreitungszeiten benötigt werden, während demgegenüber die atmosphärischen Komponenten im allgemeinen vergleichsweise schnell auf äußere Einwirkungen reagieren.

Die Absicherung der hier geschilderten Zusammenhänge durch weitere Bearbeitung von Beobachtungsdaten sowie durch Simulation mit Hilfe numerischer Rechenmodelle ist weltweit ein gegenwärtig intensiv gepflegtes Forschungsgebiet von Meteorologen und Ozeanographen. Es erweist sich aber als besonders schwierig, weil es sich bei dem hier exemplarisch beschriebenen Regelsystem um kein in sich abgeschlossenes System handelt, sondern die hier eine Rolle spielenden Einzelfaktoren sowohl physikalisch als auch geographisch gesehen diversen äußeren Einflüssen unterliegen.

So ist – beispielsweise – die Stärke des Äquatorialstromes selbstverständlich eng mit der internen Gesamtdynamik des Pazifischen Ozeans verkoppelt und hängt daher nicht nur von der Stärke des äquatorialen Windschubs ab; die Ausprägung der subtropischen Hochdruckgürtel wird zweifellos durch ganz anderen Einflüssen unterliegende Vorgänge in den Westwindzonen der gemäßigten Breiten mitbestimmt; die Walker-Zirkulationen der drei Ozeane wiederum beeinflussen sich auch noch gegenseitig. Darüber hinaus bestehen Wechselwirkungen „am oberen Rand", nämlich mit der Stratosphäre, und es sind auch noch zahlreiche, jahreszeitlich schwankend, interne Wechselwirkungsbeziehungen und Regelkreise sowohl mit positiver als auch negativer Rückkopplung eingestreut, die hier der Übersichtlichkeit halber weggelassen wurden; als Beispiel sei lediglich die Rückwirkung der Bewölkung auf die Meeresoberflächentemperatur (über den Strahlungshaushalt) erwähnt. Wir haben es also offensichtlich mit einem komplexen, räumlich weit verteilten Regelungssystem zu tun, bei dem sowohl die zahlreichen Komponenten des Systems als auch das Gesamtsystem ständigen räumlichen und zeitlichen Schwankungen unterliegen.

Die Frage nach der Stabilität solcher dynamischen Regelsysteme unter dem Einfluß sich verändernder Randbedingungen, wie z.B. vermutete Änderungen des Strahlungs- und Wärmehaushalts durch weitere CO_2-Zunahme, wird ein wichtiger und interessanter Aspekt bei der künftigen Erforschung von Klimaveränderungen und deren Vorhersage sein. Möglicherweise pendeln sich solche Regelungssysteme, z.B. bei Veränderung der Randbedingungen über gewisse Schwellenwerte hinaus, gar sprunghaft auf neue Gleichgewichtsniveaus ein und können somit einen Schlüssel für die Erklärung mancher früherer, regional oder global extremer Zustände unseres irdischen Klimasystems – wie z.B. die Eiszeiten – liefern.

KAPITEL 3

Sonne und Erdatmosphäre (Strahlung)

3.1
Energiequellen

Die Atmosphäre empfängt Energie in Form von Strahlung von der Sonne, vom Mond und von den Sternen, aber auch durch die sogenannte Höhenstrahlung (Kosmische Strahlung) sowie durch Wärmeleitung aus dem Erdinnern. Ein Vergleich der Größenordnungen der entsprechenden Energieflüsse (s. Tabelle 3.1) zeigt: Die Sonne ist der für die Atmosphäre relevante Energielieferant! Sie liefert das fast Zehntausendfache der Summe aller übrigen Quellen.

Tabelle 3.1. Globale, langzeitliche Mittelwerte der Energieflußdichte an der Obergrenze der Atmosphäre (im Falle der Strahlung von Mond und Sonne bezogen auf eine zum Strahlengang senkrechte Fläche) bzw. an der Erdoberfläche (Wärmeleitung) (nach Hann-Süring 1939)

Mond (Vollmond)		$1{,}312 \cdot 10^{-2}$ W/m^2
(reflekt. Licht	$0{,}272 \cdot 10^{-2}$ W/m^2,	
Wärmestrahlung	$1{,}040 \cdot 10^{-2}$ W/m^2)	
Kosmische Strahlung		$0{,}0003 \cdot 10^{-2}$ W/m^2
Sternstrahlung		$0{,}0014 \cdot 10^{-2}$ W/m^2
Wärmeleitung aus dem Erdinnern		$7{,}320 \cdot 10^{-2}$ W/m^2
Nichtsolare Energiezufuhr insgesamt		$8{,}6337 \cdot 10^{-2}$ W/m^2
Sonne		$1\,370{,}0$ W/m^2

3.2
Grundlegende physikalische Strahlungsgesetze

Bevor wir uns näher mit der Sonnenstrahlung befassen, müssen wir uns zunächst mit einigen Grundlagen aus der Physik der Strahlung vertraut machen.

3.2.1
Das Plancksche Strahlungsgesetz

Das Plancksche Strahlungsgesetz beschreibt die spektrale Intensitätsverteilung der Strahlung eines Schwarzen Körpers in Abhängigkeit von seiner absoluten Temperatur:

$$B(\lambda,T) \cdot d\lambda = \frac{2 \cdot h \cdot c^2}{\lambda^5} \cdot \left[e^{h \cdot c/\lambda \cdot k \cdot T} - 1\right]^{-1} \cdot d\lambda$$

Darin ist (zur Definition des Schwarzen Körpers, s. Glossar) $B(\lambda,T)$ die sogen. Planckfunktion, d.h. die spektrale Strahlungsintensität in $[W \cdot m^{-2} \cdot sr^{-1} \cdot \mu m^{-1}]$;

k = Boltzmann-Konstante = $1,381 \times 10^{-23}$ $J \cdot K^{-1}$;
h = Planck-Konstante = $6,626 \cdot 10^{-34}$ $J \cdot s$;
c = Lichtgeschwindigkeit im Vakuum = $2,9979 \cdot 10^8$ $m \cdot s^{-1}$;
λ = Wellenlänge der Strahlung [µm];
T = absolute Temperatur [K].

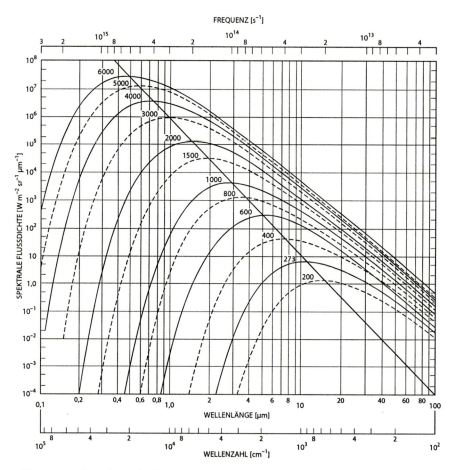

Abb. 3.1. Darstellung der spektralen Emission (Planck-Funktion) eines Schwarzen Körpers in Abhängigkeit von der Temperatur (beide Skalen sind logarithmisch!) (nach Valley 1965)

3.2 Grundlegende physikalische Strahlungsgesetze

Die Planckformel lautet in verkürzter Schreibweise:

$$B(\lambda, T) \cdot d\lambda = c_1 \cdot \lambda^{-5} \cdot \left[e^{c_2/\lambda \cdot T} - 1\right]^{-1} \cdot d\lambda$$

mit $c_1 = 3{,}74 \cdot 10^{-16}$ [W·m^2] und $c_2 = 1{,}44 \cdot 10^{-2}$ [m·K].

In den Abb. 3.1 und 3.2 ist der Verlauf der Planckfunktion für verschiedene Temperaturwerte in unterschiedlicher Darstellungsweise wiedergegeben.

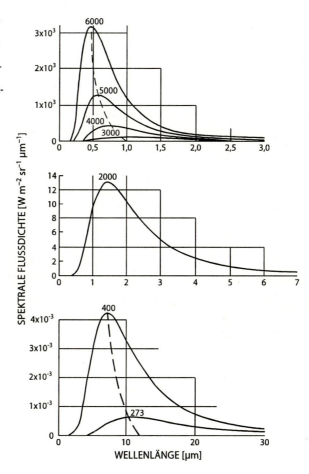

Abb. 3.2. Darstellung der spektralen Emission (Planckfunktion) eines Schwarzen Körpers in Abhängigkeit von der Temperatur (nach Valley 1965). Beide Skalen sind linear (!); man beachte die stark unterschiedlichen Größenordnungsskalen der Ordinaten

3.2.2
Das Stefan-Boltzmann-Gesetz

Die Planck-Formel beschreibt die Abhängigkeit der Strahlungsintensität eines Schwarzen Körpers von der Wellenlänge und der Temperatur. Wird die Frage gestellt nach der vom Schwarzen Körper über alle Wellenlängen und über den ganzen Halbraum summiert emittierten Strahlung, der Gesamtemission, so beantwortet dies das

Stefan-Boltzmann-Gesetz, das sich durch Integration der Planckfunktion über den Halbraum – unter der Annahme *isotroper* (d.h. von der Richtung unabhängiger) Strahlung – sowie über alle Wellenlängen hinweg ergibt:

$$E = \sigma \cdot T^4 \; [W \cdot m^{-2}]$$

mit $\sigma = (5{,}6697 \pm 0{,}0029) \cdot 10^{-8}$ [$W \cdot m^{-2} \cdot K^{-4}$] (Stefan-Boltzmann-Konstante).
Daraus lassen sich drei Folgerungen ableiten:

1) Jeder Körper, der eine von Null verschiedene Temperatur [K] hat, sendet eine (sogenannte 'thermische') Strahlung aus.
2) Seine Emission ist sehr stark (4. Potenz!) von seiner (absoluten) Temperatur abhängig.
3) Kann ich die Gesamtemission eines (Schwarzen) Körpers messen, so kann ich damit seine Temperatur bestimmen.

Letzteres hat sehr große praktische wissenschaftliche und technische Bedeutung, denn hierauf begründet sich ein wesentlicher Teil der experimentellen Methoden der Astrophysik und der modernen Fernmeßmethoden (remote sensing), z.B. der meteorologischen sowie der übrigen erdwissenschaftlichen Satelliten und Weltraumsonden, aber auch der Infrarot-Thermographie.

Ein Beispiel: Wir berechnen aus der Kenntnis der auf die Erde einfallenden Sonnenstrahlung die Temperatur der (strahlenden Schicht der) Sonne. Bekannt sei der mittlere Abstand der Erde von der Sonne (1 AE = astronomische Einheit):

$$R_{AE} = 1{,}49 \cdot 10^{11} \; m$$

Dann ist die Kugelfläche um den Sonnenmittelpunkt im mittleren Abstand der Erde von der Sonne:

$$F_{AE} = 4\pi \cdot R_{AE}^2 = 2{,}8 \cdot 10^{23} \; m^2$$

Bekannt sei ferner die Strahlungsintensität der Sonne im Abstand 1 AE (die „Solarkonstante" s. weiter unten):

$$S_0 = 1370 \; Wm^{-2}$$

Daraus ergibt sich als Gesamt-Emission der Sonne:

$$E_{AE} = F_{AE} \cdot S_0 = 3{,}822 \cdot 10^{26} \; W$$

Diese Energie durchsetzt die Sonnenoberfläche insgesamt. Nun ist der Sonnenradius:

$$R_0 = 6{,}95 \cdot 10^8 \; m$$

d.h. die Sonnenoberfläche umfaßt:

$$F_0 = 4\pi \cdot R_0^2 = 6{,}0699 \cdot 10^{18} \; m^2$$

Die Emission an der Sonnenoberfläche pro Flächeneinheit ist dann:

$$E_o = \frac{E_{AE}}{F_o} = \frac{3{,}822 \cdot 10^{26}}{6{,}0699 \cdot 10^{18}} = 6{,}2967 \cdot 10^7 \; W \cdot m^{-2},$$

und aus dem Stefan-Boltzmann-Gesetz folgt schließlich

$T_\odot = E_o/\sigma = 1{,}1106 \cdot 10^{15}$ [K^4] ($\sigma = 5{,}672 \cdot 10^{-8}$ $Wm^{-2} \cdot K^{-4}$) bzw.

$\underline{T_\odot = 5772 \; K}$ als Temperatur der „Sonnenoberfläche".

3.2.3
Das Wiensche Verschiebungsgesetz

Wir können die Planck-Formel noch weiter untersuchen, beispielsweise nach der Lage des Maximums fragen (Extremwertaufgabe); dazu müssen wir die Planck-Formel differenzieren und die erste Ableitung Null setzen. Es ergibt sich:

$\lambda_{max} = (h \cdot c)/(4{,}965 \cdot k \cdot T)$

bzw.

$$\lambda_{max} \cdot T = \frac{h \cdot c}{4{,}965 \cdot k} = \text{const.} = 0{,}2898 \; [cm \cdot K] = 2897{,}82 \; [\mu m \cdot K]$$

Daraus läßt sich folgern: (a) Je wärmer (heißer) ein Körper ist, um so kürzer ist die Wellenlänge des Intensitätsmaximums seiner thermischen Strahlung. (b) Dieses Wiensche Verschiebungsgesetz erlaubt es – unter der Annahme, daß der Strahler ein Schwarzer Körper ist –, die Temperatur des Strahlers zu bestimmen, wenn man sein Spektrum wenigstens so weit kennt, daß man die Wellenlänge (λ_{max}) des Intensitätsmaximums angeben kann. Es ist dann

$$T = \frac{0{,}2898 \; [cm \cdot K]}{\lambda_{max} \; [cm]} = \frac{2897{,}8 \; [\mu m \cdot K]}{\lambda_{max} \; [\mu m]}$$

Ein Beispiel: Wir können abermals versuchen, die Temperatur der Sonnenoberfläche zu bestimmen. Spektroskopische Beobachtungen zeigen, daß an der Obergrenze der Atmosphäre

$\lambda_{max, \odot} = 0{,}475 \; \mu m$ (im Blau)

ist, woraus nach dem Wienschen Verschiebungsgesetz $\underline{T_\odot = 6101 \; K}$ als Temperatur der „Sonnenoberfläche" folgt. Aus dem Vergleich mit der weiter oben abgeleiteten Sonnentemperatur können wir folgern, daß die Sonnenstrahlung offenbar aus Schichten stammt, die Temperaturwerte zwischen ca. 5 800 K und ca. 6 100 K aufweisen (s. hierzu 3.4).

Eine weitere Folgerung: Wenn die Temperatur eines Strahlers bekannt ist, erlaubt das Wiensche Verschiebungsgesetz – unter der Annahme, daß es sich um einen

Schwarzen Körper handelt – die Berechnung der Wellenlänge des Intensitätsmaximums der emittierten (thermischen) Strahlung.

Ein weiteres Beispiel: Die mittlere Temperatur der Erdoberfläche beträgt T_E = 288,15 K (U.S. Standard Atmosphere 1962). Daraus folgt

$\lambda_{max,E}$ = 10,06 μm (Infrarot)

für die Wellenlänge der mittleren maximalen Intensität der (thermischen) Emission der Oberfläche der Erde.

3.2.4
Das Kirchhoffsche Strahlungsgesetz

Dieses Gesetz macht Aussagen über das Verhältnis von emittierter Strahlungsintensität zum Absorptionsvermögen eines beliebigen Körpers. Wenn E(T) die emittierte Strahlung, α das Absorptionsvermögen und Indizes verschiedene Körper bezeichnen, dann lautet das Kirchhoffsche Gesetz:

$$\frac{E_1(T)}{\alpha_1} = \frac{E_2(T)}{\alpha_2} = E_{BB}(T)$$

mit $E_{BB}(T)$ = Emission eines Schwarzen Körpers (Black Body) der Temperatur T. Daraus läßt sich folgern:

1) Das Verhältnis von Emission und Absorptionsvermögen ist für alle Körper eine Konstante.
2) Die Konstante ist gleich der Emission eines Schwarzen Körpers (E_{BB}) (α_{BB} = 1!) von gleicher Temperatur, also unabhängig von der stofflichen Zusammensetzung und der Orientierung; aber temperaturabhängig.
3) Die Emission eines nichtschwarzen Körpers (E_1; $\alpha_1 < 1$) ist geringer als die eines Schwarzen Körpers, nämlich um den Faktor $1/\alpha_1$; der Schwarze Körper weist die maximal mögliche Emission auf. Definieren wir ein Emissionsvermögen ε („emissivity") ($0 \leq \varepsilon \leq 1$) durch

   $\varepsilon = E(T)/E_{BB}(T)$,

   wobei für den Schwarzen Körper also ε_{BB} = 1 wäre, so wird aus $E_1/\alpha_1 = E_{BB}(T)$ durch Umsortieren $E_1/E_{BB}(T) = \alpha_1$, d.h., $\varepsilon_1 = \alpha_1$, und das bedeutet:
4) Emissionsvermögen und Absorptionsvermögen eines Körpers sind gleich, d.h. „ein guter (schlechter) Absorber ist auch ein guter (schlechter) Strahler".

MERKE: Da die Ableitung des Gesetzes für einzelne Wellenlängen zum selben Ergebnis führt, gilt das Kirchhoffsche Gesetz auch spektral! Dies ist auf der Grundlage der Quantenphysik (s. Termschema, Bohrsches Atommodell) leicht zu verstehen; also

$E_\lambda/\alpha_\lambda = E_{BB}(\lambda,T)$ und $\varepsilon_{1,\lambda} = \alpha_{1,\lambda}$

ANMERKUNG: Das Kirchhoffsche Gesetz gilt mit genügender Genauigkeit auch dann, wenn thermisches Gleichgewicht nicht exakt gegeben ist, *sofern* die Temperaturdifferenz zwischen den Körpern nicht zu groß wird. Das heißt, man kann davon ausgehen, daß das Kirchhoffsche Gesetz unter den meisten terrestrischen Bedingungen gilt. Daher wird in der Praxis auch das spektrale Emissionsvermögen durch Messungen des spektralen Absorptionsvermögens bestimmt.

3.3
Sonne, Sonnenwind, Magnetfeld, Obergrenze der Atmosphäre

Die Sonne ist ein glühender Gasball von 1,4 Mio. km Durchmesser, ein Kernfusionsreaktor. Er emittiert:

- *Elektronen*,
- *Alpha-Teilchen* (He-Kerne),
- *Protonen*,
- *solare kosmische Strahlung* (hochenergetische „Protonenschauer" bis zu 1 GeV (10^9 eV), in der Hochatmosphäre durch Sekundärreaktionen Neutronenströme hervorrufend),
- *Photonen* (Lichtquanten), d.h. Wellenstrahlung von der harten Röntgenstrahlung (Gamma-Strahlung) bis hin zur Radiostrahlung,
- *Radiostrahlung*, und zwar mm-Wellen aus der Photosphäre, cm-Wellen aus der Chromosphäre, sowie dm- und m-Wellen aus der Korona der Sonne stammend (vgl. Abb. 3.3).

Der solare Teilchenstrom, ein ständiger Plasmastrom, d.h. ein Gemisch positiv und negativ geladener elektrischer Teilchen, wird als Sonnenwind (solar wind) bezeichnet, der das Magnetfeld der Erde deformiert und auf der der Sonne zugewandten Seite in etwa 12 Erdradien Abstand die Magnetopause, auf der der Sonne abgewandten Seite den sogenannten Magnetschweif bildet (s. Abb. 3.4).

Die Magnetopause kann als die Begrenzung der Atmosphäre zum interplanetaren Raum angesehen werden, ist aber auf der der Sonne abgewandten Seite nicht definiert.

Zwischen 1,5 und 10 Erdradien (R) Abstand vom Erdmittelpunkt befinden sich die Van-Allen-Strahlungsgürtel der Erde. Der innere Strahlungsgürtel bei 1,5 R (9500 km), d.h. in 3200 km Höhe, besteht hauptsächlich aus Protonen; er ist zeitlich weitgehend stabil. Daran schließt eine relative Lücke bei etwa 2,0 R (6370 km Höhe) an; ihr folgt der äußere Strahlungsgürtel, überwiegend aus Elektronen bestehend. Er zeigt seine maximale Ausprägung bei 5 R (31850 km), d.h. in 25480 km Höhe; seine Intensität ist stark variabel.

Die Herkunft der in den Strahlungsgürteln eingefangenen Strahlungsteilchen („trapped radiation") ist noch ungeklärt; die „Neutronen-Albedo-Hypothese" vermutet, daß es sich um nach außen gestreute Neutronen handelt, die in der unteren Hochatmosphäre durch die kosmische (oder auch 'Höhen-') Strahlung gebildet werden und nach 12 min Lebensdauer in Protonen, Elektronen und Antineutrinos zerfallen.

Aus Störungszonen auf bzw. in der Sonne stammende exzessive solare Korpuskularstrahlung erreicht häufig die Umlaufbahn der Erde und dringt auch in die Erdatmosphäre ein. Hier ruft sie eine ganze Reihe von Ereignissen wie Funkstörungen,

Polarlicht (z.B. aurora borealis = „Nordlicht") und diverse erdmagnetische Störungen hervor.

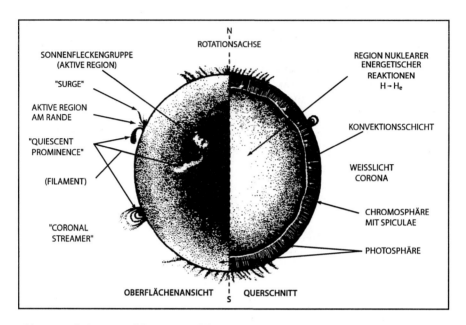

Abb. 3.3. Erscheinungen auf der Sonne und ihre Bezeichnungen (nach Valley 1965)

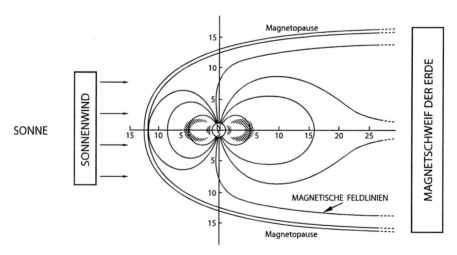

Abb. 3.4. Das Magnetfeld der Erde im Sonnenwind. Die *Doppellinie* markiert die Magnetopause. Die ungefähre Lage der Van-Allen-Strahlungsgürtel ist *schraffiert* gekennzeichnet. Die Anströmrichtung des Sonnenwindes in bezug auf die erdmagnetische Achse variiert mit der Jahreszeit bzw. im Gefolge von säkularen Magnetpolwanderungen (nach Dobson 1968)

3.4 Strahlung der Sonne, Solarkonstante

Das Wellenlängenspektrum der elektromagnetischen Strahlung der Sonne reicht von Bruchteilen eines Ångström bis zu Hunderten von Metern (s. Abb. 3.3 und 3.4). 98 % der totalen ausgestrahlten Energie liegen jedoch im Wellenlängenbereich von 2500 Å–30 000 Å, d.h. zwischen 0,25 µm (Ultraviolett: UV) und 3 µm (Nahes Infrarot: IR). Das Intensitätsmaximum der von der Erdatmosphäre unbeeinflußten Sonnenstrahlung befindet sich bei $\lambda_{MAX}= 0{,}47$ µm, d.h. im Blau, das jedoch wegen der hohen Leuchtdichte für das menschliche Auge als bläuliches Weiß wahrgenommen werden würde. Für Beobachter nahe der Erdoberfläche bewirkt die Atmosphäre (s. weiter unten) eine Verschiebung dieses Wertes nach $\lambda = 0{,}55$ µm (im Gelbgrün), so daß uns die Sonne weiß-gelblich erscheint. Die Strahlung in diesem Spektralbereich stammt im wesentlichen aus der Photosphäre (s. Tabelle 3.2).

Tabelle 3.2. Übersicht über das elektromagnetische Spektrum der Sonnenstrahlung

Bezeichnung	λ (übliches Maß)	λ [cm]	ν [Hz]	Energie [eV]	Erzeugung
Gammastrahlen	0,1 Å → 0	$10^{-9} \to 0$	$3 \cdot 10^{19} \to \infty$	$10^6 \to \infty$	natürliche Atomkern-Fusion, innere Atomelektronen
Röntgenstrahlen	0,1 – 100 Å	$10^{-6} - 10^{-9}$	$3 \cdot 10^{16} - 3 \cdot 10^{19}$	$10^2 - 10^5$	
Fernes UV	100 – 2000 Å				
Mittleres UV	2000 – 3150 Å				thermische Strahlung von Atomen, Molekülen, Ionen
Nahes UV	3150 – 3800 Å	$10^{-4} - 10^{-6}$	$3 \cdot 10^{10} - 3 \cdot 10^{16}$	$10^{-4} - 10^2$	
Sichtbares	0,38 – 0,72 µm				
Nahes IR	0,72 – 2,5 mm				
Mittleres IR	2,5 – 30 mm				
Fernes IR	30 – 1000 mm				
Mikro- und Radiowellen (Elektrische Wellen)	1 mm → ∞	$10^{-1} \to \infty$	$0 \to 3 \cdot 10^{10}$	$0 \to 10^{-3}$	Synchrotronstrahlung oder Plasmaschwingungen (jedenfalls nicht thermisch)

Ursprüngliche Energiequelle ist die im Sonnenkern stattfindende Kernfusion von Wasserstoff zu Helium (vermutlich im sog. Bethe-Weizsäcker-Zyklus), wobei nach der Einstein-Formel $E = m \cdot c^2$ Masse in Energie (Wärme und Strahlung) verwandelt wird: 4 H haben 4,03257 Masseneinheiten, $^4_2$He hat aber nur 4,00389 Masseneinheiten, d.h., der sog. Massendefekt $\delta_m = 0{,}02868$ wird bei jeder Reaktion in Energie umgewandelt, insgesamt schätzungsweise $4{,}3 \cdot 10^6$ t/s, wobei $700 \cdot 10^6$ t/s Wasserstoff in

Helium verwandelt werden. Die gesamte Energieproduktion der Sonne beträgt $3{,}7 \cdot 10^{26}$ W.

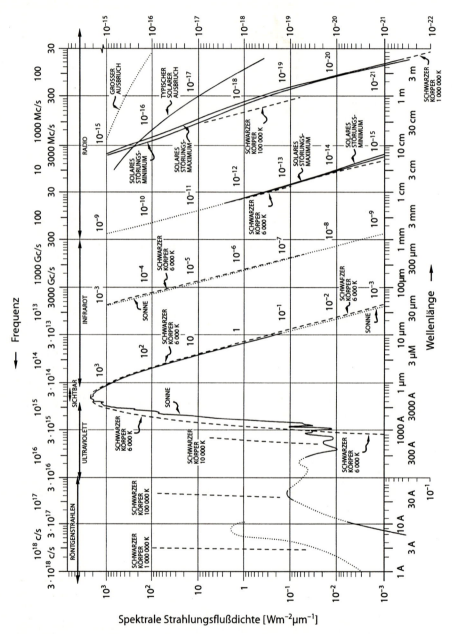

Abb. 3.5. Das Sonnenspektrum – die spektrale Verteilung der Intensität der Sonnenstrahlung außerhalb der Erdatmosphäre

3.4 Strahlung der Sonne, Solarkonstante

Die Strahlungsflußdichte der Solarstrahlung im Abstand einer Astronomischen Einheit (1 AE) von der Sonne, die sogenannte Solarkonstante, beträgt nach neuesten Messungen und Berechnungen in guter Näherung im Mittel

$$I_0 = 1370 \text{ W/m}^2 \; (1{,}97 \text{ cal·cm}^{-2}\text{·min}^{-1}).$$

Sie stellt die durchschnittliche Sonneneinstrahlung auf eine zum Strahlengang senkrechte Fläche an der Obergrenze der Atmosphäre dar. Diese „Konstante" weist infolge der Elliptizität der Erdbahn eine *reguläre* Jahresschwankung von 6,7 % auf, d.h., die tatsächlichen täglichen Werte sind von dem obigen Wert verschieden, aber tabuliert (s. z.B. Linke und Baur 1970, S. 520; aber Vorsicht (!): Die Werte im „Linke" sind auf einen alten Wert von $I_0 = 1396$ W/m^2 bezogen !).

Diese „Konstante" fluktuiert nach derzeitiger Erkenntnis außerdem im Zeitraum von Tagen und Wochen um Beträge in der Größenordnung von 0,1 %. Ursache dieser Fluktuation ist die Störungsaktivität der Sonne, zum Teil im Zusammenhang mit Sonnenflecken, d.h. kälteren und daher dunkler erscheinenden Partien der scheinbaren Sonnenoberfläche. Diese Störungstätigkeit macht sich aber fast nur im sehr kurzwelligen Spektralbereich (Röntgenstrahlung) sowie im sehr Langwelligen, der Radiostrahlung der Sonne, bemerkbar, also in beiden Fällen weit entfernt vom Intensitätsmaximum (vgl. Abb. 3.5). Daher ist ihr Beitrag zur Gesamtemission relativ gering. Diese solaren Störungen wirken sich – wie oben schon erwähnt – hauptsächlich in der Hochatmosphäre aus. Wirkungen auf das Wetter konnten bisher nicht zweifelsfrei nachgewiesen werden.

Die Störungstätigkeit der Sonne, charakterisiert durch die Größe und Anzahl der Sonnenflecken, weist eine deutliche 11,2jährige Periode auf, die sog. Sonnenflecken-

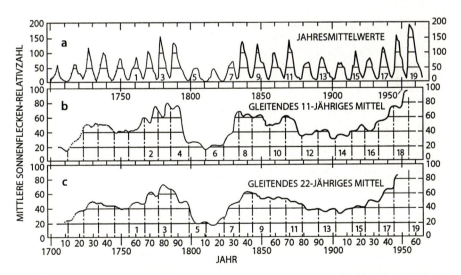

Abb. 3.6. Mittelwerte der Sonnenflecken-Relativzahl von 1700–1960. Der Verlauf der Jahresmittelwerte (a) zeigt (numeriert) die 11jährige Sonnenfleckenperiode (nach Valley 1965). Die 11- und 22jährig übergreifenden gleitenden Mittel (b und c) filtern die 11jährige bzw. die 22jährige Periode heraus. Übrig bleiben langsamere Variationen, von denen bisher nicht sicher ist, wie weit sie weitere periodische Anteile enthalten

periode (s. Abb. 3.6). Alle Versuche, wenigstens diese Periode in atmosphärischen Größen wiederzufinden, brachten bisher ebenfalls keine eindeutigen Ergebnisse. Ursache dafür sind (a) im komplizierten Innenleben der Atmosphäre und (b) in den gleichzeitigen Wechselwirkungen mit anderen Systemen (z.B. den Ozeanen) und in geophysikalischen Störgrößen zu suchen, wie z.B. in der Tätigkeit von Vulkanen, deren meist sporadische Ausbrüche von Gas und Asche ebenfalls auf den Strahlungs- und Wärmehaushalt der Atmosphäre einwirken (Labitzke 1991). Etwaige Störimpulse seitens der Sonne gehen offenbar im Rauschen der normalen internen atmosphärischen Fluktuationen unter. Erst in jüngster Zeit scheint es gelungen, erste Anzeichen für einen direkten Zusammenhang zwischen der Sonnenaktivität (Sonnenfleckenperiode) und Schwankungen der globalen Zirkulation, und zwar anhand der Quasi-Biennial Oscillation („QBO") zu finden (Labitzke 1988) (vgl. hierzu 6.10.6).

Die von Ballonen und Raketen in verschiedenen Höhen über der Erdoberfläche aufgenommenen Sonnenspektren (s. z.B. Abb. 3.7) reichen mit zunehmender Höhe immer weiter ins kurzwellige UV hinein, was mit der vertikalen Abnahme eines atmosphärischen Einflusses auf die einfallende Sonnenstrahlung, nämlich die mit der Höhe abnehmende Absorption von Strahlung erklärt werden kann. Das heißt, daß Atmosphäre und Sonnenstrahlung in Wechselwirkung treten, und damit wollen wir uns im folgenden beschäftigen.

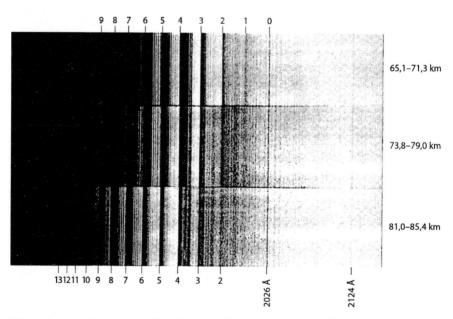

Abb. 3.7. Spektren der Sonnenstrahlung im Spektralbereich von 1750–2125 Å, aufgenommen an Bord einer Rakete aus Richtung der untergehenden Sonne, d.h. bei großen Weglängen durch die Atmosphäre, in verschiedener Höhe. Die Spektrallinien sind *hell* dargestellt. Es zeigt sich ganz deutlich, daß die Spektren sich mit zunehmender Höhe in Richtung auf kürzere Wellenlängen ausweiten, als Folge abnehmender atmosphärischer Absorption, die in diesen Höhen hauptsächlich im kurzwelligen UV stattfindet (nach Valley 1965)

3.5 Wechselwirkungen zwischen Sonnenstrahlung und Atmosphäre

Strahlung tritt beim Durchgang durch Materie vielfach mit dieser in Wechselwirkung, wobei sie verschiedene Veränderungen erfahren kann:

- Diffraktion (Beugung),
- Dispersion (spektrale Zerlegung),
- Polarisation (Beeinflussung der Schwingungsebene) und
- Refraktion (Brechung),
- Spiegelnde Reflexion,
- Absorption,
- Streuung (Scatter) und
- diffuse Reflexion.

Die ersten fünf sind im allgemeinen Gegenstand der Meteorologischen Optik; sie erzeugen eine Reihe von z.T. spektakulären optischen Erscheinungen in der Atmosphäre, wie Halos (Ringe um Mond und Sonne), Regenbogen, diverse Luftspiegelungen (Fata Morgana), etc. Die in unserem Zusammenhang wichtigeren Prozesse sind dagegen die letzten drei: Absorption, Streuung und diffuse Reflexion.

3.5.1 Absorption

Die Absorption ist jene Wechselwirkung von Strahlung und Materie, bei der die Strahlungsenergie von der Materie aufgenommen und „verbraucht", d.h. unmittelbar in andere Energieformen umgewandelt wird. Sie tritt dann in Erscheinung als:

- *Dissoziationsenergie*, die zur Aufspaltung von Molekülen dient – darauf gründet sich weitgehend die Photochemie –,
- *Ionisationsenergie*, die zum Heraussprengen von Elektronen aus Atomen oder Molekülen dient (Ionosphäre), oder als
- *Wärme* (thermische Energie = kinetische Energie der Luftteilchen).

Absorption erfolgt bei materialspezifischen Wellenlängen, in charakteristischen Spektrallinien oder -banden, je nachdem, ob wir es mit ein- oder mehratomigen Gasen zu tun haben (s. hierzu Abb. 3.18).

3.5.1.1 Photo-Ionisierung, Ionosphäre

Wie sich aus der Deutung der Ausbreitung von kurzen Radiowellen durch Kennelly 1902 und Heaviside 1902 ergab und inzwischen durch direkte Messungen mittels Raketen und künstlicher Erdsatelliten bestätigt wurde, gibt es in der höheren Erdatmosphäre eine Zone elektrisch leitender Schichten, die Ionosphäre (s. Abb. 3.8–3.10). Nach Chapman 1930 entstehen diese Schichten durch Photo-Ionisation von Luftmolekülen durch die kurzwellige Sonnenstrahlung. Die zur Zeit als wesentlichste angesehenen photochemischen Prozesse in der Ionosphäre führt Tabelle 3.3 auf.

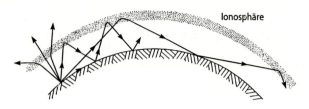

Abb. 3.8. Radiowellenausbreitung und Ionosphäre (nach Liljequist 1974): In den elektrisch leitenden Schichten der Ionosphäre werden die Radiowellen abgelenkt, bei entsprechend schrägem Einfall zur Erdoberfläche zurückgebrochen. Diese „Totalreflexion" ermöglicht die Radiowellenausbreitung über weite Distanzen. Dadurch ist z.B. der Kurzwellen-Radioempfang rund um den Globus möglich. Vor dem Satellitenzeitalter war das ein wichtiges Element der Radio-Telekommunikation

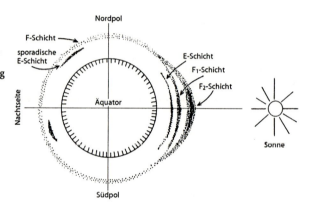

Abb. 3.9. Schematische Lage der irdischen Ionosphärenschichten, relativ zur Sonnenposition, zur Zeit der Tag- und Nachtgleiche (nach Liljequist 1974). Die Darstellung ist nicht maßstabsgerecht!

Tabelle 3.3. Die wesentlichsten zur Bildung der Ionosphäre beitragenden photochemischen Prozesse der Hochatmosphäre (hν = Lichtquant, ν = Frequenz der Strahlung, h = Planck-Konstante)

Photochemischer Prozeß	Wellenlänge [Å]	Schicht
$NO + h\nu \longrightarrow NO^+ + e$	1215,7 (Lyman-a)	D
$O_2 + h\nu \longrightarrow O_2^+ + e$	1024,7 (Lyman-ß)	E
$O_2 + h\nu \longrightarrow O_2^+ + e$	1012 – 910	D
$O + h\nu \longrightarrow O^+ + e$	910 – 795	F_1, F_2
$N_2 + h\nu \longrightarrow N_2^+ + e$	795 – 755	E
$O_2 + h\nu \longrightarrow O_2^+ + e$	744 – 661	E
$N_2 + h\nu \longrightarrow N_2^+ + e$	661 – 585	F

Die spektrale Produktionsrate von Ionen bzw. Elektronen hängt vom Produkt $(F_\lambda \cdot \varrho)$ ab, d.h. vom Produkt der in einem der Absorption unterliegenden Wellenlängenabschnitt $\delta\lambda$ zur Ionisation zur Verfügung stehenden Strahlung, der spektralen Strahlungsflußdichte F_λ, und der Anzahl der vorhandenen, bei diesen Wellenlängen

3.5 Wechselwirkungen zwischen Sonnenstrahlung und Atmosphäre

Abb. 3.10. Vertikalverteilung der Konzentration von Luftmolekülen insgesamt [Teilchenzahl pro cm^{-3}] (*rechte Kurve*) und freien Elektronen [Anzahl pro cm^{-3}] (*linke Kurve*) (nach Wallace u. Hobbs 1977)

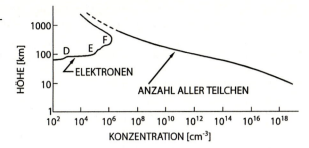

Abb. 3.11. Schematische Illustration der Schichtenbildung in der Ionosphäre als Folge gegenläufigen Verhaltens mit der Höhe von spektraler solarer Strahlungsflußdichte Fλ und Dichte ϱ des bei der entsprechenden Wellenlänge ionisierbaren Gases (nach Fleagle u. Businger 1980)

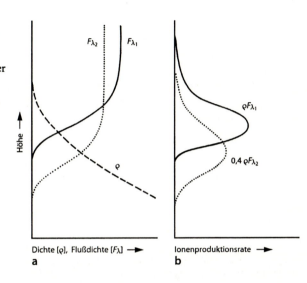

Tabelle 3.4. Übersicht über den Schichtaufbau der Ionosphäre und die in den einzelnen Schichten vorherrschenden physikalischen Bedingungen

Schicht	Höhe [km]	Ionisierende Strahlung	Hauptsächliche Ionen	Elektronendichte im Max. [cm^{-3}]	Höhe des Max. [km]
D	50–85	Lyman-α, Röntgen, Kosmische	NO^+, O_2^+	$\approx 10^3$	80
E	85–150	UV, weiche Röntgen ≈ 100 Å	O_2^+, NO^+, O^+	$1{,}5 \cdot 10^5$	105
F	> 150	UV 300–1000 Å	untere Region: O_2^+, NO^+; mittl. Region: O^+; obere Region: He^+, H	$2 \cdot 10^5$ (F$_1$) 10^6 (F$_2$)	170 320

ionisierbaren Moleküle (Gasdichte ϱ). Wegen des gegenläufigen Verhaltens von F_λ und ϱ mit der Höhe kommt es (s. Abb. 3.11) bei jedem einzelnen Prozeß in jeweils einer bestimmten Höhe zur Ausbildung eines Maximums der Ionenproduktion. Die Überlagerung dieser Einzelprozesse führt zur Bildung von im wesentlichen 3 (ztw. 4) Maxima der Ionen- bzw. Elektronenkonzentration, die als D-, E-, F-Schicht (die F-Schicht tageszeitlich aufgespalten in F_1 und F_2) bezeichnet werden.

Die Obergrenze der Ionosphäre (s.Tabelle 3.4) wird bei etwa 2500 km angenommen. An ihre F-Schicht schließt sich nach oben von 600 km bis vielleicht 1000 km Höhe die Helium-Ionen-Schicht an, darüber die Protonosphäre {Schicht der Wasserstoffkerne (H^+)}; diese beiden Schichten werden gewöhnlich als Exosphäre zusammengefaßt.

3.5.1.2
Photo-Dissoziation, Photochemie, Ozonschicht

Unter Photo-Dissoziation wird die Zertrennung von bi- oder polyatomaren Molekülen als Folge der Absorption solarer Lichtquanten verstanden, in allgemeiner Form beschrieben durch

$$XY + h\nu \longrightarrow X + Y.$$

Diese Reaktion begründet die Photochemie der Atmosphäre, da sich daran meist eine Folge von Sekundärreaktionen anschließt. Exemplarisch sei (in vereinfachter Form, nach der Chapman-Theorie) auf die Photochemie des stratosphärischen Ozons eingegangen.

3.5.1.2.1
Das stratosphärische Ozon

Dissoziation eines Sauerstoff-Moleküls tritt ein, wenn es von einem geeigneten Photon getroffen wird, d.h. von einem Photon, dessen Energie mindestens den Betrag der spezifischen Dissoziationsenergie dieses Moleküls aufweist:

$$O_2 + h\nu \longrightarrow O + O.$$

Die Mindestenergie, die dazu benötigt wird, entspricht derjenigen von Photonen der Wellenlänge $\lambda = 2424$ Å $= 242,4$ nm, d.h., Lichtquanten (Photonen) dieser oder aller kürzeren Wellenlängen weisen die für die Dissoziation benötigte Energie auf. Die Dissoziationsrate kann beschrieben werden in der Form

$$\left[\frac{dn_2}{dt}\right]_{diss} = -n_2 \cdot \int_{\lambda=0}^{\lambda=2424\text{Å}} \beta_{\lambda,2} \cdot k_{\lambda,2} \cdot F_\lambda \cdot d\lambda,$$

wobei

n_2 = Anzahl der O_2-Moleküle im cm^{-3},
$\beta_{\lambda,2}$ = Bruchteil der durch die Energieeinheit absorbierter Strahlung der Wellenlänge λ dissoziierten O_2-Moleküle,
$k_{\lambda,2}$ = der spektrale Absorptionskoeffizient von O_2,
F_λ = die solare Strahlungsflußdichte bei der Wellenlänge λ.

3.5 Wechselwirkungen zwischen Sonnenstrahlung und Atmosphäre

Als Folgereaktionen treten u.a. auf:

$O + O + M \longrightarrow O_2 + M$ (Stoß-Rekombination),
$O + O_2 + M \longrightarrow O_3 + M$ (katalytische Ozonbildung),
$O_3 + O \longrightarrow 2 O_2$ (Kollisionsabbau von Ozon),
$O_3 + h\nu \longrightarrow O_2 + O$ (photodissoziativer Ozonabbau, bei $\lambda \leq 11\,340$ Å bzw. $1{,}134$ µm).

M bezeichnet einen neutralen Dreierstoß-Partner (meist aus dem Reservoir der reichlich vorhandenen Stickstoffmoleküle), der anfallende Überschußenergie aufzunehmen in der Lage ist.

Für jede dieser Reaktionen läßt sich eine entsprechende Reaktionsgleichung aufstellen. Es ergibt sich ein System miteinander verkoppelter Gleichungen. Zu beachten ist, daß sowohl O als auch O_2 und O_3 noch mit anderen Bestandteilen der Atmosphäre reagieren. Insgesamt haben wir es daher mit einem komplexen Regelsystem von photochemischen Prozessen zu tun, das ein kompliziertes dynamisches photochemisches Gleichgewicht zwischen zahlreichen gegenläufigen Komponenten anstrebt. Dieses ist wegen der Höhenabhängigkeit von n_2 und F_λ ebenfalls höhenabhängig. Das gilt besonders für die Einstellzeit des photochemischen Gleichgewichts (s. Tabelle 3.5).

Da die Dissoziationsrate vom Produkt $n_2 \cdot F_\lambda$ abhängt (Dichte mal Strahlungsflußdichte), beide Größen mit der Höhe aber gegenläufig sind, ergibt sich analog zur Bildung der Ionosphärenschichten die Bildung einer ausgeprägten Ozonschicht in der Stratosphäre, und zwar bestätigen die Beobachtungen mit optischen Methoden vom Boden sowie mit Ballonen, Raketen und Satelliten ein Maximum der Ozonkonzentration in (global und jahreszeitlich gemittelt) durchschnittlich 23–25 km Höhe (s. Abb. 3.12 und 3.13).

Infolge der Breitenvariation und der jahreszeitlichen Schwankung sowohl der Sonneneinstrahlung als auch der die Ozonschicht mitbeeinflussenden troposphärischen und stratosphärischen Zirkulation unterliegt das im Voranstehenden vorgestellte vertikale Ozonprofil entsprechenden Modifikationen, die aus Abb. 3.14a,b herausgelesen werden können. Dabei ist besonders der Unterschied zwischen den hohen und den niederen Breiten unterhalb des Ozonmaximums auffallend, der im wesentlichen auf die unterschiedliche Mächtigkeit der Troposphäre mit ihrer im Vergleich zur Stratosphäre wesentlich stärkeren vertikalen Durchmischung zurückzuführen ist.

Tabelle 3.5. Einstellzeit des photochemischen Gleichgewichts für Ozon (nach Paetzold 1957) und durchschnittliche Ozonkonzentration (nach Valley 1965) in Abhängigkeit von der Höhe. Die Größe [cm O_3/km] bedeutet Schichtdicke des auf „Normalbedingungen" („N.T.P", s. Glossar) reduzierten, in einer 1 km mächtigen Luftschicht vorhandenen Ozons

Höhe [km]	Einstellzeit	Ozonkonzentration [cm O_3/km]
60	1 Std.	$2 \cdot 10^{-5}$
50	2 Std.	$2 \cdot 10^{-4}$
40	11 Std.	$2 \cdot 10^{-3}$
30	15 Std.	$1 \cdot 10^{-2}$
25	100 Tage	$2 \cdot 10^{-2}$
20	2 Jahre	$1{,}6 \cdot 10^{-2}$

Diese charakteristische Breitenverteilung sowie die stark mit troposphärischen Vorgängen gekoppelte Dynamik des stratosphärischen Ozons wird besonders in der 5jährigen Zeitfolge (1984–1988) deutlich in dem auf Satellitendaten der NASA beruhenden Videofilm von Schneider und Sundermann (1991) (s. Film Nr. 17 der Filmliste, Kap. 11).

Die hier gegebene Beschreibung der Photochemie des Ozons ist zwar im Prinzip richtig, aber bei weitem nicht vollständig. Die gesamte Chemie der Ozonschicht wird nämlich gegenwärtig mit mehr als 50 miteinander verknüpften Reaktionsgleichungen beschrieben. Außerdem greifen – wie zuvor schon angedeutet – atmosphärische Transportvorgänge und anthropogene Einflüsse modifizierend in den Ozonhaushalt ein, so daß das Problem der Stabilität der Ozonschicht ein höchst komplexes ist – und ein eminent wichtiges, wie wir in Abschnitt 3.5.1.2.4 sehen werden.

Ein Vergleich der Abb. 3.12, 3.13 und 3.14b mit Tabelle 3.5 zeigt, daß oberhalb des Ozon-Maximums die Einstellzeit relativ kurz ist, photochemisches Gleichgewicht also als permanent gegeben angenommen werden kann, da es sich nach Störungen in

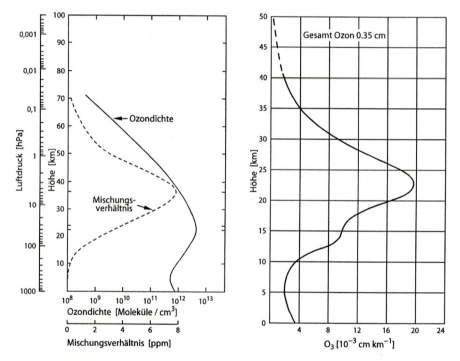

Abb. 3.12. Vertikalprofil atmosphärischen Ozons, dargestellt durch die Ozondichte [Ozonmoleküle pro cm³] (*ausgezogene Linie*) und das Mischungsverhältnis [ppm] von Ozon- und den übrigen Luftmolekülen (nach Seinfeld 1986)

Abb. 3.13. Repräsentatives vertikales Ozonprofil. Die dargestellte Meßgröße ist die Dicke der Ozonschicht, wenn das jeweils in einer 1 km dicken vertikalen Luftsäule enthaltene Ozon auf „Normalbedingungen" (N.T.P.) gebracht werden würde. Die totale Ozonmenge von 0,35 cm bezieht sich dabei auf den Ozongehalt der gesamten vertikalen Luftsäule (nach Valley 1965)

3.5 Wechselwirkungen zwischen Sonnenstrahlung und Atmosphäre

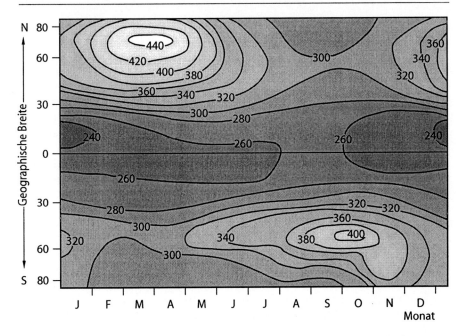

Abb. 3.14 a. Mittlere Gesamtozonmenge in Dobson-Einheiten (s. Glossar) als Funktion der geographischen Breite und der Jahreszeit für den Zeitraum 1957–1975 (nach London u. Angell 1982)

Abb. 3.14 b. Mittlere vertikale Ozonverteilung [10^{-6} h·Pa] für verschiedene geographische Breiten der Nordhemisphäre im April und Oktober (nach Dütsch 1980, Deutscher Bundestag 1989)

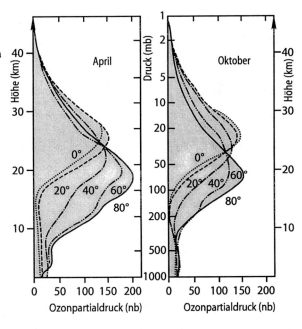

relativ kurzer Zeit regeneriert. Im Bereich des Maximums und darunter ist das aber anders. Einerseits wird z.B. von oben in diese Schichten transportiertes Ozon der Zerstörung durch solares UV entzogen, so daß von einer „protected region" gesprochen wird (dasselbe gilt für alle Höhen im Bereich der Polarnacht). Darin verhält sich – mangels des erwähnten photochemischen Abbaus durch die Sonnenstrahlung – das Ozon unter natürlichen Bedingungen relativ konservativ („inert") und wird daher bei der Untersuchung atmosphärischer Transportvorgänge gern als „Tracer" benutzt. Andererseits kann in diesen unteren Teilen der Ozonschicht das Ozon, wenn es dort, etwa durch katalytische Prozesse, stärker abgebaut wird, wegen der langen Einstellzeiten des photochemischen Gleichgewichts photochemisch nicht ersetzt werden. Ein solcher Abbau geschieht durch anthropogene Einwirkungen; das Ozon dieser Region ist also vor dem Menschen nicht mehr „protected".

3.5.1.2.2
Anthropogene Eingriffe – Das „Ozonloch"

Vor zwei Jahrzehnten wurde erstmals die Möglichkeit des Abbaus stratosphärischen Ozons durch die katalytische Einwirkung von Stickoxiden (NO_x) bekannt (Crutzen 1970, 1971). 1974 vermuteten Molina und Rowland, daß darüber hinaus der stratosphärische Ozonhaushalt auch durch Chloroxid-Radikale nachteilig beeinflußt werden könnte. Inzwischen ist es zur Gewißheit geworden (WMO 1985), daß beide anthropogenen Substanzen in zunehmendem Maße, höchst effektiv und unheilvoll in die natürlichen Abläufe der Ozonschicht eingreifen. Es wird zwar vermutet, daß Stickoxide in der Mittleren Atmosphäre auch durch sporadisch auftretende, elektrisch geladene solare Teilchenströme im Gefolge von Sonneneruptionen gebildet werden können, hauptsächlich gelangen sie jedoch durch atmosphärische Kernwaffenexplosionen und durch hoch fliegende Überschall-Flugzeuge (Johnston 1971) oberhalb 20 km Höhe in die Stratosphäre. Langfristig muß vermutlich auch mit dem vertikalen Zustrom von Lachgas (N_2O) gerechnet werden, das aus biologischen Stickstoffkreisläufen im Boden, besonders aus der künstlichen Düngung (s. auch Abb. 2.12) stammt und infolge seiner relativ langlebigen atmosphärischen Verweilzeit schließlich auch bis in die Stratosphäre vordringen kann. Die Quelle für die Chloroxid-Radikale sind die industriell hergestellten künstlichen, seit ca. 50 Jahren in zunehmendem Maße produzierten und in die Atmosphäre freigesetzten halogenierten Kohlenwasserstoffe, die sogenannten Fluorchlorkohlenstoffe (FCKW), die als Kühlmittel, Treibgase und Reinigungsmittel sowie als Aufschäummittel von Kunststoffen verbreitet sind. Da es sich bei den FCKW um nicht brennbare, sehr reaktionsträge, ungiftige Gase und Flüssigkeiten handelt, ersetzten sie zunehmend auch klassische Lösungsmittel, z.B. in der metallverarbeitenden Industrie oder in der Mikroelektronik. FCKW sind ausschließlich künstliche Produkte, eine natürliche Entstehung gibt es nicht!

Von bodennahen Quellen emittiert werden die chemisch inerten FCKW sowie andere organische Chlorverbindungen zunächst in der turbulent-konvektiven Troposphäre relativ schnell vertikal verteilt. In die sehr stabil geschichtete Stratosphäre dringen sie dann – von sporadischen lokalen Injektionen durch Gewitter, die die Tropopause durchbrechen, abgesehen – nur noch mittels turbulenter Diffusion und dadurch stark verzögert, aber, infolge der bisher stetig anwachsenden Emission, eben

3.5 Wechselwirkungen zwischen Sonnenstrahlung und Atmosphäre

doch beharrlich ein. Und dort findet dann, infolge der hohen Windgeschwindigkeiten während des Winters und der Übergangsjahreszeiten (vgl. 6.9 und 6.10), eine schnelle, quasi-horizontale, globale Verteilung statt.

In den letzten 30 Jahren ist der Gehalt an anorganischen Chlorgasen in der Stratosphäre um das 4- bis 5fache gestiegen. Gegenwärtig wächst aufgrund der langen atmosphärischen Verweilzeit der FCKW-Gase ihre Konzentration in der Stratosphäre jährlich um etwa 4 %. Da die Produktion der FCKW seit ihrer verbreiteten Einführung Anfang der 50er Jahre bis zur Mitte der 70er Jahre ein exponentielles Wachstum zeigte, muß vorerst in der Stratosphäre, selbst bei sofortigem totalem Produktions- und Emissionsstop (!), mit einer sich weiter steigernden Konzentrationszunahme gerechnet werden. Der größte Teil der bisher emittierten FCKW befindet sich nämlich noch in der Troposphäre und wird erst im Laufe der nächsten Jahrzehnte in die Stratosphäre eindringen.

Katalytischer Ozonabbau geschieht nach dem allgemeinen Schema:

$$X + O_3 \longrightarrow OX + O_2$$
$$OX + O \longrightarrow X + O_2$$
$$\text{Netto:} \quad O_3 + O \longrightarrow O_2 + O_2.$$

Dabei steht X für einen beliebigen Katalysator, etwa NO, H, OH oder Cl. Das wesentliche Merkmal eines katalytischen Prozesses ist bekanntlich, daß die katalytisch wirkende Substanz am Ende nicht nur unverändert, sondern auch unvermindert für weitere katalytische Reaktionen zur Verfügung steht, also nicht aufgebraucht wird!

Im Falle der FCKW wird zunächst durch UV-Absorption photochemisch Chlor freigesetzt, das im Verlauf einer zyklischen katalytischen Reaktionskette beständig Ozon abbaut:

$$CFCl_3 + h\nu \longrightarrow CFCl_2 + Cl, \text{ bei } \lambda < 2260 \text{ Å;}$$
$$CF_2Cl_2 + h\nu \longrightarrow CF_2Cl + Cl, \text{ bei } \lambda < 2150 \text{ Å.}$$
$$Cl + O_3 \longrightarrow ClO + O_2$$
$$O + ClO \longrightarrow Cl + O_2$$
$$NO + ClO \longrightarrow Cl + NO_2$$

In einer der längsten Ozon-Meßreihen der Erde, der von Arosa, Schweiz (siehe Abb. 3.15a), zeigt sich der allmähliche Abbau des in der vertikalen Luftsäule enthaltenen Gesamt-Ozons bereits unübersehbar.

Der ebenfalls in die Ozonbilanz eingehende chemische Abbau des stratosphärischen Ozons durch Stickstoffoxide (NO_x), deren Konzentration in der Stratosphäre um ca. 0,2–3 % im Jahr wächst (WMO 1985), geschieht in zwei verschiedenen Zyklen:

$$NO + O_3 \longrightarrow NO_2 + O_2$$
$$NO_2 + O \longrightarrow NO + O_2$$
$$\text{Netto:} \quad O_3 + O \longrightarrow O_2 + O_2$$

und

$$NO + O_3 \longrightarrow NO_2 + O_2$$
$$NO_2 + O_3 \longrightarrow NO_3 + O_2$$
$$NO_3 + h\nu \longrightarrow NO + O_2 \ (\lambda < 670 \text{ nm})$$

Netto: $\quad O_3 + O_3 + h\nu \longrightarrow 3\,O_2$.

Natürliche Quellen der Stickoxide sind Blitzentladungen sowie Ausgasungen von Böden und Ozeanen; überwiegend anthropogene Quelle ist die Verbrennung von Holz, Kohle und Erdöl.

Der Vollständigkeit halber sei vermerkt, daß daneben noch eine Reihe von HO_x-Zyklen, auf den Quellgasen Wasserdampf, Methan und Kohlenmonoxid beruhend, zusätzlich zum Ozonabbau beitragen (s. hierzu u.a. Fabian 1989). Die Gesamtwirkung der Ozonzerstörung durch die erwähnten Spurengase ergibt sich allerdings nicht durch eine einfache Addition der jeweiligen Einzeleffekte. Es treten vielmehr zwischen den einzelnen Prozessen auch Wechselwirkungen auf, die teilweise sogar Ozon vor Zerstörung schützen, weil nämlich einige „Ozonfresser" unter Umständen miteinander Stoffe bilden, die nicht mit Ozon reagieren. Das unterstreicht noch einmal die Komplexität der zudem eng mit der atmosphärischen Dynamik gekoppelten Ozonchemie.

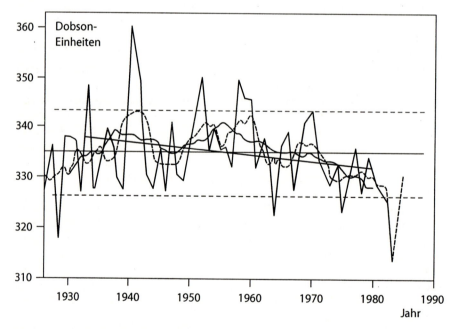

Abb. 3.15 a. Langzeitliche Variation der Jahresmittelwerte [in Dobson-Einheiten (s. Glossar)] des atmosphärischen Gesamtozons über Arosa, Schweiz. *Stark schwankende ausgezogene Linie*: Jahresmittelwerte; *gestrichelte Linie*: 5 Jahre übergreifende Mittelwerte; *ausgeglichenere ausgezogene Linie*: 10 Jahre übergreifende Mittelwerte; *flach geneigte Gerade*: Regressionsgerade für den gesamten Meßzeitraum (nach Dütsch 1985, Deutscher Bundestag 1989)

3.5 Wechselwirkungen zwischen Sonnenstrahlung und Atmosphäre 63

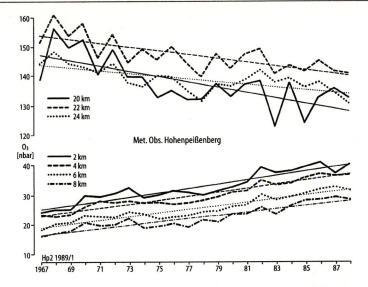

Abb. 3.15 b. Ozonjahresmittelwerte und Regressionsgeraden vom Hohenpeißenberg, Oberbayern, in 3 stratosphärischen und 5 troposphärischen Niveaus mit signifikantem Trend (persönl. Mitteilung K.Wege, Deutscher Wetterdienst, Meteorologisches Observatorium Hohenpeißenberg, 1989). Der kontinuierlichen Abnahme des stratosphärischen Ozons steht hier eine ebenfalls auf anthropogene Ursachen zurückzuführende bedenkliche Zunahme des troposphärischen, hauptsächlich des bodennahen Ozons von 3 % pro Jahr gegenüber

Beim sogenannten Ozonloch handelt es sich um das Phänomen extrem niedriger Ozonkonzentrationen über der Antarktis. Meßreihen, die seit 1958/59 von mehreren antarktischen Beobachtungsstationen vorliegen, zeigen seit Ende der 70er Jahre eine deutliche Abnahme des Gesamtozons im antarktischen Frühlingsmonat Oktober. Vergleichbar starke Abnahmen wurden in den davorliegenden Jahren nicht beobachtet. Gemessen wird die in der gesamten vertikalen Luftsäule vorhandene Ozonmenge optisch vom Boden aus, mittels Ballon- und Raketensonden sowie spektrometrisch von Satelliten aus. Kartierungen der Satellitendaten verdeutlichen, daß diese drastischen Ozonabnahmen über dem ganzen antarktischen Kontinent auftreten, einem Gebiet von der Größe der USA. Die Ozonkonzentration beträgt zeitweise nur noch 50–60 % des Normalwertes. Ursprüngliche Versuche, den enormen Ozonabbau allein dynamisch, nämlich durch veränderte Transportprozesse in der unteren Stratosphäre zu erklären, mußten bald verworfen werden, weil dies nicht mit den Beobachtungen in Einklang zu bringen war. Inzwischen besteht kein Zweifel mehr an einem chemischen Abbauprozeß (Crutzen 1988a), und die Erscheinung wird gegenwärtig wie folgt erklärt: Während der langen Polarnacht bilden sich in der antarktischen Stratosphäre wegen der dann dort unter −80 °C sinkenden Temperatur (vgl. Abb. 6.75) Eiswolken, an deren Kristallen neue, zusätzliche, spezifische chemische Prozesse unter Beteiligung von Stickoxid-, Brom- und Chloroxid-Radikalen in Gang kommen, die insgesamt zu einer außergewöhnlichen spontanen Chloraktivierung und entsprechendem beobachteten Ozonabbau führen (s. Fabian 1989). Eine eindrückliche Illustration des raumzeitlichen Verhaltens des antarktischen „Ozonlochs", besonders der Jahre 1986 und 1987, findet sich in dem weiter oben genannten DLR-Film (s. Film Nr. 17 der Filmliste, Kap. 11).

Über der Nordhemisphäre hat sich bislang keine vergleichbar drastische Ozonabnahme gezeigt. Dies wird einerseits damit erklärt, daß hier die Temperatur viel seltener so tief sinkt, daß sich stratosphärische Eiswolken bilden könnten, obwohl andererseits zugegeben werden muß, daß solche Wolken als Phänomen der Perlmutterwolken (zwischen 20 und 30 km Höhe) seit langem bekannt sind und wiederholt im Winter in Nordeuropa (Schottland, Skandinavien) und in Alaska beobachtet wurden (s. z.B. Huschke 1959). Hier sind vielleicht die polaren Ozonbeobachtungen noch zu lückenhaft. Beobachtet wird jedoch ein unverkennbarer Trend einer Abnahme des Gesamtozons über der Nordhalbkugel: Zwischen 1969 und 1986 sank das Jahresmittel des Gesamtozons, am stärksten zwischen 40°N und 52°N. Die stärksten Abnahmen traten in den Wintermonaten auf und waren mit 6,2 % in den Breiten 53°N-64°N am größten (vgl. hierzu Abb. 3.15 a,b).

Der entscheidende Punkt beim gesamten stratosphärischen Ozonproblem ist -wie gesagt -, daß dieser zyklische photochemische Prozeß nicht nur Ozon effektiv abbaut, sondern daß die „Verursachersubstanz" nicht aufgebraucht wird! Somit wird ein relativ großes Ozonreservoir (Konzentration im ppm-Bereich) durch vergleichsweise kleine Stoffmengen („Spurengase") industrieller Herkunft (Konzentration im ppb-Bereich) gesteuert – ein typisches Beispiel für das Prinzip „kleine Ursache, große Wirkung" (vgl. Georgii 1988), in unserem Fall mit bedrohlichen Konsequenzen für die Biosphäre (s. 3.5.1.2.4)!

3.5.1.2.3
Das troposphärische Ozon
Ozon ist ein Gift, deshalb ist es in der Biosphäre, d.h. vor allem in Bodennähe unerwünscht. Bereits bei Konzentrationen von 100-300 ppb macht sich im allgemeinen Ozon durch Reizung der menschlichen Nasen-und Rachenschleimhäute sowie der Atemwege bemerkbar. Bei Werten darüber steigern sich die Beschwerden über Kopfschmerz und Schwindelgefühl bis zu schweren Lungenentzündungen, bei etwa 15 000 ppb. Letzterer Wert kann für kleinere Labortiere sogar tödlich sein. Die normalen troposphärischen Volumanteile von Ozon liegen zwischen 10 und 100 ppb. Werte über 80 ppb werden allgemein als „hoch" bezeichnet. Der Grenzwert, der in den USA nur einmal jährlich überschritten werden darf, liegt bei 120 ppb. In Köln wurde 1981 die 150-ppb-Marke 37mal überschritten, und kurzzeitige Spitzenwerte lagen bei mehr als 250 ppb (Becker et al. 1985). Der Trend ist steigend. Die sommerlichen Maximalwerte liegen in Mitteleuropa meist zwischen 100 und 200 ppb, weltweit sind in Ballungszentren Werte von 500 ppb – also weit oberhalb der Reizschwelle – inzwischen keine Seltenheit mehr (Fabian 1989).

In der nichtbodennahen Troposphäre ist Ozon wegen seines hohen Oxidationspotentials wiederum eher erwünscht, nämlich zum chemischen Abbau einer Vielzahl anderer Luftschadstoffe. Hierzu steht es in erster Linie aus der natürlichen stratosphärischen Produktion zur Verfügung. Ein Teil des photochemisch in der Stratosphäre erzeugten Ozons gelangt nämlich durch Mischungs- und Transportvorgänge nach unten in die Troposphäre. Je nach geographischer Breite und Jahreszeit befin-

3.5 Wechselwirkungen zwischen Sonnenstrahlung und Atmosphäre

den sich etwa zwischen 5 und 10 % des Gesamtozons in der Troposphäre. Dieser stratosphärisch-troposphärische Austausch geschieht überwiegend durch turbulente Diffusion und verläuft entsprechend langsam, so daß beispielsweise in den mittleren Breiten das Ozonmaximum in Bodennähe im Spätfrühling bis Frühsommer, also mit einer Zeitverzögerung von einigen Monaten eintritt. Daneben können allerdings sporadisch in allen Jahreszeiten im Zusammenhang mit sehr kräftiger, hochreichender Konvektion und im Bereich von intensiven Kaltfronten (Danielsen 1968) (s. 6.6.2) erhebliche Intrusionen ozonreicher Stratosphärenluft in die Troposphäre stattfinden.

Messungen des oberflächennahen Ozons über dem Atlantik zeigen einen auffälligen Unterschied zwischen Nord- und Südhemisphäre. Der troposphärische Ozonanteil ist über der Nordhalbkugel nahezu doppelt so hoch wie über der Südhemisphäre. Außerdem tritt auf der Nordhalbkugel neben dem Frühjahrsmaximum der hohen und mittleren Breiten im Gesamtozon seit ca. 15 Jahren mit zunehmender Deutlichkeit ein ausgeprägtes zweites Maximum im Sommer auf. Während das Frühjahrsmaximum im wesentlichen auf eine Zunahme des hochtroposphärischen Ozons infolge verstärkten stratosphärisch-troposphärischen Austauschs zurückgeführt wird, ist das Sommermaximum photochemisch zu verstehen: Photochemischer Smog oder „Sommer-Smog". Die Südhalbkugel zeigt dieses Sommermaximum anscheinend nicht. Die Meinungen über die hemisphärischen Unterschiede gehen jedoch angesichts zu dürftiger Meßdichte auf der Südhalbkugel noch auseinander.

Das photochemisch produzierte Ozon der bodennahen Luft (Abb. 3.15 b) stammt aus einer Vielzahl von Radikal-Reaktionen mit Spurengasen (Kohlenmonoxid (CO), diversen Kohlenwasserstoffen (CH-Verbindungen) in Verbindung mit Stickoxiden (NO_x) u.v.a.m.) aus natürlichen und künstlichen Emissionen und hat vor allem in industriellen Ballungsgebieten zu großen Anteilen anthropogene Ursachen. Bei hohen troposphärischen Konzentrationen von NO überwiegt die Ozonproduktion in einer 5stufigen Reaktionskette:

$$CO + OH \longrightarrow H + CO_2$$
$$H + O_2 + M \longrightarrow HO_2 + M$$
$$HO_2 + NO \longrightarrow OH + NO_2$$
$$NO_2 + h\nu \longrightarrow NO + O \quad (\lambda < 420 \text{ nm})$$
$$O + O_2 + M \longrightarrow O_3 + M$$

Netto: $\quad CO + 2\,O_2 + h\nu \longrightarrow CO_2 + O_3$,

und bei einem niedrigen Konzentrationsverhältnis von NO zu O_3 eine 3stufige Kette von Ozonabbau:

$$CO + OH \longrightarrow H + CO_2$$
$$O_2 + M \longrightarrow HO_2 + M$$
$$HO_2 + O_3 \longrightarrow 2\,O_2 + OH$$

Netto: $\quad CO + O_3 \longrightarrow CO_2 + O_2$.

Die Ozonproduktion benötigt also auch in der Troposphäre Sonneneinstrahlung zur Photodissoziation. Das führt gerade unter „Schönwetterbedingungen" – und besonders zur Sommerszeit – in Bodennähe tagsüber zu einem strahlungsbedingten Anstieg der Ozonkonzentration mit einem deutlichen Maximum in den Nachmittagsstunden. Der darauffolgende nächtliche Rückgang des bodennahen Ozons hält bis kurz vor Sonnenaufgang an.

Mit dem deutlichen Trend der Ozonzunahme in den unteren Troposphärenschichten werden übrigens verstärkt die Waldschäden in Verbindung gebracht. Besonders Nadelbäume scheinen gegenüber Ozon empfindlich zu sein (Guderian 1985).

3.5.1.2.4
Bedeutung des stratosphärischen Ozons

Ozon ist wegen seiner starken Absorption des ultravioletten Anteils der Sonnenstrahlung ein für das Leben in den oberflächennahen Schichten der Ozeane (z.B. Erhaltung der Algen als Glied der Nahrungskette), aber besonders außerhalb des Wassers existenzbegründender Faktor. Das Ozon verhindert nämlich, daß die für viele Lebensprozesse bedrohlichen, hochenergetischen Photonen des kurzwelligen solaren UV bis zur Erdoberfläche durchdringen. Die bedrohliche Wirkung dieser Photonen liegt darin, daß sie – so wie sie in der Hochatmosphäre die Dissoziation von Luftmolekülen bewirken – die für Lebensprozesse erforderlichen hochmolekularen organischen Verbindungen zerstören. Der Sonnenbrand (Erythem) ungenügend pigmentierter Haut beim Menschen ist dafür das augenfälligste Beispiel, Hautkrebs durch Einwirkung von UV auf die DNS-Ketten (DNA, Desoxyribonukleinsäure) in den Ge-

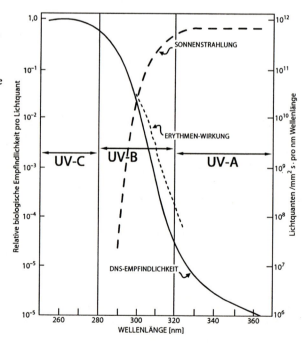

Abb. 3.16. Relative spektrale biologische Empfindlichkeit (pro Lichtquant) der Desoxyribonukleinsäuremoleküls DNS (DNA) (*ausgezogene Kurve*), auf die DNS-Empfindlichkeit bei 297 nm reduzierte spektrale Erythem- („Sonnenbrand"-) Empfindlichkeit der Haut (*kurzgestrichelte Kurve*) und spektrale Intensität der Sonnenstrahlung an der Erdoberfläche [Lichtquanten/mm²·s pro nm Wellenlängenintervall für Sonnen-Zenitwinkel $\Theta = 25°$ und 2,3 mm O_3NTP] (nach Climatic Impact Committee 1975)

Abb. 3.17 a. Produktionsrate von Ozonmolekülen [10^6 cm^{-3}·s^{-1}] (*oben*) aufgrund der Photodissoziation molekularen Sauerstoffs und Erwärmung [K/Tag] (*unten*) aufgrund der Absorption von Sonnenstrahlung. Beides sind 24stündig gemittelte Werte, berechnet für die Mittlere Atmosphäre der sommerlichen Nordhemisphäre zur Zeit des Sommersolstitiums (21.6.) (nach Brasseur u. Verstraete 1988)

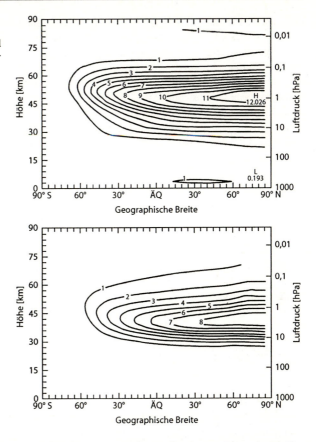

webezellen infolge übermäßiger Bestrahlung eine offensichtlich zunehmende Zivilisationserscheinung. In beiden Fällen bewirkt die infolge unvernünftiger Exponierung der Haut eingefangene Strahlungsdosis, daß die durch entsprechende, vom Körper bereitgestellte Enzyme bewirkten Reparaturmechanismen der Gewebezellen nicht mehr ausreichen. Darüber hinaus können auch in den Zellkernen Schädigungen der Erbinformation auftreten. Wie Abb. 3.16 zu entnehmen ist, steigt nämlich die Zerstörungsempfindlichkeit des DNA-Moleküls in jenem Wellenlängenbereich, nämlich zwischen 320 und 290 nm, zu kürzeren Wellenlängen hin um mehrere Größenordnungen an, in dem an der Erdoberfläche die Intensität der Sonnenstrahlung – als Folge der Absorption durch das Ozon – ebenso rapide zu kurzen Wellenlängen hin abfällt. Jede Zunahme der UV-Strahlung in diesem Bereich läßt also die Schädigungswahrscheinlichkeit von Zellen und Zellkernen ebenfalls steigen.

Eine weitere Wirkung des Ozons ist für den thermischen Schichtaufbau der Atmosphäre von Bedeutung: Beim Ozonabbau durch Photodissoziation

$$O_3 + h\nu \longrightarrow O_2 + O \quad (\lambda < 1{,}134 \ \mu m)$$

mit sehr großen Absorptionskoeffizienten wird als bemerkenswerte Nebenwirkung beträchtlich Wärme erzeugt, d.h., dieses ist ein stark exothermer Prozeß. Er führt bereits weit oberhalb des in 23–25 km Höhe befindlichen Ozonmaximums, und zwar in Höhen um 50 km (s. Abb. 3.14 b und 3.16) – also schon bei vergleichsweise geringer Ozonkonzentration – zu einer sog. Warmen Schicht, in der – im Bereich der Stratopause – Temperaturwerte wie nahe der Erdoberfläche gemessen werden. Exotherme UV-Absorption des Ozons macht diese Schicht daher – neben der Erdoberfläche – zu einer der beiden, für die Atmosphäre wesentlichen „Heizflächen". Diese Warme Schicht führt u.a. zum Phänomen der anomalen Schallausbreitung, indem sie nach oben gerichtete Schallstrahlen lautstarker Schallquellen (z.B. von Explosionen) mit zunehmender Höhe allmählich nach unten zurückbeugt, so daß sie u.U. in großer Entfernung (Hunderte von Kilometern) von der Schallquelle gehört werden können, d.h. in Gebieten, in die sie infolge Absorption der Schallenergie auf direktem Wege gewöhnlich nicht gelangen (s. hierzu Abb. 3.17).

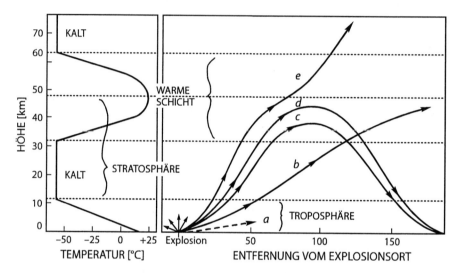

Abb. 3.17 b. Refraktion als Folge des durchschnittlichen vertikalen atmosphärischen Temperaturprofils für ausgewählte Schallbahnen einer bodennahen Explosionsquelle (nach Dobson 1968). Die Kurven (a–e) zeigen, daß die Schallstrahlen in der Troposphäre zunächst aufwärts (konkav), in der oberen Stratosphäre konvex gekrümmt werden. Die bodennahe Schallbahn (a) erlischt gewöhnlich nach relativ kurzem Weg durch Absorption der Schallenergie in der dichten und stark turbulenten unteren Troposphäre – sie charakterisiert die begrenzte Zone der „normalen Hörbarkeit". Die Kurve (e) steigt zu steil, als daß die konvexe Bahnkrümmung infolge der oberen warmen Schicht sie zur Erde zurückbeugen könnte. Die Schallbahnen (c) und (d) werden zur Erdoberfläche zurückgebeugt und führen jenseits einer schalltoten Zone zu einer „ersten anomalen Hörbarkeitszone"; Kurve (b) deutet die Schallbahn für eine noch weiter entfernte „zweite anomale Hörbarkeitszone" an

Zusammenfassend sei festgestellt: Ozon ist eine wichtige Existenzgrundlage für die gesamte Biosphäre und Schadstoff zugleich.

Dort wo das Ozon für die Existenz höher entwickelten Lebens auf der Erde unbedingt erforderlich ist, in der Stratosphäre, wird es übermäßig abgebaut. Dort wo es zu schädlichen Belastungen führt, in der Troposphäre, nimmt es gegenwärtig zu. Da das

Ozon außerdem – wie wir im nächsten Kapitel sehen werden – zu den primären atmosphärischen Absorbern der langwelligen terrestrischen Ausstrahlung gehört und damit auch eine wichtige Rolle im Strahlungshaushalt der Atmosphäre spielt, kann jeder Eingriff in den natürlichen Ozonhaushalt auch erhebliche Auswirkungen auf das irdische Klima (Glashauseffekt) zur Folge haben.

3.5.1.3
Die hauptsächlichen atmosphärischen Absorber

Für die Photochemie der höheren Atmosphäre waren – wie oben beschrieben – O, O_2, O_3, N_2 und NO die wichtigsten Absorber, wobei ihre Wirkung hauptsächlich in der Absorption kurzwelligen Sonnenlichts lag. Darüber hinaus spielen aber auch die dreiatomigen Gase H_2O, O_3 und CO_2 eine wichtige Rolle im atmosphärischen Strahlungshaushalt durch ihre Eigenschaft als zusätzlich starke Absorber im infraroten Spektralbereich (s. Abb. 3.18).

Daneben gewinnen allerdings auch CH_4 und viele anthropogene Spurengase – darunter auch die berüchtigten FCKW (!) – zunehmend an Bedeutung als Absorber (s. hierzu Georgii 1988, 1991) (s. auch Tabelle 3.6).

Tabelle 3.6. Atmosphärische Spurengase mit Absorptionsbanden im „Wasserdampffenster" (nach Georgii 1988)

Komponenten	Mischungs-verhältnis in Reinluft	Gesamtmenge in der Atmosphäre [t]	Verweilzeit	Absorptions-bande [μm]
Distickstoffoxid (N_2O)	0,32 ppm[a]	$2,5 \cdot 10^9$	20–100 Jahre	7,8
Methan (CH_4)	1,6 ppm	$4,8 \cdot 10^9$	4–7 Jahre	7,7
Kohlenmonoxid (CO)	0,12 ppm	$5,9 \cdot 10^8$	2–6 Monate	4,8
Trichlorfluormethan (Freon 11) ($CFCl_3$)	0,16 ppb[b]	$3,8 \cdot 10^6$	50 Jahre	9,2 11,8
Dichlordifluormethan (Freon 12) (CF_2Cl_2)	0,26 ppb	$5,7 \cdot 10^6$	80 Jahre	9,1 8,7 10,9
Tetrachlorkohlenstoff (CCl_4)	0,14 ppb	$3,7 \cdot 10^6$	?	13,0
Methylchlorid (CH_3Cl)	0,6 ppb	$5,5 \cdot 10^6$	?	13,7 9,9

[a] *ppm* = parts per million;
[b] *ppb* = parts per billion (Milliarde)

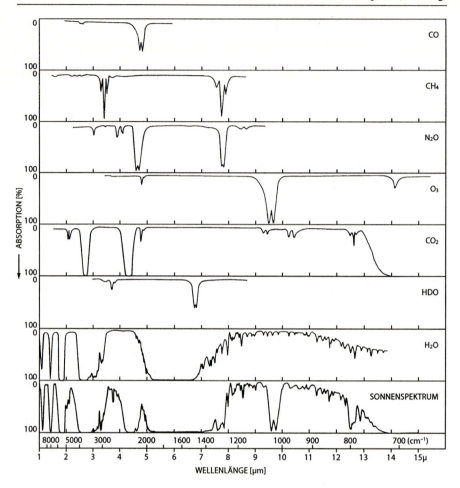

Abb. 3.18. Vergleich des Spektrums der Sonnenstrahlung im Nahen Infrarot nahe der Erdoberfläche mit Laboraufnahmen von Spektren verschiedener atmosphärischer Gase (nach Valley 1965)

Im Ultraviolett (UV) sind Sauerstoff (besonders in der Hochatmosphäre wirksam bei $\lambda < 2400$ Å) und vor allem Ozon (für Abbruch des Sonnenspektrums bei $\lambda = 3000$ Å verantwortlich) die Hauptabsorber.

Im Sichtbaren befindet sich eine schwache Ozonbande (Chappuisbande), Wasserdampfabsorption ist hier gering, aber doch vorhanden; Kohlendioxid absorbiert hier nicht.

Im Infrarot (IR) hat das Ozon eine deutliche, aber vergleichsweise schwache Absorptionsbande bei $\lambda = 9{,}6$ μm, das Kohlendioxid eine starke Bande bei $\lambda = 15$ μm sowie einige weitere bei $\lambda = 1{,}46$ μm, $1{,}6$ μm, $2{,}0$ μm, $2{,}7$ μm und $4{,}2$ μm; Wasserdampf hat im gesamten IR breite und starke Absorptionsbanden (vgl. Abb. 3.18), im nahen IR absorbiert auch noch der Sauerstoff bei $\lambda = 0{,}69$ μm, $0{,}76$ μm und $1{,}25$ μm.

3.5.1.4
Das Lambert-Bouguer-Gesetz

Die Schwächung der Strahlung durch die Absorption beschreibt das Lambert-Bouguer-Gesetz, im engl. Sprachraum auch „Beer's Law" genannt:

$$I_\lambda = I_{0,\lambda} \cdot e^{-\int a_\lambda \cdot \varrho \cdot dz}$$

mit:
- dz = Schichtdicke,
- $I_{0,\lambda}$ = Strahldichte an der Obergrenze der Schicht,
- I_λ = Strahldichte an der Schichtuntergrenze,
- a_λ = spektraler Absorptionskoeffizient,
- ϱ = Dichte des absorbierenden Mediums (s. Abb. 3.19).

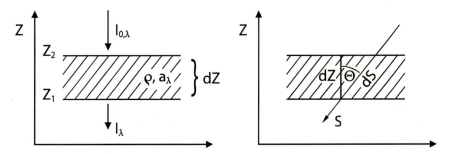

Abb. 3.19. Zur Geometrie der Sonnenstrahlung, *links* bei senkrechtem, *rechts* bei schrägem Einfall (Θ = Zenitwinkel der Einfallsrichtung)

Bei schräger Durchstrahlung der Schicht (d.h. wenn die Sonne *nicht* im Zenit steht, was ja meistens der Fall ist) müssen wir die veränderte Weglänge ds berücksichtigen:

$$I_\lambda = I_{0,\lambda} \cdot e^{-\int_{z_2}^{z_1} a_\lambda \cdot \varrho \cdot ds}$$

Es ist $\cos\Theta = -\dfrac{dz}{ds}$, d.h. $ds = -\dfrac{dz}{\cos\Theta} = -\sec\Theta \cdot dz$.

Das Minuszeichen muß stehen, wenn ds und dz entgegengesetzte Richtungen haben, d.h. auf die Erdoberfläche gerichtete Strahlung betrachtet wird; die positive Richtung von z weist schließlich nach oben. Ferner sei daran erinnert, daß $\sec\Theta = 1/\cos\Theta$.

Unter der Annahme, daß in einer durchstrahlten dünnen Schicht die längs verschiedener Wege aufsummierten Massen sich zueinander verhalten wie die Weglängen, erhalten wir

$$\frac{m_s}{m_z} = -\frac{ds}{dz} = \frac{\int \varrho \cdot ds}{\int \varrho \cdot dz} = m_r,$$

wobei m_r die „relative Masse", d.h. die schräg durchstrahlte Masse im Verhältnis zur senkrechten Durchstrahlung. Daraus folgt $ds = -m_r \cdot dz$. Da wir aber gesehen hatten, daß $ds = -\sec\Theta \cdot dz$, so folgt, daß $m_r = \sec\Theta$! Das heißt, für eine ungekrümmte, horizontal geschichtete Atmosphäre ist $\sec\Theta$, der Secans des Zenitwinkels der einfallenden Strahlung, ein Maß für die durchstrahlte Luftmasse, relativ zu senkrechtem Einfall ($\Theta = 0$, also $\sec\Theta = 1/\cos\Theta = 1$).

Unter realen Bedingungen haben wir es zwar mit einer gekrümmten Atmosphäre zu tun, doch ist diese Näherung erfahrungsgemäß ausreichend bis etwa $\Theta = 60°$, bis $\Theta = 80°$ erreicht der Fehler lediglich 3 %.

3.5.2
Die Streuung

Unter Streuung verstehen wir die diffuse 'Reflexion' von Photonen an atmosphärischen Partikeln wie Atomen, Molekülen oder Suspensionen. Bei diesem Wechselwirkungsprozeß zwischen Strahlung und Atmosphäre erfahren die Lichtquanten lediglich Änderungen der Ausbreitungsrichtung; ihre Energie $h\cdot\nu$ – bzw. ihre Wellenlänge λ oder Frequenz ν – bleiben dabei unverändert erhalten.

Es ist sinnvoll, zwischen Streuung an Luftmolekülen und der Streuung an den wesentlich größeren Beimengungen (Aerosol) zu unterscheiden.

3.5.2.1
Streuung an Luftmolekülen (Rayleigh-Streuung)

Die Summe aller aus der ursprünglichen Ausbreitungsrichtung herausgestreuten Lichtquanten (Photonen) bedeutet eine Strahlungsschwächung in Ausbreitungsrichtung, die – analog zur Absorption – mit Hilfe des Lambert-Bouguer-Gesetzes beschrieben werden kann, nur daß statt des Absorptionskoeffizienten jetzt ein Streukoeffizient σ_R für Streuung durch Moleküle eingeführt werden muß, die nach ihrem ersten theoretischen Deuter allgemein als Rayleigh-Streuung bezeichnet wird:

$$I_\lambda = I_{0,\lambda} \cdot \exp(-\int \sigma_R \cdot \varrho \cdot \sec\Theta \cdot dz).$$

Rayleighs Theorie für kugelförmige Streuteilchen molekularer Abmessungen (10^{-8} cm) ergibt für σ_R eine starke reziproke Abhängigkeit der Streuung von der Wellenlänge des gestreuten Lichts, und zwar zur 4. Potenz:

$$\sigma_R \sim \lambda^{-4}.$$

Das heißt, daß die Streuung mit abnehmender Wellenlänge des Lichtes stark zunimmt! Die kurzwelligen blauen Anteile des Sonnenlichts werden daher viel stärker gestreut als die langwelligeren roten. Dies erklärt das Himmelsblau, denn die Himmelsstrahlung besteht ausschließlich aus (kurzwelligem!) Streulicht, und gleichzeitig die Rotfärbung der tiefstehenden Sonne, denn hierbei sind infolge der großen

3.5 Wechselwirkungen zwischen Sonnenstrahlung und Atmosphäre

Weglänge die blauen und grünen Anteile weitestgehend aus der direkten Sonnenstrahlung herausgestreut, und die roten Anteile überwiegen. Dies macht z.B. Abb. 3.20 deutlich.

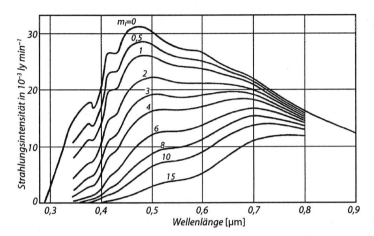

Abb. 3.20. Spektrale Energieverteilung der direkten Sonnenstrahlung in Abhängigkeit von der durchstrahlten Luftmasse (nach Feußner u. Dubois 1930)

Die Streuung ist in ihrer Intensität richtungsabhängig, und zwar ist die Strahldichte des gegenüber dem ursprünglichen Strahl um den Winkel γ abgelenkten Streulichts $i \sim 1 + \cos^2 \gamma$. Diesen Befund beschreibt die in Abb. 3.21 wiedergegebene sogenannte Indikatrix. Sie zeigt, daß die maximale Streuung gleich stark nach vorn (γ = 180°) und nach hinten (γ = 0) erfolgt, d.h., Vorwärtsstreuung und Rückwärtsstreuung sind in diesem Fall gleich groß. Die Streuung nach den Seiten (γ = 90°) ist gegenüber beiden nur halb so groß.

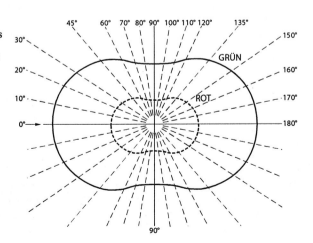

Abb. 3.21. Polardiagramm der Lichtintensität als Funktion des Streuwinkels γ für kleine Teilchen (r ≈ 0,025 μm) für grünes (λ ≈ 0,5 μm) und rotes (λ ≈ 0,7 μm) Licht (nach Robinson 1966)

3.5.2.2
Aerosolstreuung (Dunststreuung, Mie-Streuung)

Die Annahme kugelförmiger Streuteilchen, wie sie von Rayleigh für die Streuung an Luftmolekülen vorausgesetzt wurde, ist für die Beschreibung der Streuung an Dunstpartikeln nicht mehr zu halten. Die Theorie für diese Dunststreuung stammt von Mie, weshalb man allgemein auch von Mie-Streuung spricht.

Die Beschreibung der Streuwinkel ist nicht mehr so einfach, weil diese nicht nur von der Wellenlänge, sondern auch noch von der Größe und Art der streuenden Partikel abhängt. Für jede Teilchengröße gibt es daher eine andere Streufunktion. Die Indikatrix zeigt bei allen „Mie-Teilchen" ein bedeutendes Überwiegen der Vorwärtsstreuung gegenüber den übrigen Richtungen einschließlich der Rückwärtsstreuung (s. Abb. 3.22). Für extrem kleine Streuteilchen geht die Mie-Streuung in den Spezialfall der Rayleigh-Streuung über; die Verschiedenheit wächst mit wachsender Teilchengröße und mit wachsender Abweichung von der Kugelgestalt.

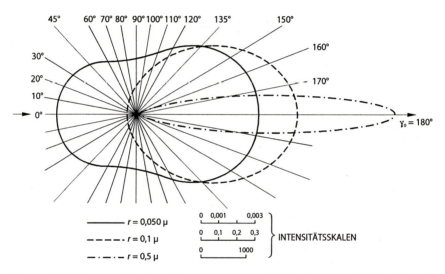

Abb. 3.22. Polardiagramm der Intensität gestreuten grünen Lichts ($\lambda \approx 0{,}5\ \mu m$) als Funktion des Streuwinkels γ für Mie-Teilchen verschiedener Größe (nach Robinson 1966)

Die Strahlungsschwächung kann hier wiederum mit dem Lambert-Bouguer-Gesetz beschrieben werden, wenn ein – erneut wellenlängenabhängiger – Mie-Streukoeffizient σ_M eingeführt wird.

Es ist $\sigma_M \sim 2\pi \cdot r \cdot \lambda^{-1}$, und das Verhältnis zwischen Vorwärts- und Rückwärtsstreuung wächst mit diesem Faktor, d.h. mit Zunahme von r und Abnahme von λ. Die Wellenlängenabhängigkeit beschreibt sich mit Exponenten zwischen 0 und –4; der Mittelwert des Exponenten von λ liegt etwa bei –1,3, also nahe –1. Das bedeutet schließlich eine fast nur noch lineare bzw. verschwindende Abhängigkeit der Streuung von der Wellenlänge der Strahlung, was sich in dem meist milchigen Weiß des Dunststreulichts äußert. Unter Umständen kann die Wellenlängenabhängigkeit sogar invers verlaufen, wie das von dem Phänomen der „Blauen Sonne" bekannt ist.

Beim Dunst wird in der Meteorologie i. allg. zwischen „trockenem Dunst" (bei einer relativen Luftfeuchtigkeit unter 80 %) und „feuchtem Dunst" (Relative Feuchte über 80 %) unterschieden. Bei letzterem sind nämlich seine hygroskopischen Bestandteile infolge der Aufnahme von Wasserdampfmolekülen meist aufgequollen und steigern somit die Lufttrübung erheblich.

ANMERKUNG: Wir betrachteten nur die sogenannte 'Einfachstreuung'. In der Natur findet i. allg. mehrmalige Streuung ein und desselben Photons statt, d.h. „Mehrfachstreuung" (engl. „multiple scattering"), deren Theorie sehr kompliziert und aufwendig ist (Chandrasekhar 1960). Die Einfachstreuung ist aber für die prinzipielle Erklärung der meisten Streuphänomene bereits ausreichend.

3.5.3
Die Extinktion

Die Wirkung von Absorption und Streuung wird im allgemeinen unter dem Begriff der Extinktion, d.h. der Schwächung der Strahlung, zusammengefaßt. Die Lambert-Gleichung enthält dann einen spektralen Extinktionskoeffizienten k_λ, der sich aus den Streukoeffizienten für Mie- und Rayleigh-Streuung ($\sigma_{R,\lambda}$ und $\sigma_{M,\lambda}$) und dem Absorptionskoeffizienten a_λ zusammensetzt:

$$k_\lambda = a_\lambda + \sigma_{R,\lambda} + \sigma_{M,\lambda}.$$

In der Lambert-Bouguer-Formel

$$I_\lambda = I_{0,\lambda} \cdot \exp\{-\int k_\lambda \cdot \varrho \cdot \sec\Theta \cdot dz\}$$

werden häufig folgende Umformulierungen vorgenommen: Da $\sec\Theta$ nicht von z abhängt, kann dieser Faktor vor das Integral gezogen werden, und für den Rest des Exponenten-Integrals kann $K_\lambda = \int k_\lambda \cdot \varrho \cdot dz$ als „totaler Extinktionskoeffizient in der Vertikalen" eingeführt werden; dann ergibt sich, weil gleichzeitig $\sec\Theta = m_r$,

$$I_\lambda = I_{0,\lambda} \cdot \exp\{-K_\lambda \cdot m_r\} = I_{0,\lambda} \cdot q_\lambda^{m_r}$$

mit $q_\lambda = e^{-K_\lambda}$, Transmissionsfaktor genannt.

Was von der von oben kommenden Sonnenstrahlung nach erfolgter Extinktion dann tatsächlich in Bodennähe ankommt, illustriert Abb. 3.23 (vgl. hierzu aber auch Abb. 3.20).

3.5.4
Die atmosphärische Trübung

Während mit der Extinktion (Absorption und Streuung) Einflüsse der Atmosphäre auf die solare Strahlung beschrieben werden, wird versucht, mit dem damit in direktem Zusammenhang stehenden Begriff der Trübung den Zustand der Atmosphäre selbst zu beschreiben. Darin werden hauptsächlich die Wirkungen von Absorption durch den Wasserdampf und Extinktion durch Streuung an Dunst-(Aerosol-)Teilchen, für die jeweils andere Wellenlängenabhängigkeiten bestehen, zusammengefaßt. Als Trübungsmaß gilt u.a. der Trübungsfaktor nach Linke:

$T = k/\sigma_R$

worin k ein integraler, d.h. über alle Wellenlängen integrierter Extinktionskoeffizient ist und σ_R der Streukoeffizient für „eine Rayleigh-Atmosphäre", d.h. für eine „Rayleigh-streuende" Atmosphäre und senkrechten Durchgang der Strahlung durch diese ($m_r = 1$). Das bedeutet, daß die Trübung im Prinzip durch die Anzahl von (so definierten!) Rayleigh-Atmosphären angegeben wird, die dieselbe Trübung hervorrufen würden. Durch diesen Bezug (Normierung) auf die „Rayleigh-Atmosphäre" werden die Trübungsangaben verschiedener Tages- und Jahreszeiten (wechselnde Sonnenhöhe und damit wechselnde Weglänge der Sonnenstrahlung durch die Atmosphäre) miteinander vergleichbar.

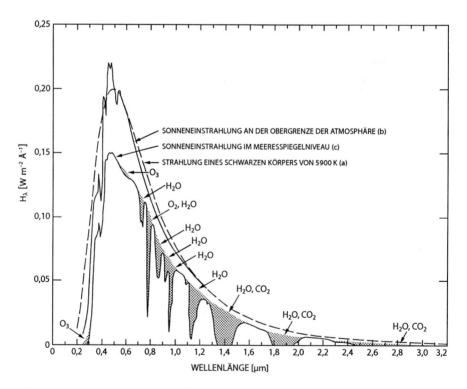

Abb. 3.23. Spektrale Verteilung der Strahlungsintensität (a) eines Schwarzen Körpers der Temperatur 5900 K (Sonne) im Abstand 1AE, (b) der Sonne an der Obergrenze der Erdatmosphäre, (c) der Sonne an der Erdoberfläche bei senkrechtem Strahlungseinfall. Die *Schattierung* markiert die Extinktionswirkung der wichtigsten atmosphärischen Absorber (nach Valley 1965)

3.5.5
Bemerkungen zur Sichtweite

Unter der meteorologischen Größe „Sichtweite" wird i. allg. die Horizontalsicht verstanden. Im Flugverkehr ist bisweilen die sogenannte „Schrägsicht" (z.B. beim Landeanflug) von Interesse, wird dann aber als solche gesondert hervorgehoben. Die Sichtweite steht zwar mit der Trübung in einem logischen Zusammenhang: Je größer die Trübung, um so schlechter die Sicht, aber es gehen in die Sichtweite noch andere physikalische *und* physiologische Größen ein:

a) die Kontrastschwelle des Auges,
b) der Unterschied der Leuchtdichte zwischen betrachtetem Gegenstand und dem Hintergrund,
c) der Sehwinkel des Beobachters (Erkennbarkeitsgröße),
d) die spektrale Zusammensetzung des empfangenen Lichts und ihr Verhältnis zur spektralen Empfindlichkeit des Auges (die maximale Empfindlichkeit des menschlichen Auges liegt bei der Wellenlänge 0,55 µm),
e) die Blickrichtung in bezug auf die Sonne (z.B. wegen der Beeinträchtigung der Sicht im Bereich starker Vorwärtsstreuung!).

Markante Unterschiede in der Sichtweite ergeben sich auch allein schon zwischen Tageslicht- und Nachtbedingungen, Graustufen- und Farbensehen.

3.5.6
Die Reflexion

Der Begriff Reflexion wird i. allg. für jenen Anteil der Streuung verwandt, der in Richtung der Sonne bzw. in den Weltraum, also in jedem Fall von der Erde weg, gestreut wird, sei es von der Atmosphäre oder von der Erdoberfläche. Hinsichtlich ihrer physikalischen Natur besteht kein Unterschied zwischen Reflexion und Streuung – allerdings nur, solange keine „Spiegelnde Reflexion" im Spiel ist, wie z.B. an einer glatten Wasseroberfläche, wofür dann die Gesetze der geometrischen Optik (erinnere z.B.: „Einfallswinkel gleich Ausfallswinkel") gelten. Die aus Streuvorgängen hervorgehende Reflexion erfolgt dagegen nicht nur in eine Richtung, sondern vielmehr in alle Raumrichtungen; man spricht daher von „diffuser Reflexion". Diese ist im allgemeinen anisotrop, d.h. in alle Raumrichtungen verschieden stark. Die Winkelabhängigkeit der Streuungs- bzw. Reflexions-Intensität wird durch die Reflexionsfunktion beschrieben, die für Reflektoren jeweils charakteristisch ist. Dabei ist zu beachten, daß die Reflexionsfunktion vielfach auch noch vom Einfallswinkel der Strahlung abhängt („bi-directional reflectance"). Die Summe der reflektierten Strahlung in Prozent der einfallenden heißt Albedo (s. Glossar).

3.6
Die Terrestrische Strahlung

Unter Terrestrischer Strahlung versteht man die von der Erde selbst ausgehende Thermische Strahlung. Deren prinzipielle Eigenschaften können wir weitgehend aus den Strahlungsgesetzen (s. 3.2) ableiten. Für die Mitteltemperatur der Erde (in Bodennähe) von $T_m = 288{,}15$ K (U.S. Standard Atmosphere 1962) errechnet sich aus dem Stefan-Boltzmann-Gesetz als global gemittelte thermische Emission der Erdoberfläche $E = 390{,}9$ W/m² und aus dem Wienschen Verschiebungsgesetz $\lambda_{max} = 10{,}06$ µm als Wellenlänge des spektralen Maximums dieser Emission. Die tatsächliche Ausstrahlung zu einem Zeitpunkt an einem Ort richtet sich selbstverständlich nach der jeweils aktuellen Temperatur. Um einen Begriff von der Variationsbreite der terrestrischen Emission zu geben, sind in Tabelle 3.7 einige Beispiele aufgrund thermometrischer Mittelwerte von Breitenzonen bzw. einiger Extremwerte der Temperatur angegeben.

Tabelle 3.7. Beträge der *thermischen Emission E* [W/m²] und die Wellenlänge *der maximalen Emission λ_{max}* [µm] berechnet für die *mittlere Lufttemperatur* [K] (in 2 m Höhe) einiger Standardatmosphären sowie für einige entsprechende globale Extremwerte

Breitenzone	Geogr. Breite	Temperatur [K]	λ_{max} [µm]	E [W/m²]
Tropen	15°N	299,65	9,67	457,1
Subtropen	30°N, Juli	301,15	9,62	466,3
	30°N, Jan.	287,15	10,09	385,5
Mittl.Breiten	45°N, Juli	294,15	9,85	424,5
	45°N, Jan.	272,15	10,65	311,0
Subarktis	60°N, Juli	287,15	10,09	385,5
	60°N, Jan.	257,15	11,27	247,9
Arktis	75°N, Juli	278,15	10,42	339,4
	75°N, Jan.	249,15	11,63	218,5
T_{min} (−90 °C, Antarktis)		183	15,80	63,6
T_{max} (+60 °C, Sahara)		333	8,70	697,2
T_{min}, Ozean (−2 °C)		271,20	10,70	306,7
T_{max}, Ozean (+35 °C)		308,20	9,40	511,6

Versuchen wir eine Gleichgewichtstemperatur der Erde unter der Annahme zu berechnen, daß die von der Sonne empfangene Energie (E_{ein}) insgesamt wieder in den Weltraum abgestrahlt wird (E_{aus}):

Wir setzen den Wert der Solarkonstante ($I_0 = 1370$ W/m²) und den der Albedo der Erde ($A = 0{,}3 \equiv 30\%$) als bekannt voraus. Die empfangene Energie auf der beleuchteten Erdscheibe ist dann:

$$E_{ein} = (1-A) \cdot \pi \cdot R^2 \cdot I_0 = 0{,}7 \cdot \pi \cdot (6{,}4 \cdot 10^6)^2 \cdot (1{,}370 \cdot 10^3) \ [J \cdot s^{-1}]$$

$$= 1{,}234 \cdot 10^{17} \ [J \cdot s^{-1}].$$

Außerdem ist die ausgestrahlte Energie

$$E_{aus} = 4 \cdot \pi \cdot R^2 \cdot \sigma \cdot T^4.$$

3.6 Die Terrestrische Strahlung

Wir setzen nun $E_{ein} = E_{aus}$ und erhalten daraus

$$T = \left(\frac{1{,}234 \cdot 10^{17}}{4 \cdot 128{,}68 \cdot 10^{12} \cdot 5{,}6697 \cdot 10^{-8}} \right)^{1/4} \quad [K].$$

Das ergibt: $\underline{T = 255\ K}$, d.h. wir erhalten eine mittlere Erdtemperatur weit unter dem Gefrierpunkt des Wassers! Die tatsächlich beobachtete globale Mitteltemperatur liegt dagegen, wie gesagt, bei $\underline{T_m = 288\ K}$. Wie erklärt sich diese Differenz? Wir ignorierten bei dieser Betrachtung bisher die Existenz der Atmosphäre!

Wir hatten gesehen, daß die Atmosphäre im Spektralbereich der terrestrischen Strahlung starke Absorptionsbanden, vor allem des Wasserdampfes und des Kohlendioxids, aufweist. Das bedeutet, daß ein Teil der ausgehenden Strahlung darin absorbiert und (bei i. allg. niedrigerer Temperatur) erneut emittiert wird, und zwar emittiert in alle Raumrichtungen; daraus ergibt sich zum einen eine niedrigere globale Ausstrahlungstemperatur des Systems Erdkörper+Atmosphäre und zum anderen ein zum Erdboden gerichteter langwelliger Strahlungsstrom, die atmosphärische Gegenstrahlung, die zur Temperaturerhöhung der Erdoberfläche beiträgt – die sogenannte Glashauswirkung oder auch „Treibhauseffekt" („greenhouse effect"). Wolken geben im Infrarot einen zusätzlichen, gleichsinnigen Effekt!

Machen wir daher eine neue Überschlagsrechnung: Die einkommende Solarstrahlung möge bilanziert werden zu

a) 1/4 durch Ausstrahlung des Erdbodens im spektralen Infrarot-Fenster (Temperatur T_B),

b) 1/4 durch Ausstrahlung von Wolken (Temperatur der Obergrenze sei $T_B - 25\ K$) und

c) 1/2 durch Ausstrahlung an der Obergrenze der Wasserdampf- und der CO_2-Schicht ($T_B - 65\ K$).

Das führt zu

$$(1-A) \cdot I_0 = 4 \cdot \sigma \cdot [0{,}25 \cdot T_B^4 + 0{,}25 \cdot (T_B - 25)^4 + 0{,}5 \cdot (T_B - 65)^4],$$

bzw. zu der Lösung $\underline{T_B = 289{,}5\ K}$.

Diese grobe Abschätzung bringt uns also bereits sehr nahe an die wirkliche Mitteltemperatur der Erde heran! Daraus können wir daher schon jetzt folgern, daß sowohl eine Zunahme des Wasserdampfgehalts der Atmosphäre, als auch eine Zunahme der CO_2-Konzentration der Luft die Energieabstrahlung der Erde beeinträchtigen und zu Erwärmung der Erde führen können. Wie weit auch eine Zunahme der Bewölkung dazu beitragen kann, ist jedoch so einfach nicht abzuschätzen, da die Wolken wegen ihres hohen Reflexionsvermögens ihrerseits die Albedo der Erde beeinflussen, d.h. in unserem Fall die einkommende solare Strahlung vermindern, so daß für diese Frage ein viel komplizierteres Modell herangezogen werden muß. Immerhin läßt sich aber feststellen, daß z.B. auf der Venus die beständig geschlossene Bewölkung und die hohe CO_2-Konzentration in ihrer Atmosphäre – allerdings bei gleichzeitig viel größerer Sonnennähe – Bodentemperaturen bei 750 K bewirken.

3.7
Der Strahlungshaushalt der Erde

3.7.1
Die Strahlungsbilanz der Erdoberfläche

Die Strahlungsbilanz (Q) an der Erdoberfläche setzt sich zusammen aus:

a) der Bilanz der kurzwelligen solaren Einstrahlung (Q_S), also der Globalstrahlung, d.h. der direkten Sonnenstrahlung ($I_0 \cdot \cos\Theta$) plus der diffusen Himmelsstrahlung (D), vermindert um den dem Reflexionsvermögen der Erdoberfläche (ϱ_S) entsprechend reflektierten Anteil, die Albedo, und

b) der langwelligen Strahlungsbilanz, beschrieben durch die effektive Ausstrahlung (Q_{eff}), also die terrestrische Emission ($\varepsilon \cdot \sigma \cdot T_B^4$) vermindert um die absorbierte atmosphärische Gegenstrahlung ($\varepsilon \cdot G$) (s. Abb. 3.24):

$Q = Q_S - Q_{eff}$ (Gesamte Strahlungsbilanz der Erdoberfläche)
$Q_S = (1 - \varrho_S) \cdot (I_0 \cdot \cos\Theta + D)$ (kurzwellige Bilanz)
$Q_{eff} = \varepsilon \cdot \sigma \cdot T - \varepsilon \cdot G = \varepsilon \cdot (\sigma \cdot T_B^4 - G)$ (effektive Ausstrahlung).

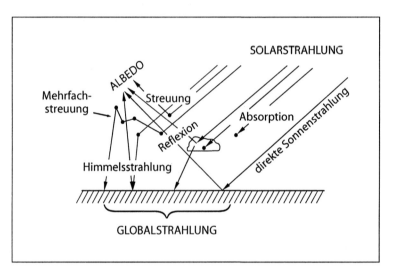

Abb. 3.24. Schematische Darstellung der kurzwelligen (solaren) Strahlung in der Atmosphäre, einschließlich Bezeichnung der stattfindenden physikalischen Prozesse

Die lokale, momentane Strahlungsbilanz hängt, wie man sieht, u.a. von der tatsächlichen Sonneneinstrahlung, vom lokalen Reflexions- und Emissionsvermögen (ϱ_S und ε) der Erdoberfläche und vom Wasserdampfgehalt der Luft (hinsichtlich der Gegenstrahlung) ab. Das heißt, infolge der horizontalen Inhomogenitäten der Erdoberfläche sind räumliche Variationen, infolge der tages- und jahreszeitlichen Varia-

3.7 Der Strahlungshaushalt der Erde

tion des Einfallswinkels der solaren Strahlung sowie der wechselnden Wasserdampfverteilung (und Bewölkung) erhebliche zeitliche Variationen zu beobachten.

Wir wollen im folgenden die einzelnen Komponenten der Strahlungsbilanz gesondert betrachten.

3.7.1.1
Astronomische und geographische Einflüsse auf die Verteilung der Sonnenstrahlung auf der Erde

Hinsichtlich der Einnahme von solarer Strahlung am Erdboden spielen die astronomischen Gegebenheiten eine grundlegende Rolle. So ist die Einstrahlung zunächst eine Funktion der geographischen Breite, der Tageszeit (Sonnenhöhe) und der Jahreszeit (Deklination der Sonne). Dabei sind aber u.U. zusätzliche Randbedingungen zu berücksichtigen, z.B. daß die astronomisch maximal mögliche Sonnenscheindauer, die Zeit zwischen Sonnenaufgang und -untergang (Tageslänge), durch Erhebungen des Horizonts eingeschränkt sein kann; außerdem gibt es eine Reihe räumlich und zeitlich variabler atmosphärischer Einflüsse, die die tatsächliche Sonnenscheindauer (von geringfügigen Verlängerungen infolge der atmosphärischen Refraktion abgesehen) i. allg. gegenüber der astronomischen verkürzen. Es ist zu beachten, daß mit Sonnenscheindauer stets die Dauer direkter Sonneneinstrahlung auf eine Fläche (oder an einem Ort) gemeint ist. Die astronomisch maximal mögliche Sonnenscheindauer beschreibt hingegen die Dauer der Globalstrahlung ohne Berücksichtigung der Dämmerungszeiten.

Die von der gesamten Erde empfangene Strahlung weist einen Jahresgang infolge der Exzentrizität der Erdbahn auf. Die Extremwerte der Entfernung Erde-Sonne sind:

- Aphel (Sonnenferne) : $r_a = 152{,}10 \cdot 10^6$ km
- Perihel (Sonnennähe) : $r_p = 147{,}10 \cdot 10^6$ km

Der Mittelwert von $r_0 = 149{,}5 \cdot 10^6$ km ist die sog. „Astronomische Einheit" (AE). Die Erde steht im Aphel am 5. Juli, im Perihel am 3. Januar. Die Änderung der empfangenen Strahlung mit dem Abstand von der Strahlungsquelle erfolgt bekanntlich reziprok zum Quadrat der Entfernung. In unserem Fall ist

$$I_r = I_0/R^2,$$

wobei I_r = Strahlungsintensität im tatsächlichen Abstande r von der Sonne ist, I_0 = Strahlungsintensität im mittleren Abstand r_0 von der Sonne, und $R = r/r_0$. Die von einer senkrecht zum Strahlengang stehenden Einheitsfläche empfangene Strahlung (ohne Berücksichtigung der Atmosphäre) schwankt demzufolge im Jahr um ca. ±3,5 %.

Die Strahlungseinnahme der Erdoberfläche selbst ist in starkem Maße vom zeitlich wechselnden Sonnenstand abhängig. Die Beziehung zwischen der Strahlung auf eine Fläche normal zum Strahlengang und der Strahlung auf eine horizontale Fläche ist (vgl. Abb. 3.25) gegeben durch

$$I_{r,\Theta} = I_r \cdot \sin\xi = I_r \cdot \cos\Theta.$$

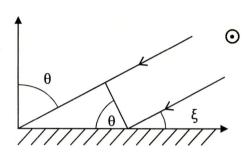

Abb. 3.25. Geometrischer Zusammenhang zwischen Sonnenhöhe (ξ) bzw. Zenitwinkel (Θ) der Sonne (☉) und der bestrahlten Fläche

Die Sonnenhöhe ξ berechnet sich nach der Formel:

$\sin\xi = \sin\varphi \cdot \sin\delta + \cos\varphi \cdot \cos\delta \cdot \cos\tau$, worin

φ = die geographische Breite (Funktion des Ortes),
δ = die Deklination der Sonne (Funktion der Jahreszeit),
τ = der Stundenwinkel der Sonne (Funktion der Tageszeit).

Daraus kann gefolgert werden: Für Mittag ist per definitionem $\tau = 0°$, d.h. $\cos\tau = 1$ bzw. $\sin\xi = \cos(\varphi - \delta)$ oder $\xi = 90 - \varphi + \delta$, d.h., der Sonnenhöchststand mittags ist lediglich eine Funktion der geographischen Breite und der Deklination.

Für Mitternacht gilt Entsprechendes: $\tau = 180$, also $\cos\tau = -1$, woraus folgt: $\sin\xi = -\cos(\varphi + \delta)$ und $\xi = -(90° - \varphi - \delta)$.

An den geographischen Polen ($\varphi = 90°$) ist $\sin\varphi = 1$ und $\cos\varphi = 0$, woraus folgt: $\cos\Theta = \sin\delta$ oder $90° - \Theta = \xi = \delta$, d.h. die Sonnenhöhe ist an den Polen immer gleich der Deklination!

Zu den Zeitpunkten des Sonnenaufgangs ($-t_0$) *und* des Sonnenuntergangs ($+t_0$) folgt, wegen $\sin\xi = 0$ aus der Formel für die Sonnenhöhe ξ (s.oben), daß $\sin\varphi \cdot \sin\delta = -\cos\varphi \cdot \cos\delta \cdot \cos\tau$ oder $\cos\tau_0 = -\text{tg}\varphi \cdot \text{tg}\delta$.

Daraus kann gefolgert werden: Die Halbtagslänge τ_0, auch Morgen- bzw. Abendweite genannt, beträgt genau 6 Stunden, wenn entweder $\varphi = 0$, also ständig am Äquator, oder wenn $\delta = 0$, also in allen übrigen Breiten zur Zeit der Tag- und Nachtgleiche (Äquinoktien).

Die geographische Breite der Begrenzung der Polarnacht wird aus $\tau_0 = 0$ gefunden, woraus folgt: $\text{tg}\varphi = \text{ctg}\delta$, ($\delta \neq 0$), bzw. $\varphi = 90° - |\delta|$ (auf der Winterhalbkugel).

Die im Laufe eines Tages an der Obergrenze der Atmosphäre auf eine horizontale Einheitsfläche fallende Strahlung (also ohne Berücksichtigung des Einflusses der Atmosphäre) ist gegeben durch

$$Q = \int_{-t_0}^{+t_0} I_{r,\Theta} \cdot dt \;.$$

Hierbei ist

$-t_0$ = Zeitpunkt des Sonnenaufgangs ($\sin\xi = 0$),
$+t_0$ = Zeitpunkt des Sonnenuntergangs ($\sin\xi = 0$).

3.7 Der Strahlungshaushalt der Erde

Setzen wir in dieses Integral ein:
$I_{r,\Theta} = I_r \cdot \sin\xi$ und für $I_r = I_{r,0} \cdot R^{-2}$ sowie $\sin\xi = \sin\varphi \cdot \sin\delta + \cos\varphi \cdot \cos\delta \cdot \cos\tau$, dann erhalten wir

$$Q = I_{r,0} \cdot \int_{-t_0}^{+t_0} R^{-2} \cdot \left[\sin\varphi \cdot \sin\delta + \cos\varphi \cdot \cos\delta \cdot \cos(\omega \cdot t)\right] \cdot dt \;,$$

wobei ω hier die Winkelgeschwindigkeit der Erddrehung $= 2\pi$ Radian pro Tag ist.

Wenn wir berücksichtigen, daß im Laufe eines Tages sowohl R als auch δ nahezu konstant bleiben, ergibt eine einfache Integration

$$Q = \frac{1440 \cdot I_{r,0}}{\pi \cdot R^2} \cdot \left[\tau_0 \cdot \sin\varphi \cdot \sin\delta + \cos\varphi \cdot \cos\delta \cdot \sin(\omega \cdot t_0)\right] \; \left[J \cdot m^{-2} \cdot d^{-1}\right]$$

wobei $\tau_0 = \omega \cdot t_0 = -\omega \cdot t_0$ (Abendweite bzw. Morgenweite). Einige hiernach berechnete Zahlenwerte sind in Tabelle 3.8 wiedergegeben, bildliche Darstellungen in den Abb. 3.27 und 3.28.

Die auf senkrecht stehende bzw. beliebig geneigte Flächen fallende Strahlung ist nach ähnlichen Formeln zu berechnen. Es sei jedoch hervorgehoben, daß die tatsächlich auf eine Fläche fallende Strahlung durch den Einfluß der Atmosphäre gegenüber den unter Vernachlässigung der Atmosphäre berechneten Werten erheblich modifiziert wird, besonders für niedrige Sonnenhöhen (s. auch Tabelle 3.9 und Abb. 3.26).

Tabelle 3.8. Tägliche Einstrahlung ohne Berücksichtigung der Atmosphäre in Einheiten von $10^6 \, J \cdot m^{-2} \cdot d^{-1}$ unter Zugrundelegung von $I_0 = 1396 \, W/m^2$ (nach Milankovitch 1930)

Geographische Breite	0°	10°	20°	30°	40°	50°	60°	70°	80°	90°
Sommersolstitium	34,1	37,7	40,4	42,1	42,8	42,7	42,2	43,7	45,8	46,5
Wintersolstitium	36,4	31,6	26,1	20,1	13,7	7,6	2,1	0,0	0,0	0,0

Tabelle 3.9. Astronomische Sonnenscheindauer (Zeit zwischen Sonnenaufgang und Sonnenuntergang) in Abhängigkeit von Jahreszeit und geographischer Breite. Die Solstitien sind die Sonnenwendezeiten

φ	Wintersolstitium	Äquinoktien	Sommersolstitium
90°	0	12 Std. 00 Min.	6 Monate
80°	0	12 Std. 00 Min.	4 Monate
70°	0	12 Std. 00 Min.	2 Monate
60°	5 Std. 33 Min.	12 Std. 00 Min.	18 Std. 27 Min.
50°	7 Std. 42 Min.	12 Std. 00 Min.	16 Std. 18 Min.
40°	9 Std. 08 Min.	12 Std. 00 Min.	14 Std. 52 Min.
30°	10 Std. 04 Min.	12 Std. 00 Min.	13 Std. 56 Min.
20°	10 Std. 48 Min.	12 Std. 00 Min.	13 Std. 12 Min.
10°	11 Std. 25 Min.	12 Std. 00 Min.	12 Std. 38 Min.
0°	12 Std. 00 Min.	12 Std. 00 Min.	12 Std. 00 Min.

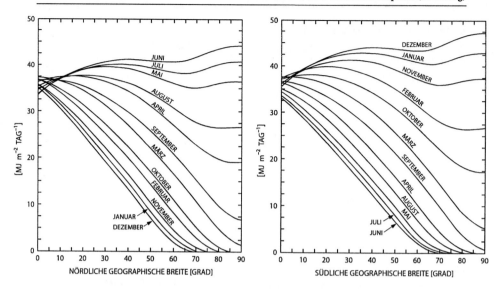

Abb. 3.26. Monatliche Durchschnittswerte der täglichen extraterrestrischen Sonneneinstrahlung auf eine horizontale Fläche in Abhängigkeit von der geographischen Breite über der Nordhalbkugel für einen Wert der Solarkonstante von $I_0 = 1367$ W/m² (nach Iqbal 1983)

Abb. 3.27. Monatliche Durchschnittswerte der täglichen extraterrestrischen Sonneneinstrahlung auf eine horizontale Fläche in Abhängigkeit von der geographischen Breite über der Südhalbkugel für einen Wert der Solarkonstante von $I_0 = 1367$ W/m² (nach Iqbal 1983)

3.7.1.2
Die diffuse Himmelsstrahlung

Die diffuse Himmelsstrahlung hat einen von der Sonnenhöhe abhängigen Anteil an der Globalstrahlung, wie Tabelle 3.10 zeigt.

Tabelle 3.10. Abhängigkeit der diffusen Himmelsstrahlung (D) von der Sonnenhöhe in Prozent der Globalstrahlung (S+D); die Werte gelten für wolkenlosen Himmel und eine mittlere Trübung von Tr = 2,75 bzw. 4,25 (nach Collmann 1964)

SONNENHÖHE			60°	30°	10°
$\dfrac{D}{S+D} \cdot 100\,[\%]$		Tr = 2,75	10,0	15,4	32,4
		Tr = 4,25	16,3	25,4	51,8

Für die Berechnung der Himmelsstrahlung gibt es zwei Näherungsformeln und zwar

a) allein für Rayleigh-Streuung:

$D = 0{,}5 \cdot S_0 \cdot (1 - q_\sigma^m)$,

3.7 Der Strahlungshaushalt der Erde

b) erweitert für Aerosolstreuung und Absorption:

$$D = 0{,}5 \cdot S_0 \cdot q_a^m \cdot (1 - q_\sigma^m \cdot q_\delta),$$

wobei

D = Intensität der Himmelsstrahlung [W/m²],
S_0 = Solarkonstante [W/m²],
q = Transmissionsfaktor;

die Indizes stehen für

σ = Rayleigh-Streuung,
δ = Streuung am Aerosol (Dunststreuung, Mie-Streuung),
a = Absorption.

Die Albedo der Erdoberfläche ist durch die große Varianz der Oberflächenbeschaffenheit gekennzeichnet und unterliegt nicht nur den Einflüssen ihrer materiellen Zusammensetzung, sondern auch deren zeitlicher Variation (Vegetationszustand, Schneebedeckung, Feuchtigkeitsgehalt, u.a.m.). Einige empirische Richtwerte geben die beigefügten Tabellen 3.11–3.17.

Die effektive Ausstrahlung der Erdoberfläche berechnet sich nach der Beziehung:

$$Q_{T,eff} = \varepsilon \cdot \sigma \cdot T^4 - G_0,$$

wobei

ε = das Emissionsvermögen der Erdoberfläche,
σ = Stefan-Boltzmann-Konstante,
T = Temperatur der Erdoberfläche,
G_0 = Gegenstrahlung der Atmosphäre.

Tabelle 3.11. Einige Werte des Emissionsvermögens ε für langwellige Strahlung im Spektralbereich 8–14 µm (Maximum der terrestrischen Emission)

Emittent	Emissionsvermögen [µm]
Wolken	0,9–1,0
Schneedecke	0,995
Wasserflächen	0,95–0,97
Vegetation	zwischen 0,88 (trockenes Gras) und 0,99 (Zuckerrohr), Rasen 0,97–0,984
Erdboden	von 0,88 (trockener Sand) bis 0,98 (nasser Lehm, d.h., mit zunehmender Feuchtigkeit sich dem Wert für Wasser nähernd)
Kalk, Kies	0,92
Mauerwerk	0,98
Dachpappe	0,93
Alu-Bronze	0,35–0,45
Blech	0,07
Metalle (poliert)	0,02–0,06, mit Wasser benetzt 0,98;

Tabelle 3.12 a. Albedo [%] verschiedener Oberflächen (nach Linke u. Baur 1970)

Albedo [%] für 1. Verschiedene Oberflächen	Solare Strahlung	Licht	Terrestrische Strahlung
Gneis	25	21	---
Heller Kalk	54	46	8
Schneedecke	59*	72*	0,4
Pflanzenblätter	21	8	2 ... 4
Sand	34 ... 40	15 ... 35	11
Wiesen	15 ... 35	5 ... 12	2 ... 4
Wasser, Meer	6 ... 12	6 ... 15	4,6
Laubwald	12 ... 20	4 ... 8	---
Nadelwald	10 ... 14	3 ... 7	---
Haut, sehr hell	51	56	---
Haut, sehr dunkel	23	14	---

* Mittelwerte

Tabelle 3.12 b. Albedo [%] verschiedener Oberflächen (nach Linke u. Baur 1970)

Albedo [%] für 2. Wolken	Solare Strahlung	Licht	Terrestrische Strahlung
Stratocumulus	20 ... 81(64[a])	---	---
Stratocumulus, 5/10...8/19	29 ... 69	---	---
Stratus, 0,5 km mächtig	64	---	10[b]
Altostratus	40 ... 55	---	---
Altostratus	17 ... 36 (26[a])	---	---
Altocumulus (vielleicht Eis)	69	---	---
Cirrostratus, mit tieferen Wolken und Niederschlag	74	---	---
Cumulonimbus, ausgedehnt und mächtig	92	---	---

[a] Mittelwerte
[b] für Tropfenradius r = 6 µm, Wellenlänge λ = 10 µm, Wassergehalt 0,1–0,25 g/m^3, Wolkendicke > 100 m

Tabelle 3.13. Albedo [%] von Wolken verschiedener Mächtigkeit (nach Tschelzow, aus: Linke u. Baur 1970)

Dicke [m]	100	200	300	400	500	800
Stratus	35	48	56	62	67	76
Stratocumulus	38	53	65	75	81	
Altocumulus	42	60	72			

3.7 Der Strahlungshaushalt der Erde

Tabelle 3.14. Spektrales Reflexionsvermögen [%] natürlicher Oberflächen im Sichtbaren und Infraroten (nach Linke u. Baur 1970)

λ [mm]	Sandiger Lehm trocken	Sandiger Lehm feucht	Gneis	Sand trocken	Altschnee
0,4	6	2	15	8	70
0,6	25	11	25	14	70
0,8	36	18	30	17	49
1,0	44	22	32	19	30
1,5	58	28	40	22	8
2,0	62	18	53	23	6
2,5	58	15	58	20	6

Tabelle 3.15. Spektrales Reflexionsvermögen [%] von Sand und Ziegelstein im Infraroten (nach Linke u. Baur 1970)

Tabelle 3.16. Spektrales Reflexionsvermögen [%] von Wasser- und Eisflächen im Infraroten (nach Linke u. Baur 1970)

λ [μm]	Trockener Sand*	Ziegelstein
1	29	50
2	34	52
2,5	30	48
3	6	22
4	20	44
5	4	18
6	4	10
8	5	8
9	24	11
10,5	9	12
12	8	14
15	8	28
20	13	6
22	18	10
25	9	10
38	6	9
40	14	9
49	14	8
51	8	8
60	37	31
70	30	53
80	34	38
89	34	40
100	15	42

λ [μm]	Wasser	Eis
1	2,0	1,7
2	1,8	1,4
2,8	0,9	0,6
3,1	4,4	1,7
4	2,3	2,0
5	1,9	---
5,9	1,2	---
6,1	2,4	0,6
7	1,7	0,6
9	1,4	0,3
10	0,9	0,2
11	0,6	1,0
13	3,1	3,5
14	4,4	3,1
15	5,0	2,1
17	5,7	

* Die zahlreichen, scharf begrenzten Maxima sind Reststrahlen-Banden von Sanden verschiedener mineralischer Zusammensetzung

Tabelle 3.17. Lichtdurchlässigkeit von Schichtwolken verschiedener Mächtigkeit (nach Linke u. Baur 1970). Die Albedo des darunterliegenden Erdbodens ist a = 0,1 gesetzt

Wolkenmächtigkeit [m]	Durchlässigkeit [%]					
	bei Tage			bei Nacht		
	Sc	St	As	Sc	St	As
100	48	72	120	34	55	85
200	28	48	110	20	34	75
400	16	30	92	10	21	65
600	11	20	80	7,5	14,5	58
1000	6,7	13	65	4,7	9,0	46
2000	3,4	7,1	43	2,4	5,0	30

Tabelle 3.18. Durchlässigkeit von (geschlossenen) Wolkendecken für Globalstrahlung in Abhängigkeit von der relativen Luftmasse M bzw. vom Zenitwinkel Θ [°] der Sonne (nach Linke u. Baur 1970)

Q	M	Ci	Cs	Ac	As	Sc	St	Ns	Nebel
25	1,1	0,85	0,84	0,52	0,41	0,35	0,25	0,15	0,17
48	1,5	0,84	0,81	0,51	0,41	0,34	0,25	0,17	0,17
60	2,0	0,84	0,78	0,50	0,41	0,34	0,25	0,19	0,17
70	3,0	0,82	0,71	0,47	0,41	0,32	0,24	0,25	0,18
76	4,0	0,80	0,65	0,45	0,41	0,31	----	----	0,18

3.7.1.3
Die atmosphärische Gegenstrahlung

Die atmosphärische Gegenstrahlung läßt sich neben der Messung auch berechnen, doch erfordert dies nach der folgenden exakten Formel einen hohen Rechenaufwand und die genaue Kenntnis der spektralen Eigenschaften der Absorber sowie ihrer genauen Verteilung in der Atmosphäre:

$$G_0 = \int_{\lambda=0}^{\infty} 2\pi \cdot \left\{ \int_{z=0}^{\infty} \left[k_\lambda \cdot \varrho(z) \cdot B_\lambda[T(z)] \cdot \int_{\Theta=0}^{\pi/2} \sin\Theta \cdot e^{-\sec\Theta \cdot \int_{z=\infty}^{0} k_\lambda \cdot \varrho(z) \cdot dz} d\Theta \right] dz \right\} d\lambda$$

Hierin bedeuten: λ = Wellenlänge der Strahlung, z = Höhe über der Erdoberfläche, k_λ = spektraler Absorptionskoeffizient, ϱ = Luftdichte, T = Temperatur [K], B_λ = Planckfunktion, Θ = Zenitwinkel der Sonne, $\sec\Theta$ = $1/\cos\Theta$.

Wegen der Kompliziertheit dieser Gleichung, vor allem aber auch weil oft nicht ausreichende Information zu ihrer Lösung zur Verfügung steht (wozu auch noch das

3.7 Der Strahlungshaushalt der Erde

vertikale Temperaturprofil gehört!), gibt es eine Reihe von Näherungsformeln empirischer Art (entweder für G_0 oder gleich für $Q_{T,eff}$) (s. hierzu Kondratyev 1969):

a) nach Ångström (ohne Bewölkung):

$$G_0 = \sigma \cdot T_E^4 \cdot (0{,}82 - 0{,}25 \cdot 10^{-0{,}1 \cdot e}) \; [W/m^2]$$

b) nach Feussner (ohne Bewölkung):

$$G_0 = \sigma \cdot T_L^4 \cdot (1 - 10^{-0{,}424 \cdot \text{expo,20}}) \; [W/m^2]$$

mit T_E = Erdbodentemperatur, T_L = Temperatur in 2 m Höhe (Wetterhütte), und e = Dampfdruck in Torr.

c) Den Effekt von Bewölkung berücksichtigt Bolz durch

$$G_{0,N} = G_0 \cdot (1 + kN^2)$$

mit N = Bedeckungsgrad des Himmels mit Wolken in Zehnteln und folgenden Werten für k:
bei Cirrus 0,004; Cirrostratus 0,008; Altocumulus 0,17;
Altostratus 0,20; Cumulus 0,20; Stratus 0,24;
Durchschnitt über alle Wolkenarten k = 0,22.

Für die effektive Ausstrahlung (ohne Bewölkungseinfluß) ist nach Lönnquist:

$$F_0 = \sigma \cdot T_0^4 \cdot [A + B \cdot t_0 + C \cdot (1 + æ) \cdot \Gamma_m - D \cdot \log M_r],$$

mit T_0 = Bodentemperatur [K], t_0 = Bodentemperatur in [°C], $æ = M_r/(\varrho_w)_0$, M_r = „precipitable water" = enthaltener Wasserdampf, ausgedrückt durch die potentielle Niederschlagsmenge [cm], $(\varrho_w)_0$ = Dampfdichte am Boden [g/m³], Γ_m = mittlerer vertikaler Temperaturgradient zwischen Boden und 2 km Höhe [K/km], A = 0,514;

$$B = 6 \cdot 10^{-4}; \; C = 8 \cdot 10^{-4}; \; D = 0{,}101.$$

Der *Effekt von Rauch* (z.B. beim Frostschutz von empfindlichen Plantagen) wird von Berlyand berücksichtigt:

$$\Delta F_{0,\text{Rauch}} = F_0 \cdot (1 - e^{-k \cdot M/v})$$

mit F_0 = effektive Ausstrahlung in der rauchfreien Nachbarschaft, M = erzeugte Rauchmenge, k = Absorptionskoeffizient des Rauchs, v = Windgeschwindigkeit.
Nebeleinfluß berücksichtigen Shifrin und Bogdanowa:

$$F_{0,\text{Nebel}} = F_0 \cdot (- 6{,}4 \cdot q \cdot d),$$

wobei q = Wassergehalt des Nebels [g/m³], d = Dicke der Nebelschicht [m].
Den *Bewölkungseffekt* berücksichtigt Chamukowa durch

$$F_{0,N} = F_0 \cdot (1 - 0{,}024 \cdot N - 0{,}004 \cdot N^2)$$

mit N = Bedeckungsgrad in Zehnteln.

3.7.2
Die Komponenten der Strahlungsbilanz am Beispiel der Messungen in Hamburg

Es mag von Interesse sein, welche Energiemengen – beispielsweise zur direkten Nutzung von Solarenergie – an einem Ort in Mitteleuropa zur Verfügung stehen. Um hiervon einen Eindruck zu vermitteln, seien kurz die Komponenten sowie die Bilanz des Strahlungshaushalts für Hamburg dargestellt, wie sie aus den Meßreihen am dortigen Strahlungsobservatorium in Fuhlsbüttel, am Flughafenrand, hervorgehen.

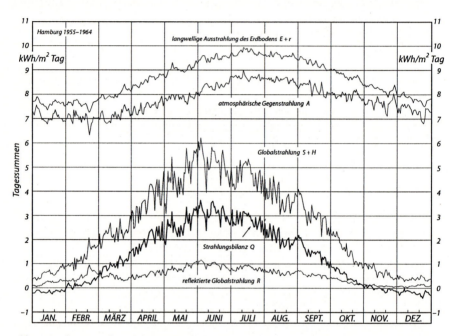

Abb. 3.28. Jahresgang der 10jährigen Mittel der Tagessummen der Strahlungsbilanz und ihrer Komponenten, 1955–1964, gemessen vom Deutschen Wetterdienst Hamburg; E = langwellige Ausstrahlung des Erdbodens, r = reflektierte Gegenstrahlung, S = direkte Sonnenstrahlung, H = diffuse Himmelsstrahlung (nach Schulze 1970)

Die Abbildungen 3.28–3.31 zeigen z.B., daß sowohl der Jahres- als auch der Tagesgang der Strahlungsbilanz an der Erdoberfläche im wesentlichen durch die Variation der Globalstrahlung bestimmt werden. Tages- und Jahresgang der Emission der Erdoberfläche werden weitgehend durch den parallelen Gang der atmosphärischen Gegenstrahlung kompensiert, so daß in einzelnen Jahren die effektive Ausstrahlung kaum noch einen nennenswerten Jahresgang zeigt. Der Einfluß von Bewölkung ist am augenfälligsten bei den kurzwelligen Strahlungsströmen, doch ist er auch bei der Gegenstrahlung unverkennbar.

3.7 Der Strahlungshaushalt der Erde

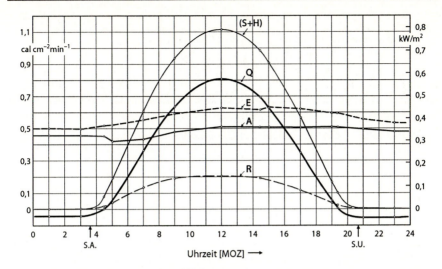

Abb. 3.29. Tagesgang der einzelnen Komponenten der Strahlungsbilanz am 5. Juni 1954, einem wolkenlosen Tag, in Hamburg (Bezeichnungen der Kurven wie in Abb. 3.28; *S.A.* und *S.U.* markieren die Zeiten des Sonnenaufgangs und des Sonnenuntergangs (nach Schulze 1970)

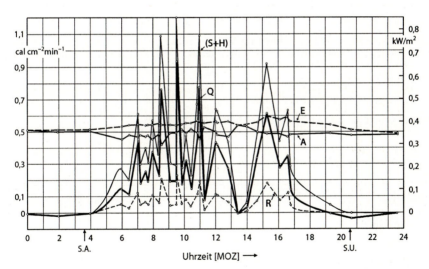

Abb. 3.30. Tagesgang der einzelnen Komponenten der Strahlungsbilanz am 30. Juni 1954, einem Tag mit starker, wechselnder Bewölkung und einer partiellen Sonnenfinsternis zwischen 13 und 14 Uhr, in Hamburg; Bezeichnungen wie in Abb. 3.28 (nach Schulze 1970)

Die Globalstrahlung, vermindert um die Reflexion, beträgt in Hamburg im Juni 128 kWh/m²·Monat, im Dezember 9,5 kWh/m²·Monat (8 % des Juni-Wertes). Die Strahlungsbilanz ist in Hamburg von Mitte November bis Anfang Februar negativ.

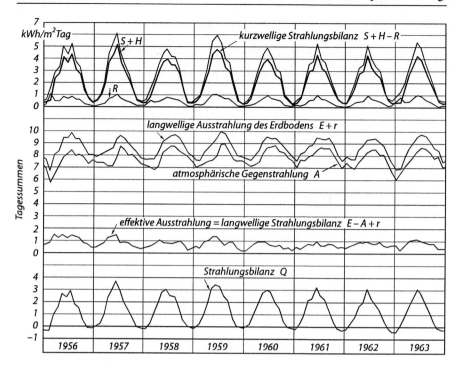

Abb. 3.31. Jahresgang der Monatsmittelwerte der kurz- und langwelligen Strahlungsbilanz und ihrer einzelnen Komponenten in den Jahren 1955–1964, gemessen vom Deutschen Wetterdienst, Meteorologisches Observatorium Hamburg; Bezeichnungen wie in Abb. 3.28 (nach Schulze 1970)

Ferner gelten für Hamburg folgende Durchschnittswerte:

Tabelle 3.19. Durchschnittswerte für Hamburg

Strahlung	[kWh/m².Monat]	[kWh/m².Jahr]
Globalstrahlung		783
Langwellige Ausstrahlung		3 154
Max. im Juni mit	284	
Min. im Dezember mit	242	
Atmosphärische Gegenstrahlung		2 839
Max. im Juni mit	250	
Min. im Dezember mit	227	
(sie gleicht die terrestrische Emission bis auf ca.. 10 % aus!)		

3.7 Der Strahlungshaushalt der Erde

Tabelle 3.20. Von den 2320 kWh/m², die im Jahr über Hamburg auf eine horizontale Fläche an der Obergrenze der Atmosphäre einfallen (von der Solarkonstanten abzuleiten)

erreichen den Erdboden	41,6 %	965 kWh/m²·Jahr
werden am Erdboden reflektiert	7,8 %	182 kWh/m²·Jahr
werden als effektive Ausstrahlung an den Weltraum abgegeben	13,6 %	316 kWh/m²·Jahr
bleiben von der extraterrestrischen Energieeinnahme für Bodenerwärmung, Verdunstung am Boden und Erwärmung der Luft übrig	20,0 %	467 kWh/m²·Jahr

Der Strahlungsgewinn der Stadt Hamburg insgesamt beträgt $35 \cdot 10^{10}$ kWh/Jahr und übertrifft damit die Gesamt-Energieerzeugung der Bundesrepublik Deutschland von $18 \cdot 10^{10}$ kWh/Jahr (Stand ca. 1970) um das Doppelte.

ANMERKUNG: Bei der Übertragung dieser Werte auf andere Orte, selbst im vergleichbaren Klimagebiet, muß Vorsicht walten, da die Komponenten des Strahlungshaushalts zum Teil stark vom Untergrund abhängen! Die Hamburger Messungen stammen – wie gesagt – vom Observatorium am Rande des Flughafens Fuhlsbüttel (Grasland-Umgebung).

3.7.3
Die Strahlungsbilanz der Atmosphäre

Wir haben gesehen, daß die Atmosphäre von aufwärts gerichteten und abwärts gerichteten Strahlungsströmen durchsetzt wird (vgl. auch Abb. 3.32), von denen jeweils unterschiedliche Anteile in den verschiedenen Höhenschichten absorbiert (und entsprechend der Temperatur der Schicht) wieder emittiert werden. Für jede Schicht läßt sich aus der Differenz beider Strahlungsströme ein Nettostrahlungsstrom

$$\vec{F} = \vec{F}\uparrow - \vec{F}\downarrow$$

definieren (s. Abb. 3.33), der aufwärts positiv gerechnet wird. Der Nettostrahlungsflußvektor beschreibt die Strahlungsbilanz an jedem Punkt der Atmosphäre. Die Bilanz ist ausgeglichen, wenn der Nettostrahlungsstrom Null ist.
Interessant ist nun die Vertikale Änderung des Nettostrahlungsflußvektors

$$\frac{\partial \vec{F}(z)}{\partial z} = q = \text{div}\,\vec{F}$$

die, da $\vec{F}$ ein Vektor ist, der hier keine horizontalen Komponenten haben soll, die Divergenz des Strahlungsflusses darstellt. Ist diese für ein bestimmtes Volumen (bzw. für eine bestimmte Schicht) positiv, so heißt dies, daß aus dem Volumen (der Schicht) mehr Strahlungsenergie austritt als eintritt. Das bedeutet Energieverlust und somit Abkühlung. Ist eine negative Divergenz (Konvergenz) des Strahlungsstromes zu verzeichnen, tritt also weniger Energie heraus als hineingestrahlt wird, findet Erwärmung statt. Die Divergenz des Strahlungsstromes sagt also etwas über zu erwartende Temperaturänderungen im durchstrahlten Medium aus. Die Temperaturänderung wird der Masse (Dichte ϱ) und der spezifischen Wärmekapazität (c_p) des Volumens (bei konstantem Druck) umgekehrt proportional sein. Das kann man mathematisch so beschreiben:

$$\frac{dT}{dt} = -\frac{1}{\varrho \cdot c_p} \cdot \frac{\partial F}{\partial z}$$

(das Minuszeichen steht, weil bei positiver Divergenz eine negative Temperaturänderung eintritt).

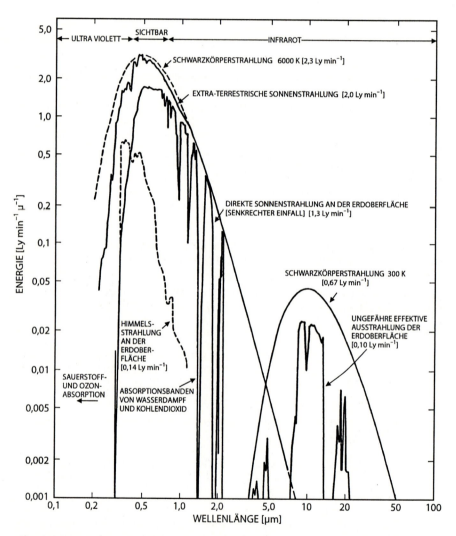

Abb. 3.32. Elektromagnetische Spektren der abwärts gerichteten solaren und der aufwärts gerichteten terrestrischen Strahlung. Die Schwarzkörperstrahlung für 6000 K wurde reduziert durch den Quotienten aus Sonnenradius und durchschnittlicher Entfernung Erde-Sonne, um den entsprechenden Strahlungsstrom an der Obergrenze der Atmosphäre zu erhalten (nach Sellers 1965). Die Einheit [Ly] = Langley bedeutet [cal·cm^{-2}]; zur Umrechnung s. Glossar

3.7 Der Strahlungshaushalt der Erde

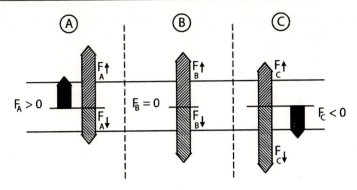

Abb. 3.33. Zum Begriff des Netto-Strahlungsflußvektors: (A) positiver, d.h. aufwärts gerichteter Netto-Strahlungsstrom, $F_A = F_A\uparrow - F_A\downarrow > 0$; (B) ausgeglichene Bilanz, $F_B = F_B\uparrow - F_B\downarrow = 0$; (C) negativer, d.h. abwärts gerichteter Netto-Strahlungsstrom, $F_C = F_C\uparrow - F_C\downarrow < 0$

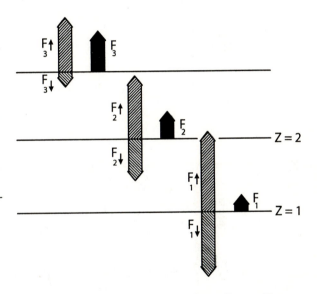

Abb. 3.34. Veranschaulichung der positiven Divergenz des Nettostrahlungsflusses mit zunehmender Höhe infolge verschiedener Höhenveränderlichkeit der aufwärts- und abwärtsgerichteten Strahlungsströme in der Atmosphäre. In dieser schematischen Darstellung nehme der aufwärtsgerichtete Strahlungsstrom zwischen den Niveaus $z = 1$ und $z = 2$ bzw. $z = 2$ und $z = 3$ jeweils um eine Einheit (von 6 auf 5 auf 4) ab, der abwärtsgerichtete jeweils um zwei Einheiten (von 5 auf 3 auf 1)

Wie ist das nun in der Atmosphäre? Lokal und kurzzeitig kann die Strahlungsflußdivergenz schichtweise wechselnde Beträge mit wechselnden Vorzeichen annehmen. Im Durchschnitt zeigt sich aber, daß die Atmosphäre insgesamt eine positive Strahlungsflußdivergenz aufweist, d.h. sich ständig abkühlen müßte, würde ihr nicht durch nicht strahlungsbedingte Übertragungsvorgänge von der Erdoberfläche ständig Energie zugeführt werden. Diese Strahlungsflußdivergenz läßt sich wie folgt verstehen (s. hierzu Abb. 3.34):

1. Der aufwärtsgerichtete Strahlungsstrom nimmt mit zunehmender Höhe ab, weil die von unten her empfangene Wärmestrahlung dabei mehr und mehr durch die Strahlung kälterer Absorberschichten (Troposphäre) ersetzt wird;

2. der abwärtsgerichtete Strahlungsstrom nimmt aber mit der Höhe noch stärker ab, weil zusätzlich zur jeweils niedrigeren Temperatur der höheren Schichten (was zumindest in der Troposphäre zutrifft) dabei zusätzlich die darüberliegende strahlende Masse abnimmt.

Aus beidem folgt somit eine vertikale Zunahme des Differenzvektors (F, schwarz), die positive Divergenz des Nettostrahlungsflußvektors.

Diese Betrachtungen gelten im wesentlichen für die Troposphäre, in der keine nennenswerte Absorption solarer Strahlung stattfindet und die rasche vertikale Abnahme der Masse von Wasserdampf und Kohlendioxid zu dem beschriebenen Verhalten führt. In der Stratosphäre kommt oberhalb 15 km Höhe in zunehmendem Maße die Absorption von Sonnenstrahlung durch das Ozon zum Tragen (s. 3.5.1.2), die den langwelligen Strahlungsverlust dort weitgehend kompensiert (dort herrscht also nahezu Strahlungsgleichgewicht!), wie die Berechnungen von Manabe und Möller (s. Abb. 3.35) deutlich machen.

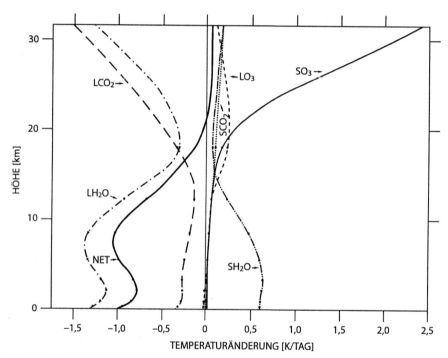

Abb. 3.35. Mittlere vertikale Verteilung der Komponenten des atmosphärischen Strahlungshaushalts. Die Divergenz des Nettostrahlungsflusses wurde in die resultierende Netto-Temperaturänderung [K/Tag] umgerechnet. Es bedeuten LCO_2, LH_2O und LO_3 die Temperaturänderung aufgrund der langwelligen Strahlungseinflüsse von CO_2, H_2O und O_3, und SCO_2, SH_2O und SO_3 die entsprechenden Temperaturänderungen aufgrund der Absorption kurzwelliger Solarstrahlung. NET bedeutet Vertikalverteilung der sich insgesamt ergebenden Netto-Temperaturänderung [K/Tag] (nach Manabe u. Möller 1961)

3.7.4
Die globale Verteilung der Strahlungsbilanz

Setzt man die im Jahresdurchschnitt an der Obergrenze der Atmosphäre hemisphärisch einfallende Sonnenstrahlung mit 100 Einheiten an, so verteilen sich die Energieflüsse auf die einzelnen Komponenten des Strahlungshaushalts des Systems Erde-Atmosphäre in der Weise, wie es in Abb. 3.36 schematisch dargestellt ist.

Es zeigt sich, daß, hinsichtlich der Strahlungsbilanz, die Erdoberfläche einen Überschuß von 33 Einheiten, die Atmosphäre ein gleich großes Defizit aufweist. Danach müßte sich die Erdoberfläche ständig erwärmen, die Atmosphäre ständig abkühlen. Da das nicht so beobachtet wird (jedenfalls nicht im Mittel über einen langen Zeitraum), kann geschlossen werden, daß die Überschußenergie durch andere als durch strahlungsbedingte vertikale Transferprozesse von der Erdoberfläche in die Atmosphäre übertragen werden muß; oder anders ausgedrückt: Die beobachtete Wärmebilanz wird nicht allein durch die Strahlungsbilanz bestimmt, sondern es müssen zu ihrer Erklärung auch andere Energietransportvorgänge herangezogen werden (wie das in Kap. 4 geschehen wird), nämlich vertikal nach oben gerichtete mechanische Energietransporte in Form fühlbarer und latenter Wärme.

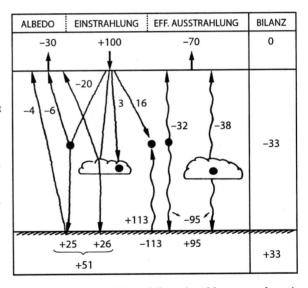

Abb. 3.36. Durchschnittliche jährliche Strahlungsbilanz der Nordhemisphäre. Hierbei wurde davon ausgegangen, daß die Bilanz über einen längeren Zeitraum - etwa über mehrere Jahre - ausgeglichen ist, so daß sich die Temperatur der Erde insgesamt nicht ändert. Das gilt wahrscheinlich nicht mehr in geologischen Zeiträumen bzw. zukünftig im Falle drastischer Veränderungen der Atmosphäre durch anthropogene Eingriffe (CO_2-Zunahme o.ä.)

Betrachten wir die Breitenverteilung der Strahlungsbilanz (s. Abb. 3.37 und 3.38), so können wir sehen, daß die niederen Breiten ganzjährig einen Überschuß zu verzeichnen haben, die hohen Breiten ganzjährig ein Defizit. Demzufolge müßten sich die Tropen laufend erwärmen, die hohen Breiten sich beständig abkühlen, was ebenfalls der Erfahrung widerspricht. Daraus läßt sich ableiten, daß andere als strahlungsbedingte horizontale Transportvorgänge erforderlich sind, die - zumindest langfristig - für den beobachteten Ausgleich sorgen, nämlich polwärts gerichtete meridionale Energietransporte durch Wind und Meeresströmungen.

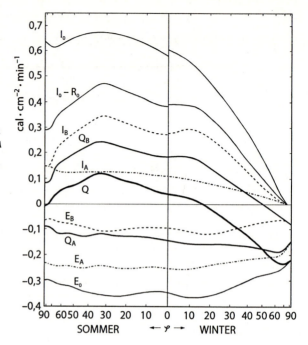

Abb. 3.37. Meridionale Verteilung der Komponenten des Strahlungshaushalts (Breitenkreismittel). Es bedeuten: I_0 = extraterrestrische Einnahme, R_0 = in den Weltraum reflektierter Anteil, I_B und I_A = Einnahme solarer Strahlung durch Boden (Index B) und Atmosphäre (Index A), E_B und E_A = Emissionsverlust von Boden und Atmosphäre, Q_B, Q_A und Q sind die Strahlungsbilanzen von Boden, Atmosphäre und Gesamtsystem (nach London 1957)

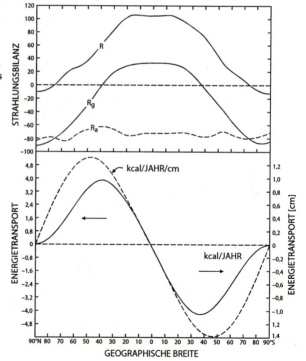

Abb. 3.38. Mittlere meridionale Verteilung der Strahlungsbianz der Erdoberfläche (R), der Atmosphäre (R_a) und des Gesamtsystems (R_g) in [kLy/Jahr] (*oben*) sowie polwärts gerichteter Energiefluß pro Breitenkreis insgesamt (*ausgezogene Kurve*) und pro Zentimeter eines Breitenkreises (*gestrichelte Kurve*) [10^{10} kcal/Jahr/cm] (*unten*) (nach Sellers 1965)

3.7 Der Strahlungshaushalt der Erde

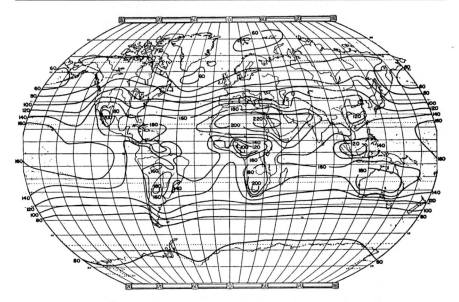

Abb. 3.39. Durchschnittliche jährliche Sonneneinstrahlung auf eine horizontale Fläche am Erdboden (Kilo-Langley pro Jahr) (nach Budyko 1963, aus: Sellers 1965). Hier kommt vor allem in den mittleren und hohen Breiten im wesentlichen die Breitenabhängigkeit der Einstrahlung infolge der Variation der Sonnenhöhe zum Ausdruck, während sich in den Subtropen und Tropen der Einfluß der Bewölkung – und damit die Auswirkung atmosphärischer Zirkulationssysteme – sowie topographischer Einfluß strukturierend bemerkbar macht

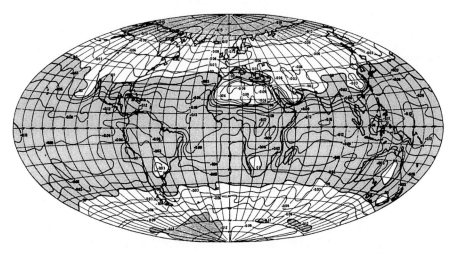

Abb. 3.40. Jahreswerte der Strahlungsbilanz des Systems Erde-Atmosphäre [$cal \cdot cm^{-2} \cdot min^{-1}$] in der Zeit vom April 1969 bis Februar 1970 aufgrund von Messungen des Satelliten NIMBUS-3 (nach Raschke et al. 1973). Es sei besonders auf den Netto-Strahlungs*verlust* an den Weltraum in den mittleren und hohen Breiten beider Halbkugeln hingewiesen sowie auf die wichtigen hohen Beträge der Strahlungs*einnahme* der großen Ozeane. Bemerkenswert ist ferner das Strahlungsdefizit der nordafrikanischen und arabischen Wüsten, eine Folge der relativ hohen Temperatur bei gleichzeitiger Wolkenarmut

Es sei nun noch hervorgehoben, daß – zusätzlich zur geographischen Breite – durch geographische und ozeanographische Randbedingungen, wie Land-Meer-Verteilung, Hochgebirge, besonders kalte oder warme Meeresströmungen u.ä., die Strahlungsbilanz im einzelnen eine große horizontale Differenzierung erfährt, wie es anhand der Abb. 3.39 und 3.40 demonstriert werden soll.

3.8
Anmerkungen zum Glashauseffekt

Als Glashauseffekt – vielfach auch Treibhauseffekt genannt, aber er ist eben nicht nur auf Treibhäuser beschränkt, sondern wirkt bei Sonnenbestrahlung der verglasten Wand eines jeden Raumes – wird die Wirkung der atmosphärischen Gegenstrahlung, die auf der Absorption langwelliger terrestrischer Strahlung durch mehratomige Gase beruht (vgl. Abschn. 3.7.1.3), bezeichnet. Wir hatten an einem einfachen Rechenbeispiel gesehen, daß sich durch eine grobe, plausible Annahme bezüglich des CO_2-Gehalts der Atmosphäre aus der globalen Strahlungsbilanz eine globale irdische Gleichgewichtstemperatur ermitteln ließ, die nahe der tatsächlich beobachteten Erdmitteltemperatur liegt (vgl. 3.2). Die beobachtete Erdtemperatur ist demnach „Ausgabe-Signal" eines komplexen dynamischen Systems von Prozessen, an dem in erster Linie die Komponenten des Strahlungshaushalts, aber auch alle übrigen planetarischen Vorgänge, die die Gaszusammensetzung und ihre Veränderungen bestimmen, beteiligt sind. Bleiben die bestimmenden Komponenten des Systems mit der Zeit konstant, bleibt auch die resultierende „Gleichgewichtstemperatur" konstant. Veränderungen einer oder mehrerer seiner Komponenten werden jedoch – sofern sie sich in ihrer Wirkung nicht zufällig gegenseitig kompensieren – zwangsläufig andere Werte der Gleichgewichtstemperatur zur Folge haben.

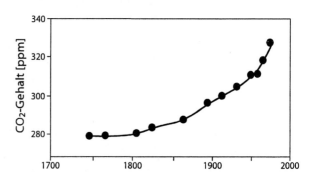

Abb. 3.41. Atmosphärische CO_2-Konzentrationen, gemessen in Eis-Bohrkernen der letzten 200 Jahre (nach Neftel et al. 1985)

Die atmosphärische Gegenstrahlung bestimmen nun im wesentlichen der Wasserdampf, das Kohlendioxid und eine Reihe von anderen mehratomigen Spurengasen. Es war bereits in Abschnitt 2.1, besonders Abb. 2.6 auf die anthropogene Zunahme des Kohlendioxids hingewiesen worden; sie ist auch paläoklimatisch durch die Analyse von Eisbohrkernen von Gletschern und Inlandeis nachweisbar (s. Abb. 3.41). Eine vergleichbare Zunahme ist auch beim Methan zu verzeichnen (s. Abb. 3.42), und

3.8 Anmerkungen zum Glashauseffekt

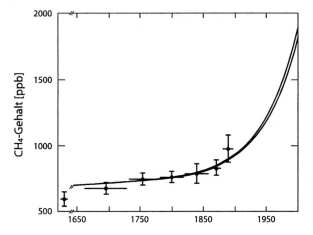

Abb. 3.42. Anstieg der atmosphärischen Methan-Konzentration während der letzten 300 Jahre (nach Khalil u. Rasmussen 1984)

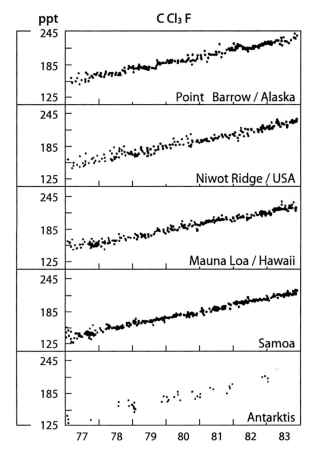

Abb. 3.43. Chlorfluormethan-Meßreihen der weltweiten US-amerikanischen „Base-line"-Stationen von 1977–1983 (nach Georgii 1988)

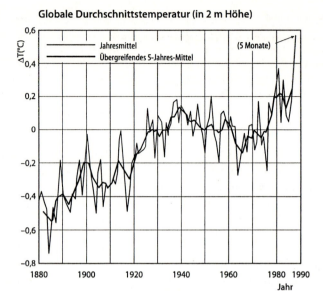

Abb. 3.44. Abweichung [K] der globalen Durchschnittstemperatur in 2 m Höhe zwischen 1880 und heute vom Mittel des Zeitraums 1950–1980. Die *dünne Linie* verbindet die Jahresmittel. Der Wert von 1988 wurde nur aus den Monatsmitteln von Januar bis Mai ermittelt. Die *dick ausgezogene Kurve* stellt den Verlauf der 5jährig übergreifend gemittelten Werte der Jahresmittelwerte dar (nach Deutscher Bundestag 1989)

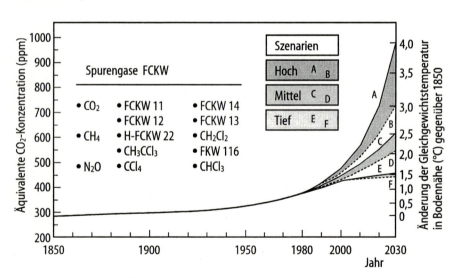

Abb. 3.45. Änderung [K] der Gleichgewichtstemperatur gegenüber der Gleichgewichtstemperatur von 1850 in Abhängigkeit von der äquivalenten CO_2-Konzentration [ppm]. Diese Werte wurden mit der parametrisierten Form eines Strahlungskonvektionsmodells berechnet. Von 1980 an werden die Szenarien A–F dargestellt. Dabei werden die Szenarien A und B mit „hoch" bezeichnet, die Szenarien C und D mit „mittel" und die Szenarien E und F mit „niedrig". Die Szenarien B, D und F zeigen jeweils die Wirkungen von Maßnahmen nach dem „Montrealer Protokoll" für den Idealfall der völligen Befolgung ohne Ausschöpfung der Sonderreglungen (nach Deutscher Bundestag 1989)

3.8 Anmerkungen zum Glashauseffekt

auch die Chlorfluormethane (FCKW), die Absorptionsbanden im atmosphärischen Fenster von 8–12 µm haben, zeigen eine laufende globale Zunahme, wie Abb. 3.43 belegt. Modellrechnungen ergaben (s. z.B. Georgii 1988, 1991), daß der Erwärmungseffekt aller übrigen Spurengase zusammen etwa ebenso groß ist wie der des viel diskutierten Kohlendioxids. Die FCKW spielen also nicht nur bei der Ozonreduzierung eine wichtige Rolle, sondern greifen auch zusätzlich in den Wärmehaushalt ein. Wie Tabelle 2.2 zeigt, sind etliche von diesen FCKW außerordentlich langlebig, so daß zur weiteren Schadensverhütung ein totaler Stop ihrer Produktion – und erst recht ihrer Freisetzung – unabdingbar erscheint. Denn ein Anstieg der globalen Mitteltemperatur während der letzten 100 Jahre, der zumindest zu großen Teilen auf anthropogene Einflüsse (CO_2- und CH_4-Zunahme) zurückgeführt wird, ist bereits nachgewiesen (s. Abb. 3.44), und eine laufende weitere Zunahme der hier in diesem Zusammenhang aufgeführten sog. „Treibhausgase" läßt ein weiteres, künftig sogar verstärktes Ansteigen der Temperatur der Erde erwarten. Die Ergebnisse weltweiter Modellrechnungen für unterschiedliche Szenarien differieren lediglich hinsichtlich des Umfanges der Erwärmung und ihrer genaueren geographischen Verteilung. Eine Erwärmung zeigen sie aber alle! Hierfür gibt Abb. 3.45 einen neueren eindrücklichen Beleg.

Bezüglich ausführlicherer Darstellungen zu diesem Thema sei verwiesen auf Georgii 1988 und 1991, Schönwiese u. Diekmann 1988 und Deutscher Bundestag 1989.

Kapitel 4

Die Wärmebilanz der Erdoberfläche

Die Wärmebilanz der Erdoberfläche Q^* setzt sich zusammen aus der Strahlungsbilanz Q, dem Wärmeaustausch mit den tiefer gelegenen Bodenschichten (bzw. Wasserschichten) B, sowie dem Wärmeaustausch mit der Atmosphäre durch Wärmeleitung L und Verdunstung V (s. hierzu Abb. 4.1):

$Q^* = Q + B + L + V$.

Dieses ist eine stark vereinfachte Bilanzgleichung. So käme, beispielsweise im Falle von Niederschlag, ein weiteres Glied N hinzu, im Falle horizontaler Transporte (Advektion) von Wärme in der Atmosphäre bzw. im Ozean noch ein Term A. Im Falle einer Schnee- oder Eisdecke muß ein weiterer Zusatzterm für den Wärmeverbrauch/Wärmegewinn beim Schmelzen/Gefrieren hinzutreten, im Falle von Vegetation sind zusätzliche Ausdrücke für die physikalische und die biochemische Wärmespeicherung nötig. Sämtliche Terme können positive oder negative Werte annehmen.

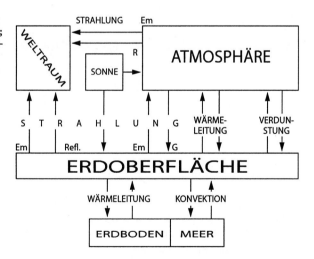

Abb. 4.1. Zur Wärmebilanz der Erdoberfläche; *Em* = Emission; *R* = Reflexion; *G* = atmosphärische Gegenstrahlung

Der aus der Wärmebilanz der unmittelbaren Erdoberfläche sich ergebende durchschnittliche tägliche Temperaturgang (unter „Schönwetterbedingungen") ist in Abb. 4.2 dargestellt, die daraus sich ergebenden extremalen vertikalen Temperaturprofile in unmittelbarer Nähe der Bodenoberfläche mittags und morgens kurz vor

Dämmerungsbeginn zeigt Abb. 4.3. Den entstehenden vertikalen Temperaturgradienten entsprechend müssen nun Wärmeflüsse in die untere Atmosphäre und in den Erdboden erwartet werden, die im folgenden gesondert betrachtet werden sollen.

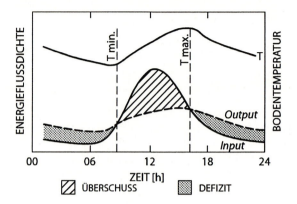

Abb. 4.2. Zusammenhang zwischen der Energiebilanz an der Erdoberfläche und der Erdbodenoberflächentemperatur im Tagesverlauf (nach Oke 1978)

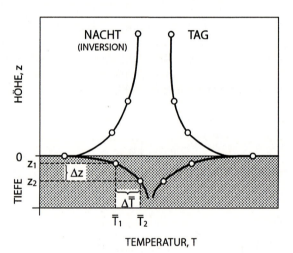

Abb. 4.3. Idealisierte mittlere vertikale Temperaturprofile in der bodennahen Luft und im oberflächennahen Erdboden unter Einstrahlungswetterbedingungen (nach Oke 1978)

4.1
Wärmeaustausch mit tieferen Schichten

Ist q die durch eine Fläche der Größe A transportierte Wärmemenge, dann ist $(1/A) \cdot (dq/dt) = B$ der durch die Einheitsfläche gehende Wärmestrom. Der Wärmestrom durch ein Medium ist außerdem (Newton-Prinzip) proportional zum Temperaturgradienten anzusetzen, also

$$B = -k \cdot \frac{\partial T}{\partial z} \; ;$$

der Proportionalitätsfaktor k [W·m^{-1}·K^{-1}], der Wärmeleitfähigkeitskoeffizient (engl. „thermal conductivity"), ist eine Materialkonstante. Durchschnittswerte von k für einige Materialien zeigt Tabelle 4.1.

Tabelle 4.1. Durchschnittswerte des Koeffizienten der Wärmeleitfähigkeit für natürliche Materialien der Erdoberfläche sowie für einige Vergleichsmaterialien in [W·m^{-1}·K^{-1}] (nach Sellers 1965 und Linke u. Baur 1970)

Material	Wert	Material	Wert
Quartz	8,79	Schnee (trocken)	0,17
Ton	2,93	($\varrho = 0{,}2 \text{g/cm}^3$)	
Humus	1,26	Schnee (naß)	1,67
Organisches Material	0,25	($\varrho = 0{,}8 \text{g/cm}^3$)	
Moorboden (naß)	0,38	Eis	2,18
Moorboden (trocken)	0,08	Wasser	0,57
Fichtenholz	0,08	Granit	3,35
(lufttrocken)		Sandstein	1,67
Schmiedeeisen	59,4	Kiesbeton	1,26
Kupfer	372,6	Luft (ruhend)	0,025
Silber	418,6		

Die Temperaturänderung, die aufgrund der Wärmeleitung im Boden erfolgt, wird durch die Wärmeleitungsgleichung beschrieben. Diese erhalten wir, wenn wir die uns aus der Atmosphäre (Temperaturänderung durch Strahlungsabsorption) bereits bekannte Gleichung für die Temperaturänderung infolge Divergenz des Strahlungsstromes sinngemäß übernehmen:

$$\frac{\partial T}{\partial t} = -\frac{1}{(\varrho \cdot c)_m} \cdot \frac{\partial B}{\partial z}$$

und in diese Gleichung den oben gewonnenen Ausdruck für den Wärmestrom $B = -k \cdot \partial T/\partial z$ einsetzen. Wir erhalten dann die Wärmeleitungsgleichung

$$\frac{\partial T}{\partial t} = a \cdot \frac{\partial^2 T}{\partial z^2} \quad \text{mit } a = \frac{k}{(\varrho \cdot c)_m} \quad [m^2 \cdot s^{-1}].$$

Der sich dabei ergebende neue Proportionalitätsfaktor a wird Temperaturleitfähigkeit [m^2·s^{-1}] (engl. „thermal diffusivity") genannt. Der darin vorkommende Ausdruck $(\varrho \cdot c)_m$ ist die Volumwärme, auch als Wärmekapazität [J·m^{-3}·K^{-1}] bezeichnet. Zahlenwerte für die thermischen Parameter einer Reihe von Materialien sind in Tabelle 4.2 zusammengestellt; der Zusammenhang zwischen dem vertikalen Temperaturprofil T(z) und seinen vertikalen Ableitungen bzw. dem Wärmestrom wird in Abb. 4.4 zu verdeutlichen versucht.

Natürlicher Erdboden besteht im allgemeinen aus

a) dem eigentlichen (mineralischen und organischen) Bodenmaterial,
b) chemisch nicht gebundenem Wasser und
c) Luft.

Tabelle 4.2. Thermische Eigenschaften natürlicher Materialien (nach Oke 1978)

Material	ϱ Dichte [kg·m^{-3}·10^3]	c Spezifische Wärme [J·kg^{-1}·K^{-1}·10^3]	C Wärme- kapazität [J·m^{-1}·K^{-1}·10^6]	k Wärmeleit- fähigkeit [W·m^{-1}·K^{-1}]	K Temperatur- leitfähigkeit [m^2·s^{-1}·10^{-6}]
Sandiger Boden					
trocken (40 % Porenraum)	1,60	0,80	1,28	0,30	0,24
gesättigt	2,00	1,48	2,96	2,20	0,74
Lehmboden					
trocken (40 % Porenraum)	1,60	0,89	1,42	0,25	0,18
gesättigt	2,00	1,55	3,10	1,58	0,51
Torfboden					
trocken (80 % Porenraum)	0,30	1,92	0,58	0,06	0,10
gesättigt	1,10	3,65	4,02	0,50	0,12
Schnee					
frisch	0,10	2,09	0,21	0,08	0,10
alt	0,48	2,09	0,84	0,42	0,40
Eis, rein, 0 °C	0,92	2,10	1,93	2,24	1,16
Wasser[a], ruhig, 4 °C	1,00	4,18	4,18	0,57	0,14
Luft[a]					
ruhig, 10 °C	0,0012	1,01	0,0012	0,025	20,50
turbulent	0,0012	1,01	0,0012	~ 125	~ 10×10^6

[a] Eigenschaften temperaturabhängig

Die physikalischen Eigenschaften eines Bodens setzen sich deshalb aus den Eigenschaften dieser Komponenten gemäß ihren Anteilen zusammen, und die charakteristischen Parameter zeigen (z.B. hinsichtlich unterschiedlichen Wassergehalts) entsprechende funktionale Abhängigkeiten. Als Beispiel diene Tabelle 4.3 für Sandboden. Aus ihr läßt sich beispielsweise ablesen, daß *trockener* Sandboden die Temperatur langsamer leitet als Boden mittlerer Feuchtigkeit (weil bei ihm k klein ist), nasser Sandboden leitet gleichfalls – im Vergleich zu Boden mittlerer Feuchtigkeit – die Temperatur langsamer, weil in diesem Fall $(\varrho \cdot c)_m$ groß wird; Boden mittlerer Feuchtigkeit besitzt somit die bessere *Temperatur*leitfähigkeit – letztere zeigt also ein ganz anderes Verhalten als die *Wärme*leitfähigkeit! Siehe hierzu Abb. 4.5.

Tabelle 4.3. Eigenschaften von Sandboden in Abhängigkeit vom Wassergehalt (spezif. Wärme des Bodens c = 837,2 J·kg^{-1}·K^{-1})

Wassergehalt	[Vol.%]	0	10	20	30	40
Dichte	[10^3 kg·m^{-3}]	1,50	1,60	1,70	1,80	1,90
Volumwärme (Wärmekapazität)	[10^6 J·m^{-3}·K^{-1}]	1,26	1,67	2,09	2,51	2,93
Wärmeleitfähigkeit	[W·m^{-1}·K^{-1}]	0,25	1,00	1,51	1,67	1,80
Temperaturleitfähigkeit	[10^{-6} m^2·s^{-1}]	0,20	0,60	0,72	0,66	0,61

Abb. 4.4. Zur Veranschaulichung der Wärmeleitungsgleichung: Verlauf der 1. und 2. räumlichen Ableitungen der Temperatur bei vorgegebenem typischem, abendlichem (bezüglich der Tagesperiode) bzw. herbstlichem (Jahresperiode) Temperaturprofil im Erdboden

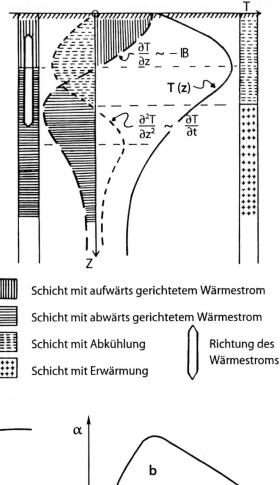

▥ Schicht mit aufwärts gerichtetem Wärmestrom

▤ Schicht mit abwärts gerichtetem Wärmestrom

▦ Schicht mit Abkühlung

▨ Schicht mit Erwärmung

◇ Richtung des Wärmestroms

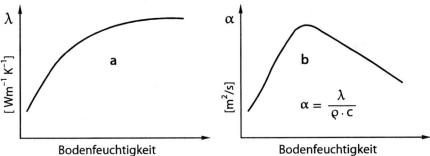

Abb. 4.5. Beziehung zwischen dem Feuchtigkeitsgehalt des Bodens und seiner Wärmeleitfähigkeit (a) sowie seiner Temperaturleitfähigkeit (b) (nach Oke 1978)

Die Wärmeleitungsgleichung ist ein bekannter Typ gewöhnlicher Differentialgleichungen. Ihre Lösung, unter der Annahme einer an der Erdoberfläche vorhandenen periodischen Temperaturänderung (Tages- oder Jahresschwankung), ergibt eine mit zunehmender Tiefe stark gedämpfte Wärmewelle, deren Eindringtiefe von der

Tabelle 4.4. Eindringtiefe der von der täglichen und jährlichen Temperaturschwankung an der Erdoberfläche hervorgerufenen Wärmewelle im Erdboden in Abhängigkeit von der Leitfähigkeit des Bodens

Temperaturleitfähigkeit [cm²/s]	0,02	0,01	0,007	0,001
Bodenart	Fels	nasser Sand	Schneedecke	trockener Sand
Eindringtiefe der Tagesschwankung [m]	1,08	0,76	0,64	0,24
Eindringtiefe der Jahresschwankung [m]	20,6	14,5	12,2	4,6

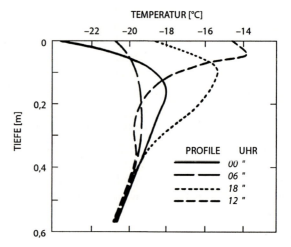

Abb. 4.6. Vertikale Temperaturprofile innerhalb der Schneedecke über der Eiskappe von Devon Island, Nordkanada im Verlauf eines Tages (nach Holmgren 1971)

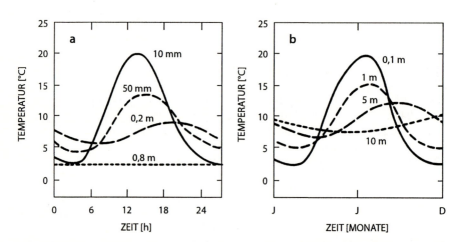

Abb. 4.7 a, b. Schematisierte Darstellung der durchschnittlichen periodischen Schwankung der Erdbodentemperatur in verschiedenen Tiefen; a im Tages-, b im Jahresverlauf (nach Oke 1978)

Schwingungsdauer abhängt. Sie liegt für die Tageswelle in der Größenordnung von 1 m, für die Jahreswelle etwa bei 17 m, was im Durchschnitt gut den Beobachtungen entspricht. Tabelle 4.4 gibt hierfür einige charakteristische Zahlenwerte, entsprechende Illustrationen sind in den Abb. 4.6 und 4.7 zu finden. So zeigt z.B. die zeitliche Veränderung des vertikalen Temperaturprofils – in Abb. 4.6 exemplarisch für die Schneedecke eines Gletschers dargestellt – deutlich die mit der Tiefe abnehmende Amplitude der täglichen Temperaturschwankung sowie das langsame Vordringen der Temperaturextrema in die tieferen Schichten. Gleiches geht aus den in Abb 4.7 wiedergegebenen Tages- und Jahresgängen der Temperatur in verschiedenen Tiefen hervor.

4.2 Wärmeaustausch mit der Atmosphäre

Der Wärmeaustausch zwischen der Erdoberfläche (Wasser oder Land) und der Atmosphäre erfolgt an der unmittelbaren Grenzfläche auf zweierlei Weise:

a) durch *Wärmeleitung* und
b) durch *Verdunstung* von Wasser, d.h. durch den Transport latenter Wärme mittels des dabei entstehenden Wasserdampfes.

Es wird daher zweckmäßigerweise unterschieden zwischen *sensibler* (= fühlbarer) Wärme, die sich in der Temperatur äußert, und *latenter* Wärme, die im Wasserdampf latent (von lateinisch latens = verborgen, heimlich) enthalten ist und erst bei dessen exothermen Phasenumwandlungen, wie z.B. bei Kondensation als fühlbare Wärme, in Erscheinung tritt.

4.2.1 Wärmeleitung

Bei der Wärmeleitung handelt es sich um Energieübertragung ohne jegliche Beteiligung eines Massentransports. Vielmehr wird die Energie durch physischen Kontakt, d.h. durch Impulsübertragung, Stöße, an benachbarte Moleküle weitergegeben. Das geschieht bei Festkörpern im Gefolge von Schwingungen um die Ruhelage der Moleküle, bei Flüssigkeiten und Gasen durch Kollisionen im Gefolge der Brownschen Molekularbewegung der freier beweglichen Moleküle. Diese Energieübertragung durch Wärmeleitung von der Erdoberfläche in die Atmosphäre findet allerdings nur in einer der Erdoberfläche unmittelbar aufliegenden hauchdünnen Schicht statt, der sog. *laminaren Grenzschicht*. „Laminar" besagt, daß in dieser Schicht definitionsgemäß keine turbulenten Bewegungen auftreten bzw. auftreten dürfen. Sie ist wenige Millimeter bis Zentimeter dick, je nach der Struktur der Oberfläche und der Windgeschwindigkeit. Der durch sie hindurchgehende Wärmestrom L kann beschrieben werden durch

$$L = -k \cdot \frac{\partial T}{\partial z} \quad [W \cdot m^{-2}],$$

mit k = Wärmeleitfähigkeit der Luft in [W·m^{-1}·K^{-1}]. Der Wert für ruhende Luft ist k = 0,025 W·m^{-1}·K^{-1}. Dieser vergleichsweise geringe Wert (vgl. Tabelle 4.2) besagt, daß ruhende Luft ein sehr schlechter Wärmeleiter bzw. ein sehr guter Isolator ist. Will man diese Eigenschaften zur Wärmeisolierung nutzen, muß man lediglich sicherstellen, daß die Luft tatsächlich ruhend bleibt, wie das z.b. innerhalb eines Wollgewebes, in Styropor oder in Glaswolle weitgehend der Fall ist.

Für die laminare Grenzschicht bedeutet die geringe Wärmeleitfähigkeit der Luft nun aber nicht, daß etwa kein Wärmeübergang stattfände. Sie führt lediglich dazu, daß sich z.B. bei starker Einstrahlung ein entsprechend starker vertikaler Temperaturgradient bildet. Für den Wärmeleitungsstrom ist nach obiger Gleichung nämlich das Produkt von Wärmeleitfähigkeit und Temperaturgradient maßgeblich, und bei geringer Wärmeleitfähigkeit kann ein starker Temperaturgradient durchaus einen beträchtlichen Wärmestrom bewirken. Schließlich muß, wenn die Erdoberfläche Energie an die Atmosphäre im beobachteten Umfang abgeben soll – und die Strahlung leistet das nicht in genügendem Maße – der gesamte Wärmestrom auf diese Weise zunächst durch die laminare Grenzschicht hindurch.

Wir wollen versuchen, den Wärmeübergang in der laminaren Grenzschicht durch einige Abschätzungen mit Zahlen zu verdeutlichen: a) Soll, zum Beispiel, ein Wärmestrom von 400 W · m^{-2} (extremer Wert, Wüstensand, Sommermittag) durch die Grenzschicht gebracht werden, ergibt sich aus obiger Gleichung, daß das ein Temperaturgradient $\partial T/\partial z = -16 \cdot 10^3$ K/m leistet. Das ist natürlich ein völlig unrealistischer Wert, doch liegt das nur daran, daß wir ihn auf eine zu große Distanz beziehen. Den selben Wärmestrom leistet nämlich – über eine geringere Distanz – auch ein Temperaturgradient von -16 K/mm, und damit kommen wir schon in ganz vernünftige, d.h. den Erfahrungen entsprechende Dimensionen. b) In Garching, bei München, wurde an einem Sommermittag ein Wärmestrom von L = 200 W/m^2 gemessen, was demnach einem vertikalen Temperaturunterschied von 20 K innerhalb einer 2,5 mm dikken Grenzschicht entspräche. Dieser Wert ist wiederum plausibel. Sie können dies leicht selbst nachprüfen, indem Sie, zum Beispiel, an einem sonnigen Sommertag die Temperatur einer ungestörten trockenen Sandfläche bzw. Asphaltstraße mit der Lufttemperatur vergleichen. Wir können aus beidem den Schluß ziehen, daß die laminare Grenzschicht, in der definitionsgemäß allein molekulare Wärmeleitung stattfindet, nicht viel stärker als die genannten wenigen Millimeter sein kann.

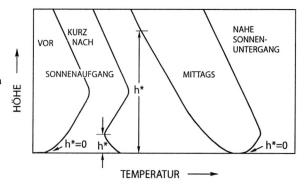

Abb. 4.8. Schematisierte vertikale Temperaturprofile in der bodennahen Luft zu verschiedenen Tageszeiten bei „Strahlungswetter" in ländlicher Umgebung. Die Größe h* ist die jeweilige Höhe der thermischen Durchmischungsschicht (nach Oke 1978)

4.2 Wärmeaustausch mit der Atmosphäre

Oberhalb der laminaren Grenzschicht bedient sich die Atmosphäre dann jedoch anderer, effektiverer physikalischer Mechanismen, der *Turbulenz* und der *Konvektion*, die – im Gefolge ungeordneter, „turbulenter" bzw. geordneter, „konvektiver" Massenbewegungen – viel wirkungsvoller Energie über weite Strecken zu transportieren in der Lage sind. Infolgedessen können dort auch keine so großen vertikalen Temperaturgradienten auftreten wie in der laminaren Grenzschicht. Wir werden später (Kap. 7) darauf zurückkommen.

Der Wärmestrom kann zuweilen auch von der Atmosphäre zum Erdboden gerichtet sein, etwa wenn eine sogenannte *Bodeninversion* vorhanden ist, bei der der Erdboden kälter ist als die darüberliegende Luft – was z.B. nachts häufig der Fall ist (s. z.B. Abb. 4.8) und besonders häufig über einer Schneedecke vorkommt.

Als globaler Jahresmittelwert ergibt sich jedoch ein *aufwärts* gerichteter vertikaler Wärmestrom von L = 16,9 W/m². Das sind 5 % der auf die horizontale Flächeneinheit an der Obergrenze der Atmosphäre einfallenden Strahlungsenergie.

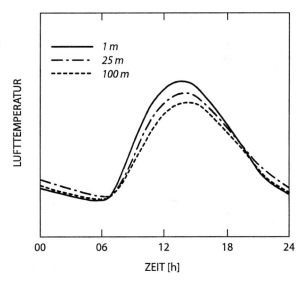

Abb. 4.9. Schematisierte Tagesgänge der Lufttemperatur in verschiedenen Höhen an einem wolkenlosen „Strahlungstag" (nach Oke 1978)

Der Vorgang des Wärmeüberganges in die Atmosphäre läßt sich insgesamt wiederum durch die Wärmeleitungsgleichung beschreiben, wobei oberhalb der laminaren Grenzschicht allerdings statt des molekularen Wärmeleitungskoeffizienten ein Koeffizient genommen werden muß, der die um etliche Größenordnungen höhere Effizienz von Turbulenz und Konvektion (s. hierzu Kap. 7) berücksichtigt. Es ergibt sich dann analog zur Wärmeausbreitung im Erdboden eine mit der Höhe abnehmende Amplitude der Tagesschwankung und eine – im Vergleich zum Erdboden allerdings weit geringere – Verzögerung der Eintrittszeit des Maximums mit der Höhe (s. Abb. 4.9). So tritt bekanntlich an „Strahlungstagen" das tägliche Maximum der Erdbodentemperatur zur Zeit des lokalen Sonnenhöchststandes ein, das Maximum in 2 m Höhe, d.h. der Tageshöchstwert der in der „Wetterhütte" gemessenen, meteorologisch so genannten „Bodentemperatur", zwischen 14 und 15 Uhr Ortszeit.

4.2.2
Verdunstung

Als Verdunstung (Evaporation) wird bekanntlich der Übergang von Wasser aus der flüssigen in die gasförmige Phase verstanden, ohne daß dabei Sieden stattfindet, d.h. die Verdunstung geschieht jederzeit, bei beliebiger Temperatur. Die Evaporation beschreibt den rein physikalischen Vorgang; sind Lebensvorgänge daran beteiligt (z.B. Öffnen oder Schließen von Poren), sprechen wir von Transpiration. Bei gleichzeitigem Wirken beider Vorgänge, z.B. in einem Pflanzenbestand, wo Pflanzen und der Boden dazwischen gemeinsam beschrieben werden sollen, spricht man von Evapotranspiration. Der Übergang von der gasförmigen in die flüssige Phase heißt bekanntlich *Kondensation* (s. Abschn. 5.11). *Sublimation* heißt der Übergang vom festen in den gasförmigen Aggregatzustand und auch der umgekehrte (für diesen im Englischen aber: „fusion").

Bei der Verdunstung wird erfahrungsgemäß dem die Flüssigkeit verdunstenden Körper zur Verdunstung benötigte Energie, die Verdunstungswärme, entzogen – er kühlt sich entsprechend ab. Die vom Dampf aufgenommene Energie wird dort, wo er wieder kondensiert, an die Umgebung abgegeben; mit der Verdunstung wird also Energie transportiert, und zwar gebunden an den Transport des Dampfes. Eine Realisierung dieser Energie erfolgt aber nur im Falle der Kondensation, und nur dort, wo diese stattfindet. Im Falle des Wasserdampfes kommt sie der Atmosphäre aber tatsächlich nur in dem Umfang zugute, in dem sie nicht wieder unmittelbar zur Verdampfung von Wolken- oder Nebeltropfen verwendet wird. Das ist am eindeutigsten gewährleistet, wenn das Kondensat ausfällt und damit zur Verdunstung in der Luft überhaupt nicht mehr zur Verfügung steht.

4.2.2.1
Mikrophysikalische Beschreibung der Verdunstung

Flüssigkeitsmoleküle mit überdurchschnittlicher, nach außen gerichteter Geschwindigkeit und näher an der Oberfläche als die mittlere freie Weglänge der Moleküle haben die Chance, die sie anziehenden Oberflächenkräfte der Flüssigkeit zu überwinden und in den darüberliegenden Gasraum überzuwechseln. Dadurch sinkt der Mittelwert der molekularen kinetischen Energie (sprich: die Temperatur) in der verbleibenden Flüssigkeit, sie kühlt sich ab. Die mitgenommene Energie ist die besagte Verdunstungswärme oder Verdampfungswärme. Sie ist temperaturabhängig und beträgt:

$L_V \approx 2500 - 2{,}42 \cdot t(°C) \quad [J \cdot g^{-1}]$.

Aus dem Gasraum wechseln jederzeit auch Moleküle in die Flüssigkeit über. Es ist deshalb der von der Flüssigkeit in den Dampfraum gerichtete Nettowasserdampfstrom, der effektiv als Verdunstung in Erscheinung tritt und als Verdunstung bezeichnet wird. Enthält der Dampfraum so viele Dampfmoleküle, daß ebenso viele in die Flüssigkeit zurückkehren, wie aus dieser austreten, spricht man von Sättigung des Dampfraums mit diesem Gas. Diese wird im allgemeinen. durch den Sättigungsdampfdruck charakterisiert, der eine Funktion der Temperatur ist. Bei Sättigung ist also definitionsgemäß der Netto-Strom von H_2O-Molekülen null, d.h. die Verdun-

4.2 Wärmeaustausch mit der Atmosphäre

stung erlischt. Bei Übersättigung des Dampfraumes ist dieser Netto-Strom sogar negativ, d.h. es treten mehr Moleküle in die Flüssigkeit ein, als aus ihr austreten (Kondensation).

4.2.2.2
Makrophysikalische Beschreibung der Verdunstung

Die Stärke der Verdunstung in einen Dampfraum hinein hängt ab von seinem Sättigungsdefizit $\delta = E(T) - e$ [hPa]. Hierbei ist e der Partialdruck des Wasserdampfes und $E(T)$ = sein Sättigungsdampfdruck, beides in [hPa]. Die Temperaturabhängigkeit des Sättigungsdampfdrucks beschreibt die Magnus-Formel (s. Abschn. 5.9.1).
Der Dampfdruck e ist gegeben durch (vgl. ebenfalls Abschn. 5.9.1):

$$e = \varrho_W \cdot R_W \cdot T \quad [hPa],$$

mit ϱ_W = Dichte des Wasserdampfs = Dampfdichte [g/cm³] und $R_W = 461{,}5 \, J \cdot kg^{-1} \cdot K^{-1}$, die spezifische Gaskonstante des Wasserdampfes ($R_W = R^*/M_W$; M_W = Molekulargewicht des Wassers = 18,01; $R^* = 8{,}314 \, J \cdot mol^{-1} \cdot K^{-1}$, die universelle Gaskonstante).
Der Wasserdampfstrom in der laminaren Grenzschicht kann beschrieben werden durch

$$M_W = -\varrho_W \cdot \kappa_W \cdot \frac{\partial q}{\partial z},$$

mit ϱ_W = Dampfdichte [kg·m⁻³], κ_W = molekularer Diffusionskoeffizient für Wasserdampf ($\kappa_W = 0{,}24 \cdot 10^{-4} \, m^2 \cdot s^{-1}$ bei 20 °C), q = Spezifische Feuchtigkeit (vgl. 5.9.1):

$$q = \frac{0{,}622 \cdot e}{p - 0{,}378 \cdot e} \approx \frac{0{,}622 \cdot e}{p} \quad [g \cdot kg^{-1}],$$

mit e = Dampfdruck [hPa], p = Luftdruck [hPa].
Der Wasserdampfstrom in der turbulenten Grenzschicht wird beschrieben durch: $S_W = -\varrho_W \cdot K_W \cdot \partial q/\partial z$, mit K_W = turbulenter Diffusionskoeffizient für Wasserdampf (Größenordnung von $K_W \approx 1 \, m^2 \cdot s^{-1}$). Der Fluß latenter Wärme ist dann:

$$V = -\varrho_W \cdot L_V \cdot K_W \cdot \partial q/\partial z \quad [W/m^2].$$

Die mathematische Beschreibung des Diffusionsvorganges führt über die Annahmen, daß a) der Wasserdampfstrom proportional ist dem Dichtegradienten des Wasserdampfes: $S_W = -D \cdot \partial \varrho_W/\partial z$ und b) die Dampfdichteänderung gleich ist der negativen vertikalen Divergenz des Wasserdampfstroms: $\partial \varrho_W/\partial t = -\text{div}_z S_W$, durch Einsetzen des oberen Ausdrucks für S_W in letztere Gleichung zur *Diffusionsgleichung*,

$$\frac{\partial \varrho_W}{\partial t} = D \cdot \frac{\partial^2 \varrho_W}{\partial z^2},$$

die vom gleichen Typ ist wie die Wärmeleitungsgleichung. Das bedeutet, daß sie die gleiche Lösung hat, und es gelten entsprechend alle Schlußfolgerungen hinsichtlich der Art des Eindringens des Wasserdampfstromes in die unterste Atmosphäre – einschließlich der vertikalen Dämpfung der Amplitude und der Verzögerung der Eintrittszeit des Maximums mit der Höhe. Dies wird sehr gut durch die auf Meßwerten beruhende Abb. 4.10 belegt.

Bei der Betrachtung des Wasserdampfstroms in die untere Atmosphäre sind im Vergleich zum Wärmestrom drei wesentliche Unterschiede zu beachten: Erstens muß ausreichend Wasser zum Verdunsten vorhanden sein, was in Trockenzeiten und vor allem in ariden Gebieten (klimatischen Trockengebieten) nicht immer der Fall ist, denn im Gegensatz zur Wärme ist das Wasserreservoir begrenzt. Zweitens muß ausreichend Energie zum Verdunsten vorhanden sein bzw. – zur Aufrechterhaltung des potentiellen (physikalisch möglichen) Verdunstungsstromes – genügend schnell in die verdunstende Oberfläche nachgeführt werden. Da drittens die Turbulenz in Bodennähe eine Funktion der Windgeschwindigkeit ist, nimmt die Verdunstung zu, wenn infolge erhöhter Turbulenz der vertikale Abtransport von Wasserdampf verstärkt wird und damit trotz ständiger Verdunstung das Sättigungsdefizit konstant erhalten bleibt. In der einfachsten Verdunstungsformel von Dalton:

$$-V' = c \cdot (E - e) \quad [mm \cdot h^{-1}] \quad (E \text{ und } e \text{ in } [hPa])$$

ist diese Windabhängigkeit in der Konstanten c (s. Tabelle 4.5) berücksichtigt.

Folglich kann in der turbulenten bodennahen Schicht auch der Diffusionskoeffizient keine echte Konstante sein, sondern er ist eine u.a. von der Stärke der Turbulenz abhängige Größe (vgl. Kap. 7).

Die folgende Betrachtung diene zur Veranschaulichung des Energieverbrauchs bei der Verdunstung: Zur Verdunstung einer Wasserschicht von 1 mm Dicke, das entspricht einer Wassermenge von 1 Liter/m^2, werden ca. 2,5 MJ benötigt, d.h., es würden

Tabelle 4.5. Abhängigkeit der Konstanten c [mm·h^{-1}·h·Pa^{-1}] der Dalton-Formel von der Windgeschwindigkeit v [m/s^{-1}] (nach Geiger 1961)

v	0,1	0,5	1	2	5	10
c	0,005	0,012	0,017	0,024	0,038	0,053

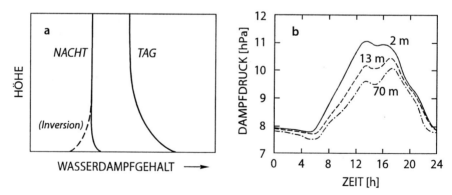

Abb. 4.10. a Vereinfachte mittlere vertikale Wasserdampfprofile in der bodennahen Luft; b Tagesgang des Dampfdrucks in 3 verschiedenen Höhen, gemessen bei Quickborn, Schleswig-Holstein an wolkenlosen Maitagen (nach Oke 1978)

4.2 Wärmeaustausch mit der Atmosphäre

mit der Verdunstung von 1 mm Wasser pro Stunde der Atmosphäre nahezu 700 W/m² an latenter Wärme zugeführt!

Und wie groß ist die beobachtete Verdunstungsrate? Hierzu einige Angaben über gemessene Verdunstungsbeträge:

- *Schneefläche* über Lake Mendota, Wisconsin: 0,29 mm Wasseräquivalent/10-Stunden-Tag, d.h. 0,029 mm/h; dem entspricht ein Energieverbrauch von 20 W/m².
- *Sommer-Nadelwald* bei Cedar River, Washington: 4 mm/d, d.h. 0,17 mm/h; dem entsprechen 116 W/m² (10 MJ·m^{-2}·d^{-1}).
- *Tropischer Atlantik* (Jn/Jl): 6,6 mm/d, d.h. 191 W/m² (16,2 MJ m^{-2}·d^{-1}).

Welchen hohen Anteil der Verdunstungswärmestrom am Gesamtwärmestrom über den Ozeanen, die schließlich zwei Drittel der Erdoberfläche ausmachen, hat, zeigt Tabelle 4.6. Daraus ist außerdem ersichtlich, daß 90 % des Energiegewinns aus der Strahlungsbilanz der Ozeane für die Verdunstung verbraucht werden.

Tabelle 4.6. Wärmeflußkomponenten der jährlichen Energiebilanz der Ozeane [MJ·m^{-2}·d^{-1}] (nach Budyko 1963; nach Geiger 1961)

	Strahlungsbilanz	Verdunstungsstrom	Strom sensibler Wärme
Atlantik	9,4	8,2	1,0
Indischer Ozean	9,7	8,8	0,8
Pazifik	9,8	8,9	1,0
Alle Ozeane	9,4	8,5	1,0

Der Anteil der Verdunstung am globalen Wärmehaushalt beträgt V = 95 W/m², das sind 28 % der auf eine horizontale Flächeneinheit an der Obergrenze der Atmosphäre einfallenden Energie – zur Erinnerung: der entsprechende Beitrag der Wärmeleitung war 5 % bzw. L = 16,9 W/m².

Dieser Befund erklärt bereits teilweise das energetische *Paradoxon der Wasserflächen* der Erde: Einerseits sind diese nämlich vorzügliche Strahlungsabsorber (sehr geringe Albedo!), andererseits zeigen sie aber – im Vergleich zu den Festländern (siehe auch Abb. 4.11) – eine äußerst geringe Auswirkung der Schwankungen in der Energieeinnahme auf den täglichen und jährlichen Gang der Oberflächentemperatur.

So beträgt beispielsweise im Durchschnitt die tägliche Temperaturschwankung an der Oberfläche der tropischen Ozeane:

$\Delta T_{TAG} = \qquad 0{,}275 \text{ K}$,

die Jahresschwankung der Oberflächentemperatur der Ozeane:

ΔT_{JAHR} am Äquator: 2 K

ΔT_{JAHR} in 40°N: 8 K.

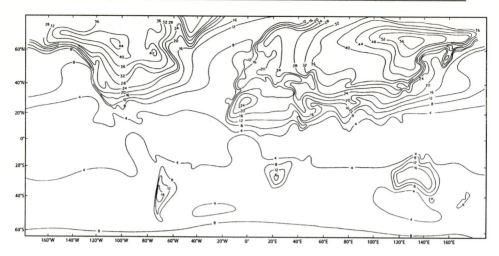

Abb. 4.11. Betrag der jährlichen Temperaturschwankung an der Erdoberfläche [K] (nach Monin und Shirshov 1975, aus: Wallace und Hobbs 1977) oder: Das „Such-die-Kontinente-Spiel"

Letzteres wird sehr eindrucksvoll durch Abb 4.11 gezeigt, in der sich – ohne daß das geographische Gitternetz eingezeichnet ist – Kontinente und Ozeane aufgrund ihrer unterschiedlichen jährlichen Temperaturschwankung sehr deutlich voneinander abheben. Eine Ausnahme machen allein die inneren Tropen, wo – wie wir bereits in Abschn. 1.2.3 hervorgehoben haben – die Jahresschwankung der Temperatur geringer ist als die tägliche Variation.

Die Gründe für diesen Unterschied im thermischen Verhalten zwischen den Wasserflächen der Erde und den Landoberflächen liegen in einer Reihe von Faktoren:

1. ist die *Eindringtiefe* der Strahlung im Wasser um ein Vielfaches größer; sie hängt zwar vom Trübungsgrad des Wassers ab, kann aber als durchschnittlich 10 m angesetzt werden; in besonders klaren tropischen Meeren wurde allerdings schon kurzwelliges Sonnenlicht in 700–1000 m Tiefe beobachtet;
2. findet infolge der Bewegung des Wassers, insbesondere durch Einwirkung des Windes, in den obersten 200 m des Meeres i. allg. eine stetige turbulente *vertikale Durchmischung* statt; dadurch wird an der Oberfläche empfangene Wärme auf eine beträchtliche Schicht verteilt, die nahezu isotherme Deckschicht;
3. besitzt das Wasser darüber hinaus eine viel höhere *Wärmekapazität* als die Luft, d.h., für die Erwärmung eines Kubikmeters Wassers um 1 K muß wesentlich mehr Energie aufgewendet werden als für die gleiche Erwärmung von 1 m³ Luft (s. Tabelle 4.7), und
4. erfährt schließlich – wie wir gesehen hatten – die Wasseroberfläche einen erheblichen Energieverlust durch *Verdunstung*.

Tabelle 4.7. Wärmekapazität von Wasser und Luft

Wärmekapazität des Wassers	4,18	$\cdot\, 10^6\,\mathrm{J\cdot m^{-3}\cdot K^{-1}}$
Wärmekapazität der Luft	0,0012	$\cdot\, 10^6\,\mathrm{J\cdot m^{-3}\cdot K^{-1}}$

KAPITEL 5

Statik und Thermodynamik der Atmosphäre

5.1
Allgemeine physikalische Grundlagen

Wir hatten bereits (s. Abschn. 2.1) die sog. „Gasgleichung" kennengelernt, die allgemeine *Zustandsgleichung für ideale Gase*:

$$p = \varrho \cdot R_L \cdot T,$$

worin p = Luftdruck [Pa]; ϱ = Luftdichte [kg·m^{-3}]; T = Temperatur [K]; R_L = 287,0 J·kg^{-1}·K^{-1} = spezielle Gaskonstante für trockene Luft. Diese Zustandsgleichung gilt, wie gesagt, in der Atmosphäre in guter Näherung, solange keine Phasenumwandlungen des Wasserdampfes stattfinden.

Ferner gilt der *1. Hauptsatz der Thermodynamik*. Er beschreibt den physikalischen Zusammenhang zwischen der einem Luftvolumen in Form einer Wärmemenge (dQ) und einer äußeren Arbeit (α·dp) zugeführten Energie einerseits und seiner inneren Energie (c_p·dT), genauer: seiner „Enthalpie", andererseits. Er lautet in der in der Meteorologie üblichen Form:

$$dQ + \alpha \cdot dp = c_p \cdot dT,$$

wobei dQ = die zugeführte Wärmemenge [J]; α = $1/\varrho$ = das spezifische Volumen [m^3/kg]; c_p = spezifische Wärme [J·kg^{-1}·K^{-1}] der trockenen Luft bei konstantem Druck (Zahlenwert s. Tabelle 5.1) ist.

Tabelle 5.1. Beträge der spezifischen Wärme trockener Luft bei konstantem Druck (c_p) und bei konstantem Volumen (c_v)

c_p =	1005 J·kg^{-1}·K^{-1}
c_v =	720 J·kg^{-1}·K^{-1}

5.2
Die hydrostatische Grundgleichung

Solange keine nennenswerten vertikalen Beschleunigungen auftreten, wie in Gewittern, Tornados u.ä., gilt für ruhende und horizontal bewegte Luft die *hydrostatische Grundgleichung*:

$$dp = -\varrho \cdot g \cdot dz.$$

Sie beschreibt die Änderung des Luftdrucks mit der Höhe. Zu ihrer Ableitung betrachten wir in einer völlig in Ruhe befindlichen („hydrostatischen") Atmosphäre ein quaderförmiges Luftvolumen mit der Einheitsfläche als Grundfläche und der Höhe dz (s. Abb. 5.1).

Abb. 5.1. Skizze zur Definition eines Luftquaders

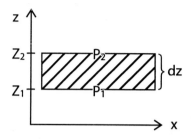

Der Druck ist physikalisch bekanntlich definiert als Kraft pro Flächeneinheit. In einer ruhenden Atmosphäre ist der Luftdruck in einem Niveau beschreibbar durch das Gewicht G der gesamten, über einer in diesem Niveau liegenden Einheitsfläche befindlichen vertikalen Luftsäule. Die vertikale Luftdruckdifferenz Δp zwischen zwei Niveaus mit dem endlichen Abstand dz entspricht dann dem Gewicht G_Q des Quaders der Höhe dz, also

$$\Delta p = G_Q = \varrho \cdot g \cdot dz,$$

mit ϱ = Luftdichte [g/m³] und $g = g(\varphi, z)$ = Schwerebeschleunigung; als globaler Durchschnittswert wird i. allg. $g = 9{,}81 \text{ m}\cdot\text{s}^{-2}$, d.h. der Wert in $\varphi = 45°$ geographischer Breite, angesetzt (s. Abschn. 5.3). Daraus folgt dann als gesuchte Beziehung für die vertikale Luftdruckänderung die oben stehende hydrostatische Grundgleichung (das Minuszeichen muß stehen, weil p und z in entgegengesetzten Richtungen positiv zählen!):

$$-dp = \varrho \cdot g \cdot dz \quad \text{bzw.} \quad -dp/dz = \varrho \cdot g.$$

Was heißt das? Zur Interpretation stellen wir eine kleine Nebenbetrachtung an: Wir nehmen erneut einen Luftquader mit der Einheitsgrundfläche. An seiner Unterseite herrsche der Druck p, an seiner Oberseite wirkt dann der Druck $p + (\partial p/\partial z)\,dz$. Die Druckkräfte auf die Seitenwände heben sich gegenseitig auf. In der Vertikalen wirkt dann eine resultierende, nach oben gerichtete Druckkraft

$$P_z = p - \{p + (\partial p/\partial z) \cdot dz\} = -(\partial p/\partial z) \cdot dz.$$

Beziehen wir uns jetzt auf ein Einheitsvolumen (d.h., es sei auch dz = 1), so ergibt sich aus letzterem

$$P_z = -\frac{\partial p}{\partial z},$$

d.h., die auf die Volumeinheit wirkende Druckkraft ist gleich dem negativen vertikalen Luftdruckgradienten, dem vertikalen Druckgefälle!

Die statische Grundgleichung in der Form $\partial p/\partial z = -\varrho \cdot g$ besagt also, daß – bezogen auf die Volumeinheit – in einer hydrostatischen Atmosphäre die nach oben gerichtete vertikale Druckkraft und die nach unten gerichtete Schwerkraft $\varrho \cdot g$ sich das Gleichgewicht halten. Der hydrostatische Ruhezustand ist also durch das

Gleichgewicht der gegeneinander wirkenden Kräfte definiert. Die Erfahrung zeigt nun, und auch die spätere Diskussion der Bewegungsgleichungen wird ergeben, daß diese Aussage, d.h. die hydrostatische Grundgleichung überhaupt, auch bei horizontal bewegter Atmosphäre in hinreichender Näherung gilt, solange keine wesentlichen vertikalen Beschleunigungen auftreten, wie z.B. in Thermikblasen und extrem in Gewittern oder Tornados; diese sind aber i. allg. nur lokale und relativ kurzzeitige Phänomene (s. Abschn. 5.6.1).

Wir halten also fest, daß sich *auch die bewegte Atmosphäre* – von lokalen und kurzzeitigen Ausnahmen abgesehen – *weitgehend hydrostatisch* verhält.

5.3
Schwerebeschleunigung und Geopotential

Die Schwerebeschleunigung wird gern, in erster Näherung, als eine Konstante angesehen; sie ist aber streng genommen eine Funktion der geographischen Breite (φ) und der Höhe (z). Diese Abhängigkeit kann etwa mit folgender Gleichung beschrieben werden:

$$g(\varphi,z)\ [\text{cm s}^{-2}] = [980{,}616 \cdot (1 - 0{,}0026373 \cdot \cos 2\varphi - 0{,}0000059 \cdot \cos^2 2\varphi)$$
$$+ \Omega^2 \cdot R_\varphi \cdot \cos^2\varphi] \cdot (1 + z/R_\varphi)^{-2} - \Omega^2 \cdot R_\varphi \cdot \cos^2\varphi \cdot (1 + z/R_\varphi),$$

worin $\Omega^2 = 53{,}17498 \cdot 10^{-10}\ \text{s}^{-2}$; R_φ = Abstand vom Erdmittelpunkt in der geographischen Breite φ. Für $\varphi = 45°$ ist $R_\varphi = 6367{,}7$ km.

Die Abnahme von g mit der Höhe ist innerhalb der Troposphäre, genauer gesagt in den untersten 15 km der Atmosphäre, mit 4,6 [cm·s^{-2}] etwa so groß wie die meridionale Abnahme vom Pol zum Äquator, die 5,2 [cm·s^{-2}] beträgt.

Tabelle 5.2. Einige Werte der Schwerebeschleunigung [cm·s^{-2}]	Äquator	$\varphi = 45°$	Pol
im Meeresspiegelniveau	978,0	980,7	983,2
in 30 km Höhe	968,9	971,5	974,0

Um der für viele praktische Zwecke lästigen Variation der Schwerebeschleunigung mit der Höhe und der geographischen Breite zu entgehen, führt man ein sog. *Geopotential* Φ ein, definiert durch

$$-d\Phi = g(\varphi,z) \cdot dz\ [\text{m}^2 \cdot \text{s}^{-2}]\quad \text{bzw.}$$

$$\Phi - \Phi_0 = -\int_0^z g(\varphi,z)\, dz\,,$$

das die zwei Variablen g und z in eine einzige (Φ) überführt. Das Potential der Erdbeschleunigung Φ ist dann die Arbeit, die gegen die Schwerebeschleunigung geleistet werden muß, um die Masseneinheit um die Höhe z zu heben.

Die idealisierte Erdoberfläche ist selbst eine Niveaufläche des Geopotentials und dient i. allg. als das Referenzniveau Φ_0, das bekannte „NN" („Normal Null"), das mit dem mittleren Meeresniveau identisch ist. Auf ihr steht der Vektor der Schwerebeschleunigung senkrecht.

Um zu einer in der Praxis gut brauchbaren und zugleich anschaulichen Maßeinheit für das Geopotential zu kommen, wird dieses auf eine „Normalschwere" von $g_N = 9{,}80$ [m/s²] bezogen, d.h. Φ [m²/s²] wird durch 9,8 [m/s²] dividiert. Man erhält dadurch eine Größe, die die Dimension einer Länge hat. Sie heißt *geopotentielle Höhe*, fortan mit „h" bezeichnet; ihre Maßeinheit ist das Geopotentielle Meter [gpm]. Es ist also

$$h = \frac{\Phi\left[m^2 \cdot s^{-2}\right]}{g_N \left[m \cdot s^{-2}\right]} = \frac{\Phi}{9{,}8}\ [\text{gpm}],$$

und man kann schreiben

$g(\varphi,z) \cdot dz = g_N \cdot dh$ bzw. dh [gpm] $= \{g(\varphi,z)/g_N\} \cdot dz$ [m].

Das geopotentielle Meter unterscheidet sich demnach vom üblichen, geometrischen Meter um den Faktor $g(\varphi,z)/g_N$ und ist daher von diesem nicht sehr verschieden. Es ist zur Wahrung der Anschaulichkeit extra so gewählt worden. Der Faktor ist nämlich nicht sehr verschieden von 1, wie sich aus den Zahlenwerten der Tabelle 5.2 ableiten läßt. Dennoch sind die Unterschiede (s. Tabelle G.1 und G.2 im Anhang) für viele quantitative Betrachtungen bedeutsam und müssen beachtet werden, und so ist das geopotentielle Meter in der Meteorologie allgemein als Höhenmaß in Gebrauch.

Zur Veranschaulichung ein Zahlenbeispiel: Die Geopotentialfläche 30,0 gpkm liegt am Pol in einer (geometrischen) Höhe von 30,064 km, am Äquator bei 30,223 km. Die Höhendifferenz beträgt also 159 m. Dieser entspräche nach der statischen Grundgleichung eine Luftdruckdifferenz von 0,3 hPa (bei einem mittleren Druck von 12 hPa). Sie würde bei der Betrachtung horizontaler Druckgradienten auf z-Niveaus eine meridionale horizontale Druckkraft, also einen Wind vortäuschen (s. weiter unten, Abschn. 5.3), obwohl innerhalb der Geopotentialfläche keine (horizontale) Druckkraft und damit auch kein Wind existierte. Dieses ist ein wesentlicher Grund, weshalb das geopotentielle Meter in der Meteorologie benutzt wird. Man kann obiger Beziehung sowie den Tabellen im Anhang auch entnehmen, daß wegen der größeren Werte von g in Polnähe zwei Niveauflächen des Geopotentials dort etwas näher beieinander liegen als am Äquator.

Die hydrostatische Grundgleichung läßt sich mit Einführung des Geopotentials Φ bzw. der geopotentiellen Höhe h dann u.a. in den folgenden Formen schreiben:

1) $\quad dp = -\varrho(z) \cdot g(\varphi,z) \cdot dz$,

2) $\quad dp = -\varrho(z) \cdot d\Phi$,

3) $\quad dp = -\varrho(h) \cdot g_N \cdot dh$.

Wir wollen im folgenden von der letzteren Form Gebrauch machen.

5.4
Die Barometrische Höhenformel

Aus der hydrostatischen Grundgleichung erhält man nach Ersetzen der unbequemen (weil nicht direkt meßbaren) Dichte durch $\varrho = p/(R \cdot T)$ (nach der allgemeinen Gasgleichung) sowie durch Einführung einer vertikalen Schicht-Mitteltemperatur T_m anstelle von $T(z)$ – um die Gleichung integrierbar zu machen – durch Integration die *Barometrische Höhenformel*:

$$p_1 = p_0 \cdot e^{-\frac{g_N}{R \cdot T_m} \cdot (h_1 - h_0)}$$

für die Luftdruckdifferenz zwischen zwei Niveaus ($h_1 > h_0$). Zur Berechnung verwendet man die barometrische Höhenformel besser in ihrer logarithmierten Form:

$$\ln p_1 - \ln p_0 = -\{g_N/(R \cdot T_m)\} \cdot (h_1 - h_0) .$$

Wir halten zwei wichtige Folgerungen aus der barometrischen Höhenformel fest: Die Luftdruckabnahme mit der Höhe ist eine inverse Funktion der Mitteltemperatur der betrachteten Schicht; d.h., in kalter Luft nimmt der Luftdruck mit der Höhe stärker ab als in wärmerer!

Ein guter Richtwert für die vertikale Luftdruckabnahme läßt sich einfach aus der hydrostatischen Grundgleichung gewinnen, indem wir in

$$dp = -\frac{p \cdot g_N}{R \cdot T} \cdot dh$$

als groben Wert für den Luftdruck 1 000 hPa, für die Temperatur 273 K (0 °C) wählen, und damit erhalten wir

$$dp = -\frac{1000\,[hPa] \cdot 9{,}8\,[m/s^2]}{287\,[J \cdot kg^{-1} \cdot K^{-1}] \cdot 273\,[K]} \cdot dh = -0{,}125\, dh = -1/8\, dh ,$$

bzw. als *barometrische Höhenstufe*: $\Delta h/\Delta p = 8$ gpm/1 hPa .

Einer Höhendifferenz von 8 gpm entspricht also bei 0 °C ein Luftdruckunterschied von 1 hPa – in kälterer Luft ist dieser Unterschied etwas größer, in wärmerer etwas kleiner.

Aus der barometrischen Höhenformel läßt sich durch einfaches Umordnen eine weitere Formel von praktischer Bedeutung gewinnen, die *hypsometrische Formel*:

$$h_1 - h_0 = -\{(R \cdot T_m)/g_N\} \cdot (\ln p_1 - \ln p_0) .$$

Mit dieser läßt sich die Schichtdicke zwischen zwei beliebigen Druckniveaus in Abhängigkeit von der Mitteltemperatur berechnen bzw. durch Messung vertikaler Druckdifferenzen bei bekannter Mitteltemperatur die Höhe bestimmen (z.B. durch Mitnahme eines Barometers im Segelflugzeug oder bei Bergexpeditionen etc.).

Die Werte der Schichtdicke zwischen zwei Druckflächen als Funktion der Schichtmitteltemperatur sind ausführlich in Linke u. Baur 1970 tabuliert. Die Schichtdicke zwischen Hauptisobarenflächen läßt sich auch dem Stüve-Diagramm (s. Abschn. 5.10, Pkt. 4, und Abb. 5.28) entnehmen.

5.5
Die Temperaturänderung adiabatisch vertikal bewegter Luft

Da die Luft ein *kompressibles Medium* ist, wird eine bestimmte Luftmenge ihr Volumen ändern, wenn sie unter anderen Druck gebracht wird. Zu dieser Volumänderung ist Arbeit erforderlich. Bei Ausdehnung wird die dazu notwendige Energie aus der vorhandenen inneren (thermischen) Energie genommen; die sich ausdehnende Luft kühlt sich daher ab. Bei Kompression wird die dafür aufgewendete Arbeit in innere Energie umgewandelt, und dies macht sich als Erwärmung bemerkbar (jedem geläufig von der Fahrradluftpumpe). Da sich nun in der Atmosphäre der Luftdruck – wie gezeigt – mit der Höhe stark ändert, wird ein Luftquantum, das – aus welchen Gründen auch immer – vertikal bewegt wird, eine individuelle Temperaturänderung erfahren; es wird sich bei Aufsteigen abkühlen, bei Absinken erwärmen. Wollen wir den Betrag der Temperaturänderung bestimmen, müssen wir zunächst voraussetzen, daß zwischen dem bewegten Luftquantum und seiner Umgebung kein Wärmeaustausch erfolgt, der Vorgang *adiabatisch* abläuft.

Wie wir gesehen hatten (Abschn. 5.1), beschreibt den Zusammenhang zwischen den thermodynamischen Energieformen und den Zustandsvariablen (p, ϱ, T) eines Luftvolumens der 1. Hauptsatz der Thermodynamik:

$$dQ + \alpha \cdot dp = c_p \cdot dT \; ;$$

(es waren dQ = zugeführte Wärmemenge, α = spezifisches Volumen, dp = Druckänderung, c_p = spezifische Wärme bei konstantem Druck, dT = Temperaturänderung). Das heißt, eine von außen zugeführte Wärmemenge (dQ) und eine von außen (gegen die Volumkräfte) zugeführte Arbeit ($\alpha \cdot dp$) kommen dem Wärmeinhalt ($c_p \cdot dT$) zugute. Erfährt nun ein Luftvolumen adiabatische Zustandsänderungen, d.h. ist $dQ = 0$, erhalten wir aus dem obigen 1. Hauptsatz: $c_p \cdot dT - \alpha \cdot dp = 0$, d.h. unter adiabatischen Bedingungen korrespondieren allein Druck- und Temperaturänderungen miteinander.

Um nun den Betrag der adiabatischen Temperaturänderung für ein vertikal bewegtes Luftvolumen bestimmen zu können, brauchen wir noch eine Aussage über die vertikale Druckänderung, die die Luft dabei erfährt. Diese beschreibt die uns bekannte hydrostatische Grundgleichung:

$$dp = - \varrho \cdot g \cdot dz \, .$$

Wir setzen sie oben für dp ein, berücksichtigen, daß $\alpha = 1/\varrho$ ist, stellen dT/dz frei und erhalten damit den sog. trockenadiabatischen Temperaturänderungsbetrag (Γ_d):

$$- dT/dz = \Gamma_d = g/c_p = \text{const} = 9{,}76 \text{ K/km} \, .$$

Gut zu merken ist der Näherungswert $\Gamma_d \approx 1$ K/100 m bzw. 10 K/km. Dieser Änderungsbetrag wird „trockenadiabatisch" genannt, um hervorzuheben, daß er nur gilt, solange Phasenänderungen des Wasserdampfes ausgeschlossen sind – ungesättigter Wasserdampf darf in der Luft aber vorhanden sein. Der Zahlenwert ergibt sich aus $c_p = 1{,}0046 \text{ J} \cdot \text{g}^{-1} \cdot \text{K}^{-1}$ und $g = 9{,}81 \text{ m/s}^2$.

Wir können zusammenfassen: Wird ein Luftvolumen vertikal bewegt, ohne daß ihm Wärme zugeführt oder entnommen wird, ändert sich seine Temperatur um den trockenadiabatischen Änderungsbetrag, und zwar tritt

a) bei Aufwärtsbewegung Abkühlung ein, weil für die zur Expansion benötigte Arbeitsleistung Energie verbraucht wird,
b) bei Abwärtsbewegung Erwärmung, wegen der erfolgenden Kompression.

5.6 Die vertikale Stabilität der Luftschichtung

Wir hatten weiter oben festgestellt, daß sich die Atmosphäre weitgehend hydrostatisch verhält, weil i. allg. vertikale Druckkraft und Schwerkraft sich kompensieren. Diese Aussage gilt jedoch exakt nur für den allgemeinen Aufbau der Atmosphäre. Für ein individuelles Luftquantum muß das Kräftegleichgewicht durchaus nicht gegeben sein, so daß es sich vertikal bewegen kann, wie wir es oft dem Himmelsbild ansehen können – beispielsweise wenn Wolken emporquellen. Wir wollen uns daher jetzt damit etwas näher beschäftigen.

5.6.1 Die Auftriebskraft

Wir betrachten ein mit dem Index „i" gekennzeichnetes Luftpaket in einer mit dem Index „e" gekennzeichneten hydrostatischen Umgebung. Für letztere gilt dann nach der hydrostatischen Grundgleichung

$$g = - (1/\varrho_e) \cdot (\partial p/\partial z) .$$

Wenn sich nun in einer so geschichteten Atmosphäre mit der Dichte ϱ_e ein kleines Volumen mit der davon verschiedenen Dichte ϱ_i befindet, so gilt für dieses nicht mehr die Gleichheit zwischen der nach oben gerichteten vertikalen Druckkraft und der Schwerkraft, sondern es bleibt eine vertikal gerichtete Kraft übrig, die auf das Volumen eine Beschleunigung ausübt. Diese ergibt sich aus der Differenz der beiden auf die Masseneinheit wirkenden Kräfte:

$$\dot{v}_z = \frac{d^2z}{dt^2} = -g - \frac{1}{\varrho_i} \cdot \frac{\partial p}{\partial z} .$$

Freistellen und Gleichsetzen von $\partial p/\partial z$ in beiden Gleichungen ergibt:

$$\varrho_e \cdot g = \varrho_i \cdot (\dot{v}_z + g) = \varrho_i \cdot \dot{v}_z + \varrho_i \cdot g,$$

und daraus folgt für die *Auftriebsbeschleunigung*:

$$\dot{v}_z = g \cdot \frac{\varrho_e - \varrho_i}{\varrho_i} = g \cdot \frac{T_i - T_e}{T_e}$$

Das sagt aus: Das hinsichtlich seiner Dichte bzw. Temperatur von seiner Umgebung abweichende Luftquantum erfährt einen Auftrieb, wenn $\varrho_i < \varrho_e$ bzw. wenn $T_i > T_e$; es steigt also auf, wenn es leichter bzw. wärmer ist als seine Umgebung. Ist es kälter bzw. dichter als seine Umgebung, wird der Auftrieb negativ, d.h., das Luftquantum erfährt eine abwärtsgerichtete Beschleunigung, es sinkt.

Wir wenden diese Erkenntnis an auf das aufgrund des Strahlungsgleichgewichts berechnete vertikale Temperaturprofil (Abb. 5.2): Ein der Erdoberfläche unmittelbar aufliegendes Luftpaket nehme durch Wärmeleitung die höhere Bodentemperatur T_B an. Dadurch erhält es eine geringere Dichte als die unmittelbar darüberliegende Luft; es wird, bei der geringfügigsten Störung aus seiner Ruhelage gebracht, aufsteigen. Dabei kühlt es sich um die adiabatische Abkühlungsrate ab. Da die berechnete vertikale Temperaturabnahme in der Umgebungsluft zunächst aber stärker ist, erfährt es weiteren Auftrieb und wird so lange weitersteigen, wie die Bedingung dafür, nämlich $\varrho_i < \varrho_e$ bzw. $T_i > T_e$, gegeben ist, in unserer Skizze (Abb. 5.2) also bis zum Punkt T_r. Daraus können wir folgenden wichtigen Schluß ziehen: Vom Boden werden sich so lange erwärmte Luftquanten ablösen, bis die von ihnen mitgeführte Wärme durch Mischung die Umgebungsluft so weit erwärmt hat, daß der Betrag des in ihr bestehenden vertikalen Temperaturgradienten schließlich dem Betrag der (trockenadiabatischen) Abkühlung der aufstrudelnden Luftquanten entspricht. Das ist in der unteren Atmosphäre im Durchschnitt tatsächlich erreicht (vgl. z.B. Abb. 2.21 und 5.28), und das besagt folglich, daß in der *Troposphäre* (von griechisch tropos = umwälzen), den untersten ca. 10-15 km der Atmosphäre, das beobachtete durchschnittliche vertikale Temperaturprofil weitgehend durch den mechanischen Transport von Wärme vom Erdboden in diese Luftschichten bestimmt ist und weniger durch das Strahlungsgleichgewicht, das in der unteren Troposphäre eine wesentlich stärkere Abnahme der Temperatur mit der Höhe und damit eine nicht haltbare große Instabilität ergäbe.

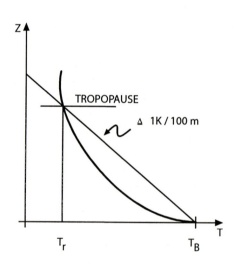

Abb. 5.2. Prinzipskizze: Das aus dem Strahlungsgleichgewicht sich ergebende vertikale Temperaturprofil (*dick ausgezogene Kurve*) und die Trockenadiabate (*dünne Gerade*), die durch die Bodentemperatur T_B hindurchgeht. T_r entspräche im Falle einer gleichzeitig absolut trockenen Atmosphäre der Temperatur der Tropopause

5.6.2
Hydrostatische Stabilität/Instabilität

Den Befund des vorigen Abschnitts können wir verallgemeinern, indem wir das Gleichgewichts- bzw. Auftriebsverhalten eines Luftquantums für beliebig vorgegebene vertikale Temperaturprofile untersuchen. Wir betrachten (Abb. 5.3) ein Niveau Z_1, in dessen vertikaler Umgebung das Temperaturprofil den Verlauf der Kurve A habe.

Bewegen wir ein Luftquantum aus diesem Niveau heraus, ändert sich seine Temperatur gemäß dem trockenadiabatischen Änderungsbetrag, dem die Gerade „a" entsprechen möge. Bewegen wir das Luftquantum aufwärts, ist es in jedem Niveau kälter als seine Umgebung, es erfährt also eine abwärts gerichtete Beschleunigung und kehrt in seine Ausgangslage zurück. Bewegen wir es abwärts, ist es jeweils wärmer als die Umgebung, erfährt also einen Auftrieb und kehrt ebenfalls in die Ausgangslage bei Z_1 zurück.

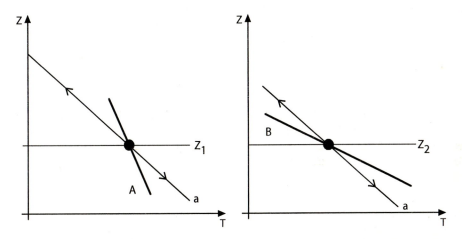

Abb. 5.3. Skizzen zur Veranschaulichung von (links) stabiler und (rechts) instabiler Schichtung. Die dick ausgezogenen Linien (A) und (B) stellen die jeweiligen geometrischen Zustandskurven T(z) dar, die dünnen Geraden mit den Pfeilen seien die Adiabaten, die die Zustandsänderungen von Luftpaketen beschreiben, welche sich von den Niveaus Z_1 bzw. Z_2 aufwärts oder abwärts bewegen

Das heißt, weist die Temperaturschichtung eine vertikale Temperaturabnahme auf, deren Betrag geringer ist als der der adiabatischen Temperaturänderung, des manchmal so benannten (hypothetischen) „adiabatischen Temperaturgradienten", ist die Schichtung gegenüber selbständigen Vertikalbewegungen (Auftrieb, vertikale Durchmischung) stabil. Also:

- $\partial T/\partial z < \Gamma_d$ bedeutet *Stabilität*.

Nehmen wir ein Niveau Z_2, in dem die Temperaturschichtung durch die Kurve B gekennzeichnet sei, und stellen wir die gleichen Überlegungen an, so ergibt sich, daß in diesem Fall die Schichtung instabil (labil) ist, weil kleinste Störungen der Ruhelage zu selbständigen vertikalen Umlagerungen (Durchmischung) führen. Aufsteigende Luftquanten sind dann nämlich immer wärmer als die Umgebung und steigen deshalb weiter, sinkende Luftquanten sind stets kälter als die Umgebung und sinken daher von selbst weiter. Also:

- $\partial T/\partial z > \Gamma_d$ bedeutet *Labilität/Instabilität* (Synonyme).

Der Betrag der Temperaturänderung bei adiabatischen Vertikalbewegungen hat also eine entscheidende Bedeutung als Stabilitätskriterium: Wir können einer beliebigen Temperaturschichtung durch Vergleich des beobachteten vertikalen Temperaturgradienten mit ihm deren Stabilitätsgrad ansehen! Es sei aber nochmals darauf hingewiesen: Die bisherigen Überlegungen gelten nur, solange in dem Luftquantum keine Kondensation bzw. kein Verdampfen stattfindet, weil sonst wegen der freiwerdenden bzw. verbrauchten Energie die vorausgesetzte Adiabasie nicht mehr gewahrt wäre.

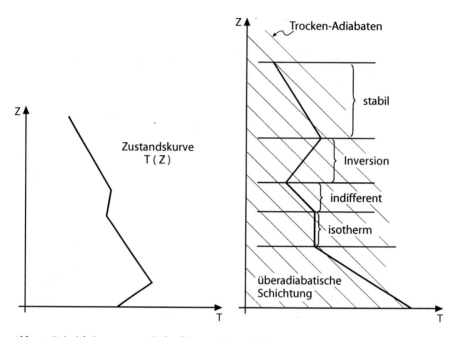

Abb. 5.4. Beispiel einer „geometrischen" Zustandskurve $T(z)$

Abb. 5.5. Schematisches vertikales Temperaturprofil und entsprechender Stabilitätszustand der sich abzeichnenden Schichten

DEFINITIONEN (vgl. hierzu Abb. 5.4 und 5.5):

- Die tatsächlich in der Atmosphäre vorhandene vertikale Temperaturverteilung wird durch die Zustandskurve im (T,z)- bzw. (T,p)-Diagrammm beschrieben, häufig als *geometrische Zustandskurve* („TEMP") bezeichnet.
- Der tatsächlich beobachtete vertikale Temperaturgradient wird meist als *geometrischer Temperaturgradient* bezeichnet.
- Die Geraden, deren Schar in einem (T,z)- bzw. (T,p)-Diagramm den Verlauf der adiabatischen Temperaturänderung angibt, heißen *Adiabaten*; in unserem Fall speziell Trockenadiabaten.
- Entspricht die Temperaturschichtung, bzw. folgt die geometrische Zustandskurve der Adiabate, spricht man von *indifferenter Schichtung*, auch von *neutraler Schichtung* (hinsichtlich der Stabilität).

5.6 Die vertikale Stabilität der Luftschichtung

- Ist die vertikale Temperaturabnahme dem Betrag nach größer als der trockenadiabatische Abkühlungsbetrag, d.h., ist die geometrische Zustandskurve stärker geneigt als die Adiabate, heißt die Schichtung *instabil* (im Deutschen vielfach: labil); der geometrische Temperaturgradient wird dann als *superadiabatisch* bzw. „überadiabatisch" bezeichnet.
- Eine Schichtung, bei der $\partial T/\partial z = 0$ ist (d.h. $T(z) = $ const.), heißt *isotherm*. Eine *vertikale Isothermie* repräsentiert eine *stark stabile* Schichtung!
- Nimmt die Temperatur mit der Höhe zu, $\partial T/\partial z > 0$, sprechen wir von einer *Inversion*, d.h. von einer Umkehr des normalen vertikalen Temperaturgradienten. Es ist wichtig zu beachten, daß – wie hervorgehoben – schon eine isotherme Schichtung eine stark stabile ist. Eine Inversion weist dieser gegenüber eine weitere Steigerung der Stabilität auf. *Eine Inversion stellt eine extrem stabile Schichtung dar!*
- Der negative vertikale Temperaturgradient $- dT/dz = \Gamma_D$ (die Temperaturabnahme mit der Höhe) heißt im Englischen *lapse rate*.

Aus den bisherigen thermodynamischen Betrachtungen können wir folgern: Der in der „US Standard Atmosphere 1962" (Abb. 2.21) angegebene, auf Beobachtungen beruhende und als Mittel für die ganze Erde geltende vertikale Temperaturverlauf zeigt in der

- *Troposphäre* eine (im globalen Mittel!) schwach stabile Schichtung,
- *Stratosphäre* eine stark stabile Schichtung, deren Stabilitätsgrad in der oberen *Stratosphäre* (Inversion) mit der Höhe noch zunimmt,
- *Mesosphäre* eine demgegenüber nur schwach stabile Temperaturschichtung.

Die Troposphäre ist wegen ihrer durchschnittlich schwachen Stabilität relativ leicht zu destabilisieren (daher ja der Name „Umwälzungsschicht"). In ihr sind deshalb Beimengungen am ehesten vertikal gut verteilt, weil eben häufig konvektive Mischung stattfindet. Die Stratosphäre (Isothermie bis Inversion) setzt der konvektiven Durchmischung jedoch Widerstand entgegen, so daß hier schlechtere vertikale Ausbreitungsbedingungen zu beobachten sind. Abbildung 5.6 macht beispielsweise deutlich, daß für ein Gas (CO), dessen Quelle in Bodennähe zu finden ist, die Konzentration in der Troposphäre nahezu konstant ist, oberhalb der Tropopause jedoch ein merklicher Abfall der Konzentration zu verzeichnen ist. Beim Ozon (O_3) ist es ganz anders: Da seine Quelle in diesem Fall in der mittleren und hohen Stratosphäre zu finden ist und infolge der stabilen Schichtung das Ozon hauptsächlich durch relativ langsame nicht-konvektive Prozesse (molekulare und vor allem turbulente Diffusion) abwärts gelangt, nimmt seine Konzentration innerhalb der Stratosphäre nach unten hin ab, unterhalb der Tropopause bleibt sie dagegen infolge der konvektiven Durchmischung bei relativ geringen Werten mit der Höhe konstant.

Die große Stabilität der Stratosphäre wird demnach die vertikale Ausbreitung von Beimengungen stark *behindern*, keinesfalls aber *verhindern*! Infolgedessen breiten sich in Bodennähe in die Atmosphäre gebrachte langlebige anthropogene Schadstoffe, wie z.B. die FCKW, bis zur Tropopause relativ schnell aus, in die Stratosphäre dringen sie dagegen wesentlich verzögert ein. Langfristig breiten sie sich darin aber doch nach oben hin aus.

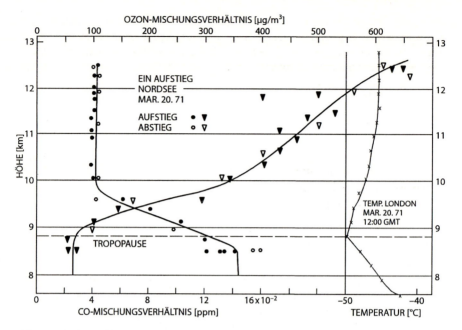

Abb. 5.6. Vertikalprofile der Konzentration von Kohlenmonoxid (CO) und Ozon (O_3) nach Flugzeugmessungen über der Nordsee am 20.3.1971 (nach Seiler u. Warneck 1972)

5.7
Potentielle Temperatur und vertikale Stabilität

Aus dem I. Hauptsatz gewinnen wir (unter Berücksichtigung von $\alpha = 1/\varrho$ und $\varrho = p/(R \cdot T)$, indem wir beide Seiten durch T dividieren, eine Gleichung für die Entropie-Änderung:

$dS = \delta Q/T = c_p \cdot (dT/T) - R \cdot dp/p$;

δQ bezeichnet dabei eine Wärmemenge, die mit der Umgebung ausgetauscht werde. Für einen adiabatischen Prozeß ist jedoch $\delta Q = 0$, folglich auch die Entropieänderung dS, d.h. die Entropie bleibt konstant, und es wird

$dT/T = R/c_p \cdot dp/p$.

Daraus erhält man durch Integration die *Poisson-Gleichung*:

$$\frac{T}{T_0} = \left[\frac{p}{p_0}\right]^{\frac{R}{c_p}} = \left[\frac{p}{p_0}\right]^{0,286} \quad \text{bzw.} \quad T \cdot p^{-k} = \text{const.} \, ,$$

mit $K = 0{,}286$. Sie beschreibt abermals (vgl. Abschn. 5.5) – hier in anderer Form – die gegenseitige Korrespondenz von Druck und Temperatur bei adiabatischen Zustandsänderungen. Setzt man nun $p_0 = 1000$ hPa (was in grober Näherung dem Druck im

5.7 Potentielle Temperatur und vertikale Stabilität

Meeresniveau entspricht und deshalb einen geeigneten Referenzwert darstellt), dann wird für ein beliebiges Luftvolumen des Zustands (p,T) die entsprechende Temperatur T_0 im Referenzniveau als *Potentielle Temperatur* Θ des Luftteilchens definiert. Das heißt, die potentielle Temperatur eines Volumens im Zustand (p,T) ist die Temperatur, die es annehmen würde, wenn man es adiabatisch auf den Druck von 1000 hPa brächte:

$$\Theta = T \cdot \left[\frac{1000}{p}\right]^{0,286}.$$

Bis etwa 5 km Höhe gilt näherungsweise $\Theta = T + z/100$; (z = Höhe [m]). Diese Größe ist in zweierlei Weise von praktischer Bedeutung. Dies wird ersichtlich, wenn man ihre Definitionsgleichung nach der Höhe h differenziert. Es ergibt sich dann nämlich:

$d\Theta/dh = (\Theta/T) \cdot (\Gamma_d - \Gamma)$.

Betrachtet man nun eine adiabatisch geschichtete Atmosphäre, in der ja $\Gamma = \Gamma_d$, so wird $d\Theta/dh = 0$, und es folgt daraus: In einer „adiabatisch geschichteten" Atmosphäre, also bei neutraler bzw. indifferenter Schichtung, ist die potentielle Temperatur mit der Höhe konstant ($\Theta(h) = $ const.). Bei überadiabatischem vertikalem Temperaturgefälle, also bei instabiler, labiler Schichtung, d.h., wenn $\Gamma > \Gamma_d$, nimmt die potentielle Temperatur mit der Höhe ab ($d\Theta/dh < 0$). Bei stabiler Schichtung, d.h. wenn $\Gamma < \Gamma_d$, nimmt die potentielle Temperatur mit der Höhe zu ($d\Theta/dh > 0$).

FAZIT: Der Verlauf der potentiellen Temperatur mit der Höhe ist ein weiteres Stabilitätskriterium für die atmosphärische Schichtung.

FERNER GILT: Wird ein Luftquantum adiabatisch vertikal bewegt, bleibt seine individuelle potentielle Temperatur dabei konstant: *Die potentielle Temperatur Θ eines Luftpakets ist für adiabatische Prozesse eine konservative Größe.*

Wir haben nun also festgestellt, daß bei einem adiabatischen Prozeß sowohl die Entropie als auch die potentielle Temperatur sich nicht ändern. Deshalb werden adiabatische Prozesse auch häufig als *isentrope Prozesse* bezeichnet, desgleichen Adiabaten als *Isentropen*.

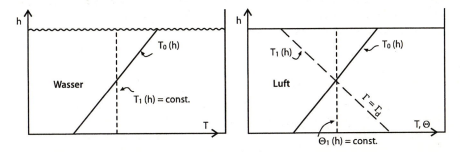

Abb. 5.7. Illustration zum Verhalten der vertikalen Temperaturprofile T(h) in Wasser (*links*) und Luft (*rechts*) mit anfänglich stark stabiler Schichtung bei erzwungener vertikaler Durchmischung. $T_0(h)$ = Anfangszustand (jeweils *ausgezogene Gerade*), $T_1(h)$ = Zustand nach erfolgter Durchmischung (*kurz gestrichelte Gerade*); Θ = potentielle Temperatur

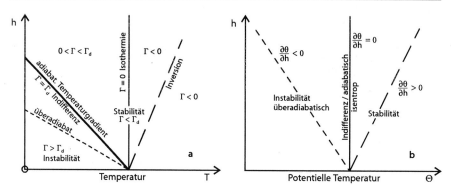

Abb. 5.8 a,b. Zusammenfassung der Bezeichnungen für verschiedene Schichtungszustände und ihr Erscheinungsbild in (T,h)- und (Θ,h)-Diagrammen

Noch eine wichtige Anmerkung: Die potentielle Temperatur spielt in einem kompressiblen Medium, wie der Luft, dieselbe Rolle einer konservativen Größe bei adiabatischen Prozessen wie die Temperatur selbst bei adiabatischen Prozessen in einem inkompressiblen Medium (z.B. Wasser). Das werde an einem Beispiel (s. Abb. 5.7) deutlich, wenn beide Medien vertikal gut durchmischt werden: Im Anfangszustand (t = 0) sollen beide Medien zunächst eine ausgeprägte Temperaturschichtung aufweisen: unten kalt, oben warm; werden sie dann *durchmischt*, stellt sich *im Wasser Isothermie* ein, *in der Luft* eine *isentrope (adiabatische) Schichtung*!

5.8
Stabilitätsänderungen bei erzwungenen Vertikalbewegunen

Einzelne Luftpakete ändern bei Vertikalbewegungen, wie gesagt, ihre individuelle Temperatur entsprechend dem adiabatischen Temperaturänderungsbetrag – sofern der Vorgang adiabatisch verläuft und das Luftquantum dabei eine Druckänderung erfährt. Werden nun – durch äußere Zwänge – ganze Luftsäulen insgesamt gehoben oder gesenkt, verhalten sich deren einzelne Luftquanten individuell selbstverständlich ebenso; die Luftsäule als Ganzes erfährt jedoch dabei eine bemerkenswerte Änderung ihres Stabilitätszustandes!

Das Gewicht (bzw. die Masse) der durch die Niveaus 1 und 2 begrenzten Luftsäule (s. Abb. 5.9 a) bleibe bei der adiabatischen vertikalen Verschiebung erhalten. Dann bleibt wegen

$$G = M \cdot g \sim g \cdot (z_2 - z_1) = p_1 - p_2$$

auch die Druckdifferenz zwischen Unter- und Oberseite erhalten. Da die Luftsäule aber (*a*) bei Hebung unter niedrigeren Druck, (*b*) bei Senkung unter höheren Druck kommt, der Luftdruck sich mit der Höhe aber nicht linear ändert, wird sie sich im Falle *a* entsprechend strecken (s. auch Abb. 5.10), im Fall *b* wird sie dagegen schrumpfen (s. auch Abb. 5.11). Dabei wird die Dichte an der Oberseite immer geringer sein als an der Unterseite. Aus der statischen Grundgleichung folgt dann, daß bei gleichbleibender Druckdifferenz die Oberseite eine größere Höhenveränderung er-

5.8 Stabilitätsänderungen bei erzwungenen Vertikalbewegungen

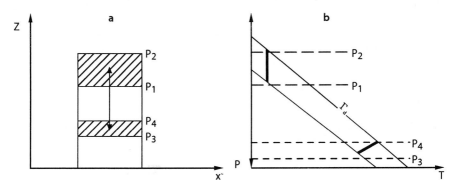

Abb. 5.9. Prinzipskizzen zur Veranschaulichung **a** der Volumänderung einer Luftsäule und **b** der Stablitätsänderung innerhalb einer Luftsäule bei Vertikalbewegung; Γ_d charakterisiere den Verlauf der Trockenadiabaten

fährt als die Unterseite. Entsprechend unterschiedlich ist dann auch die daraus resultierende Temperaturänderung.

Wir können daraus folgern (vgl. Abb. 5.10 und 5.11): 1) Bei adiabatischer Hebung einer Luftsäule wird diese hinsichtlich ihrer Schichtung destabilisiert (labilisiert). Dieses wird beispielsweise beobachtet beim Überströmen eines ansteigenden Geländes, besonders beim Anströmen von Gebirgen (orographische bzw. topographische Hebung, s. z.B. Abb. 5.12), aber auch innerhalb von Zyklonen und an Wetterfronten (dynamische Hebung). 2) Bei adiabatischem Absinken wird die Schichtung stabilisiert (de-labilisiert). Auf diese Weise – vorzugsweise in Antizyklonen (Hochdruckgebieten) – kommen in der freien Atmosphäre die sog. Absinkinversionen („Subsidenzinversionen") zustande sowie die damit verbundene Tendenz zu Wolkenauflösung („Schönwetter" am Barometer) in den Hochdruckgebieten.

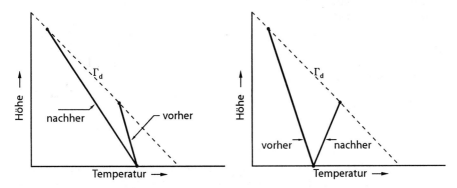

Abb. 5.10. Zur Veranschaulichung der Destabilisierung (Labilisierung) einer bodennahen Luftschicht durch horizontale Konvergenz und vertikale Streckung (Hebung); Γ_d= Verlauf der Trockenadiabate

Abb. 5.11. Zur Veranschaulichung der Stabilisierung (De-Labilisierung) einer bodennahen Luftschicht durch horizontale Divergenz und vertikales Schrumpfen (Absinken); Γ_d= Verlauf der Trockenadiabate

ANMERKUNG: In Abb. 5.9 b ist, wie das in der Meteorologie häufig geschieht, der Luftdruck, der ja eine monotone Funktion der Höhe ist, als Vertikalkoordinate verwendet worden, wobei sinngemäß die Skala von oben nach unten zählt. Es ist aber in der Literatur darauf zu achten, daß hierbei verschiedene p-Skalen gebräuchlich sind, nämlich

- eine lineare p-Skala,
- eine logarithmische p-Skala (ln p) und auch
- eine Skala p^K ($K = (\kappa-1)/\kappa$, $\kappa = c_p/c_v$), in Anlehnung an die Poisson- Gleichung.

Die p^K-Skala ist z.B. im Thermodynamischen Diagrammpapier nach Stüve (sog. „Stüve-Diagramm", s. Abschn. 5.10) verwendet worden.

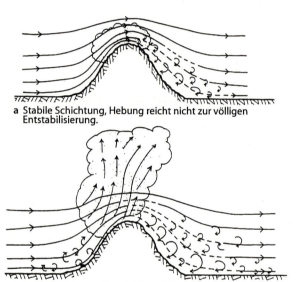

Abb. 5.12. Wolkenbildung durch erzwungene Hebung der Luft beim Überströmen einer Bergkette (nach Liljequist 1974). Bei sehr stabiler Schichtung (a) reicht die entstehende Bewölkung nicht über das Hebungsniveau hinaus. Bei schwacher Stabilität bzw. bei bereits vorhandener Labilität (b) kann hochreichende Labilisierung mit stark konvektiver Bewölkung und entsprechend ergiebigen Niederschlägen die Folge sein. Hierauf beruht ein zusätzlicher, topographisch-dynamischer Beitrag zum sommerlichen Gewittermaximum in Gebirgen, wie z.B. den Alpen

a Stabile Schichtung, Hebung reicht nicht zur völligen Entstabilisierung.

b LabileSchichtung, bzw. leicht stabile Schichtung, die durch die Hebung instabil wird.

5.9
Thermodynamik feuchter Luft

Wasser kann – übrigens als einzige Substanz – unter natürlichen Bedingungen auf der Erde in allen drei Aggregatzuständen (thermodynamisch: Phasen) vorkommen: Kristallin fest als *Eis*, flüssig als *Wasser* und gasförmig als *Dampf*.

Der *Wasserdampf* gehört zu den höchst variablen Bestandteilen der Atmosphäre und *ist ein unsichtbares Gas!* Was im bürgerlichen Sprachgebrauch oft als „Dampf" bezeichnet wird (in der Waschküche, über Kochtöpfen, über Naß-Kühltürmen etc.), ist in Wirklichkeit Wasser in Form von Schwaden winziger Tröpfchen (Nebel, Wolke), also Kondensat des Wasserdampfes. Bedeutsam ist nun – neben dem Vorkommen der drei Phasen des Wassers an sich – die Tatsache, daß auch die *Phasenübergänge* häufig stattfinden und daß diese sich durch beträchtliche Energieumsetzungen, nämlich durch Verbrauch bzw. Freiwerden von Verdunstungs-, Kondensations-, Schmelz- oder

5.9 Thermodynamik feuchter Luft

Gefrierwärme auszeichnen. Die Thermodynamik des Wasserdampfes bzw. der feuchten Luft spielt deshalb in der Atmosphäre eine wichtige Rolle. Sie ist jedoch wesentlich komplizierter als die Thermodynamik trockener Luft. So ist allein zur bloßen quantitativen Beschreibung des Wasserdampfgehalts der Luft eine Vielzahl unterschiedlicher Maße entwickelt worden, die zunächst kurz beschrieben werden. Der Terminus „feuchte Luft" bedeutet hierbei, daß sich überhaupt Wasserdampf in der Luft befindet. Dieser darf ungesättigt, gesättigt oder übersättigt sein, und es dürfen Phasenübergänge stattfinden.

5.9.1
Zustandsgrößen des Wasserdampfes und der feuchten Luft

Wasserdampf ist – wie gesagt – einer der stark wechselnden gasförmigen Bestandteile der Luft. Da der Luftdruck sich aus den Partialdrucken der Einzelgase zusammensetzt (Dalton-Gesetz: $p = \sum_i p_i$), kann die in der Luft enthaltene Wasserdampfmenge zunächst durch den *Partialdruck* e [hPa] des Wasserdampfes angegeben werden. In einem Luftvolumen kann dieser nur bis zu einem Maximalbetrag, nämlich dem *Sättigungsdampfdruck* E [hPa] wachsen (s. dazu auch Abb. 5.13 und 5.14). Dieser ist temperaturabhängig, und für die Temperaturabhängigkeit gilt näherungsweise die Magnus-Formel:

$$E\,[\text{hPa}] = 6{,}107 \cdot 10^{a \cdot t / (b+t)}$$

worin t = Temperatur [°C], a und b feste Zahlenwerte sind (s. Tabelle 5.3).

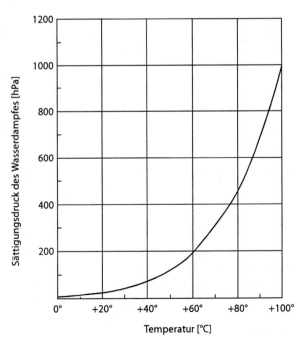

Abb. 5.13. Sättigungsdampfdruck des Wasserdampfes [hPa] als Funktion der Temperatur, oberhalb des Gefrierpunkts des Wassers (nach Liljequist 1974)

Tabelle 5.3. Die Konstanten der Magnus-Formel

	a	b [°C]
Bei SÄTTIGUNG ÜBER WASSER (E_W):		
oberhalb des Gefrierpunkts	7,5	235,0
unterhalb des Gefrierpunkts	7,6	240,7
Bei SÄTTIGUNG ÜBER EIS (E_E):	9,5	265,5

Tabelle 5.4. Zahlenwerte des Sättigungsdampfdrucks; bei Temperaturwerten unter dem Gefrierpunkt je nach Sättigung über Wasser (E_W) bzw. über Eis (E_E)

T [°C]	E [hPa]	T [°C]	E_W [hPa]	E_E [hPa]
40	73,80	−10	2,86	2,60
30	42,40	−20	1,25	1,03
20	23,40	−30	0,51	0,38
10	12,30	−40	0,19	0,12
0	6,11	−50	0,06	0,04

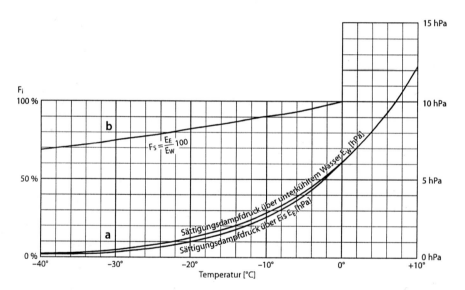

Abb. 5.14. a Sättigungsdampfdruck des Wasserdampfes [hPa] als Funktion der Temperatur, unterhalb des Gefrierpunkts für Sättigung über Eis (E_E) und für Sättigung über unterkühltem Wasser (E_W), sowie **b** relative Feuchtigkeit über Wasser bei Eissättigung (F_S) [%] in Abhängigkeit von der Temperatur (nach Liljequist 1974)

Beim Sättigungsdampfdruck ist der Wasserdampf gesättigt, nicht die Luft, wie oft fälschlich gesagt wird! Denn, nicht die Luft hat eine begrenzte Aufnahmebereitschaft für Wasserdampf, sondern der Raum, in den hinein das Wasser verdampft. Dies geschieht unabhängig davon, ob ein anderes – oder gar welches – Gas sich bereits im Raum befindet, also um was für Luft es sich handelt! Der Partialdruck des Wasserdampfes hat eine obere Grenze, den Sättigungsdampfdruck (s. dazu Tabelle 5.5).

5.9 Thermodynamik feuchter Luft

Tabelle 5.5. Absolute Feuchtigkeit in g/m^3 bei Sättigung. $A = E/(R_W \cdot T)$; wenn $R_W \cdot 273 = 1{,}2606$ und E in [hPa], ist $A = E/1{,}2606 \cdot (1+\alpha \cdot t)$ [g/m^3]; bei ungesättigtem Wasserdampf ist die absolute Feuchtigkeit $a = A \cdot f/100$, wobei f die relative Feuchte [%] ist (nach Linke u. Baur 1970)

A (über Wasser)

t [°C]	0	1	2	3	4	5	6	7	8	9
50	82,738	86,661	90,739	94,985	99,390	103,97	108,72	113,65	118,77	124,08
40	51,406	53,660	56,386	59,229	62,192	65,280	68,493	71,846	75,333	78,785
30	30,326	32,005	33,763	35,603	37,528	39,541	41,646	43,845	46,143	48,542
20	17,275	18,312	19,402	20,548	21,751	23,016	24,342	25,734	27,193	28,723
10	9,3906	10,003	10,651	11,334	12,055	12,816	13,618	14,462	15,352	16,289
0	4,8450	5,1893	5,5555	5,9433	6,3550	6,7917	7,2541	7,7440	8,2629	8,8111
0	4,8450	4,5204	4,2151	3,9283	3,6588	3,4058	3,1679	2,9453	2,7358	2,5403
−10	2,1383	2,1853	2,0252	1,8756	1,7357	1,6048	1,4829	1,3694	1,2636	1,1645
−20	1,0733	0,9882	0,9093	0,8357	0,7676	0,7046	0,6462	0,5921	0,5421	0,4960
−30	0,4534	0,4141	0,3778	0,3445	0,3137	0,2856	0,2597	0,2359	0,2140	0,1940
−40	0,1757	0,1590	0,1438	0,1298	0,1171	0,1055	0,0950	0,0855	0,0768	0,0688
−50	0,0618									

B (über Eis)

t [°C]	0	1	2	3	4	5	6	7	8	9
0	4,8442	4,4766	4,1336	3,8152	3,5195	3,2442	2,9887	2,7418	2,5307	2,3270
−10	2,1383	1,9638	1,8020	1,6524	1,5141	1,3865	1,2689	1,1597	1,0598	0,9676
−20	0,8833	0,8051	0,7335	0,6677	0,6074	0,5521	0,5014	0,4451	0,4127	0,3739
−30	0,3384	0,3061	0,2766	0,2498	0,2254	0,2032	0,1829	0,1646	0,1480	0,1329
−40	0,1192	0,1069	0,0957	0,0856	0,0766	0,0684	0,0610	0,0543	0,0484	0,0430
−50	0,0382	0,0339	0,0300	0,0266	0,0235	0,0208	0,0183	0,0162	0,0142	0,0125
−60	0,01098	0,00963	0,00844	0,00738	0,00645	0,00563	0,00490	0,00427	0,00371	0,00322
−70	0,00279	0,00241	0,00209	0,00180	0,00155	0,00133	0,00115	0,00098	0,00084	0,00072
−80	0,00061	0,00052	0,00045	0,00038	0,00032	0,00027	0,00023	0,00019	0,00016	0,00014
−90	0,00011	0,00010	0,00008	0,00007	0,00006	0,00005	0,00004	0,00003	0,00003	0,00002
−100	0,00002									

Das Verhältnis e/E des tatsächlichen Dampfdrucks e zum Sättigungsdampfdruck E heißt *Sättigungsverhältnis*, in Prozent ausgedrückt *relative Feuchtigkeit*:

$f_W = (e/E_W) \cdot 100$ [%] (über Wasserflächen), bzw.

$f_E = (e/E_E) \cdot 100$ [%] (über Eis).

Die relative Feuchtigkeit ändert sich mit der Temperatur, weil sich mit dieser der im Nenner stehende Sättigungsdampfdruck ändert (s. Tabelle 5.6)!
Die Differenz (E − e) [hPa] heißt *Sättigungsdefizit*.

Tabelle 5.6. Sättigungsdampfdruck über Wasser und über Eis [hPa] (Werte über Wasser bei Temperaturwerten unter 0,0 °C kursiv) (nach Byers 1974)

t [°C]	0	1	2	3	4	5	6	7	8	9
40	73,777	77,802	82,015	80,423	91,034	95,855	100,89	106,16	111,66	117,40
30	42,430	44,927	47,551	50,307	53,200	56,236	59,422	62,762	66,264	69,934
20	23,373	24,861	26,430	28,086	29,831	31,671	33,608	35,649	37,796	40,055
10	12,272	13,119	14,017	14,969	15,977	17,044	18,173	19,367	20,630	21,964
+0	6,1078	6,5662	7,0547	7,5753	8,1294	8,7192	9,3465	10,013	10,722	11,474
−0	6,1079	5,623	5,173	4,757	4,372	4,015	3,685	3,379	3,097	2,837
	6,1078	*5,6780*	*6,2753*	*4,8081*	*4,5451*	*4,2148*	*8,0061*	*3,6177*	*8,8484*	*8,0071*
−10	2,597	2,376	2,172	1,984	1,811	1,652	1,506	1,371	1,248	1,135
	2,8627	*2,6443*	*2,4409*	*2,2315*	*2,0765*	*1,0119*	*1,7597*	*1,6196*	*1,4977*	*1,8664*
−20	1,032	0,9370	0,8502	0,7709	0,6985	0,6323	0,5720	0,5170	0,4669	0,4213
	1,2340	*1,1500*	*1,0538*	*0,9640*	*0,8827*	*0,8070*	*0,7371*	*0,6727*	*0,6134*	*0,5589*
−30	0,3798	0,3421	0,3079	0,2769	0,2488	0,2233	0,2002	0,1794	0,1606	0,1436
	0,5088	*0,4628*	*0,4205*	*0,8918*	*0,8463*	*0,9180*	*0,2942*	*0,2371*	*0,2323*	*0,2097*
−40	0,1283	0,1145	0,1021	0,09098	0,08097	0,07198	0,06393	0,05671	0,05026	0,04449
	0,1891	*0,1704*	*0,1534*	*0,1379*	*0,1230*	*0,1111*	*0,09961*	*0,08918*	*0,07975*	*0,07124*
−50	0,03935	0,03476	0,03067	0,02703	0,02380	0,02092	0,01838	0,01612	0,01413	0,01236

Wasserdampf kann angenähert als ideales Gas betrachtet werden. Dann gilt für ihn die Zustandsgleichung:

$$e \cdot \alpha_W = R_W \cdot T = e/\varrho_W \, .$$

Der Index 'W' steht hier für Wasserdampf, Index 'L' im folgenden für trockene (d.h. wasserdampffreie) Luft. Ferner ist $R_L/R_W = 0{,}622$ wegen

$$R_W = 461{,}5 \, [\text{J} \cdot \text{kg}^{-1} \cdot \text{K}^{-1}] = 1{,}6078 \cdot R_L \approx (8/5) \cdot R_L \, .$$

Folglich ist die *Dampfdichte*:

$$\varrho_W = 0{,}622 \cdot \frac{e}{R_L \cdot T} \, [\text{g} \cdot \text{cm}^{-3}] \, ,$$

d.h. Wasserdampf ist bei gleichem Druck und gleicher Temperatur leichter als trokkene (wasserdampffreie) Luft.
Das *spezifische Volumen* ($\alpha = 1/\varrho$) des Wasserdampfes ist dann:

$$\alpha_W = 1{,}6078 \cdot \frac{R_L \cdot T}{e} \, [\text{cm}^3 \cdot \text{g}^{-1}] \, .$$

Das Molekulargewicht des Wasserdampfes ist mit 18,016 geringer, als das der wasserdampffreien Luft (28,966). Der Dichteunterschied zwischen trockener und feuchter Luft ergibt sich, wenn wir zunächst eine Gasgleichung für die feuchte Luft herleiten, wie folgt: Die Gasgleichungen für die trockene Luft und für den Wasserdampf waren:

5.9 Thermodynamik feuchter Luft

$p_L = \varrho_L \cdot R_L \cdot T$ bzw. $e = \varrho_W \cdot R_W \cdot T$.

Für die *feuchte Luft* (fortan *ohne Index* geschrieben !) gilt dann

$p = p_L + e$ bzw. $p_L = p - e$

wobei p = der Gesamtdruck; ferner gilt $R_W \approx (8/5) \cdot R_L$, und es ist $\varrho = \varrho_L + \varrho_W$. Dann folgt:

$$\varrho = \frac{p-e}{R_L \cdot T} + \frac{e}{R_W \cdot T} = \frac{p}{R_L \cdot T} - \frac{e}{R_L \cdot T} + \frac{5}{8} \cdot \frac{e}{R_L \cdot T}$$

bzw.

$$\varrho = \frac{p}{R_L \cdot T} \cdot \left[1 - \frac{3}{8} \cdot \frac{e}{p}\right].$$

Hieraus können wir zwei Folgerungen ableiten:
1) Setzen wir ein: $p/(R_L \cdot T) = \varrho_L$, so folgt $\varrho = \varrho_L \cdot (1 - 3/8 \cdot e/p) = \varrho_L - 3/8 \cdot e/p \cdot \varrho_L$. Daraus folgt wiederum $\varrho_L - \varrho = 3/8 \cdot e/p \cdot \varrho_L$, und das heißt, feuchte Luft hat bei gleichem Druck und gleicher Temperatur eine geringere Dichte als trockene Luft (s. Tabelle 5.7).

Tabelle 5.7. Differenz [g/m³] zwischen der Dichte (ϱ) feuchter und der Dichte (ϱ_L) trockener Luft bei Sättigung und p = 1013.23 hPa in Abhängigkeit von der Temperatur (nach Koschmieder 1951)

t [°C]	−20	−10	0	+10	+20	+30
ϱ_L [g·m⁻³]	1396	1342	1293	1247	1205	1165
($\varrho_L - \varrho$) [g·m⁻³]	1	1	3	6	10	18

Feuchte Luft kann also etwa bis zu 2 % leichter sein als trockene Luft bei gleichem Druck und gleicher Temperatur.
2) Als Gasgleichung für die feuchte Luft hatten wir bekommen:

$p = p_L + e = \varrho_L \cdot R_L \cdot T + \varrho_W \cdot R_W \cdot T$.

Diese Gasgleichung enthält zwei Gaskonstanten, die zudem entsprechend den Anteilen von reiner Luft und Wasserdampf gewichtet werden müssen. Dies ist also recht umständlich im Vergleich zur allgemeinen Gasgleichung, und es fragt sich, ob sich nicht eine einfachere Form finden ließe. Schreiben wir, wie weiter oben, $\varrho = (p/R_L) \cdot T \cdot (1 - 3/8 \cdot e/p)$ und formen es in der folgenden Weise um:

$$\varrho = \frac{p}{R_L \cdot T \cdot \left[\dfrac{1}{1 - 3/8 \cdot e/p}\right]} = \frac{p}{R_L \cdot T_V},$$

mit $T_V = \dfrac{T}{1 - 3/8 \cdot e/p}$ = die *virtuelle Temperatur*, so haben wir die gesuchte einfache Form der Zustandsgleichung feuchter Luft gefunden. In dieser können wir weiterhin mit der Gaskonstanten für trockene Luft rechnen, und die unangenehme Variation der Auswirkung der Gaskonstante der feuchten Luft mit wechselndem Wasserdampfgehalt wird dadurch umgangen, daß wir die Temperatur in der beschriebenen Weise verändern.

Die virtuelle Temperatur ist dabei zu verstehen als die Temperatur, die ein Volumen trockener Luft annehmen müßte, um bei gleichem Druck die gleiche Dichte zu haben wie die feuchte Luft. Da bei gleichem Druck und gleicher Temperatur die trockene Luft eine größere Dichte aufweist als die feuchte, muß zum Ausgleich der Dichte Masse aus dem Volumen der trockenen Luft herausgenommen werden. Die dadurch hervorgerufene Druckabnahme wird dann durch einen entsprechenden Zuschlag zur Temperatur ausgeglichen, den virtuellen Temperaturzuschlag $\Delta T_V = (T_V - T)$. Da e/p eine Funktion der spezifischen Feuchtigkeit s ist: $e/p = (8/5) \cdot s$, kann man auch schreiben $T_V = T/\{1 - (3/5) \cdot s\}$, und da nun s bzw. e/p selten den Wert 0,02 übersteigt, ist T_V selten um mehr als 2 K oder 3 K höher als T (vgl. Abb. 5.15 und auch Tabelle 5.11).

Eine andere Näherungsform ist $T_V = T(1 + 0{,}6078 \cdot s)$, die mit der voranstehenden in der Aussage nahezu identisch ist.

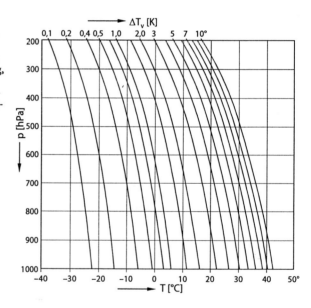

Abb. 5.15. Virtueller Temperaturzuschlag ΔT_V [K] als Funktion von Temperatur T [°C] und Luftdruck p [hPa] für den Fall der Wasserdampfsättigung, also für eine relative Feuchte von 100 %. Bei geringerer relativer Feuchte ist der Virtuellzuschlag der Differenz entsprechend zu verringern

Das 10^6-fache der Dampfdichte ϱ [g·cm^{-3}] wird *absolute Feuchtigkeit* genannt: $a = 10^6 \cdot \varrho_W = 216{,}68 \cdot e/T$ [g·m^{-3}] (e in [hPa]).

Eine weitere wichtige Größe ist die *Taupunkttemperatur* τ, d.h. die Temperatur, bei der der gegebene Dampfdruck e dem Sättigungsdampfdruck E_W entspricht, so daß $e = E_W(\tau)$ ist. Wird der Sättigungsdampfdruck auf Eis bezogen, sprechen wir vom *Reifpunkt*: $e = E_E(\tau_E)$.

5.9 Thermodynamik feuchter Luft

Als Maß für den Wasserdampfgehalt der Luft kann dann auch, wie vielfach in der Aerologie und im synoptischen Wetterdienst üblich, die *Taupunktsdifferenz* $\delta T_D = (T - \tau)$ verwendet werden. Sie ist mit der relativen Feuchtigkeit f verknüpft durch

$$f = \frac{e}{E_W} \cdot 100 = \frac{E_W(\tau)}{E_W(T)} \cdot 100 = \frac{E_W(T - \delta T_D)}{E_W(T)} \cdot 100 \; .$$

Wenn weniger die Wasserdampfmenge interessiert als vielmehr ihr Verhältnis zur Luftmenge, verwendet man das *Mischungsverhältnis* $m = \varrho_W/\varrho_L$ [g Wasserdampf/g trockene Luft]. Es ist dann

$$m = \frac{e}{R_W \cdot T} \cdot \frac{R_L \cdot T}{p - e} = 0{,}622 \cdot \frac{e}{p - e} \; \left[g \cdot g^{-1}\right] \; .$$

Näherungsweise, d.h. solange e « p ist, gilt $m \approx 0{,}622 \cdot e/p$. *Das Mischungsverhältnis ist gegenüber Vertikalbewegungen invariant!* Das bedeutet, daß es für ein vertikal bewegtes Luftquantum eine individuell konservative Größe ist – sofern keine Kondensation oder Verdunstung in ihm stattfindet. Diesem Maß stark verwandt ist die *spezifische Feuchtigkeit*

$$s = \frac{\varrho_W}{\varrho_L + \varrho_W} \; \left[\frac{g \; Wasserdampf}{g \; feuchter Luft}\right] \; .$$

Es ist dann $s = 0{,}622 \cdot e/(p - 0{,}378 \cdot e) \approx 0{,}622 \cdot e/p$ [g·g^{-1}].

Die spezifische Feuchtigkeit wird auch gern in [g·kg^{-1}] angegeben, so daß $s = 622 \cdot e/(p - 0{,}378 \cdot e)$ [g·kg^{-1}]. *Die spezifische Feuchtigkeit ist ebenfalls gegenüber Vertikalbewegungen invariant.*

Wie ein Vergleich der beiden Formeln zeigt, sind die Zahlenwerte von Mischungsverhältnis und spezifischer Feuchtigkeit annähernd gleich. Beide Größen werden deshalb in der Praxis oft synonym gebraucht.

Bei Sättigung ist die maximale spezifische Feuchtigkeit erreicht:

$$S = 622 \cdot E_W \cdot (p - 0{,}378 \cdot E_W) \; [g \cdot kg^{-1}] \; .$$

Entsprechendes gilt für das *maximale Mischungsverhältnis*.

5.9.2 Adiabatische Zustandsänderungen feuchter Luft

Bisher hatten wir nur adiabatische Prozesse in trockener Luft behandelt, für die die Poisson-Gleichung (Adiabatengleichung) gilt. Unter trockener Luft verstanden wir solche, die keinen oder lediglich ungesättigten Wasserdampf enthält. Da bei vielen thermodynamischen Prozessen in der Atmosphäre Sättigung des Dampfes eintritt, müssen wir unsere Betrachtungen dahingehend erweitern.

Sättigung wird in der Atmosphäre i. allg. am leichtesten dann erreicht, wenn möglichst feuchte Luft aufsteigt, da diese sich dann adiabatisch abkühlt und infolgedessen ihre Temperatur zumeist sehr bald den Taupunkt bzw. die Temperatur des Sättigungsdampfdrucks erreicht. Die Höhe, bei der das geschieht, so daß Kondensation eintritt, ist die des *Kondensationsniveaus*. Es ist definiert durch $e = E(T)$.

Die individuelle Temperaturabnahme ist gegeben durch Θ = const., die Feuchtigkeit des aufsteigenden Luftquantums sei durch $s = 0{,}622 \cdot e/p$ = const. beschrieben. Wir haben dann zwei Fälle des Aufsteigens zu unterscheiden, die zwei unterschiedliche Kondensationsniveaus ergeben:

1) ein *Hebungs-Kondensationsniveau*, das man erhält, wenn man bei erzwungener Hebung von der augenblicklichen Bodentemperatur (T_B in Abb. 5.16) ausgeht;
2) ein *Cumulus-Kondensationsniveau*, das sich bei freiem Auftrieb ergibt, wenn zuvor die bodennahe Luft auf die „Auslösetemperatur" ($T_B{'}$ in Abb. 5.16; s. hierzu auch Abschn. 5.9.3) oder darüber erwärmt wird.

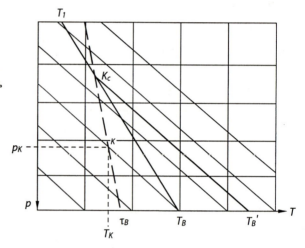

Abb. 5.16. Kondensationshöhe bei erzwungener Hebung (K) und bei Cumulusbildung (K_C). T_B und T'_B sind Temperaturwerte am Boden vor bzw. nach erfolgter Aufheizung, τ_B ist der Taupunkt der bodennahen Luft, T_K und p_K sind Temperatur und Druck im Kondensationsniveau K

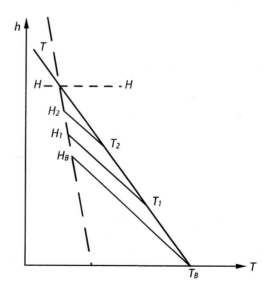

Abb. 5.17. Erzeugung von Wolken unterhalb des Cumulus-Kondensationsniveaus durch Hebung beim An- bzw. Überströmen von Bergen. H_B, H_1, H_2 Kondensationshöhen der Luft für die willkürlich gewählten Ausgangstemperaturwerte T_B, T_1, T_2, wenn die spezifische Feuchtigkeit unterhalb H höhenkonstant ist. H- - - -H bezeichnet die Wolkenuntergrenze

5.9 Thermodynamik feuchter Luft

Zu freiem Auftrieb kommt es zumeist, wie gesagt, durch Aufheizung der Luft von der Erdoberfläche her. Es bilden sich dann die charakteristischen Haufenwolken (Cumulus) (s. Abb. 5.16).

Hebung einer mächtigeren Luftschicht wird beispielsweise erzwungen, wenn die Luft gegen ein Gebirge geführt wird, das sie nicht umströmen kann, bzw. im Bereich von Zyklonen (s. Abschn. 6.10).

Bei Hebung ergibt sich ein niedrigeres Kondensationsniveau, d.h. eine niedrigere Wolkenuntergrenze, als bei Quellbewölkung (Haufenwolken), für die das Cumulus-Kondensationsniveau maßgeblich ist. Dieser Effekt wird an Bergen oft beobachtet, wie an Abb. 5.17 erläutert wird.

Wird beim Aufsteigen (Hebung oder Auftrieb) das Kondensationsniveau überschritten, tritt gewöhnlich Kondensation, d.h. Verflüssigung des Wasserdampfes zu Tröpfchen, ein. Dabei wird *latente Wärme* vom Betrage der Verdampfungswärme (L) frei und dem Gemisch „Luft + Wasserdampf" zugeführt. Sie stellt eine wichtige Energiequelle, hauptsächlich für die untere Troposphäre dar; ihr Betrag ist temperaturabhängig:

$$L = 2500 - 2{,}24 \cdot t(°C) \; [J \cdot g^{-1}].$$

Im 1. Hauptsatz, auf feuchte Luft angewandt, erscheint deswegen ein neuer Term L·dw, der die latente Wärme quantitativ berücksichtigt, mit dw, der kondensierenden Wasserdampfmenge. Der 1. Hauptsatz lautet dann für die Masseneinheit

$$dQ = c_p \cdot dT - \frac{R \cdot T}{m} \cdot \frac{dp}{p} + L \cdot dw \; .$$

Wir können nun abermals einen adiabatischen Prozeß definieren, diesmal aber der Art, daß zwar erneut das betrachtete Luftquantum mit seiner Umgebung keine Energie austauschen darf, daß aber die latente Wärme des im Luftquantum vorhandenen Wasserdampfes bei Kondensation zugeführt werden darf bzw. der Verbrauch von Verdunstungswärme aus der inneren Energie zugelassen ist, wenn in dem Luftquantum vorhandene Tropfen da hinein verdampfen. Der Energieaustausch mit der Umgebung sei aber weiterhin ausgeschlossen! Zur Unterscheidung vom weiter oben definierten trockenadiabatischen Prozeß nennen wir den so definierten pseudoadiabatisch bzw. *feuchtadiabatisch*; beides wird synonym verwendet. Die Bezeichnung „pseudoadiabatisch" (pseudo = falsch, unecht) wurde eingeführt, um deutlich zu machen, daß der Prozeß streng genommen nicht adiabatisch ist, weil ja Wärme zugeführt wird; die Bezeichnung „feucht-adiabatisch" wiederum soll anzeigen, daß der Begriff der Adiabasie insofern erweitert zu verstehen ist, als die im Wasserdampf feuchter Luft enthaltene latente Wärme als „nicht von außen zugeführt" angesehen werden soll.

Aus der voranstehenden Gleichung erhalten wir dann

$$c_p \cdot dT - \frac{R \cdot T}{m} \cdot \frac{dp}{p} + L \cdot dw = 0$$

als Definitionsgleichung für die Feucht- bzw. Pseudoadiabate in einer vereinfachten – und daher physikalisch nicht exakten –, aber für die meisten praktischen meteorolo-

Tabelle 5.8. Temperaturänderung bei feucht- bzw. pseudoadiabatischen Prozessen [K/100 m] in Abhängigkeit von Druck und Temperatur (Baur 1953)

T [°C]	p=1000	900	800	700	600	500	400	300	200	100
40	0,301	0,291	0,280	0,268	–	–	–	–	–	–
35	,324	,312	,299	,285	–	–	–	–	–	–
30	,352	,338	,323	,308	,291	–	–	–	–	–
25	,386	,370	,353	,335	,316	–	–	–	–	–
20	,426	,408	,388	,367	,346	,322	–	–	–	–
15	,474	,454	,433	,409	,384	,357	–	–	–	–
10	,527	,506	,483	,457	,429	,398	,362	–	–	–
5	,585	,564	,540	,513	,483	,448	,408	,362	–	–
0	,646	,625	,601	,574	,542	,506	,462	,410	–	–
-5	,705	,686	,663	,637	,606	,569	,524	,466	–	–
-10	,763	,746	,726	,702	,673	,637	,591	,533	,453	–
-15	,812	,798	,781	,761	,735	,703	,661	,603	,519	–
-20	,855	,844	,831	,814	,793	,765	,729	,676	,595	–
-25	,889	,881	,871	,858	,841	,820	,789	,744	,671	–
-30	,916	,910	,903	,894	,881	,865	,842	,806	,745	,614
-35	,936	,932	,926	,920	,911	,900	,881	,856	,809	,697
-40	,950	,947	,944	,939	,934	,926	,914	,896	,862	,775
-45	,959	,958	,955	,953	,949	,943	,937	,924	,901	,839
-50	,965	,964	,963	,961	,959	,955	,951	,943	,928	,885

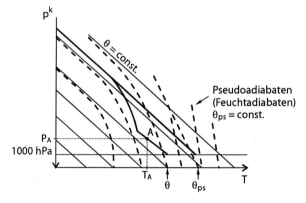

Abb. 5.18. Schematische Illustration der Definition der potentiellen Temperatur Θ und der pseudopotentiellen Temperatur Θ_{ps} für ein Luftquantum A mit der Temperatur T_A beim Druck P_A

gischen Zwecke ausreichenden Form. Aus dieser Gleichung ergibt sich als eine für die Praxis brauchbare Näherung für den pseudo- bzw. *feuchtadiabatischen Temperaturänderungsbetrag*:

$$\Gamma_f = \Gamma_d - \frac{L}{c_p} \cdot \frac{dw}{dz} \ .$$

5.9 Thermodynamik feuchter Luft

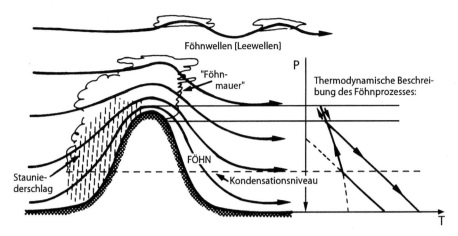

Abb. 5.19. Thermodynamischer Prozeß beim Überströmen einer Bergkette. Auf der Anströmseite (Luv) findet Hebung mit entsprechender Wolken- und Niederschlagsbildung statt. Für die charakteristischen Eigenschaften des Föhns auf der Leeseite des Gebirges (Wärme und niedrige relative Luftfeuchtigkeit) ist das Ausfällen der Niederschläge auf der Luvseite des Gebirges wichtig, da nur dann die Kondensationswärme tatsächlich der überströmenden Luft zugute kommt und nicht im Lee durch Verdunstung von Wolkentropfen wieder verbraucht wird

Dieser Betrag ist – wie man sieht – im Gegensatz zum trockenadiabatischen Temperaturänderungsbetrag *keine Konstante*, sondern (über L(T) und c_p(T)) temperaturabhängig und besonders von der (höchst variablen) kondensierenden Wasserdampfmenge abhängig, worin (wegen der Temperaturabhängigkeit des Sättigungsdampfdrucks) eine weitere Temperaturabhängigkeit steckt. Im Stüve-Diagramm (s. Abschn. 5.10) sind die Pseudoadiabaten enthalten, und zwar sind sie dort leicht gekrümmte Kurven, die bei niedrigen Temperaturwerten (wegen des dann geringen Sättigungsdampfdrucks) die Trockenadiabaten tangieren. Zahlenwerte des Temperaturänderungsbetrages sind in Tabelle 5.8 zu finden.

In Analogie zur potentiellen Temperatur (d.h. der Temperatur, die ein Luftquantum annimmt, wenn es trockenadiabatisch auf den Druck von 1 000 hPa gebracht wird) wird eine für feuchtadiabatische Prozesse invariante Größe definiert, nämlich die *pseudopotentielle Temperatur* Θ_{ps}. Diese nimmt ein Luftquantum an, wenn es nach zunächst trockendiabatischem Aufwärtsführen bis zum entsprechenden Kondensationsniveau pseudoadiabatisch weiter gehoben wird, bis aller Wasserdampf kondensiert und ausgefallen ist und danach trockenadiabatisch auf den Druck von 1000 hPa gebracht wird (vgl. Abb. 5.18). Im Adiabatenblatt (Stüve-Diagramm) sind die Pseudoadiabaten bereits mit dem Wert der potentiellen Temperatur jener Trockenadiabaten beziffert, der sie sich bei niedrigen Werten von p und T nähern. Sinnverwandt mit dem Begriff der pseudopotentiellen Temperatur ist die Thermodynamik des Föhns.

Der Föhnprozeß besteht im Idealfall aus

1) der gewaltsamen Hebung der ein Gebirge anströmenden Luft über das Kondensationsniveau hinaus,

2) dem Ausfällen des kondensierten Wasserdampfes, als Regen oder Schnee, im Luv und
3) dem Absteigen der Luft im Lee des Gebirges mit entsprechend hoher trockenadiabatischer Erwärmung (s. Abb. 5.19).

Die Stärke der Temperaturzunahme gegenüber der Ausgangstemperatur ist dabei abhängig vom Feuchtigkeitsgehalt der anströmenden Luft (Höhe des Kondensationsniveaus), von dem Betrag der Hebung und von der Menge des ausgefallenen Niederschlages (s. hierzu Abb. 5.20). Die maximal erreichbare Föhntemperatur ist bestimmbar durch die pseudopotentielle Temperatur der anströmenden Luft, die ja – wie wir gesehen hatten – wie der Föhnprozeß definiert ist.

Beim Überströmen von Hindernissen ohne Niederschlag tritt der Föhneffekt nicht auf. Dann erfolgt der Prozeß, wenn überhaupt das Kondensationsniveau erreicht wird, nach der reversiblen Wolkenadiabate, d.h. Auf- und Abstieg verlaufen – oberhalb des Kondensationsniveaus – auf ein und derselben Pseudoadiabaten. Den Föhn charakterisiert also die Irreversibilität des Vorganges!

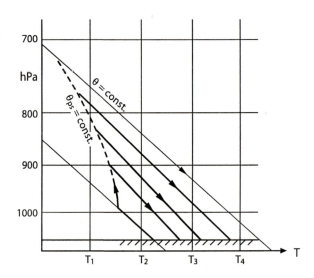

Abb. 5.20. Abhängigkeit der beim Föhnprozeß erfolgenden Erwärmung von der Höhe der Hebung

Die Umwandlung der in feuchter Luft enthaltenen latenten Wärme in fühlbare Wärme, wie sie im Begriff der pseudopotentiellen Temperatur zum Ausdruck kommt, kann theoretisch auch anders beschrieben werden, indem man die latente Wärme der Luft ($\delta Q = L \cdot m$) bei konstantem Druck freiwerden läßt und sie der trockenen Luft zuführt. Dann erhöht sich die Temperatur T auf den Betrag der *Äquivalenttemperatur*:

$$T_{ae} = T + (L \cdot m)/c_p, \quad (m = \text{Mischungsverhältnis}).$$

Bringt man das Luftquantum anschließend auf 1 000 mb, erhält man mit $K = 0{,}286$ die *potentielle Äquivalenttemperatur* (auch äquivalent-potentielle Temperatur genannt):

5.9 Thermodynamik feuchter Luft

$$\Theta_{ae} = T_{ae} \cdot \left[\frac{1000}{p}\right]^K = \Theta + \frac{L \cdot m}{c_p} \cdot \left[\frac{1000}{p}\right]^K .$$

Die Äquivalenttemperatur ist einfacher zu berechnen als die pseudopotentielle Temperatur. Sie ist aber beim pseudoadiabatischen (feuchtadiabatischen) Prozeß nicht konstant wegen L = L(T) und bei der Zufuhr der Wärme bei unterschiedlichen Drucken. Es ist $T_{ae} < T_{ps}$ und $\Theta_{ae} < \Theta_{ps}$. Die Differenz kann mehrere Grad ausmachen (8 K o.ä.). Die Äquivalenttemperatur hat aber die unmittelbare Anschaulichkeit, den gesamten Wärmegehalt der Luft (fühlbar + latent) zu repräsentieren, und ist leicht zu berechnen:

Wenn L = 2 500 [J g^{-1}], dann folgt $T_{ae} = T + 2488 \cdot m$ [K] (das Mischungsverhältnis m in [g/g]).

ANMERKUNG: Im englischen Sprachraum werden verwendet:

- adiabatic equivalent potential temperature = pseudopotentielle Temperatur,
- isobar equivalent potential temperature = äquivalentpotentielle Temperatur.

Ein Wert T_{ae} kann aber zustandekommen durch verschiedene Kombinationen von Temperatur (T_n) und Feuchtigkeit (Mischungsverhältnis m_n):

$$T_{ae} = T_1 + \frac{L}{c_p} \cdot m_1 = T_2 + \frac{L}{c_p} \cdot m_2 = \ldots\ldots = T_n + \frac{L}{c_p} \cdot m_n .$$

Dann ist T_{ae} der obere Grenzwert der Temperatur, den diese bei vorgegebenem Wärmegehalt annehmen kann (nämlich für m ⇒ o). Da zu höheren Werten das Mischungsverhältnis m durch das maximale Mischungsverhältnis M(T) begrenzt ist, existiert ein unterer Grenzwert der Temperatur, nämlich T_f, derart, daß $T_f + (L/c_p) \cdot M(T_f) = T_{ae}$ ist.

T_f heißt *Feuchttemperatur* (engl.: „wet bulb temperature"), die niedrigste Temperatur, die die Luft durch isobare Verdunstung erreichen kann. Ihr Wert liegt zwischen T und τ. T_f heißt auch *Temperatur des* (thermodynamisch idealen) *feuchten Thermometers*, weil sie die Temperatur ist, bis zu der sich ein angefeuchtetes Thermometer (bzw. im Gleichgewichtszustand die dieses umgebende Luft) durch die Verdunstung des die Thermometerkugel befeuchtenden Wassers bei ausreichender Ventilation isobar abkühlt. Die vom Thermometer abgegebene Wärmemenge $(c_{pL} + m \cdot c_{pW}) \cdot (T - T')$, (es ist $c_p = c_{pL} + m \cdot c_{pW}$), muß gleich sein der in der verdunsteten Wassermenge enthaltenen latenten Wärme, nämlich bei Verdunstung bis hin zur Sättigung der Umgebungsluft gleich L · (M − m). Also ist

$$\left(c_{pL} + m \cdot c_{pW}\right) \cdot \left(T - T'\right) = c_p \cdot \left(T - T'\right) = L \cdot \left(M - m\right)$$

oder $\quad T + \dfrac{L}{c_p} \cdot m = T' + \dfrac{L}{c_p} \cdot M$

bzw. $\quad T' = T_f = T - \dfrac{L}{c_p} \cdot \left(M - m\right) \quad$ die sog. Psychrometergleichung.

Da M > m, folgt T_f < T. Setzen wir ein für m = 0,622 e/p, sowie für M = 0,622 · E/p, ergibt sich eine in der Praxis übliche Form der Psychrometergleichung, die *Sprungsche Dampfdruckformel*:

$$e = E(T_f) - \frac{c_p \cdot p}{0,622 \cdot L} \cdot (T - T_f).$$

Danach ist die Bestimmung des Gehalts der Luft an Wasserdampf, charakterisiert durch dessen Partialdruck (Dampfdruck), recht präzis möglich mittels eines trockenen und eines angefeuchteten, ventilierten Thermometers („Aßmannsches Aspirationspsychrometer" und „Schleuderthermometer"). Es ist deshalb als Standardverfahren der Feuchtigkeitsbestimmung in die meteorologische Praxis eingeführt. (T - T_f) heißt *Psychrometerdifferenz*.

5.9.3
Berechnung der Auslösung von Konvektionsbewölkung

Eine wichtige und häufige Frage ist es, ob die zur Verfügung stehende eingestrahlte Sonnenenergie bei einer gegebenen Temperaturschichtung ausreicht, um Konvektion über das Kondensationsniveau hinauszutragen, d.h., die Bildung von Quellwolken zu ermöglichen. Dazu ist es nötig, daß die gesamte Luftschicht unterhalb des Cumulus-Kondensationsniveaus auf eine trockenadiabatisch indifferente bzw. leicht labile Schichtung erwärmt, d.h. am Boden schließlich die Auslösetemperatur T_A erreicht wird (s. Abb. 5.21). Die zu dieser Erwärmung benötigte Energie ist in einigen thermodynamischen Diagrammpapieren gegeben durch die Fläche (T_0, T_A, K) zwischen der Adiabate durch T_A und der geometrischen Zustandskurve. Da das Stüve-Diagramm in diesem Sinne aber nicht flächentreu ist, gilt das in diesem Fall nur näherungsweise. Für eine genaue Berechnung der Auslöseenergie im Stüve-Diagramm sind daher (Tabelle 5.9) Korrekturfaktoren an die ermittelten Flächengrößen anzubringen.

Tabelle 5.9. Korrekturfaktoren für Berechnung der Auslöseenergie für Cumulus-Konvektion mit Hilfe des Stüve-Diagramms

p [hPa]	1 000	800	600	500	400	300
Korrekturfaktor	1,00	1,066	1,158	1,220	1,301	1,413

Die gewonnenen Energiewerte können dann mit den je nach Jahreszeit gegebenen Überschüssen aus der Strahlungsbilanz (Wärmebilanz) (s. z.B. Tabelle 5.10) verglichen werden.

Tabelle 5.10. Näherungswerte (Mittel) für mittlere Breiten der an wolkenlosen Tagen von Sonnenaufgang bis 14 Uhr Ortszeit aus der Strahlungsbilanz zur Verfügung stehenden Energiemenge [J/cm²] (nach Gold 1933)

Monat	Ja	Fe	Mz	Ap	Ma	Jn	Jl	Au	S	O	N	D
Energie [J/cm²]	167	293	419	586	733	753	691	628	481	335	167	126

5.9 Thermodynamik feuchter Luft

Die bei Vertikalbewegungen zu leistende Arbeit ergibt sich aus der Fläche zwischen geometrischer Zustandskurve (Aufstiegskurve) und den zugehörigen Adiabaten (s. Abb. 5.22). Liegt die schraffierte Fläche rechts von den Adiabaten (stabiler Fall) muß diese äußere Arbeit aufgebracht werden. Liegt die Fläche links von den Adiabaten, wird diese Arbeit bei konvektiver Bewegung geleistet.

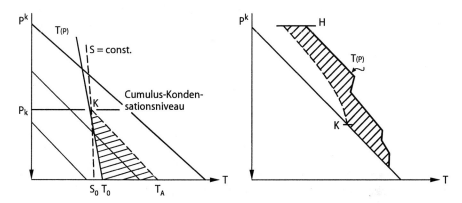

Abb. 5.21. Skizze zur Veranschaulichung von Auslösetemperatur T_A, Cumulus-Kondensationsniveau K und der Auslöseenergie (ungefähr die *schraffierte Fläche*)

Abb. 5.22. Skizze zur Illustration der bei Vertikalbewegung zu erbringenden Arbeitsleistung; hier der Fall stabiler Schichtung. Die *schraffierte Fläche* ist der für eine Hebung bis zum Niveau H aufzubringenden Arbeit annähernd proportional

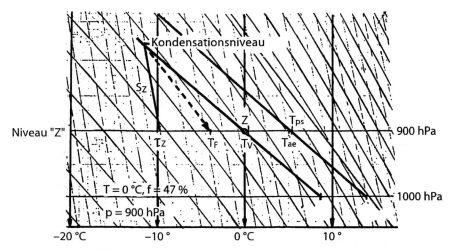

Abb. 5.23. Beispiel für die Zahlenwerte nach den verschiedenen Temperatur- und Feuchtigkeitsmaßen für ein Wertetripel ($T = 0$ °C, $f = 47$ %, $p = 900$ hPa) in der Höhe z. Im einzelnen bedeuten: Z = der dem Wertetripel entsprechende Punkt im gezeigten Ausschnitt des Stüve-Diagramms; τ_z = Taupunkt (-9,7 °C), T_f = Feuchttemperatur (-4,6 °C), T_v = virtuelle Temperatur (+0,3 °C), T_{ae} = Äquivalenttemperatur (+4,9 °C), Θ_z = potentielle Temperatur (+8,3 °C), $\Theta_{ps,z}$ = pseudopotentielle Temperatur (+14 °C), S_z ist die zum Wertetripel gehörende spezifische Feuchte (2,0 g/kg). Der Dampfdruck ist $e = 2,87$ hPa; $E = 6,11$ hPa

5.9.4
Die Stabilität (Instabilität) feuchter Luft

War in trockener Luft – bzw. in feuchter Luft, solange keine Kondensation eintrat – der Betrag der trockenadiabatischen Temperaturänderung, nämlich $\Gamma_d = 9{,}76$ K/km, [bzw. die Trockenadiabate im {T,p}-Diagramm] ein einfaches Kriterium für die Stabilität oder Instabilität der vertikalen Schichtung, gilt oberhalb des Kondensationsniveaus – solange Kondensation stattfindet – Entsprechendes in bezug auf den feuchtadiabatischen Temperaturänderungsbetrag (bzw. die Feuchtadiabate; vgl. dazu Abb. 5.23):

- bei Feuchtstabilität ist $\quad\quad\quad\quad\quad\quad\quad \Gamma < \Gamma_f$,
- bei feuchtindifferenter Schichtung $\quad\quad \Gamma = \Gamma_f$,
- bei Feuchtinstabilität (Feuchtlabilität) $\quad \Gamma > \Gamma_f$.

Insgesamt sind die Verhältnisse jedoch – abgesehen von der (T, p)-Abhängigkeit von Γ_f – hierbei komplizierter: Bei Abwärtsbewegung folgt ein Luftquantum nur so lange der Feuchtadiabate, wie Tröpfchen in ihm tatsächlich noch vorhanden sind und verdunsten. Da der Wassergehalt von Wolken in der Größenordnung von 0,1–0,5 g/kg Luft liegt, bedeutet das oft nur eine kurze Wegstrecke. Bei Aufwärtsbewegung haben einige Sonderfälle besondere Bedeutung für die Wettergestaltung:

a) Ist die Schichtung so beschaffen, daß der beobachtete, geometrische Temperaturgradient zwischen dem trockenadiabatischen und dem feucht-adiabatischen Gradienten liegt, also $\Gamma_f < \Gamma < \Gamma_d$, d.h., liegt eine leicht trockenstabile Schichtung vor, dann wird ein aus irgend welchem Grunde (etwa durch Hebung an einem Berghang) aufsteigendes Luftquantum sich bis zum Kondensationsniveau trockenadiabatisch verhalten, darüber feuchtadiabatisch aufsteigen und – wegen des vorgegebenen geometrischen Temperaturprofils – oberhalb des Kondensationsniveaus sehr bald wärmer sein als die Umgebung und von da an beschleunigt von selbst weitersteigen. Wir haben es daher mit einer verdeckten Instabilität zu tun. Diese kommt nämlich nur unter der Bedingung zur Wirkung, daß Luftquanten so weit aufsteigen, daß es in ihnen zur Kondensation des Wasserdampfes kommt. Sie heißt deshalb *bedingte Instabilität* (bedingte Labilität).

Das Erreichen des Kondensationsniveaus ist bei der vorliegenden Schichtung u.U. schon mit relativ geringer Arbeitsleistung möglich, nämlich wenn die Luft in Bodennähe bereits nahezu gesättigt ist. Es treten dann charakteristische Wettererscheinungen auf, wie z.B. Quellbewölkung und u.U. Schauer oder Gewitter. Reicht die untere Hebung bzw. Konvektion nicht zur Kondensation (entweder ist die Luft zu trocken oder die vertikale Versetzung nicht genügend hochreichend), kommt diese bedingte Labilität nicht zur Auslösung.

Wir können also zusammenfassend folgende Liste von Stabilitätskriterien und entsprechenden, definierten Bezeichnungen aufstellen:

$\Gamma < \Gamma_f \quad$: vollkommen stabil, absolut stabil bzw. feuchtstabil;

$\Gamma = \Gamma_f \quad$: *feuchtindifferent*, wenn das Teilchen im Anfangsstadium gesättigt ist, sonst *stabil*;

$\Gamma_f < \Gamma < \Gamma_d$: *bedingt feuchtlabil*; auch *bedingt labil*;

$\Gamma = \Gamma_d \quad$: *feuchtlabil*, bei sehr großer Trockenheit *trockenindifferent*;

$\Gamma > \Gamma_d \quad$: vollkommen instabil/labil, bzw. absolut labil.

5.9 Thermodynamik feuchter Luft

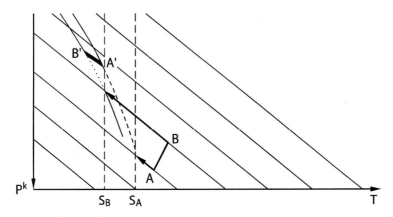

Abb. 5.24. Skizze zur Erläuterung der latenten Labilität. Wird die Luftsäule $A–B$ gehoben, wobei diese im Niveau von A sehr feucht, im Niveau um B sehr trocken sein soll, so wird selbst die ursprünglich extrem stabile Schichtung (Inversion!) rasch destabilisiert: das Profil $A'–B'$ wird sogar trockenindifferent.

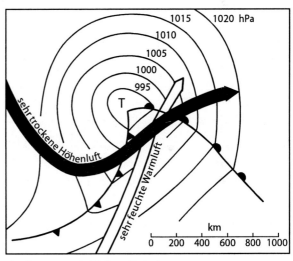

Abb. 5.25. Schematisches Beispiel für eine typische frühsommerliche Zyklone über den zentralen USA. Innerhalb des Warmsektors treten i. allg. vehemente Wetterereignisse auf, Unwetter wie Hagelgewitter und Tornados. Dies geschieht besonders dort, wo sich die Hauptachsen der unteren sehr feuchten und der oberen sehr trockenen Luftströme überschneiden. Dort herrscht die maximale latente Labilität, und gewöhnlich wird diese infolge der für den Südost-Sektor der Zyklone charakteristischen starken Hebung auch tatsächlich ausgelöst. Es bedeuten:

⏺⏺⏺ Warmfront (Vorderseite der warmen Golfluft am Boden);
▲▲▲ Kaltfront (Vorderseite der Kaltluft am Boden);
⇨ Hauptstrom der vom Golf v. Mexiko oberhalb der Reibungsschicht vordringenden sehr feuchten Warmluft;
■▶ Zentrum des hochtroposphärischen Strahlstroms von föhnig trockener Luft, die die westlichen Felsengebirge überquert hat

b) Ist die Schichtung stabil, die Luft unten sehr feucht, darüber aber trocken, und tritt Hebung (Streckung) ein, so kühlt sich in der gehobenen Luftsäule die obere trockene Luft trockenadiabatisch, die untere sehr feuchte nur feuchtadiabatisch ab, d.h., die durch Hebung ohnehin bewirkte Destabilisierung wird durch den Kondensationsvorgang und angesichts der besonderen Schichtung der Luftfeuchtigkeit erheblich verstärkt (s. hierzu Abb. 5.24). Es handelt sich abermals um eine versteckte Form der Instabilität, die – eine entsprechende Schichtung vorausgesetzt – erst durch Hebungsvorgänge ausgelöst wird. Sie heißt latente Instabilität bzw. *latente Labilität*.

Wird die latente Labilität ausgelöst, führt sie i. allg. zu sehr vehementen konvektiven Wetterereignissen wie z.B. Gewitter-Unwettern mit Hagel und Tornados, wie sie z.B. besonders in den zentralen Teilen der USA im Frühling und Frühsommer üblich sind (s. Abb. 5.25).

5.9.5
Zusammenfassung der wichtigsten Feuchtigkeitsmaße und der die Feuchtigkeit berücksichtigenden Temperaturbegriffe

1) *Dampfdruck* e in [hPa] (Partialdruck des Wasserdampfes)

2) *Sättigungsdefizit* $(E - e)$ in [hPa]

3) *Sättigungsverhältnis* e/E (dimensionslos), daraus abgeleitetes „bürgerliches", anschauliches Maß:

4) *Relative Luftfeuchtigkeit* $f = (e/E) \cdot 100$ in [%] (Relative Feuchte)

5) *Dampfdichte* $\varrho_W = 0{,}622 \cdot e/(R_L \cdot T)$ in [g·cm^{-3}], daraus abgel.:

6) *Absolute Feuchtigkeit* $a = 10^6 \cdot \varrho_W$ in [g·m^{-3}]

                                           $= 216{,}68 \cdot e/T$ in [g·m^{-3}]

7) *Taupunkt τ*   Temperatur, bei der $e = E(\tau)$, (dieses Maß wird in den Wettertelegrammen verwendet!)

8) *Taupunktdifferenz* $\delta T_D = T - \tau$

9) *Mischungsverhältnis* $m = \varrho_W / \varrho_L$ in $\left[\dfrac{\text{g Wasserdampf}}{\text{g trockener Luft}}\right]$

                                           $\approx 0{,}622 \cdot e/p$ Das Mischungsverhältnis ist invariant bei Vertikalbewegungen.

10) *Spezifische Feuchtigkeit* $s = \dfrac{\varrho_W}{\varrho_L + \varrho_W}$ in $\left[\dfrac{\text{g Wasserdampf}}{\text{g feuchter Luft}}\right]$

                                           $\approx 0{,}622 \cdot e/p$ Die spezifische Feuchte wird oft auch in [g Wasserdampf pro kg feuchter Luft] angegeben. Sie ist ebenfalls invariant bei Vertikalbewegungen.

5.9 Thermodynamik feuchter Luft

11) *Feuchttemperatur* $T_f = T - (L/c_p) \cdot (M - m)$ (Psychrometergleichung; Temperatur des feuchten Thermometers) $m = 0{,}622 \cdot e/p$; $M = 0{,}622 \cdot E/p$; $L \approx 2\,500 - 2{,}42 \cdot t(°C)$ [J·g^{-1}]

12) *Psychrometerdifferenz* $T - T_f$ in [K]

13) *Virtuelle Temperatur* $T_V = \dfrac{T}{1 - (3/8) \cdot (e/p)} = \dfrac{T}{1 - (3/5) \cdot s}$ in [K]

$\approx T(1 + 0{,}6078 \cdot s)$

14) *Äquivalenttemperatur* $T_{ae} = T + L \cdot m / c_p$

15) *Potentielle Äquivalenttemperatur* $\Theta_{ae} = T_{ae} \cdot \left[\dfrac{1000}{p}\right]^K = \Theta + \dfrac{L \cdot m}{c_p} \cdot \left[\dfrac{1000}{p}\right]^K$

16) *Pseudopotentielle Temperatur* $\Theta_{ps} = \Theta \cdot \exp\left[\dfrac{L \cdot m}{c_p \cdot T}\right]$ (potentiell-äquivalente Temperatur)

Tabelle 5.11. Auswahl von Einzelbeobachtungen mit hoher absoluter Feuchte in Berlin-Dahlem (Meteorologisches Institut der FUB) sowie abgeleitete Feuchtegrößen. „H" Wärmeinhalt (Enthalpie) (nach B. Lindenbein, persönliche Mitteilung).

Datum	Termin (MEZ)	Temperatur [°C]	Rel.F. [%]	Dampfdruck [hPa]	Taupunkt [°C]	absol. Feuchte [g/m³]	spezif. Feuchte [g/kg]	Äquiv.-Temp. [°C]	Virt.-Zuschl. [K]	„H" [kJ/kg]	Feuchttemp. [°C]	Psychr.-Diff. [K]
11.7.59	15 Uhr	37,8	21	13,8	11,7	9,5	8,5	58,9	2,62	59,6	21,2	16,6
04.7.57	16 Uhr	33,7	39	20,4	17,8	14,4	12,6	65,1	3,82	66,1	22,9	10,8
12.7.59	13 Uhr	28	68	25,7	21,5	18,5	16,0	67,7	4,71	68,8	23,4	4,6
4.7.57	20 Uhr	26,6	75	26,2	21,8	18,9	16,2	66,9	4,77	68,0	23,2	3,4
23.8.59	18 Uhr	25,5	75	24,5	20,7	17,8	15,2	63,3	4,45	64,2	22,2	3,3
17.7.76	22 Uhr	23,3	82	23,5	20,0	17,2	14,6	59,5	4,24	60,4	21,1	2,2
23.6.76	20 Uhr	21,4	95	24,3	20,6	17,8	15,0	58,8	4,35	59,5	20,8	0,6
30.8.75	19 Uhr	20,8	96	23,6	20,1	17,4	14,6	57,2	4,23	57,9	20,3	0,5

5.9.6
Periodische Änderungen von Dampfdruck und relativer Feuchte in Bodennähe

Der Wasserdampfgehalt der untersten Atmosphärenschichten unterliegt einer ganzen Reihe von tages- und jahresperiodischen Einflüssen. So finden sich in Zeitreihen des Dampfdrucks Tages- und Jahresgänge der Globalstrahlung, der Temperatur, des Windes und der Stabilität der Schichtung wieder. Anhand von Abb. 5.26 läßt sich das sehr schön studieren. Zunächst fällt ein markanter Unterschied zwischen der warmen und der kalten Jahreszeit ins Auge. Im Winter findet man eine einfache Tagesperiode mit geringer Amplitude, im Dezember und Januar erscheint infolge der Kürze der Wintertage nur mittags ein kurzer Anstieg, während der langen Winternächte ist der Verlauf dagegen sehr eintönig.

Das Maximum tritt am frühen Nachmittag ein, wenn mit der höchsten Tagestemperatur auch die Verdunstung vom Boden am stärksten ist. Mit zunehmender Tageslänge und wachsendem Sonnenhöchststand erscheint dann allmählich eine ausgeprägte, sinusähnliche Variation (Februar, März). Danach macht sich die Vegetationsperiode durch ein zusätzliches Anwachsen der Amplitude bemerkbar. Jedoch ist bereits ab April, vor allem in den Sommermonaten, während der Nachmittagsstunden ein markanter Einbruch, ein sekundäres Minimum zu verzeichnen. Dieses ist eine Folge der Konvektion, die einen großen Teil des Wasserdampfes in die höhere Troposphäre entführt. Das eigentliche Tagesminimum ist jeweils kurz vor Sonnenaufgang zu finden, nämlich wenn zur Zeit der niedrigsten Erdbodentemperatur ein Teil des Wasserdampfes sich als Tau oder Reif niederschlägt und damit der bodennahen Atmosphäre entzogen wird. In dem Jahresgang, der aus den am rechten Bildrand eingetragenen monatlichen Referenzwerten des Dampfdrucks abzulesen ist, spiegeln sich vor allem die parallelen Jahresgänge von Verdunstung und Sättigungsdampfdruck als Funktion der Temperatur wider.

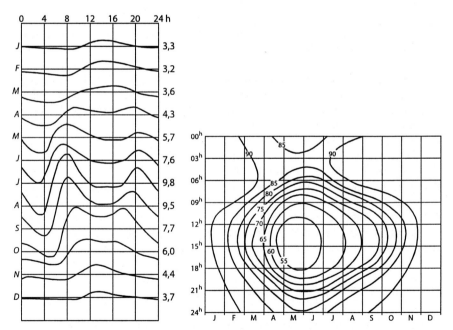

Abb. 5.26. Monatliche Tagesgänge des Dampfdrucks [hPa] in Uppsala, Schweden. Die Zahlenwerte am *rechten Rand* sind die monatlichen Mittelwerte (nach Liljequist 1974)

Abb. 5.27. Isoplethendarstellung des Tages- und Jahresganges der relativen Feuchte [%] in Uppsala (1868–1957; nach Liljequist 1974)

Bei der Interpretation des Tages- und des Jahresganges der relativen Feuchte (s. Abb. 5.27) ist zu beachten, daß sich diese – selbst bei gleichbleibendem Wasserdampfgehalt – allein infolge einer Temperaturänderung (damit verbundene Änderung des Sättigungsdampfdrucks!) ändert. Die relative Feuchte sagt nämlich nichts über die Feuchtigkeitsmenge, sondern nur etwas über den Sättigungszustand des Wasserdampfes aus. Die tatsächlichen Schwankungen der Menge des in der Luft befindlichen Wasserdampfes zeigen hingegen die in Abb. 5.26 dargestellten Dampfdruckänderungen.

5.10
Das Thermodynamische Diagrammpapier nach Stüve

Zur Darstellung der vertikalen Verteilung meteorologischer Meßgrößen und zur Vereinfachung der damit anzustellenden thermodynamischen Betrachtungen und Berechnungen wurden eine ganze Reihe von (z.T. sehr speziellen Zwecken dienenden) thermodynamischen Diagrammpapieren entwickelt. In Deutschland ist das ziemlich universell anwendbare Diagramm von Stüve das gebräuchlichste. Als kartesisches (T,p^K)-Diagramm zeichnet es sich durch besondere Anschaulichkeit aus.

In das rechtwinklige (T,p^K)-Diagramm sind mehrere zusätzliche Kurvenscharen und Werteskalen eingearbeitet, die im folgenden erläutert werden (zur Veranschaulichung s. Abb. 5.28):

1) Die Abszisse gibt die Temperatur in [°C] an.
2) Als Ordinate ist p^K aufgetragen; p = Luftdruck in [hPa] und K = 0,286.
3) Die von rechts unten nach links oben verlaufenden Geraden sind Trockenadiabaten, bzw. Linien konstanter potentieller Temperatur $\Theta = T(1\,000/p)^K - 273{,}15$ [°C].
4) Die waagerecht verlaufenden Zahlenskalen geben den Abstand aufeinanderfolgender Hauptdruckstufen (und zwar 1 000–850, 850–700, 700–600, 600–500, 500–400, 400–300, 300–225 hPa) in Abhängigkeit von der mittleren virtuellen Temperatur der betreffenden Schichten in geopotentiellen Dekametern an (Werte der relativen Topographie!).
5) Der Abstand der auf den Hunderter-Isobaren aufgetragenen kurzen Schrägstriche stellt die Differenz zwischen reeller und virtueller Temperatur bei gesättigtem Dampf dar (virt. Temperaturzuschlag).
6) Der (dick) eingezeichnete Temperaturverlauf der ICAO-Standardatmosphäre entspricht dem der U.S. Standard Atmosphere 1962.
7) Die Höhenskala in km und Tausenderfuß am rechten Rand gilt für die eingezeichnete ICAO-Standardatmosphäre (U.S. Standard Atmosphere 1962).
8) In die beiden breiten Spalten am linken Rand kann der Höhenwind eingetragen werden, rechts davon die Differenz zwischen Temperatur und Taupunkttemperatur, die sog. Taupunktdifferenz [K] (Skala am unteren Rand).
9) Die steilen, gestrichelten Linien konstanten Sättigungs-Mischungsverhältnisses $\{621{,}97 \cdot E/(p - E)\}$, in [g Wasserdampf pro kg trockener Luft], sind auch unter 0 °C auf eine ebene Wasserfläche bezogen, wobei E (der Sättigungsdampfdruck) aus WMO 1954 benutzt wurde.
10) Die irreversiblen Sättigungsadiabaten (ausgezogen), bzw. Feuchtadiabaten, tragen die Bezifferung jener Trockenadiabaten, denen sie sich bei niedriger Temperatur

und niedrigem Mischungsverhältnis asymptotisch nähern; Verdampfungswärme $L = 597{,}26 - 0{,}56 \cdot t(°C)$ in [cal/g].

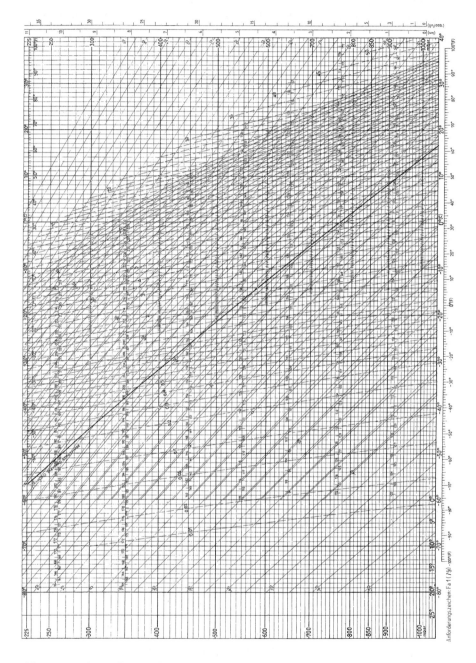

Abb. 5.28. Das Thermodynamische Diagrammpapier nach Stüve

5.11
Temperatur und Wärmeempfinden

Die Erfahrung lehrt uns: Die Lufttemperatur, wie sie physikalisch definiert und gemessen wird, und die „Temperatur", wie wir sie empfinden, mit unseren Sinnen wahrnehmen, sind oft verschieden.

Einen Raum, der lange kalt gestanden hat, dessen Luft aber schnell auf 20 °C geheizt wurde, empfinden wir als kälter als einen Raum, der schon etliche Stunden diese Temperatur hat. Wir empfinden in diesem Fall den Unterschied im *Strahlungsmilieu*: Im letzteren Beispiel strahlen die Wände auf uns entsprechend ihrer Schwarzkörpertemperatur von 293 K, im ersteren Falle mit einer geringeren Intensität. Wir nehmen die Unterschiede in der Strahlungsbilanz der Haut wahr.

An einem warmen Sommertag kann es auch vorkommen, daß im Sonnenschein verdunstender vorheriger Niederschlag oder ein aufziehender hoher Cirrus-Schleier trotz gleichbleibender Temperatur das Empfinden einer plötzlichen Wärmezunahme („*Schwüle*") hervorruft. In diesen beiden Fällen wirkt sich abermals das veränderte Strahlungsmilieu, diesmal in Form der zusätzlichen Gegenstrahlung des Wasserdampfes bzw. im Falle der Eiswolken tagsüber außerdem noch die Zunahme der diffusen Streustrahlung auf unser Wärmeempfinden aus.

Temperaturwerte nahe 25 °C empfinden wir zumeist als angenehm, wenn die Luft relativ trocken ist (etwa 30 % relative Feuchte) und wenn wir „luftig" gekleidet sind; liegt die relative Feuchte bei gleicher Temperatur etwa über 70 % oder haben wir relativ dichte Kleidung an, wird dieselbe Temperatur vielfach bereits als unerträglich („Schwüle") empfunden. Ausschlaggebend ist hier zunächst das *Verdunstungsmilieu*, insbesondere das Sättigungsdefizit der Luft über der Haut, das die Wärmeabgabe der Haut durch Verdunstung von Schweiß regelt. Daneben ist uns die Abkühlung der Haut durch Luftbewegung, Ventilation, gut bekannt, die bei vorhandener Wärmebelastung als angenehm, bei vorhandener Kältebelastung als Verschärfung derselben („schneidende Kälte") empfunden werden kann; die Wasser verdunstende Haut agiert hier gewissermaßen als „feuchtes Thermometer" (s. Abschn. 5.9.5), die Hauttemperatur gegenüber der Lufttemperatur herabsetzend.

Wir sehen also, daß unser physiologisches Wärmeempfinden nicht allein von der physikalischen Größe Temperatur der Luft bestimmt wird, sondern zusätzlich vom Zustand der Haut und der Umgebung unseres Körpers, wobei eine Beurteilung auch noch von unserem Bewegungsverhalten (ob körperliche Arbeit, Bewegung, Ruhe etc.) und von der Kleidung abhängt. Darüber hinaus können subjektive Komponenten wie Gemütsverfassung, Gesundheitszustand, Lebensalter, Gewohntheit der Bedingungen bzw. Grad der Angepaßtheit, u.ä., eine Rolle spielen. Das macht eine quantitative Beschreibung natürlich schwierig, so daß man sich hier i. allg. auf Aussagen beschränken muß, die nur für eine große Anzahl von Individuen im Durchschnitt gelten. Deshalb liegen auch zumeist nur quantitative Beschreibungen von Einzelkomponenten des gesamten komplexen Systems „Wärmeempfinden" vor (z.B. in Form der Äquivalenttemperatur).

Für die Beschreibung der Schwüle wird beispielsweise – ohne Berücksichtigung von Wärmestrahlungsmilieu, Ventilation (Wind) und körperlicher Aktivität (Bewegung, Arbeit) – gern das Verhältnis von relativer Feuchte zur Temperatur herangezogen. Bezogen auf einen Dampfdruck von 18,8 hPa läge dann die Schwülegrenze etwa bei folgenden Wertekombinationen (s. Anonymus 1987):

$$\frac{\text{Rel.F. [\%]}}{\text{T [°C]}} = \frac{100}{16,5}, \frac{80}{20,1}, \frac{50}{27,9}, \frac{30}{36,9} \quad .$$

Man sieht daraus auch, daß es sich hier nicht einfach um ein konstantes Verhältnis von Feuchte und Temperatur, vielmehr um eine nichtlineare Abhängigkeit des Verhältnisses rel.F./T von der Temperatur handelt. Zur Illustration der Windabhängigkeit des Wärmeempfindens, auch der Gefährdung der Haut bei Frost und gleichzeitig starkem Wind diene Tabelle 5.12.

Tabelle 5.12. Physiologisch äquivalente Temperatur als Folge des Abkühlungseffekts des Windes in Abhängigkeit von Temperatur [°C] und Windstärke [Beaufortskala] bzw. Windgeschwindigkeit [m/s] (nach Landsberg 1969)

Wind [Bf], [m/s]		LUFTTEMPERATUR [°C]								
		0	−5	−10	−15	−20	−25	−30	−35	−40	−45
		PHYSIOLOGISCH ÄQUIVALENTE TEMPERATUR									
Stille		0	−5	−10	−15	−20	−25	−30	−35	−40	−45
2	2.2	−2	−7	−12	−17	−23	−28	−33	−38	−44	−49
3	4.4	−8	−14	−20	−26	−32	−38	−44	−51	−57	−63
4	6.7	−11	−18	−25	−32	−38	−45	−52	−58	−65	−72
5	8.9	−14	−21	−28	−36	−42	−49	−57	−64	−71	−78
6	11.2	−16	−23	−31	−38	−46	−53	−61	−68	−76	−83
6	13.4	−17	−25	−33	−41	−48	−56	−63	−72	−78	−86
7	15.7	−18	−26	−34	−42	−49	−57	−65	−73	−81	−88
8	17.9	−19	−27	−35	−43	−51	−59	−66	−74	−82	−90
8	20	−19	−28	−36	−43	−52	−59	−67	−76	−83	−91
9	22	−20	−28	−36	−44	−52	−60	−68	−76	−84	−92
		⇙		⇓		⇓					
		Wenig Gefahr bei angemessener Kleidung		Beträchtliche Gefährdung		Sehr große Gefährdung (Gefrieren exponierter Haut)					

5.12
Kondensation und Niederschlagsprozesse

5.12.1
Tropfenbildung

Die Kondensation von Wasserdampf bei Erreichen von Dampfsättigung ist in absolut reiner Luft schwer zu bewerkstelligen; bei entsprechender Vorsicht lassen sich im Labor Übersättigungen von mehreren hundert Prozent erreichen. Davon wird bei der Wilsonschen Nebelkammer in der experimentellen Atomphysik Gebrauch gemacht. Schuld daran ist der sog. *Krümmungseffekt* (s. Abb. 5.29 a) bei Tropfen: Über gekrümmten Oberflächen ist nämlich zur Sättigung des Dampfes ein höherer Sättigungsdruck erforderlich als über einer ebenen Wasserfläche, und zwar wegen der bei

Krümmung stärkeren Oberflächenspannungskräfte (Adhäsionskräfte), gegen die – soll der Tropfen wachsen – von den hinzutretenden Molekülen Arbeit geleistet werden muß. Dieser Effekt ist nun um so größer, je stärker die Krümmung ist. Je geringer also die Tropfengröße ist, um so höhere Übersättigungen (im Vergleich zu ebener Wasserfläche) sind nötig, um Wasserdampfmoleküle in den Tropfen einzubeziehen. Gerade der Beginn der Kondensation, nämlich die Bildung der winzigsten Tröpfchen, wird also durch diesen Effekt am stärksten erschwert, wenn nicht verhindert (vgl. Tabelle 5.13).

Tabelle 5.13. Zur Kondensation in reiner Luft notwendige Übersättigung ($\delta E_r/E$), bezogen auf eine ebene Wasserfläche, in Abhängigkeit vom Tropfenradius (nach Möller 1973)

Radius [cm]	10^{-7}	10^{-6}	10^{-5}	10^{-4}	10^{-3}	10^{-2}	10^{-1}
$\delta E_r/E$ [%]	391	17	1,6	0,12	0,01	10^{-3}	10^{-4}

Wir haben nun zwar gesehen, daß der Krümmungseffekt den Kondensationsvorgang erschwert, doch wird beobachtet, daß trotzdem in der Natur Kondensation zumeist ohne wesentliche Übersättigung stattfindet. Es müssen also in diesem Fall andere Effekte in der Lage sein, den Krümmungseffekt zu kompensieren. Dies sind

1) gegenseitige Anziehung elektrisch geladener Teilchen, *Ionen*; sie spielt nur in Gewittern eine nennenswerte Rolle; (bekannte Anwendung: besagte Wilsonsche Nebelkammer);
2) die *Benetzbarkeit* gewisser Luftbeimengungen, etwa Staubteilchen, deren Anfangsgröße bei Anlagerung von Dampfmolekülen bereits genügend große „Tropfen"-Radien vorgibt, so daß zur weiteren Kondensation nur noch relativ geringe Übersättigungen erforderlich sind; bis auf Öltröpfchen oder öligen Ruß, die i. allg. nicht häufig sind, sind die meisten Beimengungen tatsächlich benetzbar, so daß dieser Effekt wirksam ist und zur Kondensation in der Atmosphäre beiträgt;
3) die *hygroskopische Anziehung* von Dampfmolekülen durch entsprechende atmosphärische Beimengungen, in der Hauptsache Salzkristalle, die – aus dem Meerwasser stammend – in der Atmosphäre (besser gesagt: in der Troposphäre) i. allg. in so großer Anzahl vorhanden sind, daß sie die Kondensation ohne die sonst zur Überwindung des Krümmungseffekts notwendige Übersättigung gewährleisten. Die auf diese Weise den Kondensationsvorgang begünstigenden Teilchen heißen *Kondensationskerne*.

Die hygroskopische Anziehung bewirkt den sogenannten *Lösungseffekt* (siehe Abb. 5.29 b), der in der Atmosphäre am wesentlichsten zur Tropfenbildung (Kondensation) beiträgt.

Tropfen, die sich durch Anlagerung von Wasserdampfmolekülen an hygroskopische Substanzen gerade zu bilden beginnen, sind nämlich als konzentrierte Lösungen anzusehen. Diese haben bekanntlich die Eigenschaft, daß über ihnen der Sättigungsdampfdruck niedriger liegt als über reinem Wasser, und zwar um so niedriger, je höher die Konzentration der Lösung ist! Dies bewirkt, daß an hygroskopischen Substanzen (Kondensationskernen) schon bis herab zu Sättigungsverhältnissen (gegenüber reinem Wasser) von 80 % Kondensation eintreten kann.

Die Auswirkungen der Überlagerung von Krümmungs- und Lösungseffekt zeigt das sogenannte Köhlerdiagramm (Abb. 5.30). Diesem ist zu entnehmen:

1) Der Lösungseffekt bewirkt bereits Sättigung – und damit Kondensation – bei relativen Feuchten zwischen 80 und 100 %;
2) Tropfenbildung und -wachstum erfolgen bevorzugt an großen Kernen bzw. Tropfen. Die eingezeichneten Sättigungskurven (Abb. 5.30) lassen sich auch als Wachstumskurven lesen für den Fall, daß feuchte Luft, die Kondensationskerne enthält, abgekühlt (z.B. gehoben) wird, so daß ihre relative Feuchte laufend zunimmt.

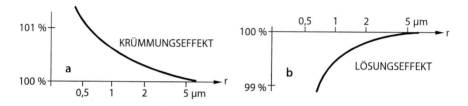

Abb. 5.29. Schematische Darstellung der beim Kondensationsvorgang gegeneinander wirkenden Effekte in Abhängigkeit vom Tropfenradius: **a** Erforderliche Übersättigung gegenüber ebener Wasserfläche zur Überwindung des Krümmungseffekts; **b** Erniedrigung der Sättigung gegenüber reinem Wasser durch den Lösungseffekt

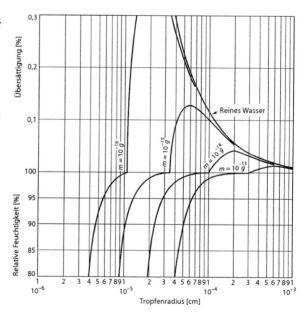

Abb. 5.30. Sättigungskurven für Wasserdampf über Lösungstropfen verschiedenen Kochsalzgehalts m in Abhängigkeit von der relativen Feuchte (Sättigungsverhältnis über ebener Oberfläche reinen Wassers) bzw. in Abhängigkeit von der entsprechenden Übersättigung: „Köhler-Diagramm" (nach Liljequist 1974)

Der Beginn der Kondensation bei relativen Feuchten um 80% läßt sich mit einiger Geduld häufig an heißen Sommertagen beobachten, denn zumeist macht er sich – infolge des Quellens der (größten) Salzpartikel – am Himmel in Form milchiger Dunstschwaden dort bemerkbar, wo kurz danach Cumuluswolken am Himmel erscheinen.

5.12.2
Tropfenwachstum und Niederschlag

In der Luft befindliche Tropfen unterliegen einerseits der Schwerkraft, andererseits der 'Reibung' an Luftmolekülen. Kleine Tropfen werden dadurch i. allg. in der Schwebe gehalten, und wir sprechen von *Wolken*tropfen. Erst wenn Tropfen eine bestimmte Größe (Gewicht) erreicht haben, fallen sie (s. Tabelle 5.14) – sofern sie nicht (wie z.B. in Gewitterwolken) durch Aufwinde in der Höhe gehalten oder gar aufwärts geführt werden. Wir sprechen dann von *Niederschlags*tropfen. Tabelle 5.15 ist beispielsweise zu entnehmen, daß die Grenze zwischen Wolkentropfen (schwebend) und Niederschlagstropfen (fallend) etwa bei Durchmessern zwischen 100 µm und 200 µm anzusetzen ist. Wenn Tropfen bis zu einem Durchmesser von mehr als 7 mm wachsen, fallen sie mit 10 m/s; dabei platten sie sich durch den aerodynamischen Widerstand der Luft so sehr ab, daß sie in kleinere Tropfen zerfallen („zerspratzen"). Das Problem ist nun, wie aus Wolkentropfen Niederschlagstropfen mit wesentlicher Fallgeschwindigkeit werden können – wie wir sie beispielsweise bei Regen beobachten. Während bei den winzigsten Wolkentropfen das Tropfenwachstum durch Anlagerung weiterer Wasserdampfmoleküle bei Kondensation noch relativ schnell verläuft (vgl. Tabelle 5.15), läßt sich nämlich die beobachtete Geschwindigkeit des Anwachsens zu den beträchtlich größeren Niederschlagstropfen auf diese Weise nicht mehr erklären. Die Beobachtung zeigt nämlich, daß (z.B. bei Quellbewölkung) der Zeitraum zwischen erster erkennbarer Kondensation (Wolkenbildung) und fallendem Niederschlag u.U. in der Größenordnung von nur 0,5 h liegt.

Daraus läßt sich folgern, daß für das Tropfenwachstum andere Prozesse als die fortgesetzte molekulare Anlagerung entscheidend wirksam sein müssen. Diese lassen sich

1) einerseits nach *Langmuir* in der *Koaleszenz*, d.h. in der Kollision unterschiedlich schnell fallender Tropfen wie auch in der elektrischen Anziehung geladener Tropfen,
2) andererseits nach Bergeron und Findeisen in einem sehr wirksamen Effekt finden, der auf unterschiedlichen Werten des Sättigungsdampfdrucks über Wasser und über Eis beruht.

Tabelle 5.14. Fallgeschwindigkeit von Tropfen in ruhender Luft (nach Petterssen 1969)

Tropfendurchmesser [µm]	Fallgeschwindigkeit [m/s]	Übliche Bezeichnung
5000	8,9	gr. Regentropfen (Durchm. 5 mm)
1000	4,0	kleine Regentropfen
500	2,8	feiner Regen, gr. Nieseltröpfchen
200	1,5	Nieseln
100	0,3	große Wolkentropfen
50	0,076	gewöhnliche Wolkentropfen
10	0,003	kleine Wolkentropfen
2	0,00012	entstehende Tropfen und gr. Kerne
1	0,00004	entstehende Tropfen und gr. Kerne

Tabelle 5.15. Wachstumsgeschwindigkeit von Tropfen durch weitere Kondensation (molekulare Anlagerung) (nach Petterssen 1969)

Tropfenbezeichnung	Tropfendurchmesser [μm]	[mm]	Erforderliche Wachstumszeit zur nächsten Stufe
Salzkern	1	0,001	1 s
kleiner Wolkentr.	10	0,01	500 s = 8,3 min
großer Wolkentr.	100	0,1	10 000 s = 167 min = 2,8 h
kl. Regentropfen	1 000	1	mehrere Tage
gr. Regentropfen	5 000	5	

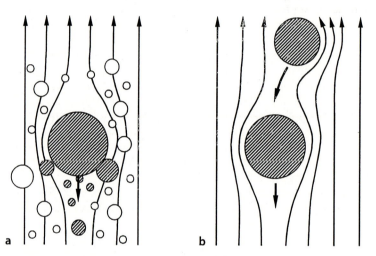

Abb. 5.31. Tropfenwachstum durch Koaleszenz; a durch Einfangen anderer Tropfen auf der Vorderseite; b durch Einfangen im „Nachlauf" eines fallenden Tropfens

Bei den von der Langmuir-Theorie herangezogenen Kollisionen handelt es sich (s. Abb. 5.31) um das Einfangen kleinerer, also langsamer fallender Tropfen auf der Vorderseite eines fallenden Tropfens, aber auch um das Einfangen von Tropfen in seinem sog. „Nachlauf", wo infolge des dort verminderten Luftwiderstandes Tropfen schneller fallen und deshalb den voraus befindlichen Tropfen einholen können.

Der *Bergeron-Findeisen-Prozeß* basiert auf der Tatsache, daß der Sättigungsdampfdruck über Eis niedriger ist als über Wasser gleicher Temperatur. Liegt nun in der Luft ein Gemisch aus Tropfen und Eiskristallen vor, bzw. fallen Eiskristalle in eine Wasserwolke hinein, wachsen sehr rasch die Kristalle auf Kosten der Tropfen und fallen aus der Wolke aus, dabei – je nach Jahreszeit – in den unteren troposphärischen Schichten evtl. tauend als Schneeregen oder Regen. Der Abb. 5.32 kann entnommen werden, daß der Bergeron-Findeisen-Effekt bei Temperaturwerten zwischen –5 und –20 °C am wirksamsten sein muß.

Der Vorgang, der sich beim Bergeron-Findeisen-Prozeß abspielt, läßt sich im einzelnen wie folgt verstehen: Betrachten wir eine aus einem Gemisch von unterkühlten

Wassertropfen und Eiskristallen bestehende Wolke, so ist der zwischen diesen befindliche Dampfraum gegenüber Wasser *gesättigt*, gegenüber Eis *übersättigt*. Dampfmoleküle werden sich also dem Eis anlagern. Dadurch verringert sich aber der Dampfdruck, infolgedessen treten vermehrt Wassermoleküle aus den Tropfen in den Dampfraum über, so daß dieser gegenüber Eis weiterhin übersättigt bleibt. Daraus resultiert schließlich ein Netto-Wasserdampffluß von den dadurch allmählich gänzlich verdampfenden Wassertropfen zu den entsprechend wachsenden Eiskristallen.

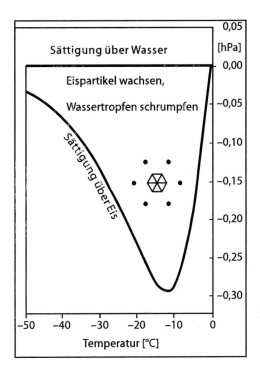

Abb. 5.32. Differenz von Sättigungsdampfdruck über Wasser und Sättigungsdampfdruck über Eis als Funktion der Temperatur (nach Petterssen 1969)

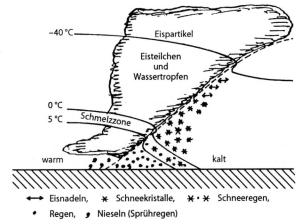

Abb. 5.33. Schematischer Vertikalschnitt durch ein frontales Wolken- und Niederschlagssystem zur Veranschaulichung der räumlichen Anordnung der Niederschlagsprozesse in der Wolke (nach Petterssen 1969)

Niederschlagsteilchen beginnen sich also vor allem dort zu bilden, wo in der Wolke ein Gemisch aus Eiskristallen und unterkühlten Wolkentropfen vorkommt. Die größeren Elemente beginnen dann, durch die Wolke zu fallen. Hierbei können sie dann u.U. durch Kollision rasch weiter wachsen (s. dazu auch Abb. 5.33).

Der Bergeron-Findeisen-Prozeß ist so effektiv, daß er in den mittleren und hohen Breiten der wesentlich bedeutsamere ist. Hier befinden sich wegen der vertikalen Temperaturabnahme in der Troposphäre zumindest die höheren Teile von Niederschlag spendenden Wolken in allen Jahreszeiten meist oberhalb der Nullgradgrenze (°C) und sind daher häufig teilweise vereist. Oft liegen aber auch weit oberhalb von unterkühlten Wasserwolkenschichten hohe Eiswolken (Cirrus), deren herabfallende Eisnadeln dann in der tiefer gelegenen Wasserwolke den Bergeron-Findeisen-Prozeß in Gang setzen, wobei die Eiskristalle für den Niederschlag lediglich als „Auslöser" fungieren, die tieferen Wasserwolken dagegen als „Spender" die eigentlichen Niederschlagsmengen liefern. Dies wird vielfach als (engl.) „Seeding-Prozeß" bezeichnet.

Die Langmuir-Prozesse spielen vor allem bei konvektivem, d.h. mit starken Vertikalbewegungen verbundenem Niederschlag eine Rolle. Mehrfaches Hochtragen, Wachsen und Zerspratzen von Tropfen innerhalb aufstrudelnder Quellwolken bewirkt nämlich eine beachtliche Verstärkung der Koaleszenzeffekte, die „Langmuir-Kettenreaktion". Die Langmuir-Prozesse sind somit besonders wichtig für die Entstehung von Starkniederschlägen und haben ihre größte Bedeutung in den Tropen, wo die Niederschläge überwiegend konvektiven Charakter haben. Dort kommt es häufig sogar vor, daß es Regen gibt, ohne daß in der Wolke vorher die Eisphase erreicht wurde, Langmuir-Prozesse also ausschließlich wirksam sind. Man spricht dann von *warmem*, d.h. ohne die Eisphase erzeugtem *Regen*. In den extratropischen Gebieten haben die Langmuir-Prozesse ihren größten Anteil am Niederschlagsgeschehen im Sommer.

Es sind noch einige Anmerkungen zur Eisbildung wichtig: So wie Dampfübersättigung vorkommen kann, und zur Kondensation „Störungen" in Form von Kondensationskernen notwendig sind, so ist auch die *Unterkühlung* von Wasserwolken – d.h. Abkühlung unter den Gefrierpunkt, ohne daß Gefrieren eintritt – möglich, wenn nicht 'Störungen' in Form von Kristallisationshilfen, den sog. *Eiskeimen* vorhanden sind. Sind diese vorhanden, leiten sie den Kristallisationsvorgang des Wassers bereits unmittelbar bei Erreichen des Gefrierpunkts ein. Da diese Vorgänge aber gewöhnlich in höheren troposphärischen Schichten ablaufen, wo die benötigten, von der Erdober-fläche stammenden Eiskeime zumeist nicht mehr so zahlreich sind wie in den unteren Schichten die hauptsächlich dort gebrauchten Kondensationskerne, kommen Unterkühlungen von Tropfen bis etwa –15 °C in der Atmosphäre häufig vor, u.U. bis –40 °C.

An kalten Gegenständen gefriert unterkühltes Wasser spontan. Unterkühlte Wolken bilden daher eine beträchtliche Gefahr für Luftfahrzeuge, an denen bei Kontakt mit der Wolke eine spontane *Vereisung* von u.U. gefährlich großen Wassermengen stattfindet. Daher müssen Flugzeuge mit entsprechenden Enteisungsanlagen ausgerüstet sein. Dieselbe Gefahr besteht auch für Bäume („Eisbruch") und Bauten, beispielsweise für Sendemasten und Überlandleitungen, vor allem in Bergregionen. Der Eisansatz kann außerordentliche Zusatzbelastungen bringen. Diese sind oft besonders groß, wenn wie beim *Rauhfrost* noch stärkerer Wind hinzukommt, der unterkühlte Wolken- oder Nebeltröpfchen bzw. unterkühlten Regen verstärkt an die Gegenstände heranführt.

Als Eiskeime kommen besonders Substanzen in Frage, deren Kristallform der des Wassers, das im hexagonalen System kristallisiert, ähnlich ist. Davon macht man bei der künstlichen Niederschlagserzeugung Gebrauch: Da Silberjodid (AgJ) eine dem Eis ähnliche Gitterstruktur und auch, was für die Kristallbildung wichtig ist, ähnliche Gitterenergien aufweist, gelingt es relativ leicht, durch Versprühen dieser Substanz in Wasserwolken den Bergeron-Findeisen-Prozeß künstlich anzuregen und Wolken zum Ausregnen zu bringen. Dabei ist die Möglichkeit einer lokalen Auflösung von Nebel oder von Schichtwolken bereits experimentell nachgewiesen worden. Ob aber eine nennenswerte Erhöhung von Niederschlägen damit erreicht werden kann, ist noch nicht zweifelsfrei geklärt, da bei Experimenten mit natürlichen Wolken niemals gesagt werden kann, welcher Anteil beobachteten Niederschlags etwa auf die „Impfung" zurückgeht bzw. wieviel Niederschlag dieselbe Wolke auf natürliche Weise gebracht hätte. Im übrigen ist zu beachten, daß eine Niederschlag produzierende Wolke nicht nur ein mikrophysikalischer, sondern auch ein dynamischer Prozeß ist, bei dem das ausfallende Wasser immer wieder durch Kondensation neu zugeführten Wasserdampfes ersetzt werden muß, wenn die Wolke nicht in Kürze durch völliges Ausregnen gänzlich verschwinden soll. Untersuchungen haben gezeigt, daß Haufenwolken bis zum 40fachen der zu einem beliebigen Zeitpunkt in ihnen enthaltenen Wassermenge an Niederschlag produzierten (Fedorov u. Mamina 1957).

Die Kristallformen, die sich in der Atmosphäre bilden, sind sehr vielfältig. Es zeigt sich aber, daß bei bestimmten Temperaturwerten charakteristische Kristallformen

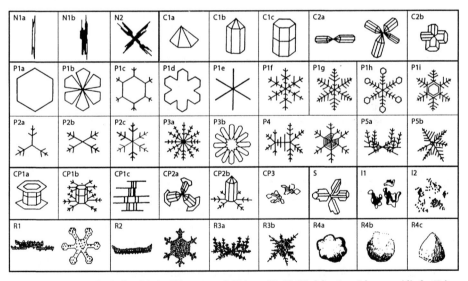

Abb. 5.34. Atmosphärische Eiskristallformen nach Nakaya: N_1–N_2: Nadeln; C_{1a}–C_{1b}: pyramidische Kristalle; C_{1c}: langes Prisma; C_{2a}: zusammengesetzte Flaschenprismen; C_{2b}: Kreuz, P_{1a}: Platte; P_{1b}–P_{1d}: Plattenformen in Sektorform oder mit Auswüchsen, P_{1e} dendritische Ursprungsform; P_{1f}–P_{1i}: einfache Schneesterne verschiedenen Typus; P_{2a}–P_4: einige spezielle Formen von Schneekristallen; P_{5a}–P_{5b}: „dreidimensionale Formen" von Schneekristallen; CP_{1a}–CP_{2b}: Auswüchse in Form von Platten oder dendritischen Achsen aus den Deckflächen der Prismen; CP_3, S und I_1: besondere, schwer klassifizierbare Eiskristallformen; I_2–R_{3b}: Kristalle mit Anlagerung von gefrorenen Wolkentropfen; R_{4a}–R_{4c}: Schneehagel (Graupel) oder Übergangsformen von Schneehagel (Graupel) (nach Liljequist 1974)

Tabelle 5.16. Charakteristische Entstehungstemperatur verschiedener Eiskristallformen (nach Mason 1958)

Temperaturbereich [°C]	Eiskristallart
0 bis −3	dünne hexagonale Platten
−3 bis −5	Nadeln
−5 bis −8	Prismen mit Höhlungen
−8 bis −12	hexagonale Platten
−12 bis −16	dendritische Kristalle
−16 bis −25	Platten
−25 bis −50	Prismen mit Höhlungen

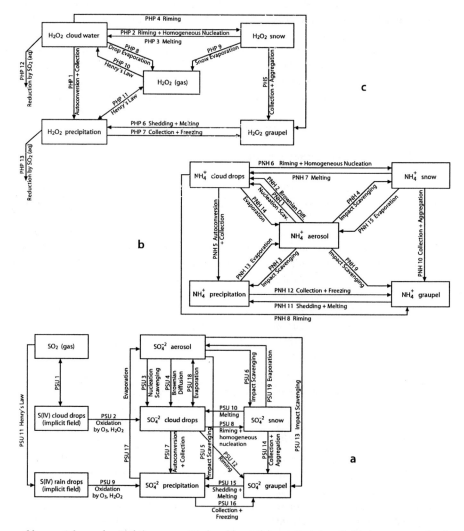

Abb. 5.35. Schema der Reaktionen von Niederschlagsteilchen mit einigen Luftbeimengungen (nach Taylor 1989); a SO_2- und SO_4^{-2}- Reaktionen; b NH_4^+-Reaktionen und c H_2O_2-Reaktionen

bevorzugt entstehen (Tabelle 5.16), so daß bei ihrem Vorkommen auf ihre Entstehungstemperatur und damit auf die Entstehungshöhe rückgeschlossen werden kann. Einige der häufigsten Grundformen sind in Abb. 5.34 zusammengestellt. In der Natur kommen einige weitere Formen, vor allem diverse Mischtypen und auch Bruchstücke vor.

5.12.3
Wolken- bzw. Niederschlagsteilchen und Luftbeimengungen

In die komplexen Kondensations- und Niederschlagsprozesse werden auch Luftbeimengungen einbezogen. Ein Teil davon wird schließlich – im Zuge der sog. *Naßdeposition*, bekannt als „Saurer Regen" – zur Erdoberfläche zurückgeführt und damit der Atmosphäre wieder entzogen. Hier handelt es sich um ein ganz neues Gebiet der Chemie und Physik der Atmosphäre von großer praktischer Bedeutung, da moderne Rechenmodelle der Schadstoffausbreitung ohne die Einbeziehung dieser Prozesse nicht mehr auskommen. Die Komplexität dieser Vorgänge ist sehr hoch. Sie kann hier nicht näher behandelt werden, soll aber wenigstens durch drei Beispiele (Abb. 5.35) illustriert werden.

5.13
Die internationale (phänomenologische) Wolkenklassifikation

Die in der Atmosphäre sich bildenden Wolken zeigen infolge unterschiedlicher atmosphärischer Zustände während ihrer Bildung, wegen unterschiedlicher dynamischer Begleitumstände und infolge unterschiedlichen Entwicklungsstandes eine große Vielfalt an Erscheinungsformen. Eine erste wissenschaftliche Klassifikation geht auf Howard (1804) zurück. Sie hat Goethe zu einer Reihe von Gedichten angeregt und ist heute noch in ihren Grundzügen und Beschreibungen gültig. Bedarf für einen alternativen Ansatz für eine Wolkenklassifikation ergibt sich zwar neuerdings angesichts der Satellitenbilder, deren gänzlich andere Perspektive und deren meist begrenztes Auflösungsvermögen eine Erkennung eines Teils der konventionellen Wolkenklassen erschwert oder gar unmöglich macht. Es gibt aber gegenwärtig (1996) noch keine schlüssige Alternative, geschweige denn eine diesbezügliche internationale Übereinkunft. Howard unterschied grundsätzlich zwischen

- *Cirrus* (Ci), den hohen, meist zarten „Federwolken",
- *Stratus* (St), den niedrigeren, meist dichteren Schichtwolken,
- *Cumulus* (Cu), den sich mehr türmenden Haufen- bzw. Quellwolken, und
- *Nimbus*, der Regenwolke, heute nur noch in den Formen *Nimbostratus* (Ns) und *Cumulonimbus* (Cb) gebräuchlich.

Die Wolkenbezeichnungen im einzelnen werden, gemäß Howards Vorschlag, durch Kombination dieser Grundformen sowie durch eine Anzahl von zusätzlichen Charakterisierungen, wie z.B. alto = hoch, gewonnen.

Heute unterscheiden wir nach internationaler Konvention (WMO) 10 *Wolkengattungen* (*genera*) (s. hierzu auch Abb. 5.37):

(1) Cirrus (Ci) (2) Cirrocumulus (Cc) (3) Cirrostratus (Cs)	Die hohen Cirrus- oder Federwolken sind reine Eiswolken, bestehend aus meist sehr feinen Eis- und Schneekristallen, vielfach zu besonderen optischen Erscheinungen (Halos, Nebensonnen, Irisieren, etc.) Anlaß gebend. Sie erscheinen zart, weiß, haar- oder faserförmig mit seidigem Glanz und ohne Schattenstellen, und zwar besteht Ci aus getrennten Fasern, während Cs eine meist unstrukturierte gleichförmige Schicht bildet und Cc aus kleinen Ballen geformt ist (kleine „Schäfchenwolke").
(4) Altocumulus (Ac)	Die eigentliche „Schäfchenwolke" Ballen oder Walzen in Haufenform, oft mit klaren schmalen Lücken („Schafherde von oben"), unterscheidet sich von Cc dadurch, daß die Einzelelemente i. allg. deutlich größer sind und zumeist in sich Schatten, also graue Stellen aufweisen.
(5) Altostratus (As)	Eine gleichmäßige, meist strukturlose weißliche oder graue Wolkenschicht; die Sonne allenfalls als heller Fleck erkennbar, keinerlei Halo o.ä.
(6) Nimbostratus (Ns)	Tiefe graue oder dunkle Wolkenschicht, aus der Niederschlag fällt. Ort der Sonne nicht erkennbar.
(7) Stratocumulus(Sc)	Gröbere, in Ballen und Walzen aufgelöste, tiefer als Ac gelegene Schichtwolke, Durchmesser der Wolkenelemente durchweg mehr als 5° (Blickwinkel).
(8) Stratus (St)	Gleichmäßig graue, fast strukturlose Wolkenschicht, aus der höchstens Sprühregen, aber kein großtropfiger Regen fallen darf. Wenn Sonne erkennbar, als scharfgerandete Scheibe. Keine Haloerscheinungen. Vielfach als „Hochnebel" bezeichnet.
(9) Cumulus (Cu)	Einzelne haufen- oder ballenförmige Wolken mit scharf definierter Unterseite (ausgeprägt einheitliches Kondensationsniveau), Oberseite bauschig, knollig (Blumenkohl ähnlich), sonnenbeschienene Teile blendend weiß.
(10) Cumulonimbus (Cb)	Mächtig aufgetürmte Cumuluswolken, unter denen es sehr dunkel werden kann; Gipfel oft faserig abgeflacht (häufig in Form eines Ambosses, der sich in Tropopausennähe ausbildet); der Niederschlag ist meist großtropfig und in Form von Schauern, bisweilen mit Graupel oder Hagel vermischt und von elektrischen Entladungen begleitet (Gewitter); daher auch allgemein: Gewitterwolke (s. dazu auch Abb. 5.36).

Die hohen Eiswolken können oft so fein sein, daß sie allein durch die von ihnen hervorgerufenen optischen Erscheinungen identifiziert werden können (das gilt hauptsächlich für Cs). In polaren Breiten – in den mittleren, gemäßigten Breiten in extremen Kältesituationen – können die Eiswolken auch bis zum Boden reichen, erkennbar am Glitzern der zahlreichen Kristalle im Sonnenlicht („Polarschnee") bei blauem Himmel, ohne daß die Wolke als solche erkennbar ist. Die mit „alto" bezeichneten Wolken gehören grundsätzlich dem mittleren Stockwerk an (s. Tabelle 5.17). Ns und Cu können sich über zwei Stockwerke erstrecken, Cb i. allg. über alle drei, meist bis zur Tropopause. In den Tropen – auch über den wärmeren Kontinenten im Sommer – können Cumulonimben im Falle besonders heftiger Unwetter oft beträchtlich über die Tropopause hinauswachsen, u.U. um mehrere Kilometer.

Diese Wolkengattungen gliedern sich in eine größere Zahl von *Wolkenarten* (*species*), diese wiederum in *Unterarten* (*varietates*). Die vollständige Wolkenklassifikation mit ausführlichen bildlichen Darstellungen ist im Internationalen Wolkenatlas (World Meteorological Organization 1975 bzw. 1987) zu finden.

5.13 Die internationale (phänomenologische) Wolkenklassifikation

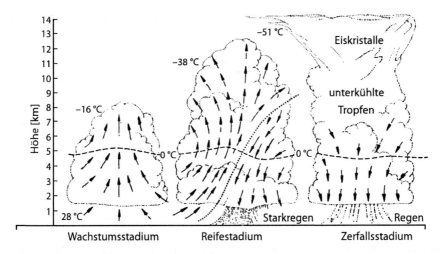

Abb. 5.36. Entwicklung einer Gewitterzelle vom niederschlagsfreien Cumulus-Stadium (*links*) über den Cumulonimbus calvus (*Bildmitte*) bis hin zum „Amboß", Cb incus (*rechts*), der den Beginn des Zerfallsstadiums (Dissipationsstadium) signalisiert (nach Neiburger et al. 1982)

Bei der Verschlüsselung der Wolkenarten für die codierten Wettertelegramme gemäß dem Internationalem Wetterschlüssel wird vor allem auf die Charakterisierung des gesamten *Himmelsbildes* Wert gelegt. Einige der Schlüsselzahlen beziehen sich dabei auf einzelne, hinsichtlich ihrer Wetterwirksamkeit besonders wichtige Wolkenarten, wobei im gleichen Stockwerk vorhandene andere Wolkenarten u.U. unberücksichtigt bleiben. Außerdem sind die Wolken im Wetterschlüssel nach zunehmender Wichtigkeit geordnet, und bei Vorhandensein mehrerer Wolkenarten muß stets die mit der höheren Schlüsselzahl angegeben werden, so daß schließlich die für die Diagnose der Gesamtwettersituation wichtigeren Wolkenarten bevorzugt registriert werden. Andere Schlüsselzahlen beziehen sich grundsätzlich auf ein Gemisch charakteristischer Wolkenarten, ohne daß deren einzelne Anteile besonders anzugeben sind. Diese Verfahrensweise ist wiederum allein an der Verwendung zur Wetteranalyse im Hinblick auf die Wettervorhersage ausgerichtet, nicht jedoch, um beispielsweise eine spezifizierte Wolkenklimatologie, etwa aufgegliedert nach sämtlichen vorkommenden Wolkenunterarten, zu ermöglichen. Um jedoch wenigstens ein hohes Maß

Tabelle 5.17. Mittlere Höhenbereiche des Auftretens einzelner Wolkengattungen (*Werte in Klammern* sind mittlere Extremwerte) (nach Möller 1973)

WOLKEN-GATTUNG	WOLKENSTOCKWERKE [km]		
	polare Breiten	gemäßigte Breiten	Tropen
Ci, Cs, Cc	3 – 8	5 – 13	6 – 18
Ac, As	2 – 4	3 – 7	3 – 8
Sc, St	0 – 2	0 – 3	0 – 3
Ns, Cu	1 – 5	1 – 8	2 – 9
Cb	1 – 5	1 – 10 (14)	2 – 16 (22)

an Vergleichbarkeit sowie eine zuverlässige Interpretierbarkeit der Schlüsselzahlen zu gewährleisten, wird daher in den Beobachtungsdiensten bei der Verschlüsselung weltweit nach international streng festgelegten Regeln verfahren.

Die einzelnen Wolkengattungen treten jeweils nur in bestimmten Höhenbereichen der Troposphäre auf (s. Tabelle 5.17).

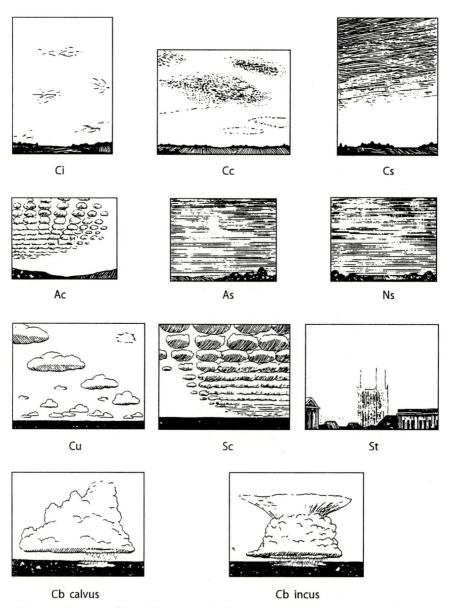

Abb. 5.37. Einige ausgewählte Wolkenarten und Wolkengattungen (nach Deutscher Wetterdienst 1957, 1978)

Kapitel 6

Dynamik der Atmosphäre

6.1 Der Wind

Der Wind ist physikalisch gesehen eine vektorielle Größe, beschrieben durch Richtung, die *Windrichtung*, und skalaren Betrag, die *Windgeschwindigkeit*. Wie wir sehen, ist der Sprachgebrauch im Deutschen nicht ganz sauber, denn die Geschwindigkeit wäre physikalisch abermals ein Vektor, wir benennen damit aber ein Skalar. Es ist daher zwischen der skalaren und der vektoriellen Windgeschwindigkeit stets sorgfältig zu unterscheiden. Im Englischen heißt dagegen die vektorielle Windgeschwindigkeit „wind velocity", die skalare „wind speed". Wir werden für die vektorielle Größe meist den allgemeinen Begriff „Wind" gebrauchen oder betonen: Windvektor.

Die Windrichtung ist die Richtung, aus der der Wind kommt, sie ist also dem Geschwindigkeitsvektor entgegengerichtet. Die Windrichtung wird gewöhnlich nach der Himmelsrichtung benannt, wobei man sich, um Irrtümern vorzubeugen, international auf die englischen Abkürzungen („E" für Ost) verständigt hat; daneben gilt eine 360°-Skala mit Ost = 90°, Süd = 180°, West = 270° und Nord = 360°.

Für die Windgeschwindigkeit sind eine Reihe von Geschwindigkeitsmaßen gebräuchlich [m/s], [km/h], [m.p.h] (miles per hour) und [kts] (Knoten). Bei m.p.h. (miles per hour) handelt es sich um die „statute mile" = 1609 m. Der in der Praxis noch vielfach gebräuchliche „Knoten" geht auf die Seefahrt zurück. Ein Knoten entspricht einer Geschwindigkeit von 1 Seemeile/h = 1852 m/h. Zur Umrechnung der verschiedenen Maße kann u.a. Tabelle 6.1 herangezogen werden.

Da – vor allem in der planetarischen Grenzschicht (s. Kap. 7) – sowohl Windrichtung als auch Windgeschwindigkeit starken turbulenten Schwankungen unterworfen sind, wird i. allg. *das Mittel über 10 min* als Windwert angegeben. Da außerdem in der Grenzschicht zumeist eine starke vertikale Windänderung vorzufinden ist (s. Kap. 7), ist für Windangaben stets die Meßhöhe zu wissen wichtig. Für den sog. *Bodenwind* gilt die Höhe von 10–15 m über dem Erdboden bzw. über dem mittleren Vegetations- oder Bebauungsniveau als allg. Bezugsniveau, die *Anemometerhöhe*. Daneben gibt es den Begriff der *Windstärke*, englisch „wind force", der ursprünglich auf die Segelschiffahrt zurückgeht. Auf ihm beruht die bekannte *Beaufortskala*, deren ausführliche Beschreibung in den Tabellen 6.1 und 6.2 zu finden ist; sie orientiert sich an den stärksten in Bodennähe erkennbaren Wirkungen des jeweiligen Windes.

Tabelle 6.1. Die den Windstärken nach Beaufort entsprechenden Windwirkungen über Land und auf dem Meer (zur Bezeichnung der Beaufort-Grade s. Tabelle 6.2)

Bf	Kennzeichen	Zustand der See
0	Rauch steigt senkrecht	spiegelglatte See
1	Rauch wird leicht getrieben	kleine, schuppenförmige Kräuselwellen ohne Schaumkämme
2	gerade eben fühlbar	kleine Wellen, noch kurz, Kämme glasig, nicht brechend
3	Blätter bewegen sich	Kämme beginnen sich zu brechen, Schaum glasig, vereinzelt kleine weiße Schaumköpfe
4	Wimpel werden gestreckt	Wellen noch klein, aber länger, verbreitet weiße Schaumköpfe
5	Zweige bewegen sich	mäßige Wellen, ausgeprägt lang, überall weißer Schaum, vereinzelt Gischt
6	Pfeifen an Häusern	Bildung großer Wellen beginnt, Kämme brechen, große Schaumflächen, etwas Gischt
7	dünne Stämme bewegen sich	See türmt sich; weißer Schaum beginnt sich in Streifen in Windrichtung zu legen
8	Bäume bewegen sich	Mäßig hohe Wellen beträchtlicher Länge, Gischt abwehend, ausgeprägte Schaumstreifen
9	Dachziegel werden gehoben	hohe Wellenberge, dichte Schaumstreifen, 'Rollen' der See, Gischt reduziert Sicht
10	Bäume werden umgerissen	sehr hohe Wellenberge, See weiß durch Schaum, schweres Rollen, Sichtbeeinträchtigung
11	Schwere Zerstörungen	außergewöhnlich hohe Wellenberge, Sicht durch Gischt herab gesetzt
12	Verwüstungen schwerster Art	Luft mit Gischt und Schaum erfüllt, See vollständig weiß, Sicht sehr herabgesetzt, jede Fernsicht hört auf

Tabelle 6.2. Erweiterte Windstärkeskala nach Beaufort (Bf). Die Werte gelten für eine Anemometerhöhe von 10 m. Die Bezeichnungen der Beaufortgrade sind: *0* = Windstille, *1* leichter Zug, *2* leichte Brise, *3* schwache Brise, *4* mäßige Brise, *5* frische Brise, *6* starker Wind, *7* = steifer Wind, *8* stürmischer Wind, *9* Sturm, *10* schwerer Sturm, *11* orkanartiger Sturm, *12* Orkan. Bei den Windstärken 13 bis 16 handelt es sich um eine spätere Erweiterung, um auch innerhalb der Orkanwindstärke noch weiter differenzieren zu können. Bei Beaufort war die Windstärke 12 nach oben hin ursprünglich nicht begrenzt (nach Linke u. Baur 1970)

Windstärke Bf	Windgeschwindigkeit m/s	km/h	m.p.h.	Knoten
0	0,02	1	1	1
1	0,3 – 1,5	1 – 5	1 – 3	1 – 3
2	1,6 – 3,3	6 – 11	4 – 7	4 – 6
3	3,4 – 5,4	12 – 19	8 – 12	7 – 10
4	5,5 – 7,9	20 – 28	13 – 18	11 – 15
5	8,0 – 10,7	29 – 38	19 – 24	16 – 21
6	10,8 – 13,8	39 – 49	25 – 31	22 – 27
7	13,9 – 17,1	50 – 61	32 – 38	28 – 33
8	17,2 – 20,7	62 – 74	39 – 46	34 – 40
9	20,8 – 24,4	75 – 88	47 – 54	41 – 47
10	24,5 – 28,4	89 – 102	55 – 63	48 – 55
11	28,5 – 32,6	103 – 117	64 – 72	56 – 63
12	32,7 – 36,9	118 – 133	73 – 82	64 – 71
13	37,0 – 41,4	134 – 149	83 – 92	72 – 80
14	41,5 – 46,1	150 – 166	93 – 103	81 – 89
15	46,2 – 50,9	167 – 183	104 – 114	90 – 99
16	51,0 – 56,0	184 – 200	115 – 125	100 – 108

6.2
Die Druckkraft

Bewegungen werden durch Kräfte verursacht. Wir hatten bereits zwei auf die Luft wirkende Kräfte kennengelernt:

a) $K_1 = P_z$, die vertikale Druckkraft, die im hydrostatischen Fall von
b) $K_2 = g$, der Schwerkraft, vollständig kompensiert wird.

Ist letzteres nicht der Fall, so resultiert – wie wir sahen – eine (positive oder negative) Auftriebsbeschleunigung, und es treten Vertikalbewegungen auf. Wie verhält es sich nun in der Horizontalen? Von den Wetterkarten wissen wir, daß es horizontale Druckunterschiede gibt; also muß dann auch eine horizontale Druckkraft existieren. Wie läßt sich diese beschreiben?

Wir betrachten einen Vertikalschnitt in Richtung der X-Achse durch ein Luftvolumen der Höhe $dz = 1$ und der Breite dx in einem horizontal inhomogenen Druckfeld (vgl. Abb. 6.1). Auf das Volumen V wirken bekanntlich die Druckkräfte von allen Seiten; wir betrachten jetzt nur die horizontalen in der beschriebenen Ebene. In unserem Fall wirke auf die linke Seite des Volumens, in der positiven X-Richtung, der Druck p; auf die rechte Begrenzung, in der entgegengesetzten Richtung, wirke der Druck $p + (\partial p/\partial x) \cdot dx$. Die resultierende horizontale Druckkraft ist dann die Differenz dieser beiden Größen, also

$$P_H = p - \left(p + \frac{\partial p}{\partial x} \cdot dx\right) = -\frac{\partial p}{\partial x} \cdot dx \; ,$$

bezogen auf die Volumeinheit ($dx = dy = dz = 1$):

$$(1/V) \cdot P_H = -\partial p/\partial x = -\nabla_H p \; .$$

Abb. 6.1. Skizze zur Ableitung der horizontalen Druckkraft

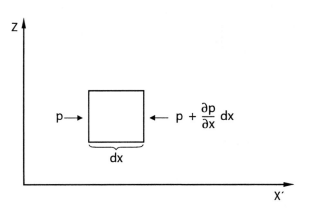

Das heißt, die auf die Volumeinheit wirkende horizontale Druckkraft ist gegeben durch den horizontalen Luftdruckgradienten und wirkt diesem entgegen. Dabei ist zu beachten, daß der Gradient mathematisch als „Ascendent" definiert ist, d.h. vom tiefen zum hohen Wert, also in die Richtung der steilsten Steigung, weist. Die Druckkraft wirkt somit in Richtung des stärksten Druckgefälles. Wie der Abb. 6.2 anschaulich entnommen werden kann, ist die horizontale Druckkraft $\Delta p/\Delta x$ der Neigung der Druckfläche $\Delta h/\Delta x$ proportional.

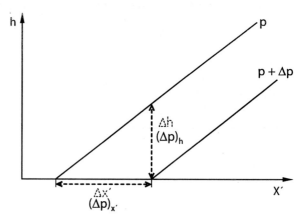

Abb. 6.2. Beziehung zwischen horizontalem Druckgradienten und Neigung der Druckfläche. Der Index (x bzw. h) gibt hier an, ob eine Druckdifferenz in horizontaler (x) oder vertikaler (h) Richtung gemeint ist

6.3 Horizontale Luftdruckverteilung und Topographie von Druckflächen (Isobarflächen)

Die Darstellung des Luftdrucks als atmosphärischem Parameter geschieht allein aus dem Grunde, Richtung und Stärke der wirkenden Druckkräfte in ihrer horizontalen Verteilung kennenzulernen, um damit zugleich das Strömungsfeld, das *Windfeld* darzustellen. Wie wir in Kürze sehen werden, sind nämlich Druckfeld und Windfeld eng miteinander gekoppelt. Die Darstellung des horizontalen Druckfeldes $p = p(x,y)$ kann in Wetterkarten in Form von Linien gleichen Luftdrucks, *Isobaren*, geschehen, und zwar für eine bestimmte geometrische Höhe z, als $p = p_z(x,y)$, bzw. für eine geopotentielle Höhe h als $p = p_h(x,y)$. In der sog. *Bodenwetterkarte* wird z.B. $p = p_0(x,y)$ für das *Meeresspiegelniveau* (NN) dargestellt.

Wir hatten gesehen (s. barometrische Höhenformel), daß die Abnahme des Luftdrucks mit der Höhe eine Funktion der Mitteltemperatur der betrachteten Luftschicht ist. Wir können somit den Luftdruck in einer beliebigen Höhe berechnen, wenn wir den Druck an der Unterseite der Schicht sowie die Schichtmitteltemperatur kennen. Betrachten wir den allgemeinen Fall, daß auch die horizontale Temperaturverteilung inhomogen ist, dann gilt für die Druckverteilung in der beliebigen Höhe h über einem Referenzniveau h_0:

$$p(x,y) = p_0(x,y) \cdot \exp\left\{-\frac{g_N}{R \cdot T_m(x,y)} \cdot (h - h_0)\right\}$$

Wir können aber auch die hypsometrische Form der barometrischen Höhenformel heranziehen und schreiben

$$h(x,y,p) - h_0(x,y,p_0) = -\frac{R \cdot T_m(x,y)}{g_N} \cdot \left(\ln p(x,y) - \ln p_0(x,y)\right).$$

6.3 Horizontale Luftdruckverteilung und Topographie von Druckflächen

Die *Schichtdicke* $Z(x,y) = h_1(x,y) - h_0(x,y)$ zwischen den Niveaus h_0 und h_1 heißt *relative Topographie* (abgek.: RETOP). Da diese – wie wiederholt gesagt – eine Funktion der Mitteltemperatur der Schicht ist, stellt ihre horizontale Verteilung, die „Karte der Relativen Topographie", somit das mittlere horizontale Temperaturfeld zwischen zwei Druckniveaus dar. Wird für $h_0 = 0$, das Meeresspiegel-Niveau (NN) gewählt (p_0 sei dann der Luftdruck darin), wird mit h_1 die Höhe $h(x,y,p)$ einer Druckfläche p über NN dargestellt, ihre *absolute Topographie* (abgek.: ABTOP). Die Linien gleicher absoluter Topographie heißen *Isohypsen*, also Linien gleicher (hier: geopotentieller) Höhe. So wird bei sämtlichen Höhenwetterkarten verfahren, also bei allen Wetterkarten mit Ausnahme der für den Boden.

Übliche troposphärische Standardniveaus für Höhenwetterkarten sind in der meteorologischen Praxis die *absoluten Topographien* der

- *850-hPa-Fläche* (ca. 1,5 km Höhe; entspricht etwa der Untergrenze der freien Atmosphäre),
- *700-hPa-Fläche* (ca. 3 km Höhe; repräsentiert etwa das Steuerungsniveau der großflächigen Niederschlagsgebiete),
- *500-hPa-Fläche* (ca. 5,5 km Höhe, charakterisiert etwa die Mitte der Troposphäre; unterhalb dieser Fläche befindet sich etwa die Hälfte der Masse der gesamten Atmosphäre; i. allg. Steuerungsniveau von Schauern und Gewittern),
- *300-hPa-Fläche* (ca. 9 km Höhe, befindet sich etwa an der Obergrenze der Troposphäre in den hohen Breiten),
- *200-hPa-Fläche* (ca. 11 km Höhe; etwa die Obergrenze der Troposphäre in subtropischen Breiten).

Die in der Praxis gebräuchlichsten *relativen Topographien*, gekennzeichnet durch die Druckwerte der sie begrenzenden Druckflächen, sind die

- *RETOP 850 hPa/1 000 hPa* (etwa die planetarische Grenzschicht umfassend), und die
- *RETOP 500 hPa/1 000 hPa* (etwa das Temperaturfeld der unteren Hälfte der Troposphäre repräsentierend).

Die Inkonsequenz, daß nämlich in der Bodenwetterkarte der Luftdruck in einem Höhenniveau ($h_0 = 0$ gpm, „N.N.") dargestellt wird, sonst aber die Topographien von Druckflächen betrachtet werden, geschieht mit Rücksicht auf die Öffentlichkeit, die an die anschauliche Darstellung der Bodenwetterkarte gewöhnt ist. Im übrigen läßt sich die vermeintliche Inkonsistenz sehr leicht beheben: Die Bodendruckverteilung kann nämlich in guter Näherung als absolute Topographie der 1 000-hPa-Fläche gelesen werden, denn die Bodenisobaren lassen sich einfach als Isohypsen der 1000-hPa-Fläche interpretieren – sie müssen lediglich umbeziffert werden. Dazu können wir – zumindest näherungsweise – die uns bereits bekannte barometrische Höhenstufe von $\partial h/\partial p = 8$ gpm/hPa (Abschn. 5.4) heranziehen. Zeichnen wir nämlich – wie das üblich ist – in der Bodenwetterkarte Isobaren im Abstand von 5 hPa, so entspricht das demnach 40 gpm bzw. 4 gpdam (geopotentielle Dekameter), und wir können (vgl. Abb. 6.3) entsprechend umbeziffern: Die 1 000-hPa-Isobare wird zur Isohypse „0" (d.h., die 1 000-hPa-Fläche liegt genau im Meeresspiegelniveau), die 1 005-hPa-Isobare wird zur Isohypse „+4" (d.h., die 1 000-hPa-Fläche liegt 4 gpdam über NN), die 995-hPa-Isobare wird zur Isohypse „–4" (d.h., die 1 000-hPa-Fläche liegt 4 gpdam unter dem Meeresniveau, was zumeist ein fiktiver Wert ist, aber in topographischen Depressionen – Gebiete unter NN – bzw. in Bergwerken durchaus realisiert sein kann). Wegen dieses einfachen Zusammenhanges hat sich – zumindest in Deutschland – für die Darstellung der Höhenwetterkarten der Isohypsenabstand von 4 gpdam eingebürgert, so daß sich die numerische Verknüpfung zwischen dem Bodendruckfeld und den relativen bzw. absoluten Topographien mühelos herstellen läßt.

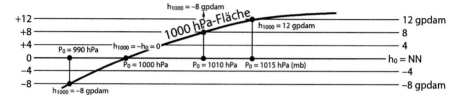

Abb. 6.3. Zusammenhang zwischen der horizontalen Luftdruckverteilung am Boden und der Absoluten Topographie der 1000-hPa-Fläche

6.4
Thermisch angeregte Zirkulationen

6.4.1
Zirkulationen aufgrund unterschiedlicher Erwärmung

Luft wird durch Druckkräfte bewegt. Wir hatten in den Abschnitten 2.7.1 sowie 6.2 festgestellt, daß die Druckkraft, die auf die Volumeneinheit wirkt, durch das Druckgefälle, d.h. den Luftdruckgradienten, dargestellt werden kann. Allgemein ließe sich also schreiben

$$\frac{1}{V} \cdot K = -\frac{\partial p}{\partial n} \, ,$$

wobei V das Volumen, K die Druckkraft, p der Druck und n die Richtung des Gradienten (des stärksten Anstiegs) ist. Das negative Vorzeichen berücksichtigt, daß die Druckkraft vom hohen zum tiefen Druck gerichtet ist. Wir erinnern uns, daß die nach oben gerichtete vertikale Komponente der Druckkraft i. allg. durch die Schwerkraft aufgehoben wird (hydrostatisches Gleichgewicht).

Da Kraft als *Masse mal Beschleunigung* definiert ist, K = m · (dv/dt) (mit v = Windgeschwindigkeit), und *die auf das Volumen bezogene Masse die Dichte*, m/V = ϱ, ist, können wir auch schreiben

$$\frac{dv}{dt} = -\frac{1}{\varrho} \cdot \frac{\partial p}{\partial n} \, , \quad \text{„Eulerscher Wind".}$$

Damit haben wir eine erste quantitative Beziehung zwischen Wind und Druckfeld gewonnen, den *Eulerschen Wind*. Dieses Beschreibungsmodell für den Wind enthält die horizontale Druckkraft als allein wirkende Kraft; es ist in der Atmosphäre am ehesten am Äquator (vgl. 6.7) und sonst in den thermisch angeregten kleinräumigen Zirkulationen realisiert. Diese lassen uns außerdem verstehen, wie überhaupt Druckunterschiede zustandekommen können. Wir machen dazu ein einfaches Gedanken-Experiment (s. hierzu Abb. 6.4):

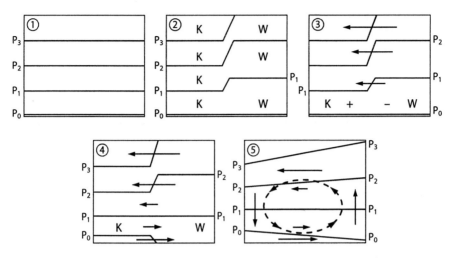

Abb. 6.4. Schematisches Mehrschritt-Modell der Entstehung einer thermischen Zirkulation. Siehe hierzu Film Nr. 3 der Filmliste

Anfangs sei die Atmosphäre in Ruhe (Phase 1, Abb. 6.4); alle Druckflächen liegen dann horizontal. Erwärmen wir ein Gebiet (Phase 2), heben sich darin die Druckflächen, weil ja der Abstand der Isobarenflächen mit zunehmender Temperatur wächst (s. 5.4); die Bodendruckfläche verändert sich dabei zunächst nicht, und zwar solange sich nicht die Massenverteilung ändert. An der Grenze zwischen dem warmen und dem kalten Gebiet entsteht durch die in dem einen Teil erfolgte Erwärmung in der Höhe ein nach oben zunehmendes horizontales Druckgefälle zwischen dem warmen und dem kalten Gebiet (Phase 3), das in der Höhe einen Wind von 'warm' nach 'kalt' bewirkt; durch die damit verbundene Massenverlagerung ändert sich nun aber der Bodendruck derart, daß er im warmen Gebiet fällt, im kalten Gebiet steigt, und wir erhalten (Phase 4) in der bodennahen Schicht ein horizontales Druckgefälle von 'kalt' nach 'warm' mit einem entsprechenden, vom kalten ins warme Gebiet gerichteten Wind. Schließlich entwickelt sich aus Kontinuitätsgründen eine geschlossene Zirkulation (mit horizontal liegender, entlang der Grenze zwischen 'kalt' und 'warm' verlaufender Achse), eine sog. *thermische Zirkulation*, hervorgerufen durch horizontal unterschiedliche Erwärmung (engl.: differential heating) von Luftkörpern (Phase 5) aufgrund unterschiedlicher Temperatur der Erdoberfläche.

Dieses Prinzip der thermisch angeregten Zirkulation ist in der Atmosphäre in den verschiedensten Größenordnungen realisiert und ist deshalb von großer Bedeutung, besonders in Raum- und Zeitskalen unterhalb etwa 100–200 km horizontaler Ausdehnung und unter 12 h charakteristischer Dauer. Thermische Zirkulationen finden sich beispielsweise:

- zwischen einem brennendem Streichholz und der Umgebung (die thermische Zirkulation ist hier z.b. existentiell wichtig für die Sauerstoffzufuhr zum Aufrechterhalten der Verbrennung!),
- zwischen Ofen und Fenster (hierauf beruht das Prinzip der Raumheizung: Wärmetransport zum Temperaturausgleich),
- zwischen schattigem Wald und besonnter Lichtung (Störche, Bussarde segeln u.a. in solchem Aufwind),
- zwischen warmem Feld und feuchtkühler Wiese, (Thermik, auch Segelflieger nutzen den Aufwind!),
- zwischem kühlem See und warmem Ufer (tagsüber im Sommer),
- zwischen warmem See und kaltem Ufer (in Sommernächten, bzw. durchweg im Herbst und Winter),
- zwischen urbaner Bebauung und „begrünter" Umgebung (z.B. im Falle der Großstadt als „Wärmeinsel"),
- zwischen kühlem Meer und warmem Land (an Frühlings- und Sommertagen; erfrischende „Seebrise"),
- zwischen dem Meer und kälterem Land (nachts und durchweg im Winter),

sofern nicht jeweils stärkere großräumigere dynamische Vorgänge diese Zirkulationen überlagern oder gar gänzlich unterdrücken.

ANMERKUNG: Bei den ersten beiden Beispielen sind die Auftriebskräfte der erhitzten Luft ursächlich bedeutungsvoller als primäre horizontale Druckunterschiede, doch stellt sich auch hier eine grundsätzlich thermisch bedingte Zirkulation ein, bei der beide Vorgänge gleichzeitig wirken und eigentlich nicht voneinander zu trennen sind. Auch bei den größerskaligen Zirkulationen spielen natürlich Auftriebskräfte im erwärmten Teil der Zirkulationszelle eine Rolle, u.a. nämlich beim kleinskaligeren Prozeß der Wärmeübertragung von der Erdoberfläche in die darüber liegenden Luftschichten (Thermik), nicht jedoch bei der im Vergleich größerskaligen dynamischen Erzeugung des aufsteigenden Zirkulationszweiges.

In Raum- und Zeitskalen von kontinentalem Ausmaß sowie in Halbjahres- bis Jahreszeiträumen kann das Prinzip der thermisch angeregten Zirkulation zumindest zur Beschreibung der primären Antriebskraft auch sehr großräumiger Zirkulationen herangezogen werden, beispielsweise zur Erklärung a) der *Passatzirkulation* zwischen dem thermischen Äquator und den kühleren Subtropen und der b) *Monsunzirkulation* zwischen Kontinenten und den umliegenden Ozeanen. Zur vollständigen Beschreibung der resultierenden Luftströmungen reicht in diesen beiden Fällen aber das beschriebene Modell nicht aus, und es müssen – wegen der großen Raum- und Zeitskalen – dafür weitere Effekte herangezogen werden, vor allem die Wirkung der Erdrotation (Coriolis-Beschleunigung); siehe hierzu 6.10 über die allgemeine atmosphärische Zirkulation.

6.4.1.1
Die Seewindzirkulation

Die Seewindzirkulation ist ein sehr typisches und anschauliches Beispiel für eine thermisch direkte, d.h. eine zwischen unterschiedlich erwärmten Teilen der Erdoberfläche erzeugte Zirkulation. Sie kommt auf der Erde verbreitet vor, nämlich an allen

Küsten, vornehmlich den tropischen und subtropischen – und dort schließlich ganzjährig! –, aber auch an den Ufern vieler großer Binnenseen. Und da sich vielfach große industrielle Ballungszentren um Hafenstädte herum entwickelt haben, spielt sie auch in Fragen der Luftqualität in vielen Teilen der Welt eine große Rolle. Sie ist daher allgemein und seit langem bekannt, u.a. bereits von Kant 1755 beschrieben worden.

Der Seewind weht innerhalb der planetarischen Grenzschicht im Prinzip senkrecht zur Küste. Er entwickelt sich i. allg. im Laufe des Vormittags und erreicht mittags bzw. am frühen Nachmittag seine größte Stärke von ca. 5 bis 10 m/s. Die Abkühlung durch die Seebrise wird durchweg als angenehm empfunden – man reist z.B. an die See wegen der „Sommerfrische". Der Seewind dringt im Laufe des Tages, u.U. 100–200 km, weit ins Binnenland vor. Dabei ist die Vorderseite der Seeluft durch eine scharfe Diskontinuität im Temperaturfeld markiert, die *Seewindfront*, die zudem eine meist markante Windkonvergenz aufweist. Die in dieser Konvergenz stattfindende Hebung der der Front unmittelbar vorgelagerten Luft führt i. allg. entlang der Seewindfront zu linienhafter Wolkenbildung, die besonders dann, wenn die vorgelagerte Luft bedingt instabil (Abschn. 5.9.4) geschichtet ist, Schauer- und Gewitterintensität erreichen kann. In 1–3 km Höhe über dem Seewind weht der – im obigen Beschreibungsmodell den Seewind auslösende – primäre warme Oberstrom vom Land zum Meer. Einige Kilometer bis Dezikilometer vor der Küste findet sich der absteigende Ast der Zirkulation. Er führt dort infolge seiner wolkenauflösenden Tendenz zu entsprechendem Sonnenscheinreichtum und bringt somit vielen Küsten der Erde, besonders vorgelagerten Inseln eine beachtenswerte strahlungsklimatische Begünstigung. Visualisierungen des Seewindmodells und entsprechender Computersimulationen finden sich in den Filmen Nr. 3, 5 und 16 der Filmliste (Kap. 11).

Satellitenfilmszenen (s. hierzu Film Nr. 4 der Filmliste) zeigen recht anschaulich, wie die Seeluft, erkennbar an der Verlagerung der durch die beschriebene charakteristische Bewölkung markierten Seewindfront, durchschnittlich ca. 100 km ins Land eindringt. Bei überlagerter großräumig auflandiger Strömung dringt sie u.U. bis zu 200 km ins Binnenland vor, und sie erhält dabei oftmals einen solchen Impuls, daß sie sich – gewissermaßen aus Trägheit – als „Schwereströmung" („gravity flow") noch – landeinwärts weiter bewegt, wenn an der rückwärts gelegenen Küste der ursprüngliche Antrieb gar nicht mehr vorhanden ist, sondern sich dort vielmehr schon die in entgegengesetzter Richtung wehende Landwindzirkulation zu bilden begonnen hat. Muß sich der Seewind gegen eine großräumige, ablandige Strömung durchsetzen, wird, je nach deren Stärke, sein Vordringen ins Binnenland gebremst. Die dann aber viel stärkere Konvergenz an der Seewindfront führt i. allg. zu einer wesentlich verstärkten Konvektion, gegebenenfalls bis zur Gewitterbildung. So konnten Flugunfälle bei New York auf die Begleitumstände von Schwergewittern im Verlaufe der so verstärkten Seewindfront zurückgeführt werden (Fujita u. Byers 1977). Die Küstenkonfiguration führt ebenfalls zu Modifikationen der Seewindzirkulation (Film Nr. 4 und 5). Im Bereich von Buchten weht der Seewind divergent, die Seewindfront ist folglich schwächer ausgeprägt; an Kaps oder Halbinseln hingegen finden Fokussierungen mit entsprechender Verstärkung von Konvergenz an der Seewindfront statt, mit entsprechender Konvektion. So konnte gezeigt werden, daß in Florida die Verteilungsmuster der starken sommerlichen Regenfälle weitgehend von diesen Effekten der Küstenform bestimmt werden (Pielke 1974, Pielke u. Mahrer 1978).

Ein Charakteristikum der Seewindzirkulation ist die vertikale Stabilität der ins Binnenland wehenden kühlen Seeluft oberhalb einer infolge des lebhaften Bodenwindes ausgeprägten Reibungs-Mischungsschicht. Unter natürlichen Bedingungen bringt die Seebrise nicht nur thermisch eine physiologische Erleichterung, sondern sie zeichnet sich i. allg. – vor allem in Küstennähe – auch durch Luftreinheit und ein gesundheitlich förderliches maritimes Aerosol aus. Durch anthropogene Einflüsse kann diese Qualität aber u.U. ins krasse Gegenteil umschlagen. Das klassische Beispiel hierfür ist Los Angeles, Kalifornien, wo der Seewind durch Fokussierung aufgrund der Küstenkonfiguration sogar noch zu einer Verschärfung der durch die zahllosen Schadstoffquellen, vor allem des Automobilverkehrs, hervorgerufenen Belastungssituation beiträgt. Die Kessellage der Stadt vor einer dahinter sich erhebenden Gebirgskette scheint ein weiterer ungünstiger Faktor zu sein, der sich beispielsweise auch in Athen, Griechenland, unangenehm bemerkbar macht und dort häufig zu schwerem sommerlichem Smog führt. Dabei sollten sich eigentlich der Hangwind des Gebirges und die vorgelagerte Seewindzirkulation zu einer verstärkten Ventilation addieren, wie das z.B. in San Francisco, Kalifornien klimabegünstigend beobachtet wird.

Auch kann es vorkommen, wie im Falle des am Lake Michigan gelegenen Chicago, Illinois, daß bei großräumiger sommerlicher Stagnations- und Hitzewetterlage in der Seewindzirkulation – im Verein mit der umgekehrt laufenden nächtlichen Landwindzirkulation – über mehrere Tage hinweg ein und dieselbe Luftmasse lediglich in sich umgewälzt wird. Werden da hinein permanent Autoabgase sowie Schadstoffe zahlreicher Kraftwerke emittiert, die wegen des hohen Energiebedarfs der Klimaanlagen im Sommer Schadstoffe in erhöhtem Maße produzieren, kann dies ebenfalls zu extremen Luftbelastungen führen.

Eine weitere Besonderheit wird aus Japan berichtet: Im Bereich von Tokio dringt gewöhnlich der pazifische Seewind, der über dem Großraum Tokio – einem der größten und konzentriertesten Ballungsräume der Erde mit entsprechend hoher Schadstoffemission – mit Oxidantien angereichert wurde, über die Kantoebene hinweg weit ins Zentralgebirge vor. Die Seewindfront erreicht dabei gegen 17 oder 18 Uhr den Usuipaß und schießt dann auf der Leeseite des Gebirges hinab in die Küstenebene, auf die Japansee zu. Dabei wird sie unterstützt von dem sich dort gerade entwickelnden, ebenfalls talwärts gerichteten nächtlichen Bergwind (s. Abschn. 6.4.3.2). Hierbei wird nun den Siedlungsgebieten jenseits des Usuipasses die bemerkenswerte Erscheinung eines nächtlichen Smogs beschert. Dies ist umso ungewöhnlicher, als die Oxidantien des tagsüber auf der Luvseite gebildeten photochemischen Smogs im Verlaufe ihrer abendlichen Verfrachtung über das Gebirge hinweg wenigstens in Bodennähe durch chemische Umwandlung weitgehend abgebaut sein sollten. Es konnte nun aber gezeigt werden (Ueda et al. 1988), daß sich an der Seewindfront – wie gewöhnlich auf der Vorderseite aller schwerkraftbedingten Ströme – ein etwa 1000 m mächtiger Kaltluft„kopf" bildet (Simpson et al. 1977), und in diesem ein Rotor (Abb. 6.9 a). In dessen Abwindbereich werden die im Oberbereich des Kaltluftstromes durchaus noch vorhandenen Oxidantien herabgeführt und verursachen somit in Bodennähe die anomale Smogerscheinung.

An den Küsten der Nord- und Ostsee ist die Seewindzirkulation im wesentlichen eine Erscheinung des Frühjahrs sowie des Früh- und Hochsommers, besonders wenn bei relativ großer Tageslänge und mittags schon hoch stehender Sonne das Meer noch relativ kalt ist und somit die im Jahresverlauf größte Temperaturdifferenz zwi-

6.4 Thermisch angeregte Zirkulationen

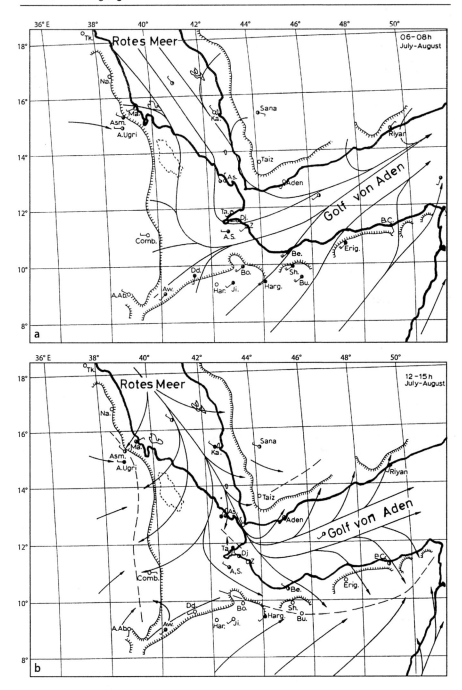

Abb. 6.5 a, b. Stromlinien, Bodenwind und Bewölkungsbeobachtungen im Bereich des Roten Meeres und des Golfs von Aden; **a** 6–8Uhr; **b** 12–15Uhr, jeweils Juli/August (nach Flohn 1965, 1969). Die *gezahnten Linien* markieren die Gebirgsränder, die *lang gestrichelten Linien* Konvergenzen im Windfeld

schen Land und Meer zu verzeichnen ist. Allerdings ist die zur reinen Ausprägung der Seewindzirkulation erforderliche Voraussetzung einer großräumig schwachwindigen Wetterlage hier nicht so häufig wie an den meisten subtropischen und tropischen Küsten oder im sommerlichen westlichen und zentralen Mittelmeergebiet, weil sich ihr hier meist größerskalige Vorgänge überlagern. Diese modifizieren dann die Seewindzirkulation mehr oder weniger stark – oftmals bis hin zu ihrer völligen Unterdrückung.

Bei Vorhandensein einer (relativ schwachen) großräumigen Strömung (wie z.B. in Abb. 6.5 die jahreszeitlich bedingte gleichmäßige, mit dem sommerlichen Monsuntief über Pakistan zusammenhängende Nordwestströmung) überlagern sich bei der obigen Land-Meer-Verteilung die Land- (Abb. 6.5 a) und Seewindzirkulationen (Abb. 6.5 b) über dem Roten Meer und dem Golf von Aden, zu tageszeitlich wechselnden Konvergenzen und Divergenzen führend.

6.4.1.2
Die Landwindzirkulation

Das Gegenstück zur Seewindzirkulation, die Landwindzirkulation, entwickelt sich, wenn das Land kälter ist als eine benachbarte Wasserfläche. Sie beginnt sich unmittelbar an der Küste zu bilden und ist am stärksten ausgeprägt in der zweiten Nachthälfte und am Morgen. Der Bodenwind weht dann vom Land weit auf die See hinaus in flacher, maximal 1 000 m mächtiger Schicht, während darüber – bis knapp 3 000 m Höhe – die wärmere Meeresluft landeinwärts weht. Die Schichtung ist infolgedessen im Prinzip stabil, und auf Astronautenbildern sieht man deshalb oft lange, meist schmale meerwärts gerichtete Rauchfahnen von küstennahen Emittenten. Unmittelbar über der Wasseroberfläche wird hingegen infolge der Temperaturdifferenz Wasser/Luft eine zum offenen Meer hin allmählich an Höhe zunehmende konvektive Mischungsschicht als „interne Grenzschicht" (s. Kap. 7, besonders Abb. 7.22 und 7.23) entstehen.

In mittleren und hohen Breiten ist im Sommer, wenn die Seewindzirkulation am häufigsten auftritt, die Landwindzirkulation wegen der relativ kurzen Sommernächte zumeist nicht sehr ausgeprägt. Dafür ist sie jedoch am Eisrand der Polarmeere ganzjährig zu finden – sofern sie nicht durch synoptisch-skalige dynamische Vorgänge unterdrückt wird. Sind küstennahe Gebirge vorhanden, wird der Landwind zumeist durch Einbeziehen des nächtlichen Hangabwind- bzw. Bergwindsystems (s. Abschnitt 6.4.3) verstärkt.

In niederen Breiten sind Land- und Seewindzirkulation i. allg. gleich stark ausgeprägt. Eindrückliche Satellitenbilder gibt es u.a. von hochauflösenden DMSP-Bildern von Taiwan (Fett et al. 1977). Die Vordergrenze der auf die See vordringenden Landluft, die Landwindfront, wird darin deutlich durch ihre Konvektionsbewölkung mar-kiert, die sich bei ausgeprägter Konvergenz an dieser Front und infolge des Temperaturunterschieds Wasser/Luft bei gleichzeitig entsprechend reichlicher Wasserdampfzufuhr bis hin zur Gewitterstärke entwickeln kann.

6.4.2
Baroklinität und Zirkulation

Das bisher in diesem Kapitel zur Erklärung des Zustandekommens einer thermisch angeregten Zirkulation verwendete Beschreibungsmodell war ein sehr einfaches. Es ging von einem Zustand der *Barotropie* (s. Abb. 6.6 a) aus, bei dem Druckflächen und Isothermenflächen parallel liegen, d.h. auf einer Druckfläche überall die gleiche Temperatur herrscht. Die vorgegebene Neigung der Bodendruckfläche (in unserem Fall gleich Null) erfährt unter diesen Bedingungen mit der Höhe keine Änderung (s. Abb. 6.4, Phase 1), in unserem Fall wäre es also in allen Höhen windstill. Wird nun durch unterschiedliche Erwärmung in der gezeigten Weise ein horizontales Temperaturfeld aufgeprägt, schneiden sich fortan Isobaren- und Isothermenflächen. Dieser Zustand heißt *baroklin*, weil die Flächen gleicher Temperatur gegenüber den Flächen gleichen Drucks geneigt sind; er bewirkte in unserem Gedankenexperiment, daß eine Zirkulation in Gang gesetzt wurde. Wir können also feststellen:

– *Baroklinität erzeugt Zirkulation!*

Die Stärke der Zirkulation wird dem Grad der Baroklinität proportional sein, d.h., je größer der Temperaturgradient in der Druckfläche ist, um so stärker ist die Zirkulationsbeschleunigung.

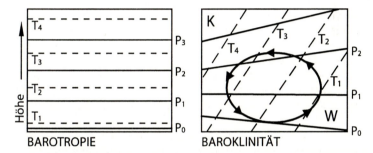

Abb. 6.6. Schematische Beispiele für einen barotropen (*links*) und für einen baroklinen (*rechts*) Zustand – in letzterem Fall mit der entsprechenden Zirkulation

Die Verwendung des Begriffs der Baroklinität als Beschreibungsmodell für eine thermisch angeregte Zirkulation hat den Vorteil, daß sie (was wir hier nicht tun wollen) eine mathematische und damit auch eine quantitative Beschreibung erlaubt. Außerdem wird eine Verallgemeinerung dahingehend möglich, daß überall dort in der Atmosphäre, wo – aus welchen Gründen auch immer – ein barokliner Zustand angetroffen wird, entsprechende Zirkulationsbeschleunigungen zu finden sein werden, selbst wenn infolge Überlagerung durch andere Effekte im Strömungsfeld keine geschlossene Zirkulation ausgeformt bzw. erkennbar ist. Wir werden im folgenden von dieser Erkenntnis sofort Gebrauch machen.

6.4.3
Zirkulationen an geneigten Flächen

Über geneigten Flächen lassen sich mit den soeben behandelten Beschreibungsmodellen einige weitere charakteristische Zirkulationen, wie z.B. die Hangwind- und die Berg- und Talwind-Systeme, beschreiben (s. hierzu Abb. 6.7). Beide sind am ausgeprägtesten im Gebirge, aber auch schon an relativ sanften Hügeln im Flachland bemerkbar. Die Hang- und Talwinde sind sog. *anabatische Winde*, denn sie wehen tagsüber hangauf- bzw. talaufwärts, vor allem im Frühjahr und Sommer. Ist der Hang kälter als die umgebende Luft, weht der Hangwind hangabwärts bzw. der Bergwind talwärts. Dies sind sog. *katabatische Winde*; sie wehen hauptsächlich nachts und (u.U. auch tagsüber) an Nordhängen (s. hierzu Lettau 1967). Eine sehr ausführliche Beschreibung der Zirkulationen über unregelmäßigem Terrain ist übrigens in einer umfangreichen Monographie (Blumen 1990) zu finden. Eine eindrucksvolle Visualisierung durch Computersimulation liegt von Raasch und Groß (1992) (s. Film Nr. 16 der Filmliste, Kap. 11) vor.

6.4.3.1
Anabatische Winde

An Hängen sowie in geneigten Tälern, die von der Sonne beschienen werden, entwickelt sich, sowie der Hang wärmer ist als die umgebende Luft im gleichen Niveau – am ausgeprägtesten bei großräumiger Schwachwindwetterlage –, ein Hangwind- bzw. Talwindsystem, das die erwärmte Luft hang- bzw. talaufwärts führt, während vor dem Hang bzw. über der Talsohle zur Kompensation Luft aus der Höhe absteigt. Dies geschieht so tagsüber, besonders in den Mittags- und Nachmittagsstunden in allen Gebirgen, bei uns hauptsächlich in der wärmeren Jahreszeit. Die Zirkulation greift dabei i. allg. um den Betrag der Hanghöhe bzw. Taltiefe über Hang und Tal hinaus, wobei die Hangauf- und Talwinde etwa bis zur Oberkante von Hang und Tal reichen, die Gegenströmung bis zum gleichen Höhenbetrag darüber hinaus zu finden ist (s. Abb. 6.8).

In den aufsteigenden Zweigen der entstehenden Zirkulation bilden sich unter geeigneten Feuchtigkeitsverhältnissen – z.B. etwa bei bedingt labiler Schichtung (s. Abschnitt 5.9.4) – und wenn die erwärmte Luft beim Aufsteigen das Cumulus-Kondensationsniveau erreicht, häufig Konvektionswolken (Quellwolken), die sich u.U. bis zur Gewitterintensität (Cumulonimbus) entwickeln können. Sie sind die Ursache für das ausgeprägte Häufigkeitsmaximum sommerlicher Nachmittagsgewitter in den Gebirgen der niederen und mittleren Breiten. In Tallagen eingebrachte Luftbeimengungen werden tagsüber hang- bzw. talaufwärts transportiert und führen in Gipfellagen so zu der tagsüber häufigen Sichtminderung durch heraufgebrachten Dunst.

6.4.3.2
Katabatische Strömungen

Mit dem gleichen Prinzip der Baroklinität lassen sich nun auch die durch Abkühlung an geneigten Flächen entstehenden katabatischen Winde erklären. Dabei handelt es sich darum, daß über geneigter Unterlage abgekühlte Luft – wegen ihrer im Vergleich zur horizontal benachbarten Luft größeren Dichte – unter dem Einfluß der Schwerkraft dem Gefälle des Bodens folgend bewegt wird: An ausgedehnteren Hängen kann sich – als Pendant zum tagsüber entwickelten Hangaufwindsystem – eine geschlossene Zirkulation, die sog. Hangabwindzirkulation ausbilden, und so ist auch der in den Gebirgen wohlbekannte, am frühen Abend einsetzende kühle Bergwind im Prinzip Teil einer entsprechenden Zirkulation.

6.4 Thermisch angeregte Zirkulationen

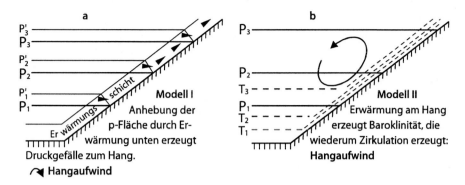

Abb. 6.7. Schematische Darstellung zweier Erklärungsmodelle für den Hangwind. **a** *Modell I*: Infolge der Erwärmung einer flachen bodennahen Luftschicht heben sich die Druckflächen darüber, bleiben unmittelbar am Hang aber unverändert. Dadurch entsteht in der hangnahen Schicht ein horizontaler Luftdruckgradient und ein gegen den Hang gerichteter Wind, der schließlich zum Hangaufwind wird. **b** *Modell II*: Die eingezeichneten Isothermen zeigen unmittelbar am erwärmten Hang eine barokline Zone, die eine Zirkulation im angegebenen Sinne hervorruft

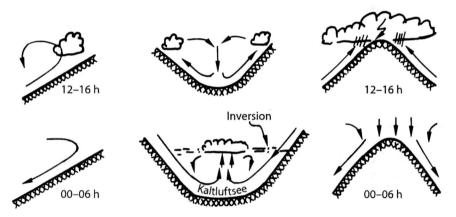

Abb. 6.8. Schema der thermischen Zirkulationen am Hang, im Tal und am Berg, nachmittags (*oben*) und nachts (*unten*)

Unter dem Einfluß dieser Bergwindzirkulation werden sich abends anfangs evtl. vorhandene Wolken über Hang und Bergen auflösen, und unter „natürlichen" Bedingungen wird reinere Luft aus dem Luftraum unmittelbar oberhalb der Hangkante bzw. des Berggipfels oder Gebirgskamms hangnah in die Täler geführt. Somit stellen diese Kaltluftströme i. allg. ein wesentliches Element der Frischluftventilation von belasteten Siedlungsräumen in Tallagen bzw. am Gebirgsfuß dar – sofern in den stabil geschichteten Kaltluftstrom nicht lokal Schadstoffe injiziert werden, die sich dann im Talgrund ansammeln und den Effekt einer natürlichen Frischluftzufuhr unterbinden. Die volle Ventilationswirkung tritt, abgesehen von externem Schadstoffeintrag – allerdings auch nur ein, wenn nicht zunächst lediglich die tagsüber aufwärts geführte, belastete Talluft zurückgebracht wird, d.h. die beiden im tageszeitlichen Rhythmus abwechselnden Zirkulationen nicht nur ein und dieselbe Luft hin und her wälzen. Doch dürfte dies in unserem Klimagebiet der seltenere Fall sein, weil zumeist, vor allem bei größeren Erhebungen, die tagsüber aufwärts geführte Luft – besonders bei gleichzeitiger Entwicklung stärkerer Konvektion – in der Höhe vielfach weiträumiger ausgetauscht, also großenteils nicht in eine geschlossene Zirkulation zurückgeführt wird (s. hierzu besonders Blumen 1990, Kap. 6.).

Das Prinzip des katabatischen Fließens gilt aber viel allgemeiner, denn es zeigt sich, daß selbst bei sanftester Topographie am Boden abgekühlte Luft der Schwere folgend wie Wasser zu tieferen Stellen fließt. In Mulden bilden sich durch die von allen Seiten zusammenfließende kältere Luft auf diese Weise ausgesprochene *Kaltluftseen* mit sehr stabiler vertikaler Schichtung. Diese können sich lufthygienisch recht unangenehm bemerkbar machen, wenn sich an den Hängen bzw. in den Mulden selbst bodennahe Schadstoffquellen befinden (s. hierzu besonders eindrucksvoll: G. Groß, Schadstoffausbreitung im Kasseler Raum, in Film Nr.16 der Filmliste, Kap. 11).

Ein bekanntes Beispiel eines katabatischen Windes ist der *Mistral*. Dieser ist ein kalter, böiger Wind, mit dem – durch Düsenwirkung zwischen dem Westalpenbogen und dem französischen Zentralmassiv verstärkt – kontinentale Kaltluft das Rhonetal abwärts zum wärmeren Mittelmeer schießt. Er wird dort als besonders unangenehm empfunden, wenn das Frühjahr schon weiter fortgeschritten ist.

Extreme katabatische Flüsse treten auf, wenn auf einer von Randerhebungen umsäumten Hochebene angesammelte bzw. gegen einen Gebirgszug geführte Kaltluft sich so hoch aufstaut, daß sie schließlich die Randhöhen bzw. den Gebirgskamm an deren niedrigsten Stellen überfließen kann. Hierbei kommt es auf der Leeseite, besonders bei steil abfallendem Gelände, zu erheblichen Beschleunigungen und daher zu sehr vehementen, meist stürmischen Kaltlufteinbrüchen (Fallwinde), wie z.B. die *Bora* an der dalmatinischen Küste. In diese Kategorie gehören auch der gefährliche kalifornische *Santa-Ana-Wind*, der sich zudem durch große Lufttrockenheit auszeichnet und dadurch häufig zu Feuersbrünsten führt. Gefährlich ist auch der wegen seines gewöhnlich abrupten Einsetzens von der Schiffahrt im Golf von Tehuantepec gefürchtete mittelamerikanische *Tehuantepecer*-Wind, der dort gelegentlich im Nordwinter unvermittelt mit heftigem Sturm – bis zur Orkan-Stärke – in den „Stillen Ozean" einfällt. Zu den markantesten katabatischen Flüssen gehören in allen Hochgebirgen die *Gletscherwinde*, die besonders an den Inlandeisrändern Grönlands und der Antarktis als extrem kalte Fallwinde eine regelmäßige, meist von der Tageszeit völlig unabhängige Erscheinung sind und dort u.U., vor allem im Zusammenwirken mit vorüberziehenden Tiefdruckwirbeln, ebenfalls Orkanstärke erreichen können.

6.5
Topographisch bedingte, mechanisch verursachte Zirkulationen

Die Erdoberfläche steht mit der Atmosphäre nicht nur in thermischer, sondern auch in enger hydrodynamischer Wechselwirkung. Neben der Reibungswirkung (s. hierzu Kap. 7) interessieren zunächst die hydrodynamischen Auswirkungen ihrer topographischen Struktur auf die horizontalen und vertikalen Bewegungen der Atmosphäre – und damit auch auf die Ausbreitungsbedingungen von Beimengungen. Dabei müssen zur topographischen Struktur neben den natürlichen Erhebungen und Senken u.U. auch markante Unterschiede in der Bebauungsform gerechnet werden, wie z.B.

im Falle moderner Großstädte mit ihren zahlreichen Hochbauten im Vergleich zur flacheren ländlichen Umgebung.

6.5.1
Wirkungen von Hindernissen

Bei vorgegebener Anströmung, d.h. bei Vorhandensein eines großräumigen horizontalen Luftdruckgradienten, hängen die hydrodynamischen Wirkungen der Topographie auf diese Strömung naturgemäß zunächst von der Art, der Höhe und der Form des Hindernisses ab. Daher ist es zweckmäßig, die Betrachtung etwa hiernach zu gliedern, denn logischerweise wird es ganz unterschiedliche Effekte geben, je nachdem, ob das Hindernis auf Grund seiner Konfiguration *über*strömt oder *um*strömt werden kann, oder eine Mischform von beidem möglich oder realisiert ist. Die Wirkungen des Hindernisses auf die Strömung werden selbstverständlich auch noch von Eigenschaften der Strömung selbst, etwa der Stabilität ihrer vertikalen Schichtung, abhängen.

6.5.1.1
Wellen und Wirbel mit horizontaler Achse

Haben wir es mit einem langgestreckten Höhenzug, bzw. im Extremfall mit einem Kettengebirge zu tun, kommt im Prinzip – zumindest was die zentralen Teile anbetrifft – bei entsprechender Anströmung nur eine Überströmung in Frage. Deren Auswirkungen hängen dann im einzelnen von der Höhe und Form (u.a. Steilheit) des Gebirgszuges, der Stärke und Form der Anströmung (vertikales Windprofil) und den thermodynamischen Eigenschaften (thermische Schichtung) der anströmenden Luft ab. Häufig werden – nämlich wenn die erzwungene Hebung das Hebungskondensationsniveau erreicht – die Gebirgseinwirkungen auf die Strömung an charakteristischen Erscheinungen im Wolkenbild erkennbar. Dazu gehören vor allem die besonders durch den Segelflug erschlossenen Erscheinungen wie Leewellen und Rotor. Erstere sind häufig an den für sie typischen mittelhohen und hohen linsenförmigen Lenticularis-Wolken („Föhnfische") zu erkennen, letztere sichtbar gemacht durch die niedrigere Rotor-Wolke (Abb. 6.9 b).

Die Ausbildung von Leewellen und Rotoren wird begünstigt (a) durch eine starke Anströmung des Gebirgszuges unter (b) einem möglichst rechten Winkel zum Gebirgskamm bei (c) starker Windzunahme mit der Höhe und (d) ausgeprägter vertikaler Stabilität in allen durch die Hinderniswirkung betroffenen Schichten. In den zu beobachtenden Wellen (Wellenlängen von einigen Kilometern bis zu einigen Zehnerkilometern) treten dann i. allg. Vertikalgeschwindigkeiten von 2–6 m/s auf; Extrema von 15 m/s (bei ca. 13 km Wellenlänge) werden berichtet. Unterhalb von Rotor-Wolken ist der Bodenwind der Hauptströmung entgegengerichtet und meist schwächer als in der Umgebung. In den oberen Teilen des Rotors werden hingegen starke vertikale Windscherungen und heftige Turbulenz verzeichnet, besonders in der Umgebung der Rotor-Wolke.

Im Falle bedingter Instabilität hängt es von der Höhe der erzwungenen Hebung ab, ob die Instabilität ausgelöst wird. Ist dies der Fall, wird das Bild weniger durch Wellenphänomene als durch Konvektion geprägt sein.

Abb. 6.9 a. Rotor im hydrodynamischen „Kopf" einer katabatischen Kaltluftströmung.

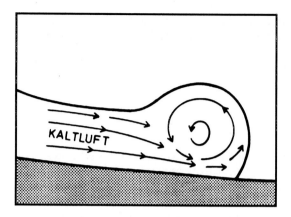

Abb. 6.9 b. Verschiedene Formen der Überströmung von Gebirgen: **a** laminare Strömung, **b** stehender Leewirbel mit horizontaler Achse, **c** Leewellen, **d** und **e** Rotor-Strömungen. Die *gestrichelte Linie* am linken Rand zeigt jeweils das vertikale Profil der horizontalen Windgeschwindigkeit (nach Atkinson 1981)

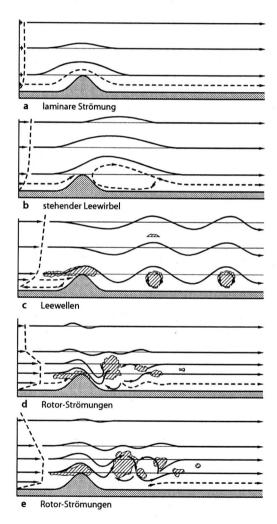

a   laminare Strömung

b   stehender Leewirbel

c   Leewellen

d   Rotor-Strömungen

e   Rotor-Strömungen

Bezüglich der Ausbreitungsbedingungen für Luftbeimengungen bleibt festzuhalten, daß bei den geschilderten Phänomenen bei an sich ausgeprägter Stabilität der thermischen Schichtung beträchtliche Vertikalbewegungen (auf- und abwärts) und – infolge starker vertikaler Windscherungen – z.T. heftige Turbulenz zu verzeichnen sind, also Bedingungen für trotzdem stärkere vertikale Durchmischung.

6.5.1.2
„Föhn"-Wirkungen von Hindernissen

Auf der Luvseite des Gebirges kommt es bei erzwungener Hebung, sofern diese das Hebungskondensationsniveau erreicht, zu Staubewölkung, die oft etwas über den Gebirgskamm hinweggreift und auf der Leeseite als „Föhnmauer" sichtbar wird. Vielfach kommt es dabei zu länger anhaltenden Stauniederschlägen, in Oberbayern z.B. als oft tagelanger „Schnürlregen" bekannt. Infolge des ständig die luvseitige Staubewölkung durchsetzenden Luftstromes ist besonders bei hochwüchsiger Vegetation die Nebelinterzeption intensiv, d.h. das „Heraussieben" von Wolkentröpfchen, die mit der Vegetation in Berührung kommen. Dies kann in gewissen Bergregionen u.U. einen bedeutenden Beitrag zur Niederschlagsspende leisten, und entsprechende Moose sowie von den Bäumen und Sträuchern hängende Bartflechten sind meist hierfür typische Zeugen. Im Falle saurer Wolkentropfen stellt die Nebelinterzeption einen Mechanismus für verstärkten Säureeintrag in den Boden dar, durchaus vergleichbar mit dem des „sauren Regens".

Das bei Anströmung hinter dem Gebirge stattfindende generelle Absteigen der Luft führt zu Abnahme der relativen Feuchtigkeit, d.h. zu relativer „Austrocknung" und infolgedessen zu Wolken- und Niederschlagsarmut – i. allg. unter der Bezeichnung *„Föhneffekt"* zusammengefaßt (zur Thermodynamik des Föhns s. Abschnitt 5.9.2). Großräumigere Vorgänge werden durch diesen Föhneffekt gegebenenfalls überlagert, wobei frontale Wolken- und Niederschlagsprozesse beträchtlich abgeschwächt oder sogar aufgelöst werden können. Dies kann sich u.U. bis weit hinter dem Gebirge auswirken, beispielsweise von den Alpen bis zur Donau, vom Thüringer Wald oder vom Harz bis nach Berlin hin. Auch luftmassenbezogene Wettererscheinungen können hierdurch wesentlich beeinflußt werden. So kann im Herbst und Winter gelegentlich beobachtet werden, daß in der mit zahllosen Schauern angefüllten maritimen Polarluft von Zyklonenrückseiten bei entsprechender Strömung die wolkenauflösende Föhnwirkung der südnorwegischen Gebirge sich in einem etwa 100 km breiten Streifen von Jütland über Schleswig-Holstein hinweg südostwärts, zuweilen bis nach Berlin hin, durch eine intensive Unterdrückung der Konvektion bemerkbar macht. Dies wird allerdings unterstützt durch den ebenfalls die Konvektion behindernden Effekt der Divergenz der Bodenwinde, die von den beiden Landwindzirkulationen zwischen der kalten Landfläche Jütlands und Schleswig-Holsteins einerseits und den benachbarten wärmeren Meeresgebieten von Nord- und Ostee andererseits herrührt.

Bei der Gebirgsüberströmung kommt es im Winter oft vor, daß mit sehr stabil geschichteter Kaltluft angefüllte Täler bzw. entsprechend kaltes Vorland vom Föhnwind zunächst nur in der Höhe überstrichen werden. Wenn sich der Föhn aber schließlich – und dann meist sehr abrupt – auch zum Boden durchsetzt, so kann hier der Wind innerhalb von Sekunden von 5 auf 45 m/s zunehmen, und er zeichnet sich auch sonst durch eine starke Böigkeit (mit entsprechend starker vertikaler Durchmischung) aus. So werden in Denver, Colorado, in 73 % der Föhnsituationen Böen zwischen 16 und 28 m/s gemessen, in 4 % der Fälle Böen von 38 bis 43 m/s. Mit dem Aufrollen der Bodenkaltluftschicht kann die Temperatur in kurzer Zeit, u.U. binnen Minuten, beträchtlich steigen – in extremen Fällen um 20 K oder mehr, vom menschlichen Organismus u.U. schwer zu verarbeiten („Föhnkrankheit").

6.5.1.3
Wirbel mit vertikaler Achse

Hinter kräftig angeströmten, hoch aufragenden Hindernissen, die *nicht über*strömt werden, beobachtet man vielfach Wirbel mit vertikaler Achse. Wenn diese sich jeweils nach gewisser Zeit vom Hindernis lösen und mit der allgemeinen Strömung driften, während am Hindernis, bei anhaltender Anströmung, periodisch neue Wirbel entstehen, können sich sog. Wirbelstraßen ausbilden, wobei die Wirbel hinter der (in Strömungsrichtung gesehen) rechten Kante des Hindernisses zyklonal (im nordhemisphärischen Sinne), hinter der linken Kante antizyklonal drehen. Offenbar handelt es sich bei beiden – unabhängig vom Drehsinn – um mesoskalige Tiefdruckgebiete.

Solche Wirbelstraßen werden im Lee von steil aufragenden Vulkaninseln sehr häufig beobachtet, und zwar hauptsächlich in der Passatregion (Guadalupe, Madeira, Kanarische Inseln) (s. hierzu Film Nr. 6), aber auch bei Jan Mayen und den Aleuten. Voraussetzung ist eine Temperaturinversion unterhalb des Gipfelniveaus, i. allg. in 1–2 km Höhe, sowie eine Anströmgeschwindigkeit von 10 m/s oder mehr. Das spricht für das Vorhandensein einer ausgeprägten turbulenten Mischungsschicht und darüber innerhalb der Wirbelstraße für eine durch die Wirbel organisierte konvektive vertikale Durchmischung bis zur Höhe der Inversion. Letzteres drückt sich u.a. darin aus, daß sich diese „Kármán-Wirbel" im Satellitenbild häufig durch charakteristische mesoskalige Wolkenwirbelstrukturen abzeichnen. In Satellitenbildern der bevorzugten Regionen sind sie deshalb eine beinahe regelmäßige Erscheinung – vor allem im Bereich der Passatregion, wo wegen der großen Beständigkeit der Passatwinde und der fast permanent vorhandenen Passatinversion die Voraussetzungen für das Entstehen solcher *Kármánschen Wirbelstraßen* nahezu permanent erfüllt sind. Das häufige Erscheinen von gut ausgeprägten Wirbelstraßen im Lee von Inseln hat sicherlich mit den gut definierten Randbedingungen zu tun: geringe Bodenreibung an der Meeresoberfläche, die dort zudem thermisch relativ homogen ist, so daß zusätzliche Störungen kaum in Betracht kommen. Lediglich bei Insel*gruppen* (Aleuten und Kanarische Inseln) kommt es häufig vor, daß die Wirbelstraßen benachbarter Inseln interferieren, was zu u.U. eher chaotisch erscheinenden Wolkenstrukturen führt, die jedoch bei genauerer Betrachtung zumeist Andeutungen oder „Bruchstücke" von Kármánwirbeln im Wolkenbild erkennen lassen.

Im Prinzip müßten entsprechende Wirbel oder auch Wirbelstraßen im Lee geeigneter Hindernisse auch über Land auftreten, jedoch ist – was den Mesoscale anbetrifft – hierüber noch wenig oder nichts bekannt. Die im Vergleich zum Meer größere Bodenreibung wird vermutlich zu einer rascheren Dissipation der Wirbelenergie beitragen. Die Andeutung der Entstehung wenigstens *eines* Wirbels scheint jedoch in einer METEOSAT-Bildsequenz von einem außerordentlichen Sahara-Sandsturm über Mauretanien vorzuliegen (s. Film Nr. 7), wo sich im Lee des Eglab-Gebirges eine zyklonale Wirbelstruktur an der Vorderkante der Staubwolke abzeichnet; sie wandert immerhin mit der Strömung mit. Aber es ist nicht sicher, ob hier ein Zusammenhang mit dem Wirbelstraßenphänomen besteht; es gilt zunächst, nach weiteren ähnlichen Fällen Ausschau zu halten.

Im Kleinräumigen, wie hinter Schornsteinen und Gebäuden, treten Wirbelstraßen hingegen häufig in Erscheinung. So führen sie beispielsweise zum „Singen" von in den Wind gespannten Drähten, etwa oberirdisch verlaufenden Telefonleitungen.

Hinter ausgedehnteren Hindernissen werden zwar im allgemeinen keine Wirbelstraßen beobachtet, aber dennoch entstehen hier an den Seiten häufig ausgeprägte Wirbel (allgemein als „Eckeneffekt" klassifiziert), wie z.B. in recht beachtlicher Größe gelegentlich an der Südspitze von Grönland. Aber auch im Mesoscale kommt beispielsweise am Südwestrand der Australischen Alpen ein derartiger Wirbel bei entsprechend nordöstlicher Strömung zuweilen direkt über der Großstadt Melbourne zu liegen und führt dann dort zu einer Situation bemerkenswerter Luftbelastung, weil infolge der in den bodennahen Schichten des Wirbels vorhandenen Konvergenz die im Stadtgebiet produzierten Luftschadstoffe dann nicht in genügendem Maße abtransportiert werden.

Zu diesen „Eckenwirbeln" können – allerdings dann bereits im synoptischen Scale – schließlich auch die „Genua-Zyklone" am westlichen und das „Vb-Tief" am östlichen Alpenrand gerechnet werden (s. Glossar).

6.5.2
Auswirkungen von Großstädten

Großstädte mit Hochhauszentren in relativ flachem Umland stellen für großräumige Luftströmungen Hindernisse dar, die zu charakteristischen Effekten in ihnen selbst bzw. in der Nachbarschaft, im Lee u.U. bis in weite Entfernungen führen. Die große Bodenrauhigkeit der Stadt verstärkt beispielsweise die vertikale turbulente Durchmischung. Bei allgemein stabiler Schichtung – besonders natürlich im Falle großräumiger Bodeninversion im Winter – und schwacher Strömung macht sich die Ausbildung einer urbanen Durchmischungsschicht u.U. durch einen beträchtlichen Beitrag zum *Wärmeinseleffekt* der Großstadt bemerkbar, und es tritt das Phänomen der *Fumigation* auf (s. Abschn. 7.4), d.h. des Heruntermischens von oberhalb der Reibungsschicht aus der Umgebung herantransportierten Luftbeimengungen. Im Lee der Stadt wirkt die urbane Modifikation der Grenzschicht über gegebenenfalls viele Zehnerkilometer nach, nämlich als die i. allg. durch den Schadstoffeintrag der Stadt zusätzlich charakterisierte „Stadtluftfahne" („urban plume").

6.6
Konvektive Erscheinungen

Unter Konvektionsströmungen werden in der Meteorologie bekanntlich thermisch induzierte kleinräumige oder mesoskalige, „geordnete" *vertikale* Bewegungen verstanden; deren kleinräumigere Formen, die „Thermik", werden vielfach gesondert betrachtet. In der planetarischen Grenzschicht trägt die Konvektion – besonders tagsüber und in der warmen Jahreszeit – neben der Turbulenz u.U. wesentlich zur vertikalen Durchmischung bei; in der freien Atmosphäre – soweit damit die Troposphäre gemeint ist – ist sie ihr wesentlicher Träger. Ihre kräftigste Ausprägung finden sie in den gewöhnlich die gesamte Troposphäre durchsetzenden Gewittern.

6.6.1
Niedrige Konvektion („shallow convection")

6.6.1.1
Zellularkonvektion

Bei Kaltluftadvektion über relativ warmer Unterlage, besonders auf Zyklonenrückseiten und über dem Meer, organisiert sich die infolge stark instabiler Schichtung erzeugte Konvektion in unterschiedlichen Formen, je nach der Stärke und Struktur der Strömung. Bei hoher Windgeschwindigkeit ordnet sie sich in longitudinalen, d.h. in Windrichtung angeordneten Bändern, vielfach durch entsprechend angeordnete Cumuluswolken sichtbar gemacht in sog. *Wolkenstraßen* (s. weiter unten). Bei mäßigem Wind organisiert sie sich überwiegend in Form meist ziemlich regelmäßiger, in der Struktur Bienenwaben ähnelnder Zellen, „Benard-Zellen", wie sie allgemein in Flüssigkeiten über einer erhitzten Unterlage zu beobachten sind, u.a. auch in der Granulation der Sonnenoberfläche. In Satellitenbildern treten sie in zahlreichen Erdgegenden häufig als polygonale Wolkenmuster in Erscheinung. Über Land kommen diese regelmäßigen Zellenmuster nur in Kaltluft maritimen Ursprungs vor, sind aber selbst bei anhaltend großer Instabilität meist nur so lange deutlich ausgeformt, wie die ursprünglich über dem Meer aufgeprägten regelmäßigen, zellularen Zirkulations-Strukturen nicht durch topographisch induzierte – und deshalb gänzlich anders strukturierte, unregelmäßige Konvektionsmuster überprägt werden.

Solange sog. „offene Zellen", d.h. Konvektionszellen mit Aufsteigen an den Rändern und Absinken im Zentrum, vorhanden sind, durchsetzen diese – in Abhängigkeit von der vertikalen Erstreckung der durch die Temperaturdifferenz zwischen Wasser und Luft vorgegebenen Instabilität der jeweiligen Schichtung – u.U. große Teile der Troposphäre, im Extremfall bis zur Tropopause, und die die Zellen bildenden Konvektionswolken bringen dann häufig Schauerniederschlag und Gewitter. Offene Zellen werden über dem Ozean i. allg. beobachtet, solange das Wasser um mehr als 2 K wärmer ist als die Luft darüber, d.h. bei großer Instabilität der Schichtung. Sog. „geschlossene" Zellen, die mit Wolken gefüllt sind und dafür wolkenfreie Ränder aufweisen, sind dagegen Indikatoren für nur geringe Schichtungsinstabilität und geringe vertikale Erstreckung der Konvektionsschicht; die Temperaturdifferenz zwischen Wasser und Luft beträgt hier meistens weniger als 2 K.

6.6.1.2
Wolkenstraßen

Bei höherer Windgeschwindigkeit in den untersten etwa 2 km und vornehmlich über Land – hier oftmals durch topographische Effekte zusätzlich begünstigt – bilden sich in instabil geschichteter Kaltluft longitudinale Zirkulationsbänder, die in maritimer Kaltluft, d.h. bei entsprechender Feuchtigkeit, zumeist durch charakteristische „Wolkenstraßen" markiert werden. Diese können 20–500 km lang sein und sind meist 2–8 km breit, wobei die Wolken im Durchschnitt in knapp 1–2 km Höhe liegen.

Diese Wolkenstraßen sind seit langem durch den Segelflug bekannt, da in ihnen viele Langstreckenrekorde geflogen worden sind. Es hat sich dabei gezeigt, daß die Luft in Spiralen um in Windrichtung liegende horizontale Achsen weht. In Satellitenbildern sehen wir sie heute häufig, vor allem im Frühjahr, wenn frische maritime Polarluft zügig über das schon kräftig erwärmte Land hinwegweht. Diese Wolkenstraßen sind also Indikatoren für eine lebhaft konvektive Mischungsschicht, in der in den untersten 2 000 m der Troposphäre die Luft sowohl kräftig durchmischt als auch rasch horizontal verfrachtet wird.

6.6.1.3
Konvektionsbänder

In trockener, winterlicher kontinentaler Kaltluft werden den Wolkenstraßen ähnliche Strukturen in Satellitenbildern sichtbar, wenn sie über genügend große offene Wasserflächen geführt wird. Es entwickelt sich dann u.U. eine so lebhafte Konvektion, daß diese teilweise schon nicht mehr der „shallow layer"-Konvektion zuzurechnen ist. Vielmehr bilden sich darin oftmals Schauerketten mit ergiebigen Schnee-Niederschlägen, die bei stabiler Lage dieser Wolkenstraßen zu sehr differenzierten Niederschlagsmustern führen können. Satellitenbildern von entsprechenden Situationen läßt sich entnehmen, daß in einem Feld relativ „harmloser" Wolkenstraßen vermutlich topographische Einflüsse die Formierung besonders sich hervorhebender „Konvektionsbänder" bewirken. Im Bereich der Großen Seen Nordamerikas werden sie „lake plumes" („Seeluft-Wolkenfahnen") genannt. Buffalo, N.Y., hat, wenn die Luft vorher über den Erie-See hinwegweht, unter solchen Konvektionsbändern gewöhnlich Rekordschneefälle von mehr als 1m an einem Tag zu verzeichnen. Die streifenartige Anordnung zahlreicher Starkschneefälle – beispielsweise bei Ostwind in Schleswig-Holstein oder an der süd- und mittelschwedischen Ostküste – läßt sich zumindest in Einzelfällen ebenfalls auf derartige Konvektionsbänder zurückführen. Hieraus könnten sich sicherlich auch interessante Rückschlüsse auf eine in solchen Situationen räumlich recht inhomogene, aber doch „geordnete" nasse Deposition mitgeführter Luftschadstoffe ableiten lassen; zumindest die Verteilungsmuster der Niederschläge zeigen offensichtlich eine starke topographische Prägung. Treten diese Konvektionsbänder in besonderen Strömungssituationen ortsgebunden regelmäßig auf, könnte diesen Verteilungsmustern schließlich auch eine klimatische Bedeutung zukommen.

6.6.2
„Durchgreifende" Konvektion („deep convection"), Gewitter

Schauerwolken repräsentieren intensive konvektive Vorgänge, die zumeist große Teile der Troposphäre durchsetzen. Gewitterwolken sind Ausdruck intensivster Konvektion; sie erstrecken sich gewöhnlich bis zur Tropopause, gelegentlich weit darüber hinaus. Um den Konvektionsprozeß so lange aufrechtzuerhalten, bis sich ein 10 oder 15 km hoher Cumulonimbus von Gewitterintensität aufgebaut hat, der nicht sogleich wieder in sich zusammenfällt, muß sich ein eigenes, diesen Prozeß in Gang haltendes mesoskaliges Zirkulationssystem organisieren – falls dies nicht bereits durch ein vorgegebenes Frontensystem bzw. eine schon in Entwicklung begriffene großräumigere Instabilitätslinie („squall-line", s. unten) geleistet wird. Dieses Zirkulationssystem besteht aus einem konvergenten Windfeld in Bodennähe, einem divergenten in der oberen Troposphäre (zumeist in Tropopausennähe) und dem konvektiven Aufwärtsstrom dazwischen. Das bedeutet, daß in einem solchen Gebilde in einem kontinuierlichen Strom bodennahe Luft aus einem, die horizontale Ausdehnung des Gewitters weit übertreffenden Areal zusammengeführt wird. Diese Konvergenz sorgt für den zu einem ausgeprägten Gewitterprozeß benötigten laufenden Nachschub an Wasserdampf – und damit an Energie (latente Wärme). In analoger Weise werden auch in der zusammenströmenden Luft vorhandene Beimengungen in die Gewitterwolke eingesogen, und schließlich wird in deren Aufwindschlot Luft aus der Grenzschicht weit hinauf in die Troposphäre getragen. An seinen Flanken findet – mit dem sog. *Entrainment*-Prozeß – lebhaftes Hineinmischen von Umgebungsluft statt. Aber zunächst unterliegt die aufstrudelnde Luft innerhalb der Wolke den mit der Wasserdampfkondensation und der Niederschlagsbildung zusammenhängenden thermodynamischen und wolkenphysikalischen Prozessen, in die schließlich auch die Luftbeimengungen einbezogen werden; es sagt schon der Volksmund: „Gewitter reinigt die Luft". Das heißt, daß unterhalb der Wolke, also in einem relativ begrenzten Areal, Luftbeimengungen mit den Niederschlägen durch „nasse Deposition" zur Erdoberfläche gelangen. Der Gewitterprozeß bewirkt also gegebenenfalls, neben anderem, eine räumlich konzentrierte Deposition von Luftbeimengungen, die unmittelbar vorher aus einem um ein Vielfaches größeren Areal zusammengeführt wurden.

Ein weiterer wichtiger Aspekt des Gewitterprozesses ist, daß mit dem Reifestadium – und das gilt ganz besonders für Schwergewitter – innerhalb der Wolke sich ein an Intensität und Ausmaß dem Aufwindschlot vergleichbarer Abwindstrom entwickelt („downdraft") (vgl. Abb. 5.38), in dem unter Einbeziehung eines „organisierten" Entrainments die im Gewitter produzierte Kaltluft vehement, gelegentlich in Form dramatischer „downbursts", abwärts schießt und sich am Boden in flacher Schicht, u.U. mit Böen bis Orkanstärke, rasch ausbreitet. Die bekannten Gewitter*böenlinien* sind dabei mit der die Vorderkante der ausfließenden Gewitterkaltluft darstellenden, meist nur 1 000–1 500 m mächtigen mesoskaligen Kaltfront identisch. Der daran sich gleichzeitig ausbildende „hydrodynamische Kopf" (s. Abb. 6.9.a) führt i. allg. zu einem charakteristischen, wandernden mesoskaligen Wolkenbogen (die „arc cloud"). Dieser zeichnet sich deutlich in Satellitenbildern ab, so daß insbesondere an Hand von Bildfolgen geostationärer Satelliten (wie z.B. METEOSAT) diese Vorgänge heute sehr eingehend studiert werden können. Unter Umständen läßt sich die Ausbreitung dieser „arc clouds" bzw. Böenlinien („gust lines") oder „hydrodynamic jumps" (verschiedenartige Äußerungen ein und desselben Vorganges!) bis zu Entfernungen von mehreren hundert Kilometern vom eigentlichen Entstehungsort verfolgen (s. hierzu die Filme Nr. 1 und 2 sowie Nr. 8 und 9).

Sind Gewitter besonders stark entwickelt, durchbrechen sie oftmals die Tropopause – als sog. „overshooting tops" vielfach sogar in Satellitenbildern erkennbar. Damit injizieren sie gewissermaßen troposphärische Luft (mit all ihren Beimengungen!) in die Stratosphäre und tragen so zum Luftaustausch zwischen diesen beiden atmosphärischen Schichten bei. Kürzlich konnte sogar gezeigt werden (Ellrod 1985), daß zuweilen in IR-Satellitenbildern von Schwergewittern, insbesondere bei sog. „Mesoscale Convective Complexes" (MCC) (Maddox 1980, Maddox et al. 1986), die Stellen stärkster „downbursts" an der Oberseite von Cumulonimben als durch intensives Absinken hervorgerufene warme Flecken erkennbar werden. Dies signalisiert, daß

6.6 Konvektive Erscheinungen

hier offenbar stratosphärische Luft in die Gewitterwolke eingesogen und somit in die Troposphäre eingeführt wird, wie das sonst nur von tropischen Wirbelstürmen und Frontalzonen bekannt ist (Danielsen 1968).

Als wichtig bleibt noch festzuhalten, daß die ausgeflossene kalte Luft in den unteren 1–2 km der Troposphäre – bis auf eine ausgeprägte Mischungsschicht, solange die Kaltluft sich noch bewegt – die Schichtung stark stabilisiert, was sich i. allg. durch eine deutliche, niedrige Inversion und als Folge davon durch die Verhinderung weiterer Konvektion in dem entstandenen Kaltluftbereich bemerkbar macht. Wo allerdings die „arc clouds" verschiedener Gewitterherde zusammentreffen, initiieren sie häufig neue Gewitter (Gurka 1976, Purdom 1986, s. auch Filme Nr. 8 und 15).

Das Gewitter wurde bis hier her nur unter den thermo-hydrodynamischen Aspekten stark entwickelter Cumulonimbus-Konvektion behandelt, als Gewitter definiert wird es jedoch bekanntlich in erster Linie über seine elektro-akustischen Begleiterscheinungen, d.h. über das Auftreten von Blitz und Donner, so daß auch darüber wenigstens kurz etwas gesagt werden sollte.

Ein Gewitter-Blitz ist zwar zunächst ein durchaus lokales Phänomen, die atmosphärischen Blitzentladungen in ihrer Gesamtheit stellen aber einen wichtigen Regenerationsmechanismus des permanenten globalen luftelektrischen Feldes dar. Dieses besteht großräumig zwischen den positiven Ionen der Ionosphäre und der demgegenüber im Netto negativ aufgeladenen Erdoberfläche. Infolge der Beweglichkeit der dazwischen befindlichen Luftionen würde sich diese Art Groß-Kondensator in einem steten, langsamen, schwachen, sogen. „Schönwetter-Strom" von abwärts wandernden positiven und aufwärts geführten negativen Ionen allmählich entladen, würde ihn nicht die stets aktive Welt-Gewittertätigkeit, gewissermaßen als Generator, beständig wieder aufladen. Diese globale Gewittertätigkeit wird, abgesehen von den Sommergewittern unserer Breiten, ganzjährig von den Tropengewittern dominiert, die sich u.a. auch im Tagesgang der Welt-Gewittertätigkeit durch ein ausgeprägtes Maximum am Nachmittag und frühen Abend (nach Weltzeit, d.h. Greenwich-Zeit) bemerkbar machen, nämlich wenn die kontinentale Tageshitze die ungezählten täglichen Gewitter Äquatorial-Afrikas und Südamerikas hervorruft.

Durch mikrophysikalische Prozesse elektrisch positiv oder negativ aufgeladene Wolkentropfen und vor allem Eiskristalle werden in diesem globalen luftelektrischen Feld separiert; innerhalb der aufstrudelnden Cumulus- und Cumulonimbus-Wolken entstehen aber gegenpolige Raumladungen hauptsächlich durch hydrodynamische Ladungstrennung, wobei i. allg. die höheren Wolkenteile positive, die unteren negative Ladung zeigen, mit entsprechenden Influenzwirkungen auf die nähere Umgebung des Cumulonimbus bzw. auf die Erdoberfläche.

Zwischen gegenpoligen Ladungsgebieten treten bei ausreichenden Potentialdifferenzen, ca. 10 mV, im Durchschnitt alle 3 min durch zuvor jeweils schrittweise stoßartig aufgebaute, oft vielfältig verzweigte, u.U. etliche Kilometer lange Blitzkanäle mehrfach oszillierende Entladungen auf. Diese jeweils ca. 10 µs dauernden Teilentladungen mit Stromstärken von durchschnittlich je 1 A transportieren in Sekundenbruchteilen elektrische Ladungsmengen von etwa 20 Coulomb oder auch mehr, und zwar als sogen. *Wolkenblitze* zwischen Wolkenpartien bzw. zwischen Wolke und dem umgebenden Luftraum oder als die gefürchteten *Erdblitze* zwischen Wolke und Erdoberfläche.

Auf die schockartigen, enormen Dichteschwankungen innerhalb des kurzzeitig auf ca. 10 000 bis 25 000 K erhitzten schmalen Blitzkanals reagiert die Luft mit einem scharfen Knall. Dieser wird bei seiner allseitigen Ausbreitung mit Schallgeschwindigkeit infolge vielfacher Reflexionen an den zahlreichen Dichte-Diskontinuitäten innerhalb bzw. am Rande des meist recht inhomogenen Gewitterwolkenkomplexes i. allg. zu eher multiplem *Donner* transformiert, in weiterer Entfernung infolge Absorption der hochfrequenteren Schallanteile meist zu dumpfem *Grollen*. Ferngewitter, deren Donner nicht mehr hörbar ist, sind nachts meist an ihrem „Wetterleuchten" erkennbar, d.h. am flackernden Widerschein der von Blitzen beleuchteten, meist höheren Wolkenpartien.

Blitzentladungen sind auch an Eruptionswolken von Vulkanen und innerhalb von Staubstürmen beobachtet worden.

Für weitere Einzelheiten bezüglich der Gewitter-Elektrizität s. u.a. Abschn. 9.2, Literaturempfehlung Houghton (1985); darin Kessler: Severe Weather, S. 133–204.

6.6.3
Squall-lines (Instabilitätslinien)

Über den Kontinenten der mittleren Breiten – vor allem in Nordamerika, aber zuweilen auch in Europa – bilden sich innerhalb sommerlicher Warmsektoren, besonders wenn sie in unteren Schichten mit extrem feuchter, darüber jedoch mit trockener Luft angefüllt sind („latente Labilität" der Schichtung!), häufig langgestreckte Instabilitätszonen von mehreren hundert Kilometern Länge. Bei entsprechend großräumiger Hebung, wie sie innerhalb des Warmsektors einer Zyklone i. allg. gegeben ist (s. Abschn. 6.10.2), kommt es dann zum Auslösen dieser latenten Labilität (vgl. Abschn. 5.9.4) und infolgedessen bereits mit dem Einsetzen der ersten damit zusammenhängenden Gewitter meistens schnell zur Bildung einer schon fast synoptisch-skaligen Gewitterkette, die wegen der die Gewitter begleitenden heftigen Böen auch „squall-line" genannt wird. Diese darf jedoch nicht mit den Böenlinien („gust lines") der Einzelgewitter verwechselt werden. Die „squall-line" stellt die stärkste Form linienhaft organisierter Konvektion dar. In ihr steigern sich zumeist alle weiter oben im Zusammenhang mit Gewittern beschriebenen Effekte, und in Nordamerika treten in ihrem Gefolge häufig schwere Hagelschläge und Tornados (s. z.B. Purdom 1986) auf.

6.7
Schwerewellen

Schwerewellen sind vertikal-transversale Luftbewegungen, die dadurch hervorgerufen werden, daß ein aus einer stabilen Ruhelage gebrachtes Luftpaket unter dem Einfluß der Schwerkraft um diese Ruhelage schwingt und diese Schwingung sich nach allen Seiten wellenförmig ausbreitet; Schwerewellen können aber auch von einem einzelnen Störimpuls ausgehen. Eine gute Analogie stellen die Wellen an der Wasseroberfläche dar. Solche Schwerewellen treten in vielen Stockwerken der Atmosphäre auf. Sie sind seit langem bekannt und äußern sich oft im Himmelsbild durch entsprechende Wogenmuster der Wolken, u.U. selbst bei den Leuchtenden Nachtwolken in 80 oder 100 km Höhe. Unter wolkenlosen Bedingungen sind sie nachgewiesen durch

Mikrobarogramme und Radarbeobachtungen. Neuerdings bieten Bewegungsszenen von geostationären Wettersatelliten ein reichhaltiges Beobachtungsmaterial (s. Film Nr. 10). Darin treten vor allem die mesoskaligen Formen von Schwerewellen in Erscheinung. Sie sind an ihren charakteristischen Einwirkungen auf das Bewölkungsfeld erkennbar, wie z.B. vorübergehende Wolkenbildung bzw. eine Verstärkung vorhandener Wolken im Bereich der Wellenberge, entsprechende Auflösung bzw. Abschwächung von Wolken beim Durchzug der Wellentäler. Ihre stationäre Variante, „stehende Wellen", d.h. die Leewellen hinter Gebirgen, sind schon weiter oben behandelt worden. Jetzt interessieren mehr die wandernden Schwerewellen. Die Wellenlängen der Schwerewellen können voneinander um Größenordnungen verschieden sein, sie reichen von vielleicht 100 m bis zu 500 km (s. auch Abb. 2.24), wobei die längerwelligen überwiegend an der Tropopause, die kurzwelligeren Schwerewellen zumeist an bodennahen Inversionen auftreten. Ihre Perioden reichen von wenigen Minuten bis zu Stunden, ihre Phasengeschwindigkeiten liegen durchweg bei 10–50 m/s.

Als Ursache für die Schwerewellen lassen sich vielfach heftige Konvektionsvorgänge identifizieren, wie z.B. im Extremfall Gewitter, aber auch Kaltfronten oder andere Instabilitäten, die vorhandene Inversionen zu Schwingungen anregen. Das bedeutet, daß die Wellen zwar bei indifferenter (bzw. instabiler) Schichtung ausgelöst werden, daß ihre Ausbreitung aber an Inversionen, in Schichten extremer Stabilität erfolgt.

Offensichtlich kann es bei Schwerewellen, die von verschiedenen Quellen stammen, auch zu Interferenzerscheinungen kommen, wobei an Stellen überlagerter Wellenberge verstärkte Konvektionsbewölkung, u.U. bis zu Gewitterstärke erzeugt werden kann (Filme Nr. 8 und 15). Dies wird besonders dann beobachtet, wenn die Schwerewellen mit den „hydraulischen Pulsen" von Gewittern (s. „arc clouds") zusammenhängen.

Im Zusammenhang mit Fragen der Schadstoffausbreitung sind die Schwerewellen deswegen interessant, weil sie zum einen das Vorhandensein von Inversionen signalisieren, zum anderen – nämlich im Falle der Initiierung oder Verstärkung konvektiver Prozesse – einen zumindest zeitweilig und punktuell möglichen Luftaustausch durch Inversionen hindurch anzeigen. Das Phänomen ist jedoch, vor allem hinsichtlich dieser Konsequenzen, noch bei weitem nicht genügend erforscht.

6.8
Bewegungsgesetze

6.8.1
Bewegungen auf der rotierenden Erde

Grundlage für die physikalische Beschreibung der Bewegungsvorgänge sind die beiden ersten Axiome Newtons:

1. Kräfte sind die Ursache von Bewegungen;
2. die Summe der wirkenden Kräfte bewirkt eine Impulsänderung.

Impuls heißt bekanntlich das Produkt aus Masse und Geschwindigkeit; der Geschwindigkeitsvektor $\vec{v}_a$ ist bezogen auf ein im Raum fest stehendes, zeitlich sich nicht veränderndes (absolutes) Koordinatensystem (Inertialsystem). Das 2. Axiom lautet mathematisch formuliert:

$$\frac{d}{dt} \cdot (m \cdot \vec{v}_a) = \sum_{i=1}^{n} \vec{K}_i \quad \text{(n = Anzahl der Kräfte)}.$$

Da bei all jenen Vorgängen in der Atmosphäre, die Gegenstand der Meteorologie sind, die Masse eines bewegten Teilchens konstant bleibt, kann dieser sogen. *Impulssatz* auch geschrieben werden:

$$m \cdot \frac{d\vec{v}_a}{dt} = \sum_{i=1}^{n} \vec{K}_i$$

bzw., wenn wir die Betrachtungen auf die Volumeinheit beziehen wollen,

$$\frac{m}{V} \cdot \frac{d\vec{v}_a}{dt} = \frac{1}{V} \cdot \sum_{i=1}^{n} \vec{K}_i \ .$$

An Kräften hatten wir bereits kennengelernt:

(a) die *Druckkraft* $(1/V) \cdot \vec{K}_1 = (1/V) \cdot \vec{P}$

(b) die *Schwerkraft* $(1/V) \cdot \vec{K}_2 = \varrho \cdot \vec{g}$

sowie außerdem die Tatsache (Abschn. 5.2), daß in der Atmosphäre – von wenigen kurzzeitigen und lokalen Ausnahmen abgesehen – hydrostatisches Gleichgewicht angenommen werden kann, welches dadurch bewirkt wird, daß die Schwerkraft die vertikale Komponente der Druckkraft kompensiert. Unter dieser Annahme bleibt von der zunächst dreidimensionalen Druckkraft $\vec{P}$ nur ihr horizontaler Anteil P_H übrig, so daß wir also für (a) und (b) zusammenfassend schreiben können

$(1/V) \cdot K_1 = (1/V) \cdot P_H$.

Für die auf die Volumeinheit bezogene Druckkraft hatten wir gefunden, daß sie gleich dem (hier nunmehr horizontalen) Druckgradienten ist, also $(1/V) \cdot P_H = -\partial p/\partial n$; n ist hierbei die Richtung des (horizontal) stärksten Luftdruckanstiegs. Somit wird

$$\frac{m}{V} \cdot \frac{dv_a}{dt} = r \cdot \frac{dv_a}{dt} = -\frac{\partial p}{\partial n} \ .$$

Nun sind wir gewohnt, alle Bewegungen relativ zur Erdoberfläche zu betrachten, also ein Bezugssystem zu benutzen, das mit dieser fest verbunden ist. Da sich die Erde dreht, rotiert dieses Koordinatensystem aber mit der Erde, d.h. es dreht sich gegenüber dem weltraum-fixierten Koordinatensystem, auf das sich unsere Gleichung bezieht. Was wird dann aus dieser? Beziehen wir die Bewegung auf ein erdfestes Koordinatensystem, müssen wir für die Beschleunigung im Inertialsystem dv_a/dt einen geeigneteren Ausdruck finden, der die auf die Erdoberfläche bezogene Geschwindigkeit v bzw. Beschleunigung dv/dt enthält.

6.8 Bewegungsgesetze

Wenn man nicht von vornherein auf Kugelkoordinaten übergehen will, spannt man die Erdoberfläche gern in einer kartesischen Horizontalebene (Tangentialebene zur Erdoberfläche) auf, die – wie gesagt – mit der sich drehenden Erde um die Erdachse rotiert. Dabei erfährt sie eine Drehung (ω), die von der geographischen Breite φ abhängt: $\omega = \Omega \cdot \sin\varphi$, wobei $\Omega = 7{,}29 \times 10^{-5}\,s^{-1}$ die Winkelgeschwindigkeit der Erde ist. Die Beschleunigung, die das Luftvolumen im Inertialsystem erfährt, setzt sich dann zusammen aus der Beschleunigung $\dot{v}$ gegenüber der Tangentialebene und der Beschleunigung C durch deren Drehbewegung, also

$$dv_a / dt = \dot{v}_a = \dot{v} + C\,.$$

Die Beschleunigung C – also die Beschleunigung, die ein bewegtes Teilchen relativ zur Erdoberfläche erfährt – ist eine scheinbare, weil sie nur formal, durch die Wahl unseres nicht raumfesten Koordinatensystems zustandekommt und keine Arbeit leistet. Dem Betrage nach ist

$$C = 2 \cdot \omega \cdot v\,,$$

oder wir können auch schreiben

$$C = 2 \cdot \Omega \cdot \sin\varphi \cdot v\,.$$

C heißt *Coriolis-Beschleunigung*, zuweilen auch „ablenkende Kraft der Erdrotation" genannt, und man nennt den Ausdruck

$$2 \cdot \Omega \cdot \sin\varphi = f \equiv \textit{Coriolisparameter}.$$

Einige Zahlenwerte sind in Tabelle 6.3 zusammengestellt.

Tabelle 6.3. Coriolis-Parameter $f = 2\Omega \cdot \sin\varphi$ [$10^{-4}\,s^{-1}$] in Abhängigkeit von der geographischen Breite φ (nach Linke u. Baur 1970, II, S. 504). Bei $\varphi = 43°$ ist der Coriolisparameter $f = 1 \cdot 10^{-4}\,s^{-1}$, d.h. für einen Wind von 10 m/s (globaler Durchschnitt) hat die Coriolisbeschleunigung in dieser Breite einen Betrag von $C = 10^{-3}\,m \cdot s^{-2}$

φ	0°	10°	20°	30°	40°	50°	60°	70°	80°	90°
f^a	0	0,253	0,499	0,729	0,935	1,117	1,263	1,371	1,436	1,458

^{a} [$\cdot 10^{-4}\,s^{-1}$]

Die Coriolisbeschleunigung tritt nur dann in Erscheinung, wenn $v \neq 0$ ist, d.h., wenn tatsächlich eine Bewegung relativ zur Erdoberfläche stattfindet. Für einen gegenüber der Erdoberfläche ruhenden Punkt ist sie gleich Null.

Die Richtung der Coriolisbeschleunigung steht senkrecht auf der Bewegungsrichtung. Sie weist (in der Horizontalebene) auf der Nordhemisphäre nach rechts, auf der Südhemisphäre nach links. Dies ist leicht erkennbar, wenn wir die Coriolisbeschleunigung vektoriell schreiben (bezüglich der exakten Ableitung sei auf einschlägige Einführungen in die mathematische Meteorologie verwiesen, wie z.B. Holton 1972):

$$\vec{C} = -2\vec{\Omega} \times \vec{v} = -2\Omega \cdot \sin\varphi \cdot \vec{k} \times \vec{v} = -f \cdot \vec{k} \times \vec{v}\,.$$

Weil diese Beschleunigung auf dem Geschwindigkeitsvektor senkrecht steht, ändert sie nicht den Geschwindigkeitsbetrag v des sich bewegenden Teilchens (deswegen also „Scheinkraft"), sondern sie verändert nur die Richtung der Bewegung relativ zur rotierenden Bezugsfläche, der Erdoberfläche. Unsere Bewegungsgleichung können wir dann so schreiben:

$$\varrho \cdot \frac{d\vec{v}_a}{dt} = \varrho \cdot \frac{d\vec{v}}{dt} + \varrho \cdot \vec{C}$$

und wir haben eine 3. wirkende Kraft, $\vec{K}_3 = -\varrho \cdot \vec{C}$, dazubekommen.

In skalarer Schreibweise erhalten wir daraus als *atmosphärische Bewegungsgleichung* für ein relativ zur Erdoberfläche bewegtes Luftvolumen, beschrieben in einem erdfesten Koordinatensystem mit der X-Y-Ebene als Tangentialebene (Horizontalebene) in der Breite φ:

$$\frac{dv}{dt} = -2\Omega \cdot \sin\varphi \cdot v - \frac{1}{p} \cdot \frac{\partial p}{\partial n} .$$

Diese Bewegungsgleichung besagt, daß ein Luftvolumen eine durch die (horizontale) Druckkraft gegebene Beschleunigung erfährt, die das Volumen in die negative Gradientrichtung (also in Gefällerichtung, d.h. vom hohen zum tiefen Luftdruck) des Druckfeldes beschleunigt, also in Bewegung setzt. Da aber nun eine Bewegung relativ zur Erdoberfläche stattfindet, bewirkt die Coriolisbeschleunigung sogleich eine Ablenkung der Bewegung gegenüber der Richtung der Druckkraft. Diese Ablenkung ist um so stärker, je größer die inzwischen erreichte Geschwindigkeit ist und je höher die geographische Breite (am Äquator ist C = 0).

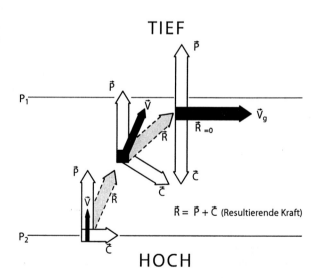

Abb. 6.10. Skizze zur Erläuterung der Entstehung des geostrophischen Gleichgewichts

6.8.2
Der geostrophische Wind

Bewegt sich ein Luftvolumen längere Zeit (Stunden) unter dem Einfluß von Druckkraft und Corioliskraft (s. hierzu Abb. 6.10), so wird infolge der Beschleunigung durch die Druckkraft die Geschwindigkeit zunehmen; dadurch nimmt aber die Coriolisbeschleunigung ebenfalls zu und damit die Stärke der Richtungsablenkung, bis schließlich die Corioliskraft die Größe der Druckkraft erreicht und wegen ihrer dann der Druckkraft entgegengesetzten Richtung diese kompensiert. Das Resultat ist eine durch die Druckkraft angefachte, nunmehr – da die wirkenden Kräfte sich aufheben – nicht mehr weiter beschleunigte, den Isobaren parallele Strömung. Diese unbeschleunigte isobarenparallele Gleichgewichtsströmung mit der Geschwindigkeit v_g heißt *geostrophischer Wind*. Die Corioliskraft führt also, sobald die Luft auf eine Geschwindigkeit beschleunigt wurde, die dem Druckgradienten entspricht, einen Zustand der Strömung herbei, bei dem – weil der Wind nun isobarenparallel weht – Luftdruckunterschiede nicht ausgeglichen werden können. Somit ist unter geostrophischen Gleichgewichtsbedingungen das Bestreben der Druckkraft, Druckunterschiede auszugleichen, infolge der Gegenwirkung der Corioliskraft wirkungslos, vorhandene Druckgegensätze bleiben dadurch erhalten.

Da im Falle geostrophischen Gleichgewichts der Wind beschleunigungsfrei ist, ist in der obigen Bewegungsgleichung der Beschleunigungsterm (die linke Seite) null zu setzen. Kennzeichnen wir den für den Gleichgewichtsfall erhaltenen geostrophischen Wind durch den Index „g", so folgt daraus (das negative Vorzeichen außer acht lassend, weil es nur einen positiven Geschwindigkeitsbetrag geben kann):

$$1/\varrho \cdot \partial p / \partial n = 2\Omega \cdot \sin\varphi \cdot v_g = f \cdot v_g.$$

Stellen wir hieraus v_g frei, erhalten wir als Gleichung für die skalare geostrophische Windgeschwindigkeit:

(1) $$v_g = \frac{1}{\varrho \cdot f} \cdot \frac{\partial p}{\partial n}.$$

Diese Form (1) der Gleichung ist insofern eine ungünstige, als darin die Dichte vorkommt, die mit der Höhe stark variiert, so daß bei einem mit zunehmender Höhe gleichbleibendem Druckgradienten der resultierende geostrophische Wind seinen Betrag mit der Höhe ändern würde. Die Dichte läßt sich aber mit Hilfe der statischen Grundgleichung eliminieren ($dp = -\varrho \cdot g \cdot dz$), und man erhält wegen $\varrho = -(1/g) \cdot (dp/dz)$ die Form:

(2) $$v_g = \frac{g}{f} \cdot \frac{\partial z}{\partial n}.$$

wobei nun statt des horizontalen Druckgradienten $\partial p/\partial n$ die Neigung der Druckfläche $\partial z/\partial n$, der Gradient der absoluten Topographie (Höhe der Druckfläche über NN) steht. Hier stört vielleicht noch die Höhen- und Breitenvariation von $g = g(\varphi,z)$. Führen wir deshalb das Geopotential $d\Phi = g \cdot dz$ ein (s. Abschn. 5.3), vereinfacht sich die Beziehung weiter, weil dann das breiten- und höhenabhängige g durch den festen

Wert g_n ersetzt wird, besonders, wenn wir zusätzlich zur geopotentiellen Höhe h übergehen, und wir erhalten eine 3. Form:

(3) $$v_g = \frac{1}{f} \cdot \frac{\partial \Phi}{\partial n} = \frac{g_N}{f} \cdot \frac{\partial h}{\partial n}.$$

Hatten wir mit (2) eine höhenunabhängige Form gefunden, haben wir jetzt eine lediglich über $f = 2\Omega \cdot \sin\varphi$ noch leicht breitenabhängige, im wesentlichen aber nur noch vom Geopotentialgradienten abhängige Darstellung des geostrophischen Windes gewonnen (3).

Die durchschnittliche Neigung der Druckflächen, $\partial h/\partial n$, können wir uns leicht durch eine Abschätzung veranschaulichen: In 45° Breite ist $f \approx 10^{-4}\,s^{-1}$, $g \approx 10\,m\cdot s^{-2}$; das ergibt bei einem Wind von 10 m/s ein Neigung der Druckfläche von $\partial h/\partial n \approx 1:10\,000$, das entspricht 1 m Steigung auf 10 km Entfernung.

Es sei betont: Der geostrophische Wind ist ein sehr vereinfachtes Beschreibungsmodell. Die Ableitung geschah unter folgenden Annahmen:

a) Beschleunigungsfreiheit (Gleichgewichtswind),
b) geradlinige Bewegung,
c) Reibungsfreiheit,
d) hydrostatisches Gleichgewicht, d.h. rein horizontale Bewegung;

außerdem ist der geostrophische Wind in Äquatornähe wegen $f = 0$ nicht definiert (!).

Der geostrophische Wind ist also ein fiktiver, kein wirklicher Wind, sondern nur eine Näherung – allerdings eine recht gute! Die Beobachtung zeigt nämlich, daß die Atmosphäre oberhalb der Bodenreibungsschicht stets bemüht ist, sich durch negative Rückkopplungsmechanismen stets dem geostrophischen Zustand anzunähern. So liegen beobachtete Abweichungen zumeist im Bereich der Meßgenauigkeit, sofern in der Natur nicht eine oder mehrere der genannten Annahmen für das geostrophische Gleichgewicht gröblich verletzt sind, wie – etwa zu (a) – beim Vorhandensein stärkerer Beschleunigungen in Gewitterböen oder wegen nicht ausreichender Anpassungszeit bei sich entwickelnder Seewindzirkulation u.ä., oder wie – zu (b) – bei stark gekrümmten Luftbahnen und natürlich – zu (c) – generell in der Bodenreibungsschicht, etwa in den untersten 1 000 m der Atmosphäre.

Tabelle 6.4. Werte für den geostrophischen Wind [m/s] in Abhängigkeit von der geographischen Breite φ und vom Isohypsenabstand n [km] bei einer jeweiligen Isopotential-Differenz von 4 gpdam (nach Linke u. Baur 1970)

φ	n = 200 km	n = 500 km	n = 1000 km
10°	77,5	31,0 (Bf 11)	15,5 (Bf 7)
20°	39,3	14,7	7,9
30°	26,9 (Bf 10)	10,8	5,4
40°	20,9	8,4	4,2
50°	17,6 (Bf 8)	7,0 (Bf 4)	3,5 (Bf 3)
60°	15,5	6,2	3,1
70°	14,3	5,7	2,9
80°	13,6	5,5	2,7
90°	13,4 (Bf 6)	5,4	2,7 (Bf 2)

Mit einigen dieser Ausnahmen wollen wir uns im folgenden näher beschäftigen. Zuvor sei aber noch eine wichtige Konsequenz des geostrophischen Gleichgewichts hervorgehoben: Ein streng geostrophischer Wind *wäre exakt* parallel zu den Isobaren (bzw. Isohypsen der Druckflächen) gerichtet. Infolgedessen fände durch ihn kein Massenausgleich statt, das Druckfeld – einmal vorgegeben – könnte sich nicht verändern. Das widerspräche krass der Erfahrung: Das Druckfeld ändert sich laufend, d.h. Massentransporte quer zu den Isobaren müssen also stattfinden! Sie werden schließlich von den erwähnten beobachteten geringen Abweichungen vom geostrophischen Gleichgewicht, den *ageostrophischen Windkomponenten*, geleistet, die damit – so klein sie i. allg. sein mögen – von außerordentlicher Bedeutung sind. Sie bewirken die stetige Veränderung der Druckgebilde und tragen damit ganz wesentlich zur Dynamik des Wetters, zu seiner Veränderlichkeit bei. Die geostrophische Näherung erlaubt es demnach, viele grundlegende Erscheinungen der atmosphärischen Dynamik zu erklären und zu beschreiben – nur eben nicht alles; sie muß halt entsprechend behutsam angewandt werden.

Wir hatten bei der Besprechung der thermischen Zirkulation den Eulerschen Wind kennengelernt, der unter dem Einfluß allein der Druckkraft zustandekommt und senkrecht zu den Isobaren vom hohen zum tiefen Druck weht. Hier haben wir nun gezeigt, daß bei einer durch die Druckkraft ausgelösten Bewegung – abgesehen vom Äquator – die Corioliskraft wirksam wird und einen Wind erzeugt, der in guter Näherung mit dem geostrophischen Wind beschrieben werden kann und in Isobarenrichtung weht. Wie grenzen sich beide Bewegungsformen in der Natur voneinander ab? Dazu ist folgendes zu bemerken: Der Eulersche Wind kommt erstens dort zustande, wo die Coriolisbeschleunigung überhaupt nicht existiert, also in der Äquatorialzone. Zweitens weht der Eulersche Wind in den übrigen Gebieten, solange die Coriolisbeschleunigung in ihrer Wirkung vernachlässigbar ist. Das ist infolge des hier dominierenden Reibungseinflusses (s. hierzu Kap. 7) in den untersten Dekametern der Atmosphäre der Fall und ansonsten bei relativ kurzzeitigen und kleinräumigen Zirkulationen. Alle übrigen Bewegungen sind quasi-geostrophisch. Ein gewisses Kriterium liefert die folgende theoretische Überlegung: Mathematisch läßt sich zeigen, daß ein einmal reibungsfrei (!) in Bewegung gesetztes Luftpaket unter dem Einfluß der Erdrotation als Trägheitsbewegung relativ zur Erdoberfläche eine Kreisbahn ausführt; auf der Nordhalbkugel geschieht das rechts herum. Der Radius dieses *Trägheitskreises* ist gegeben durch $R_t = v/f$, die Umlaufperiode ist (von der Geschwindigkeit unabhängig) $T_t = 2\pi/f$; beide Größen sind über f, den Coriolisparameter, breitenabhängig. Die Umlaufperiode beträgt in 30° Breite 24 Stunden, in 45° Breite 17 Stunden, d.h. in 6 bzw. 4,3 Stunden – nämlich einem Viertel der Umlaufzeit – findet eine Drehung der Bewegungsrichtung um 90° gegenüber der Anfangsrichtung statt. Wenn also eine plötzliche Druckkraft eine Bewegung einleitete, fände innerhalb dieser Zeit unter dem Einfluß der Corioliskraft ein allmähliches Einschwenken des Windes in die Isobarenrichtung statt, die ja die Richtung des geostrophischen Windes angibt. Wir haben also einen Richtwert erhalten für die Anpassungszeit, die ein Windfeld benötigt, um bei vorgegebenem Druckfeld geostrophisch zu werden, bzw. dieser Zeit bedarf es, bis die Corioliskraft voll zur Wirkung kommt. In diese Zeitspanne fällt etwa die Dauer der Seewindzirkulation in unseren Breiten. Sie weist tatsächlich im Laufe des Tages eine allmähliche Rechtsdrehung auf und zeigt damit, daß sie gerade einen Übergangsfall darstellt, in dem der Eulersche Wind zwar noch weitgehend realisiert ist, der Übergang zur Annäherung an den geostrophischen Wind aber wiederum auch schon spürbar wird. Gehen wir z.B. von einer Seewindzirkulation aus, die einen Seewind von etwa 20 km/h (= 5,5 m/s oder Stärke 4 der Beaufortskala, s. Tabelle 6.1) erzeugt, so folgt daraus ein Trägheitskreis mit einem Radius von 55 km. Da ca. 6 h eine vernünftige Annahme sind für die Dauer des Seewindes und in dieser Zeit (s.o.) etwa 1/4 Umlauf (90° Richtungsänderung) vollzogen sein soll, paßt das ganz gut zu den Beobachtungen. Wir können also schließen, daß Zirkulationen, die kurzzeitiger und kleinräumiger ablaufen als die Seewindzirkulation, durch den Eulerschen Wind, alle länger andauernden und großräumigeren durch den geostrophischen Wind beschrieben werden können, sofern keine Reibung im Spiel ist (s. Abb. 6.11).

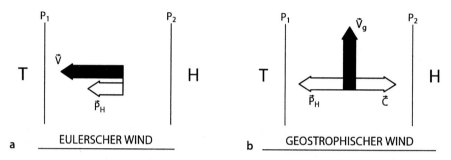

Abb. 6.11. Vektordiagramme zur Veranschaulichung der Kräftepläne und Bewegungen; **a** für den Eulerschen und **b** für den geostrophischen Wind. Die Beschleunigungsvektoren sind durch *offene Pfeile*, die Geschwindigkeitsvektoren durch *ausgezogene Pfeile* dargestellt

6.8.3
Der Gradientwind

Die Wege, die die Luft nimmt, heißen Luftbahnen oder *Trajektorien*. Sie werden – im Gegensatz zu einer unserer oben genannten Voraussetzungen beim Modell des geostrophischen Windes – i. allg. nicht geradlinig sein. Luftbahnen, die auf der Nordhalbkugel, positiv, d.h. – in Bewegungsrichtung gesehen – nach links gekrümmt sind, heißen *zyklonal*, entsprechend der Strömung, entgegen dem Uhrzeigersinn, um eine Zyklone, ein Tiefdruckgebiet; Luftbahnen auf der Nordhemisphäre heißen *antizyklonal*, wenn sie negativ, d.h. in eine Rechtskurve gekrümmt sind, gemäß der Strömung um ein Hochdruckgebiet (Antizyklone), im Uhrzeigersinn. Auf der Südhalbkugel gilt – wegen der entgegengesetzten Richtung der Corioliskraft – das Umgekehrte.

Sind Luftbahnen gekrümmt, dann tritt eine weitere Scheinkraft auf, die senkrecht zur Luftbahn nach außen gerichtete *Zentrifugalkraft*

$K_4 = \pm\ v^2/r$ (v = horizontale Geschwindigkeit, r = Krümmungsradius).

Abbildung 6.12 ist zu entnehmen, daß bei zyklonaler Strömung – soll es wieder zu einer unbeschleunigten Bewegung, also zu einem Kräftegleichgewicht kommen – die „Gradientkraft" (Druckkraft) (G) durch die Corioliskraft (C) und die Zentrifugalkraft (Z) kompensiert werden muß, im antizyklonalen Fall die Corioliskraft durch die Summe der beiden anderen:

6.8 Bewegungsgesetze

1) $G = C + Z$ (zyklonal); 2) $C = G + Z$ (antizyklonal).

Einsetzen für $C = f \cdot v$, $Z = v^2/r$ und $G = -1/\varrho \cdot \partial p/\partial n$ ergibt

(1) $\qquad f \cdot v = -\dfrac{1}{\varrho} \cdot \dfrac{\partial p}{\partial n} - \dfrac{v^2}{r}$ (zyklonal) und

(2) $\qquad f \cdot v = -\dfrac{1}{\varrho} \cdot \dfrac{\partial p}{\partial n} + \dfrac{v^2}{r}$ (antizyklonal).

Wenn wir beide Gleichungen nach v auflösen, erhalten wir für die sog. *Gradientwindgeschwindigkeit*:

(1') $\qquad v_{zykl} = -\dfrac{f \cdot r}{2} + \sqrt{\left[\dfrac{f \cdot r}{2}\right]^2 + \dfrac{r}{\varrho} \cdot \dfrac{\partial p}{\partial n}}$,

(2') $\qquad v_{antiz} = \dfrac{f \cdot r}{2} - \sqrt{\left[\dfrac{f \cdot r}{2}\right]^2 - \dfrac{r}{\varrho} \cdot \dfrac{\partial p}{\partial n}}$.

Von den jeweils zwei Wurzeln der Lösungen (1'), (2') der beiden quadratischen Gleichungen (1) und (2) sind hier die beiden von der Atmosphäre hauptsächlich realisierten ausgewählt worden. Abbildung 6.13 faßt die beiden Lösungen in einem Nomogramm zusammen.

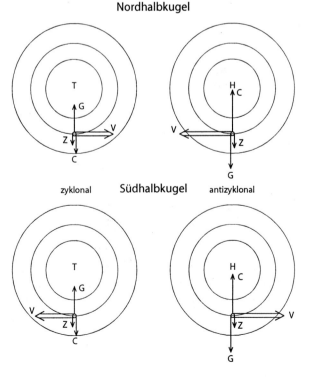

Abb. 6.12. Kräftepläne für den Gradientwind auf der Nord- und auf der Südhalbkugel, jeweils für die Umströmung von Hoch- und Tiefdruckgebieten.
G Druckkraft,
C Corioliskraft,
Z Zentrifugalkraft,
V Gechwindigkeitsvektor
  des Gradientwindes
(nach Liljequist 1974)

Abb. 6.13. Gradientwind-Nomogramm für einen Isobarenabstand, der einem geostrophischen Wind von 10 m/s entspricht, bei zyklonaler und antizyklonaler Isobarenkrümmung. Für andere Isobarenabstände (anderen geostrophischen Wind) ist der Krümmungsradius im gleichen Verhältnis zu vermindern, in dem sich der Isobarenabstand (der geostrophische Wind) erhöht, und umgekehrt (nach Liljequist 1974)

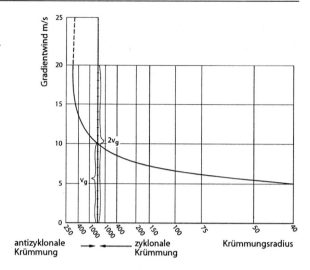

Die Formeln (1) und (2) sowie Abb. 6.13 besagen u.a., daß 1.) bei gleichem Druckgradienten $v_{zykl.} \leq v_g \leq v_{antiz.}$; 2.) z.B. ein Gradient, der einem V_g = 10 m/s entspricht, und ein Krümmungsradius von beispielsweise 400 km bei zyklonaler Bahnkrümmung einen Gradientwind von 8 m/s, bei antizyklonaler Bahn hingegen einen solchen von 13 m/s hervorruft. Der Lösung für v_{antiz} ist ferner noch zu entnehmen, daß es eine reelle Lösung überhaupt nur gibt, wenn der Radikand $\{(f \cdot r/2)^2 - r/\varrho \cdot \partial p/\partial n\} \geq 0$ ist, was bedeutet, daß bei antizyklonaler Strömung

$$\frac{1}{\varrho} \cdot \frac{\partial p}{\partial n} \leq \frac{f^2 \cdot r}{4}$$

erfüllt sein muß. Bei vorgegebenem antizyklonalem Krümmungsradius darf der Druckgradient einen hierdurch definierten Grenzwert nicht überschreiten. Im Gegensatz zum Tiefdruckgebiet kann also im Hochdruckgebiet der Druckgradient nicht beliebig stark sein. Das führt zu der beobachteten Tatsache, daß Hochdruckgebiete i. allg. flacher, d.h. schwachgradientiger und daher windschwächer sind als Zyklonen.

6.8.4
Einfluß der Bodenreibung, antitriptischer Wind

Nahe der Erdoberfläche, erfährt horizontal bewegte Luft eine von der Rauhigkeit der Grenzfläche abhängige bremsende Reibungswirkung. Die Reibungskraft K_5 = R kann in erster Näherung dem Geschwindigkeitsvektor der Bewegung entgegengesetzt angenommen werden. Die etwa bis 1 200 m Höhe reichende Schicht (s. hierzu Kap. 7), in der sich die Bodenreibung beim Wind bemerkbar macht, heißt planetarische Grenzschicht (weil sie den gesamten Planeten umschließt) oder auch schlicht Grenzschicht bzw. Reibungsschicht. Die Mechanismen dieser Reibungswirkung werden wir im Kap. 7 ausführlich behandeln, hier interessiert uns jetzt nur ihre qualitative Wirkung.

Bei der Beschreibung der Reibungswirkung gehen wir der Einfachheit halber von einem geostrophischen Gleichgewichtswind aus (s. Abb. 6.14).

Abb. 6.14. Vektordiagramm zur Veranschaulichung der Einführung einer Reibungskraft in ein geostrophisches Gleichgewicht

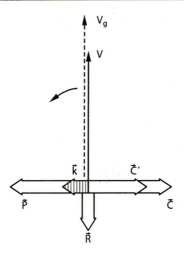

Die der ursprünglichen (geostrophischen) Windrichtung entgegengesetzte Reibungskraft R verringere die Windgeschwindigkeit v_g auf den Wert v; dadurch verminderte sich die Corioliskraft C auf den Wert C'. Damit wären die ursprünglich balancierten Kräfte nicht mehr im Gleichgewicht:

Abb. 6.15. Vektordiagramm für den geostrophisch-antitriptischen Gleichgewichtswind

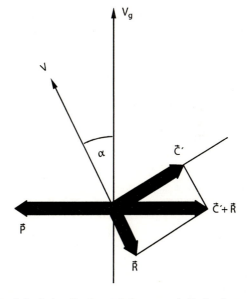

Es bliebe eine resultierende Kraft k übrig, die das sich bewegende Luftvolumen in die Richtung der Gradientkraft beschleunigte, also die Windrichtung in den tiefen Druck hinein drehte, so daß der Wind v nunmehr die Isobaren (Richtung von v_g) schnitte. Da sich mit der Drehung des Windvektors auch der Reibungsvektor drehte, müssen wir den Kräfteplan neu zeichnen. Dazu wollen wir annehmen, daß sich schließlich ein neuer Gleichgewichtszustand zwischen allen wirkenden Kräften einstellt (s. Abb. 6.15), so daß sich nunmehr die Resultante aus C' und R' und die Gradientkraft die Waage halten. Dabei wird die Größe der Ablenkung von v gegenüber v_g von der Stärke der Reibungskraft, u.a. von der Bodenrauhigkeit, und – wegen der Abnahme der Reibungswirkung mit der Höhe – von der Höhe der Windbeobachtung (Anemometerhöhe) abhängen (s. Tabelle 6.5). Der unter Reibungswirkung stehende Wind wird *antitriptisch* genannt.

Aus der Reibungswirkung lassen sich einige wichtige Folgerungen ableiten. So findet innerhalb der planetarischen Grenzschicht infolge der Bodenreibung grundsätzlich eine Luftbewegung vom hohen zum tiefen Druck statt. Diese bewirkt in der bodennahen Schicht einen ageostrophischen Massenfluß. Dieser wiederum bewirkt Druckänderungen, die dem Versuch der Corioliskraft, einen Druckausgleich zu verhindern, entgegenwirken.

Es ergeben sich daraus die in Abb. 6.16 schematisch dargestellten bodennahen Strömungsfelder von Hoch- und Tiefdruckgebieten (Nordhalbkugel). Dabei sind wegen der meist größeren vertikalen Stabilität (vgl. Kap. 7) die Ausströmwinkel im Hoch allgemein etwas größer als die Einströmwinkel beim Tief. Insgesamt folgt, daß in Zyklonen in Bodennähe eine *Konvergenz*, ein Zusammenfließen von Masse stattfindet, in den Antizyklonen eine entsprechende Divergenz, ein Auseinanderströmen.

Tabelle 6.5. Durchschnittliche Ablenkung der Richtung des wahren von der des geostrophischen Windes (Isobarenrich-tung) für eine Anemometerhöhe von 10–16 m in Abhängigkeit von der Bodenbeschaffenheit und von der geographischen Breite. Die Werte erhöhen sich um 5–10° bei stabiler Schichtung und verringern sich entsprechend bei instabiler Schichtung

Geographische Breite	20°	45°	70°
Ozean	30°	20°	15°
Land (sehr glatt)	40°	30°	25°
Land (durchschn. rauh)	45°	35°	30°
Land (sehr rauh)	50°	40°	40°

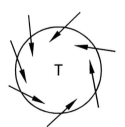 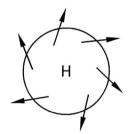

Abb. 6.16. Schematische Darstellung des unter Reibungswirkung stattfindenden ageostrophischen Massenflusses an Hoch- und Tiefdruckgebieten der Nordhalbkugel

Dadurch müßten sich im Prinzip Druckunterschiede rasch ausgleichen. Entsprechende Abschätzungen der durch diese ageostrophischen Massenflüsse hervorgerufenen Druckänderungen zeigen jedoch, daß die beobachteten Hoch- und Tiefdruckgebiete viel länger erhalten bleiben, als es nach den so bewirkten Druckänderungen möglich wäre. Das legt den Schluß nahe, daß die im Tief in Bodennähe konvergie-

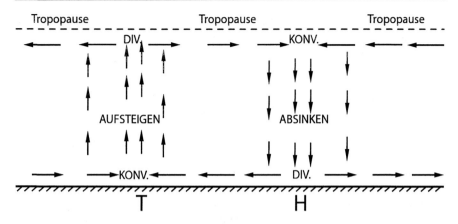

Abb. 6.17. Vertikale Divergenz-Konvergenz-Schemata für unterschiedliche Bodendruckgebilde

rende Luft zwar aus Kontinuitätsgründen nach oben ausweicht, so daß eine allgemeine *Hebung* stattfindet, daß sie sich aber hier keineswegs staut, sondern weiter oben auseinanderströmt (divergiert). In der Höhe muß es also (s. Abb. 6.17, s. hierzu auch Abb. 6.18 und 6.19) einen der Massenkonvergenz am Boden entgegenwirkenden Massenabfluß geben, der im stationären Fall den unteren Zufluß kompensiert. Für das Hoch gilt Entsprechendes: Das bodennahe Ausströmen erfordert den Nachschub an Luft von oben (sog. „Absinken"), der dort wiederum durch seitlichen Zustrom (Konvergenz) gedeckt wird. Im nichtstationären Fall hängt die Bodendruckänderung vom Vorzeichen der Differenz der beiden entgegengesetzt wirkenden, genetisch voneinander unabhängigen Prozesse der unteren Reibungskonvergenz und einer oberhalb der Reibungsschicht vorhandenen Divergenz oder Konvergenz ab. Dabei ist der untere, reibungsbedingte ageostrophische Massenfluß von der Erdoberfläche aufgezwungen, immer präsent und in der Richtung festliegend; folglich sind es die *oberen* ageostrophischen Massenflüsse, die im wesentlichen die Bodendruckänderung nach Art und Stärke regulieren. Wie die sie verursachenden oberen Konvergenzen und Divergenzen zustandekommen, werden wir im nächsten Abschnitt erklären; zunächst nehmen wir ihre Existenz nur als Tatsache hin.

Natürlich ist die Massenbilanz der gesamten vertikalen Luftsäule für die Bodendruckänderung maßgebend. Mathematisch exakt beschreibt sich das durch die Summation (Integration) der Massendivergenz über alle Schichten:

$$\left(\partial p / \partial t\right)_{z=0} = -\int_{z=0}^{\infty} \mathrm{div}\left(\varrho \cdot v\right) \cdot dz ,$$

wobei zur Berechnung das horizontale Wind*feld* in allen Höhen herangezogen werden muß. Die Kenntnis des Wind*profils* an einer Station genügt dafür aber nicht! Beobachtungen zeigen, daß die vertikal sich kompensierenden Konvergenzen und Divergenzen in der Troposphäre glücklicherweise nach einem sehr einfachen Schema geordnet sind. Zum einen kompensieren sich nämlich (*Kompensationsprinzip von Dines*) die Massenflüsse innerhalb die ganze Troposphäre durchsetzender Zellen, die in Abb. 6.17 stark schematisiert wurden, aber die Verhältnisse im Prinzip zutreffend wiedergeben. Zum anderen konzentrieren sich die hauptsächlichen ageostrophischen Massenflüsse im wesentlichen auf zwei markante Schichten: Auf die erwähnte Bodenreibungsschicht und auf die Hochtroposphäre im Bereich der Tropopause (s. Abb. 6.18). Die Schichten dazwischen verhalten sich vergleichsweise geostrophisch bzw. divergenzarm. Praktisch läuft daher die Bestimmung der Massenbilanz (Bodendruckänderung) auf die Ermittlung der Differenz zweier annähernd gleichgroßer Größen hinaus, wobei das über die Richtung der Druckänderung entscheidende Vorzeichen (positive Gesamtdivergenz bedeutet Druckfall am Boden, negative Gesamtdivergenz (Konvergenz) Luftdruckanstieg am Boden) sehr empfindlich von der genauen Kenntnis der Divergenzbeträge unten und oben abhängt.

Im Falle einer sich bildenden bzw. sich vertiefenden Zyklone muß somit das obere Ausströmen stärker sein als das untere Einströmen (vgl. Abb. 6.19). Ist das obere Ausströmen schwächer als die untere Konvergenz, füllt sich das Tief auf. Für das Hoch gilt logischerweise Entsprechendes: Überwiegt die obere Konvergenz, erhöht sich der Druck darunter, das Hoch verstärkt sich; überwiegt die untere Divergenz, schwächt es sich ab.

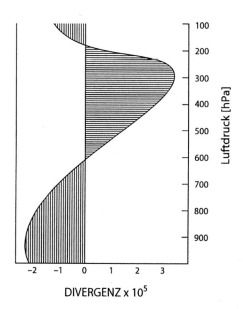

Abb. 6.18. Schematisches Vertikalprofil der Massendivergenz in der Troposphäre (negative Werte bedeuten Konvergenz) über einem Tiefdruckgebiet

DIVERGENZ x 10^5

Aufgrund der erzwungenen Aufwärtsbewegungen in den Zyklonen bzw. Abwärtsbewegungen in den Antizyklonen, die sich – wie gesagt – im wesentlichen aus den reibungsbedingten Konvergenzen und Divergenzen am Boden ergeben, lassen sich unmittelbar wesentliche Eigenschaften dieser Druckgebilde hinsichtlich des Wetters in ihnen ableiten: Die in den Zyklonen vorherrschende Hebung und Streckung bedingt (s. Abschn. 5.8) Labilisierung der Schichtung und die Begünstigung von Wolken- und Niederschlagsbildung. Das vorherrschende Absinken (mit Schrumpfung) in den Antizyklonen bewirkt zum einen Stabilisierung der Schichtung, einhergehend mit verbreiteter Inversionsbildung (*Absinkinversionen*); letzteres führt im Hoch besonders in Bodennähe zu entsprechender Behinderung des Vertikalaustauschs und damit in Ballungsgebieten und deren Nachbarschaft zur Neigung zu hoher Schadstoffbelastung der Luft, während in den Bergen von oben reinere Höhenluft zugeführt wird, die i. allg. die Fernsicht steigert. Zum anderen bewirkt das Absinken weitgehende Wolkenauflösung – mit Ausnahme von niedrigem winterlichem Stratus an bodennahen Inversionen (Nebel oder Hochnebel) oder den „Schönwetter-Cumuli" bei starker Sonneneinstrahlung im Sommer.

Dieser Zusammenhang zwischen Druckgebilden (Hoch und Tief) und Wetter gilt aber nur im Durchschnitt und auch nur in den zentralen Bereichen der Zyklonen und Antizyklonen! Der Zusammenhang mit der Höhe des Luftdrucks selbst, wie er auf vielen kommerziellen Barometern suggeriert wird, ist wesentlich schlechter, da der lokale Barometerstand nichts über die Lage eines Ortes in bezug auf die in der beschriebenen Weise wetterbestimmenden Druckzentren aussagt. Um diese zu ermitteln, muß man vielmehr die Wetterkarte, die die Luftdruck*verteilung* zeigt, zu Rate ziehen.

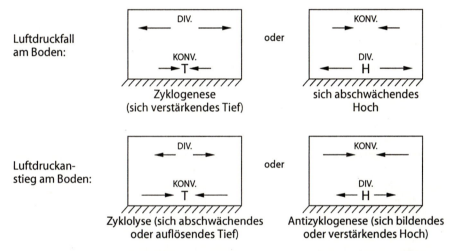

Abb. 6.19. Schematische Darstellung des Zusammenhanges zwischen oberen und unteren Divergenzen und Konvergenzen einerseits und der Verstärkung oder Abschwächung von Zyklonen und Antizyklonen andererseits. Die *Pfeillängen* sollen jeweils die relative Stärke der Massenflüsse in der oberen und unteren Troposphäre andeuten

6.8.5
Wind im Nicht-Gleichgewicht, dynamische Druckänderungen

Zur Vervollständigung der Beschreibung der im Voranstehenden behandelten Mechanismen der Erzeugung von Bodendruckänderungen (und damit von Zyklonen und Antizyklonen) fehlen uns noch physikalische Gründe für das Auftreten der hochtroposphärischen Divergenzen und Konvergenzen. Wir gewinnen ein geeignetes Beschreibungsmodell, wenn wir von einem Höhendruckfeld ausgehen, das unterschiedliche horizontale Druckgradienten aufweist, etwa wie in Abb. 6.20. Wetterkar-

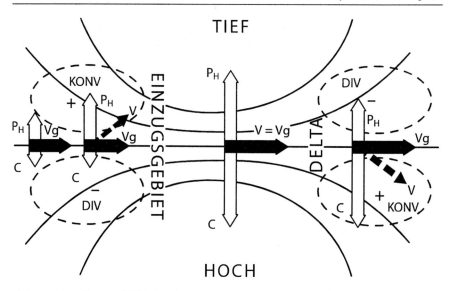

Abb. 6.20. Typisches Druckfeld einer hochtroposphärischen Strahlströmung mit Konfluenz im Einzugsgebiet und Diffluenz in ihrem Delta; *gestrichelte Linien* markieren die Qualität der Bodendruckänderung infolge nichtgeostrophischer Massenflüsse; die Angaben bezüglich Konvergenz und Divergenz beziehen sich auf das Höhenströmungsfeld

ten zeigen uns nämlich, daß in der oberen Troposphäre charakteristische Bündelungen der Höhenströmung in sog. *Strahlströmen* (engl. „jet streams") zu finden sind. Eine solche typische Strömungskonfiguration ist schematisch in Abb. 6.20 wiedergegeben.

Die Isohypsen lassen – zunächst geostrophisch interpretiert – links im Bild ein Zusammenströmen (*Konfluenz*) erkennen, dann die eng gebündelte eigentliche Strahlströmung und weiter stromabwärts ein Auseinanderfächern der Strömung, das diffluente „Delta" des Strahlstroms. Die im Einzugsgebiet konfluent hineinwehende Luft kommt dabei bis zum Zentrum des Strahlstroms ständig in Gebiete mit stärkerem Gradienten. War sie anfangs vielleicht im Kräftegleichgewicht, so wird sie, ihre jeweilige Geschwindigkeit aus Trägheitsgründen noch eine Weile beibehaltend, an einem nächsten Ort eine im Vergleich zur dortigen Druckkraft zu geringe Geschwindigkeit und infolgedessen auch eine zu geringe Coriolisbeschleunigung aufweisen, die die am neuen Ort vorhandene Druckkraft nicht kompensiert; es bleibt eine daher resultierende Druckkraft übrig, die den Luftteilchen eine nach links, zum tiefen Druck hin gerichtete ageostrophische Beschleunigung erteilt, bis diese – etwa im Zentralbereich des Strahlstroms – das geostrophische Gleichgewicht erreicht haben. Das bedeutet, daß im Einzugsgebiet ein *ageostrophischer Massenfluß zum tiefen Druck* hin stattfindet, der auf der linken Seite der Isohypsenkonfluenz Massenkonvergenz, an der rechten Seite Massendivergenz hervorruft. Entsprechend wird am Boden links unter dem Einzugsgebiet Luftdruckanstieg und rechts Druckfall zu verzeichnen sein. Im Delta dieses Strömungsfeldes, wo die Isohypsen diffluieren, wird es entsprechend umgekehrt sein: Die aus dem Strahlstrom herauswehenden Luftteilchen kommen – in einem Gebiet stromabwärts abnehmender Gradienten – an jedem neuen Ort im Vergleich zum dortigen Gradienten mit zu hoher Geschwindigkeit an.

Folglich wird die dort zu hohe Coriolisbeschleunigung nicht von der Druckkraft kompensiert, so daß eine nach rechts gerichtete resultierende Kraft übrig bleibt; es entsteht ein die Isohypsen kreuzender, vom tiefen *zum hohen Druck gerichteter ageostrophischer Massenfluß*, der die notwendige Bremsung der Luft bewirkt. Das hat auf der linken Seite des Deltas eine Massendivergenz zur Folge mit entsprechender Druckabnahme am Boden, im rechten Teil des Deltas Massenkonvergenz mit entsprechendem Druckanstieg am Boden.

Wir haben somit einen Mechanismus gefunden, der das Entstehen von Massendivergenzen und Massenkonvergenzen in der oberen Troposphäre allein aus der Konfiguration des Höhendruckfeldes erklärt (Scherhag 1948). Anhand von Wetterkarten läßt sich dieses Prinzip („Scherhag-Ryd-Divergenztheorie") zumindest im Grundsätzlichen leicht verifizieren.

Es ist wichtig, zu vermerken, daß im Delta des Strahlstroms ageostrophische Windkomponenten auftreten, die Luft vom tiefen zum hohen Druck, also schließlich der Druckkraft entgegen wehen lassen! Hier ist also ein Prinzip wirksam, das Gegensätze nicht ausgleicht, sondern sie vielmehr hervorruft bzw. verstärken hilft.

Es bliebe nun lediglich noch zu erklären, wie die soeben behandelte Strahlstromkonfiguration der Höhenströmung überhaupt zustandekommt. Dazu müssen wir uns zunächst einige Kenntnisse über den Zusammenhang zwischen Temperatur- und Druckfeldern in der freien Atmosphäre sowie über die großräumige Zirkulation verschaffen, was im folgenden Kapitel geschehen soll.

6.9
Zusammenhang zwischen Temperatur-, Druck- und Windfeld

6.9.1
Änderung des Windes mit der Höhe

Oberhalb der planetarischen Grenzschicht ist im Gleichgewichtsfall die Strömung geostrophisch. Richtung und Stärke des Windes werden von der Neigung der Druckfläche bestimmt. Ist die Neigung in allen Höhen gleich und weist sie in allen Höhen in dieselbe Richtung, ändert sich der Wind mit der Höhe nicht. Das ist jedoch höchst selten der Fall.

Aus der statischen Grundgleichung hatten wir bereits gefolgert, daß sich in einer warmen Atmosphäre der Luftdruck mit zunehmender Höhe weniger ändert als in einer kalten Atmosphäre, weil

$$\frac{\partial p}{\partial z} = -\varrho_m \cdot g = -p \cdot \frac{p \cdot g}{R \cdot T_m} .$$

Ist die Temperatur in der Atmosphäre horizontal ungleichmäßig verteilt, so folgt daraus, daß sich die Neigung der Druckflächen mit der Höhe ändert und ebenso der (geostrophische) Wind, der ja der Neigung der Druckfläche proportional war. Wir machen uns das an einigen Beispielen klar (Abb. 6.21):

- Ist der Bodendruck überall gleich, die Lufttemperatur aber nicht, so weht über der windstillen Bodenschicht ein mit der Höhe zunehmender Wind derart, daß er das kalte Gebiet zur Linken hat (Nordhalbkugel), (Abb. 6.21 a).

- Ist es im Gebiet hohen Drucks warm und beim tiefen Druck kalt, nimmt die Windgeschwindigkeit mit der Höhe rasch zu (Abb. 6.21 b).
- Ist es im Gebiet hohen Drucks kalt, beim tiefen Druck warm, nimmt derWind bis zu einer windstillen Ausgleichsschicht mit der Höhe an Stärke ab und darüber, nun in entgegengesetzter Richtung wehend, wieder an Stärke zu (Abb. 6.21 c).

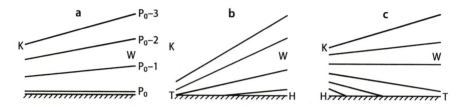

Abb. 6.21. Schematische Darstellung der vertikalen Veränderung von Druckflächen für die Fälle: a isobares Bodendruckfeld bei horizontalem Temperaturunterschied; b kaltes Tief und warmes Hoch; c kaltes Hoch und warmes Tief (Vertikalschnitte!)

Dieser zunächst nur qualitativ angesprochene Sachverhalt läßt sich auch quantitativ beschreiben. Das geschieht (in ebenso guter Näherung, wie wir den Wind als geostrophisch annehmen können) mit Hilfe des sog. *thermischen Windes*, den wir wie folgt gewinnen: Wir greifen auf die hypsometrische Formel (s. Abschn. 5.4) zurück. Die Höhendifferenz zweier ausgewählter Druckflächen, ihre relative Topographie

$$Z = h_2 - h_1 = -\frac{R \cdot T_{v,m}}{g_N} \cdot (\ln p_2 - \ln p_1),$$

ist eine Funktion der virtuellen Mitteltemperatur $T_{v,m}$ der Schicht zwischen den beiden Flächen. Differenzieren wir diese Gleichung in Richtung n des stärksten Gradienten, dann erhalten wir

$$\frac{\partial Z}{\partial n} = \frac{\partial h_2}{\partial n} - \frac{\partial h_1}{\partial n} = -\frac{R}{g_N} \cdot (\ln p_2 - \ln p_1) \cdot \frac{\partial T_{v,m}}{\partial n}.$$

Nach Abschn. 6.6.2 (geostrophischer Wind) können wir die Beziehungen

$$g_N \cdot \frac{\partial h_2}{\partial n} = f \cdot v_{g(2)} \quad \text{und} \quad g_N \cdot \frac{\partial h_1}{\partial n} = f \cdot v_{g(1)}$$

heranziehen und oben einsetzen; dann erhalten wir

$$v_{g(2)} - v_{g(1)} = \frac{R}{f} \cdot \ln\left(\frac{p_1}{p_2}\right) \cdot \frac{\partial T_{v,m}}{\partial n} = \frac{g_N}{f} \cdot \frac{\partial Z}{\partial n} = v_T.$$

$v_{g(2)}$ und $v_{g(1)}$ sind die geostrophischen Winde in den Druckniveaus (2) und (1), v_T ist der so definierte *thermische Wind*. Dieser ist demnach im thermischen Feld der relativen Topographie auf gleiche Weise durch den Isohypsenabstand (Geopotential-

6.9 Zusammenhang zwischen Temperatur-, Druck- und Windfeld

gradient) definiert wie der geostrophische Wind. Er stellt als Differenzvektor der geostrophischen Windvektoren beider Niveaus zugleich den vertikalen Windänderungsvektor vom unteren zum oberen Druckniveau, zwischen zwei absoluten Topographien dar. Wir können daraus die wichtige Folgerung ableiten: *Die Änderung des geostrophischen Windes mit der Höhe wird durch das horizontale Temperaturfeld bestimmt und nach Richtung und Stärke durch den thermischen Wind beschrieben.*
Wir betrachten einige Anwendungen des thermischen Windes:

1) Wenn innerhalb der Druckflächen kein horizontaler Temperaturgradient vorhanden ist ($\partial T/\partial n = 0$), ist $v_T = 0$ und somit $v_{g(2)} = v_{g(1)}$. Dies ist der Fall der *Barotropie* (s. Abb. 6.22 a): Druck*flächen* und Isothermen*flächen* fallen zusammen, d.h., die Flächen liegen parallel zu einander; der Wind erfährt mit der Höhe keine Änderung.

2) Schneiden sich Druck- und Temperatur*flächen*, d.h., liegt *Baroklinität* vor, haben wir folgende Möglichkeiten zu unterscheiden (s. auch Abschn. 6.9.2):

   a) *Isobaren und Isothermen*, also die Iso*linien* in einer horizontalen Fläche bzw. in einer Druckfläche, sind *Parallelen* (Abb. 6.22 b): Das ergibt *Windzunahme mit der Höhe* – beispielsweise realisiert zwischen dem subtropischen Hochdruckgürtel (warm) und der polaren Tiefdruckrinne (kalt).

   b) *Isobaren und Isothermen*, also die Linien (!), liegen zu einander *antiparallel*, d.h. gegenläufig parallel (Abb. 6.22 c): Das ergibt Windabnahme mit der Höhe – etwa realisiert zwischen dem Subtropenhoch (relativ kalt) und der äquatorialen Tiefdruckrinne (warm), d.h. in der Passatregion, sowie auf der Südseite aller kalten Winterhochs, im Monsun Indiens und Südostasiens sowie außerdem in der unteren und mittleren Stratosphäre.

   c) *Isobaren und Isothermen schneiden sich* beliebig, sind nicht parallel (Abb. 6.23), dann gilt:
   - Weht der Wind von einem warmen in ein kaltes Gebiet, d.h. *bei Warmluftadvektion, dreht der Wind mit der Höhe nach rechts.*
   - Weht der Wind von einem kalten in ein warmes Gebiet, d.h. *bei Kaltluftadvektion, dreht der Wind mit der Höhe nach links.*

TIP ZUM MERKEN: „Warm": rechts; „kalt": links.

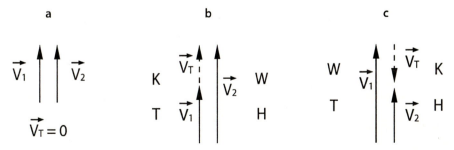

Abb. 6.22 a–c. Richtung des thermischen Windes bei verschiedenen Kombinationen von Druck- und Temperaturfeld im Falle paralleler Isolinien; Darstellung in der Horizontalebene. $\vec{v}_1$ = Wind im unteren, $\vec{v}_2$ = Wind im höheren Niveau, $\vec{v}_T$ = Thermischer Wind

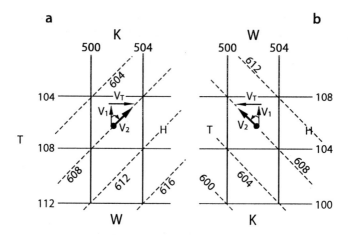

Abb. 6.23. Änderung von Druckfeld und Windfeld mit der Höhe in einer baroklinen Atmosphäre: a bei Warmluftadvektion, b bei Kaltluftadvektion
———————— Isohypsen der abs. Topographie des unteren Niveaus (1),
———————— Isohypsen der rel. Topographie zwischen den Niveaus (1) und (2),
- - - - - - - - Isohypsen der abs. Topographie des oberen Niveaus (2),
v_1 und v_2 sind die Winde in den Niveaus (1) und (2), v_T ist der thermische Wind dieser Schicht

Eine gebräuchliche Form, den Verlauf des Windes mit der Höhe darzustellen, ist der *Hodograph* (griech. „hodós" = der Weg), der der geometrische Ort der Endpunkte der in einem Ursprung aufgetragenen Windvektoren verschiedener Höhen ist. Ihm läßt sich besonders einfach die vertikale Windänderung entnehmen; die Hodographenkurve stellt diese kontinuierlich dar. Hierzu sind in Abb. 6.24 a–d einige schematische Beispiele gegeben. An die Hodographenkurve gelegte Tangenten würden jeweils die Richtung des thermischen Windes kennzeichnen.

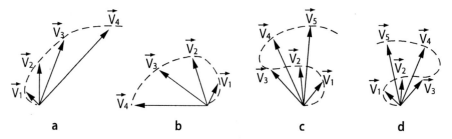

Abb. 6.24. Schematische Darstellung von Hodographen (*gestrichelt*) für einige typische atmosphärische Zustände (Die Höhen – Indizes – zählen von unten nach oben): a bei Warmluftadvektion, b bei Kaltluftadvektion, c bei Kaltluftadvektion in den unteren Schichten und Warmluftadvektion darüber (Stabilisierung der Schichtung!), d bei Warmluftadvektion in den unteren Schichten und Kaltluftadvektion darüber (Labilisierung der Schichtung!)

Eine wichtige Tatsache gilt es noch festzuhalten: Beruht der Hodograph auf Beobachtungen des *wahren Windes*, dann wird der vertikale Änderungsvektor zwischen zwei Niveaus als *Scherwind* bezeichnet; das ist ein Vektor, der die *tatsächliche vertikale Windscherung* angibt. Der Scherwind ist mit dem thermischen Wind identisch, wenn der wahre Wind exakt geostrophisch ist. Enthält der Wind ageostrophische Anteile, so ist der Scherwind entsprechend verschieden vom thermischen Wind. Die Übereinstimmung zwischen beiden ist i. allg. recht groß, so daß in der Praxis beide Begriffe gelegentlich synonym verwendet werden.

6.9.2
Veränderung der Drucksysteme mit der Höhe

Die im Voranstehenden gewonnenen Kenntnisse bezüglich der Zusammenhänge von Druck- und Windfeld sowie hinsichtlich der Zusammenhänge zwischen horizontaler Temperaturverteilung und vertikaler Windänderung erlauben uns nun, einige allgemeine Aussagen über den vertikalen Aufbau von Druck- und Strömungssystemen zu machen. Wir betrachten zunächst den vereinfachten Fall symmetrisch aufgebauter Druckgebilde, wobei es sich sowohl um Tiefdruckgebiete und Hochdruckgebiete als auch um Tiefdrucktröge und Hochdruckrücken handeln kann (s. Abb. 6.25 a–f).

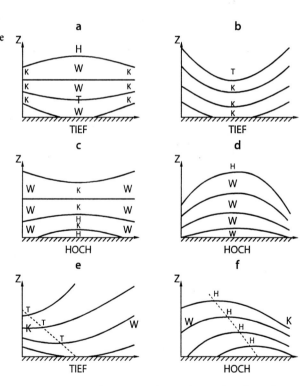

Abb. 6.25. Schematische Vertikalschnitte durch Druckgebilde mit symmetrischem Temperaturaufbau (a warmes Tief, b kaltes Tief, c kaltes Hoch, d warmes Hoch), und mit asymmetrischer thermischer Struktur (e Tiefdruckgebiet, f Hochdruckgebiet)

Ein warmes Tiefdruckgebiet schwächt sich mit zunehmender Höhe ab und verwandelt sich darüber schließlich in ein Hochdruckgebiet (Abb. 6.25 a). Ein kaltes

Tief nimmt mit der Höhe an Intensität zu (Abb. 6.25 b). Ein kaltes Hochdruckgebiet schwächt sich mit der Höhe ab und verwandelt sich darüber schließlich in ein Tiefdruckgebiet (Abb. 6.25 c). Ein warmes Hoch wird mit der Höhe immer stärker ausgeprägt. In all diesen vier Fällen bleibt die senkrechte Wirbelachse unverändert. Ist der Temperaturaufbau asymmetrisch, dann verlagert sich (Abb. 6.25 e und f) das Tiefzentrum mit der Höhe ins kältere Gebiet, die Wirbelachse ist zur kalten Seite hin geneigt. Das Hochzentrum verlagert sich mit der Höhe in Richtung auf das wärmere Gebiet, die Hochdruckachse ist zur warmen Seite hin geneigt.

An Hand einer Auswahl von hemisphärischen Vertikalschnitten (Abb. 6.26 und 6.32) sowie von mittleren monatlichen Karten der beobachteten Luftdruck- und der Temperaturverteilung über der Nordhemisphäre für Januar und Juli (Abb. 6.27 bis 6.31 und 6.33 bis 6.39) lassen sich die oben geschilderten Zusammenhänge anschaulich überprüfen und mit den besprochenen einfachen Prinzipien bereits eine Fülle von Einzelheiten des dreidimensionalen thermischen und dynamischen Aufbaus der Atmosphäre sowie der resultierenden großräumigen Druck- und Windfelder beschreiben, begründen und verstehen.

In Abb. 6.26 a ist zunächst der Unterschied im thermischen Aufbau zwischen Troposphäre und Stratosphäre auffallend: In der Troposphäre die relativ starke allgemeine vertikale Temperaturabnahme, daher dicht gedrängte, quasi-horizontale Isothermen; in der Stratosphäre in den Tropen eine stärkere vertikale Temperaturzunahme, in den mittleren Breiten vertikale Isothermie (daher vergleichsweise wenige Linien), in den hohen Breiten wegen der Polarnacht weitere, aber gegenüber der Troposphäre schwächere Temperaturabnahme mit zunehmender Höhe. Eine meridionale Dreiteilung zeigt sich auch im troposphärischen Temperaturregime: Zwischen 0° und 30°N sowie zwischen 60° und 90°N liegen die Isothermen fast waagerecht (horizontal); da die Ordinate hier der Luftdruck ist, bedeutet das nahezu Barotropie. Dazwischen, in der Zone von 30° bis 60°N dagegen sind die Isothermen stark gegen die waagerechten Isobaren geneigt, hier finden wir eine Zone ausgeprägter Baroklinität. Gleiches gilt übrigens in der unteren Stratosphäre zwischen etwa 20° und 45°N sowie in der höheren Stratosphäre zwischen 70°N und dem Pol. Betrachten wir im Vergleich hierzu Abb. 6.26 b, sehen wir sofort, daß zu den genannten baroklinen Zonen Gürtel starken zonalen, d.h. zu den Breitenkreisen parallelen Windes gehören. Der Wind nimmt dabei mit der Höhe zu, solange die Richtung des meridionalen Temperaturgefälles gleichbleibt, und er nimmt mit der Höhe ab, wo sich die Richtung des meridionalen Temperaturgefälles umkehrt – wie z.B. oberhalb der Tropopause zwischen 30° und 60°N, in der Mitte des Bildes. Ähnlich ist es im Juli (s. Abb. 6.32), der bezüglich der Troposphäre in dieser Beziehung keine grundsätzliche Veränderung zeigt, während in der Stratosphäre die sommerliche Erwärmung der Ozonschicht als Folge des Polartages das hemisphärische Bild wesentlich einfacher gestaltet (vgl. hierzu vor allem die Bemerkungen zu Abb. 6.37). Die entsprechenden Mittelkarten zeigen nun, daß die unregelmäßige Land-Meer-Verteilung eine beträchtliche Differenzierung ins Bild bringt, die sich allerdings mit zunehmendem Abstand von der Erdoberfläche mehr und mehr verliert – wenn auch z.T. erst in der Stratosphäre.

6.9 Zusammenhang zwischen Temperatur-, Druck- und Windfeld

a

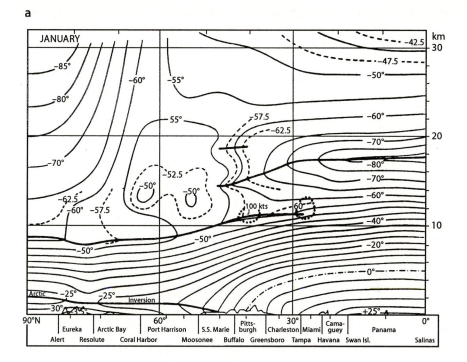

b

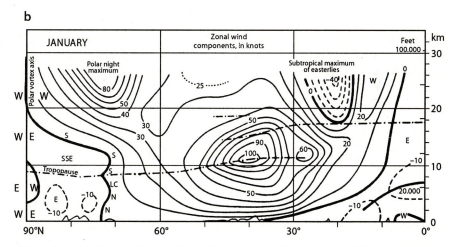

Abb. 6.26. a Vertikalschnitt der monatlichen Mitteltemperatur, **b** mittlere monatliche zonale geostrophische Windkomponente, beides längs des Meridians 80°W für den Januar (nach Kochanski 1955)

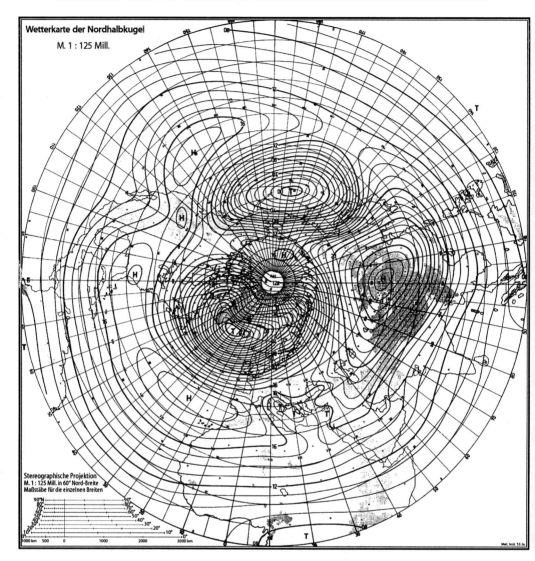

Abb. 6.27. Mittlere absolute Topographie der 1 0 0 0 -hPa-Fläche [gpdam] im Januar (Zeitraum 1900–1939, nach Jacobs 1958). Hervorstechendste Merkmale sind die beiden großen Tiefdruckwirbel bei Island („Islandtief") und bei den Aleuten („Aleutentief") sowie das ausgeprägte asiatische Monsunhoch. Der subtropische Hochdruckgürtel ist nur in der westlichen Hemisphäre ausgeprägt; im Bereich des Indischen Ozeans und Südasiens wird er gänzlich vom Monsuneffekt der großen Landmasse Asiens überdeckt und geht im großen winterlichen Festlandhoch auf

6.9 Zusammenhang zwischen Temperatur-, Druck- und Windfeld

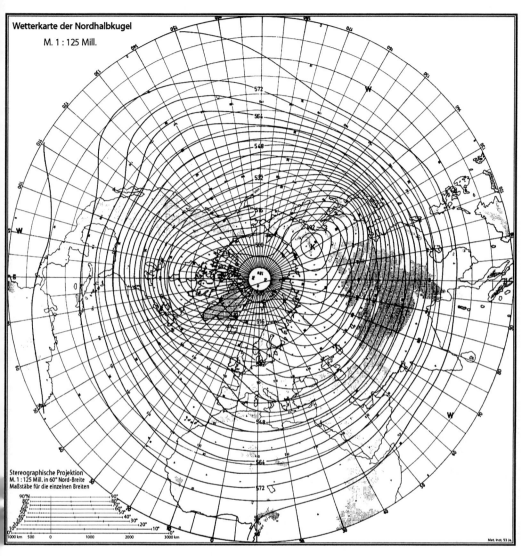

Abb. 6.28. Mittlere relative Topographie 500 hPa/1000 hPa [gpdam] für den Januar (Zeitraum 1900–1939, nach Jacobs 1958). Die Relative Topographie repräsentiert die Verteilung der Mitteltemperatur. Die Kältezentren der annähernd 5 km dicken Schicht zwischen der 1000-hPa- und der 500-hPa-Fläche sind über den kontinentalen Teilen der Arktis, über Nordkanada und Nordostsibirien zu finden. Die Hauptdrängungszonen des Temperaturfeldes (beachte den Zusammenhang mit den Strahlströmen) befinden sich an den Ostseiten der großen Kontinente Nord-Amerika und Asien

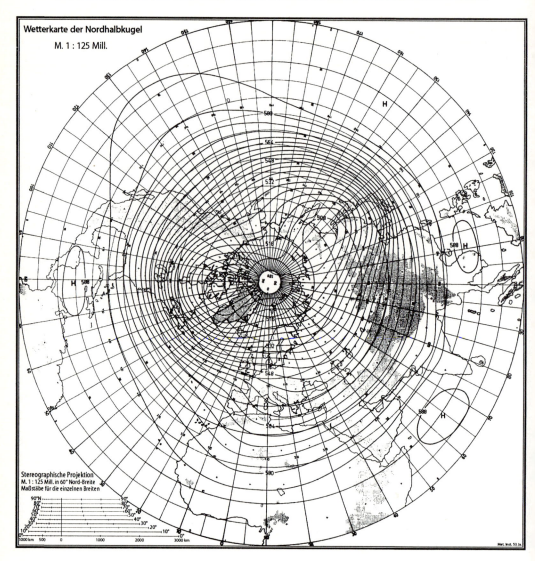

Abb. 6.29. Mittlere absolute Topographie der 500-hPa-Fläche [gpdam] für den Januar (Zeitraum 1900–1939, nach Jacobs 1958). Die große Ähnlichkeit der absoluten Topographie der 500-hPa-Fläche mit der relativen Topographie 500 hPa/1000 hPa zeigt den dominierenden Einfluß des Temperaturfeldes auf die höheren Druckfelder. Die durch troposphärische Wirbeltätigkeit in enger Wechselwirkung mit der Erdoberfläche (Land-Meer-Verteilung) sehr differenzierte Boden-Druckverteilung wird bereits in der relativ dünnen Schicht von nur 5 bis 6 km Dicke völlig von der vom Strahlungshaushalt vorgegebenen großräumigen Temperaturverteilung überdeckt. Der Einfluß der kalten Kontinente macht sich durch abgeschlossene Wirbel über den kontinentalen Kältezentren, den hemisphärischen „Kältepolen" über Nordostsibirien und über dem Kanadischen Archipel, bemerkbar

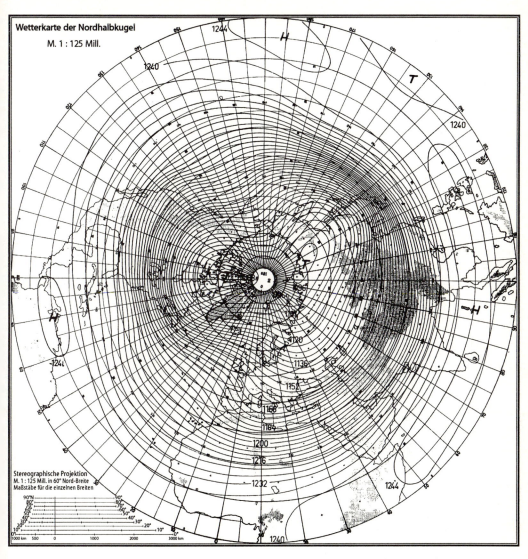

Abb. 6.30. Mittlere absolute Topographie der 200-hPa-Fläche [gpdam] für den Januar (1949–1953, nach Wege 1957). Diese Druckfläche liegt in den niederen Breiten noch in der Troposphäre, in den hohen Breiten in der unteren Stratosphäre. Sie repräsentiert insgesamt also angenähert das Tropopausenniveau. Die globale Temperaturverteilung in Gestalt der winterlichen, kalten Kontinente und der warmen Ozeane bestimmt auch in dieser Höhe das Druckfeld. Infolge des weiterhin gleichsinnig anhaltenden meridionalen Temperaturgefälles haben sich aber die Druckgegensätze (Neigung der Topographie der Druckfläche) im Vergleich zur 500-hPa-Fläche weiter erhöht und damit verstärkten sich die den hemisphärischen Kältewirbel umwehenden hochtroposphärischen Winde. Die Strahlströme treten aber an den Ostseiten der nördlichen Kontinente nur noch andeutungsweise hervor; während in den unteren 5–6 km der Temperaturgegensatz zwischen den kalten Kontinenten und den warmen Meeren dominierte, beginnt sich in diesen Höhen bereits der mehr zum Pol symmetrische Temperaturgegensatz zwischen dem Gebiet der Polarnacht und der übrigen Hemisphäre bemerkbar zu machen

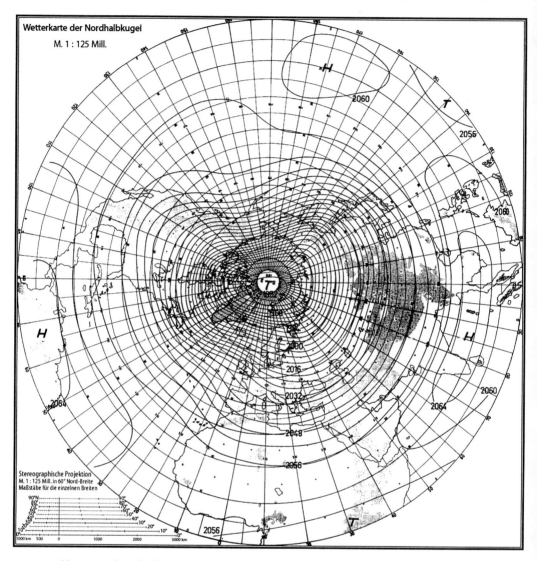

Abb. 6.31. Mittlere absolute Topographie der 50-hPa-Fläche [gpdam] für den Januar (1949–1953, nach Wege 1957). Diese Druckfläche liegt schon weit in der Stratosphäre (ca. 20 km Höhe). Hier macht sich in den tropischen und subtropischen Breiten bereits die Wärme der Ozonschicht bemerkbar, was zu einer Einengung des zirkumpolaren Kältewirbels führt. Dieser beschränkt sich hier weitgehend auf das Gebiet der Polarnacht; an seinem Rande zeichnet sich das Starkwindband des sog. Polarnacht-Strahlstroms der Stratosphäre ab. Der Einfluß der troposphärischen Temperaturverteilung ist nur noch in den über den Kontinenten Amerika, Europa und Asien verbliebenen Ausbuchtungen („Trögen") zu erkennen. Das stratosphärische Temperaturminimum im Zentrum der Polarnacht über dem Nordpol prägt sich dadurch aus, daß nunmehr – wie in allen höheren Schichten – das Wirbelzentrum direkt über dem Pol liegt

6.9 Zusammenhang zwischen Temperatur-, Druck- und Windfeld

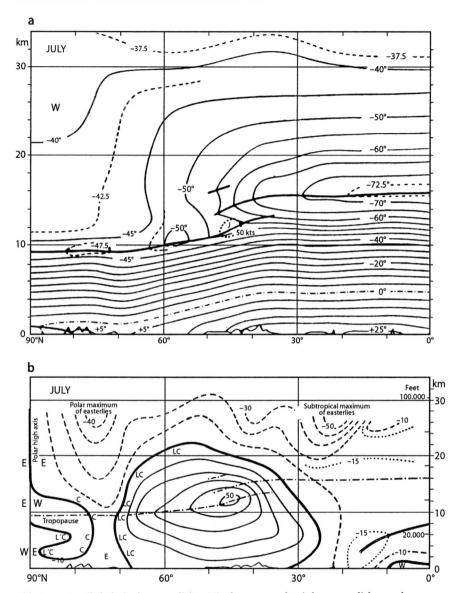

Abb. 6.32. a Vertikalschnitt der monatlichen Mitteltemperatur, b mittlere monatliche zonale geostrophische Windkomponente, beides längs des Meridians 80°W für den Juli (nach Kochanski 1955)

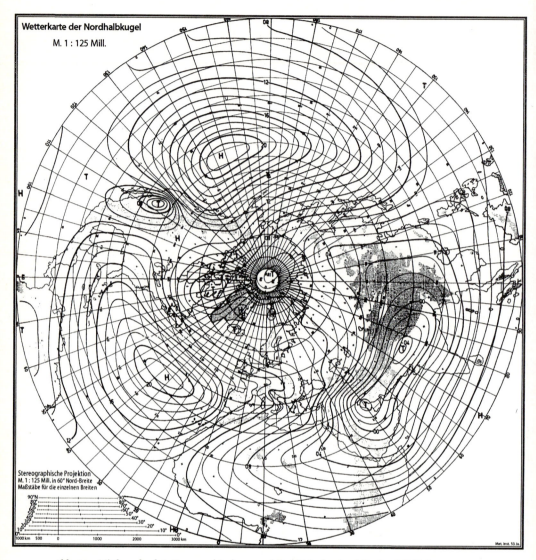

Abb. 6.33. Mittlere absolute Topographie der 1000-hPa-Fläche [gpdam] für den Juli (Zeitraum 1900–1939, nach Jacobs 1958). Im Sommer sind die subtropischen Hochdruckgebiete im Vergleich zum Januar um ca. 10° Breite nach Norden verschoben. Die quasi-permanenten Tiefdruckwirbel der Westdrift, das Islandtief und das Alëutentief, sind ins Polargebiet abgedrängt. Die großen Kontinente weisen nunmehr thermische Tiefdruckgebiete, warme Monsuntiefs, auf, die den subtropischen Hochdruckgürtel entsprechend unterbrechen. Durch den Himalaja und das Hochland von Tibet topographisch begünstigt, ist das asiatische Monsuntief am stärksten ausgeprägt. Es liegt mit seinem Zentrum bei Peschavar, Pakistan und zeigt einen „Ableger" über dem Persischen Golf. In Afrika erweist sich der Hitzetiefdrucktrog über der Sahara als so dominierend, daß er hier im Druck- und Windfeld die Rolle der äquatorialen Tiefdruckrinne als weit ausgelagerte Innertropische Konvergenzzone übernimmt

6.9 Zusammenhang zwischen Temperatur-, Druck- und Windfeld

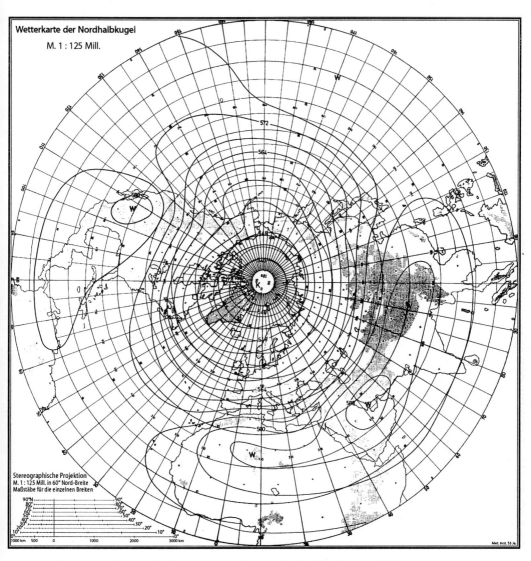

Abb. 6.34. Mittlere relative Topographie 500hPa/1000hPa [gpdam] für den Juli (Zeitraum 1900–1939, nach Jacobs 1958). Diese Karte demonstriert eindrücklich die Wärmewirkung der hochsommerlichen Kontinente. Kältezentrum ist jetzt das Eismeer der zentralen Arktis

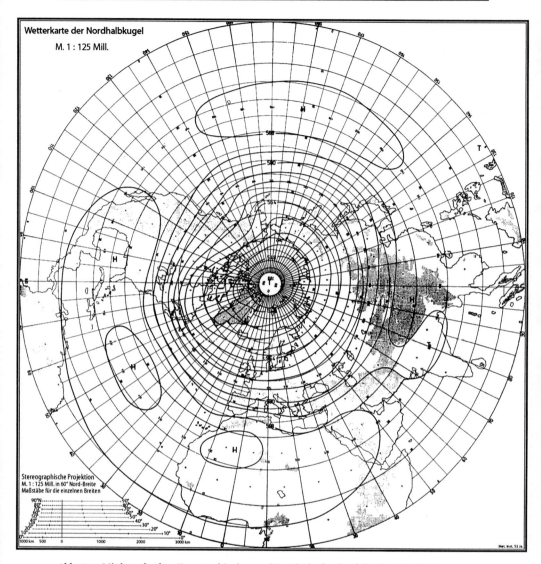

Abb. 6.35. Mittlere absolute Topographie der 500-hPa-Fläche [gpdam] für den Juli (Zeitraum 1900–1939, nach Jacobs 1958). In diesem Niveau haben sich die monsunalen Hitzetiefs infolge ihrer Wärme – bis auf einen schwachen Rest über Indien – bereits in Hochdruckgebiete verwandelt (s. weiter oben: „warmes Tief"). Diese sind weitgehend mit dem nordwärts verschobenen subtropischen Hochdruckgürtel verschmolzen. Die starken Bodenhochzentren treten, weil sie kühler sind als die benachbarten Hitzetiefs, in diesem Niveau nur noch schwach als selbständige Gebilde hervor. Der nördliche Polarwirbel ist gegenüber dem Januarbild wesentlich abgeschwächt und hat sich auf die Breiten nördlich von 40°N zurückgezogen

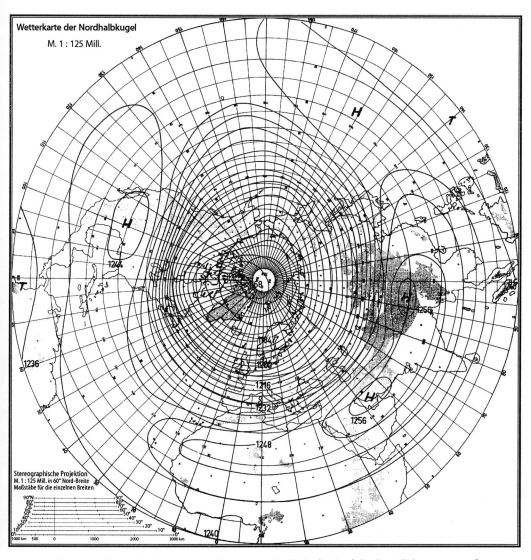

Abb. 6.36. Mittlere absolute Topographie der 200-hPa-Fläche [gpdam] für den Juli (1949–1953, nach Wege 1957). An der Obergrenze der Troposphäre hat sich nun die Sommerwärme der Kontinente voll durchgesetzt und zeigt ausgeprägte Hochdruckzentren über den Hitzetiefs der Bodenkarte. Der Polarwirbel hat an Intensität gewonnen, weil nördlich von 40° Breite das nordwärtsgerichtete troposphärische Temperaturgefälle auch oberhalb der 500-hPa-Fläche erhalten geblieben ist, und es ist die vertikale Windzunahme am „kalten Tief" zu beobachten. Die kalte arktische Troposphäre läßt das Zentrum des Polarwirbels wiederum in Polnähe liegen

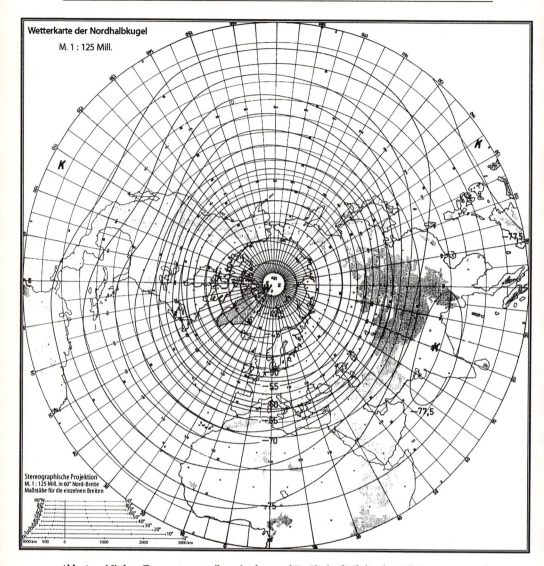

Abb. 6.37. Mittlere Temperaturverteilung in der 100-hPa-Fläche [°C] für den Juli (1949–1953, nach Wege 1957). In der unteren Stratosphäre (ca. 16 km Höhe) kehrt sich infolge der kräftigen Ozonerwärmung angesichts der kontinuierlichen Sonneneinstrahlung im Bereich des Polartages das meridionale Temperaturgefälle völlig um. Dadurch hat sich in diesem Niveau der in der Troposphäre kalte Polarwirbel bereits erheblich abgeschwächt (s. Abb. 6.38), und darüber (Abb. 6.39) ist das warme Tief(!) sogar in ein die ganze Hemisphäre bedeckendes zirkumpolares Hoch umgewandelt worden, so daß jetzt in jenen Höhen über der gesamten Nordhalbkugel der schwache sommerliche Ostwind weht

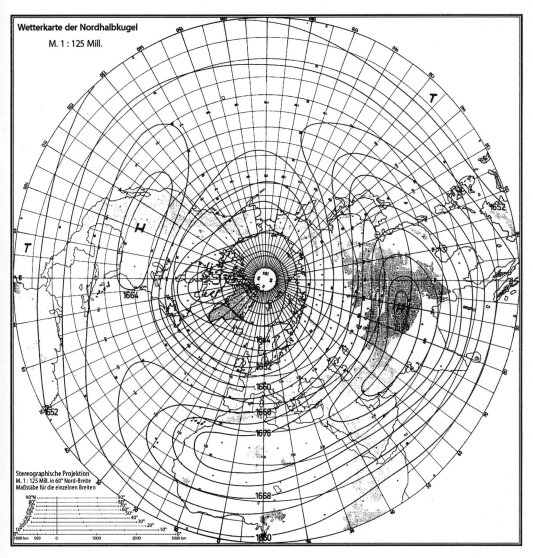

Abb. 6.38. Mittlere absolute Topographie der 100-hPa-Fläche [gpdam] für den Juli (1949–1953, nach Wege 1957). In dieser Höhe ist der Polarwirbel, hier in der unteren Stratosphäre (s. Abb. 6.37) ein warmes Tief, bereits wesentlich schwächer ausgeprägt als in der 4 km tiefer gelegenen 200-hPa-Fläche

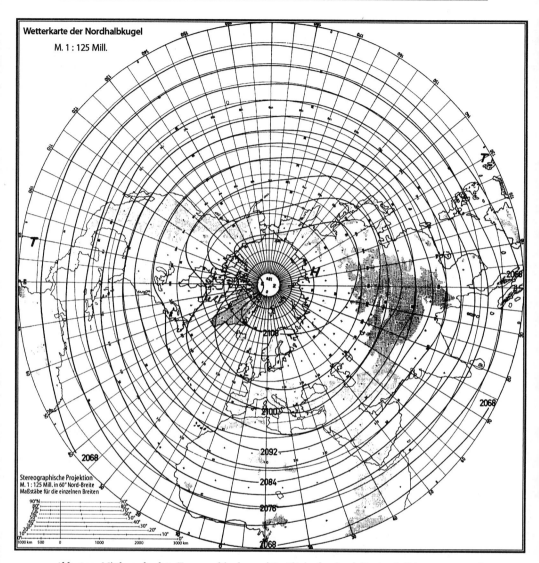

Abb. 6.39. Mittlere absolute Topographie der 50-hPa-Fläche [gpdam] für den Juli (1949–1953, nach Wege 1957). Die sommerliche stratosphärische Temperaturverteilung mit der größten Wärme am Pol dominiert nunmehr das Höhendruckfeld. Der polare Tiefdruckwirbel ist durch ein hemisphärisches, warmes Stratosphärenhoch ersetzt, das auf der gesamten Nordhalbkugel schwache Ostwinde hervorruft. Diese bewirken u.U., daß eine in Berlin gestartete Radiosonde, die zunächst mit den troposphärischen Westwinden ostwärts wegtreibt, während ihres stratosphärischen Steigens westwärts zurückdriftet und nach Platzen des Ballons, nach ca. 2 h, schließlich nicht weit vom Startpunkt entfernt am Fallschirm niedergeht). Die Stratosphärenzirkulation, die sich im Winter durch sehr starke Westwinde (z.B. Polarnachtstrahlstrom), im Sommer durch schwache Ostwinde, mit einem meist sprunghaften Übergang im Frühjahr, auszeichnet, wird deshalb gelegentlich als „monsunal" (jahreszeitlich umkehrend) bezeichnet

6.10
Großräumige Zirkulation – Strahlströme, Wellen und Wirbel

Wir hatten (Abschn. 3.7.3) erfahren, daß die Strahlungsbilanz der gesamten Erde zwar insgesamt langzeitlich ausgeglichen ist, daß aber, wenn man die einzelnen Breitenzonen betrachtet, dieses nicht mehr der Fall ist. Die Tropen weisen einen ständigen Strahlungsüberschuß, die hohen Breiten beider Halbkugeln ein ständiges Defizit auf. Sollen nicht die Tropen dadurch ständig wärmer, die hohen Breiten ständig kälter werden, sind daher zum Ausgleich meridionale Energietransporte erforderlich. Hierfür kommen allein die beiden beweglichen Medien Ozean und Atmosphäre in Frage. Die Atmosphäre bewerkstelligt ihren Anteil hieran mit einer Reihe ganz unterschiedlicher Mechanismen, die wir im folgenden kennenlernen wollen.

6.10.1
Die allgemeine atmosphärische Zirkulation

Wir können zunächst davon ausgehen, daß aus den oben gesagten Gründen zwischen der Tropenzone und den hohen Breiten eine thermische Zirkulation angeregt werden muß. Die Beobachtungen zeigen, daß diese aber nur zwischen dem Äquator und ca. 30° Breite realisiert ist, und zwar in Form der Passatzirkulation, auch *Hadley-Zelle* genannt. Ihr aufsteigender Zweig im Bereich der äquatorialen Tiefdruckrinne (Zone der „Mallungen", gleichbedeutend mit schwachen umlaufenden Winden) ist gekennzeichnet durch das Vorherrschen starker Quellbewölkung und durch ergiebige konvektive Niederschläge (tropische Regenzone). In diese Tiefdruckrinne, die *innertropische Konvergenzzone (ITC)*, hinein konvergieren die in bodennaher, ca. 1–2 km mächtiger Schicht auf beiden Halbkugeln jeweils zwischen dem subtropischen Hochdruckgürtel und der ITC wehenden „Passate" (engl.: „trade winds", weil mit ihnen früher die Handelssegelschiffe fuhren). Die Passatwinde nehmen über den tropischen und subtropischen Ozeanen große Mengen thermischer Energie auf, als fühlbare Wärme und infolge der anhaltend starken Verdunstung über diesen warmen Meeren vor allem in Form latenter Wärme. Diese zunächst in die Passatschicht gelangende Energie wird über die tropische Konvektion in die auf beiden Halbkugeln jeweils polwärts gerichteten oberen Rückströme, vielfach „Antipassat" genannt, eingeführt. Dieser bewerkstelligt den eigentlichen geforderten Energietransport aus den Tropen heraus in Richtung der höheren Breiten beider Hemisphären. Er tut dies durch den Transport beider Formen der Wärmeenergie und durch den Transport mechanischen Drehimpulses. Letzterer kommt dadurch zustande, daß infolge des größeren Abstands von der Rotationsachse der Erde Luft in Äquatornähe einen größeren Drehimpuls aufweist als die Luft höherer Breiten und somit die im Antipassat polwärts wehende Luft, die ihren höheren Drehimpuls mitführt, mechanische Energie in höhere Breiten exportiert. Der absteigende Zweig der in diesem Beschreibungsmodell als geschlossen gedachten Zirkulation ist im Bereich des subtropischen Hochdruckgürtels zu finden, in den Roßbreiten, die so benannt sein sollen, weil zu Zeiten der Segelschiffahrt in dieser windschwachen, feuchtwarmen Zone viele der an Bord mitgeführten Pferde der andauernden Klimabelastung nicht standhielten bzw. infolge Futtermangels umkamen.

Die Gründe für die geschilderte Begrenzung der thermisch getriebenen Hadley-Zirkulation auf die Tropen und Subtropen sind bei der Corioliskraft zu suchen. Sie bewirkt beispielsweise beim zunächst meridional gerichteten Antipassat, daß dieser – mit wachsender Entfernung vom Äquator wird ja ihre Ablenkung zunehmend wirksam – auf beiden Halbkugeln bald zur einer Weströmung wird. Die äquatorwärts wehenden Passate, ebenfalls genügend großräumige Strömungen, werden auf gleiche Weise westwärts abgelenkt und erscheinen daher als Nordostpassat auf der Nordhalbkugel und auf der Südhalbkugel als Südostpassat, ja in den zentralen und westlichen Teilen der großen Ozeane wird die Passatströmung sogar breitenkreisparallel, aber eingelagerte wandernde Störungen besorgen dort trotzdem noch die notwendige Konvergenz zur ITC.

Das hier vorgestellte Bild der allgemeinen, globalen atmosphärischen Zirkulation ist das weitgehend idealisierte Bild der sog. *planetarischen Zirkulation*, das lediglich die grobe Breitenverteilung der Druck- und Windverhältnisse als Folge rein geometrischer Verteilung der Einstrahlungsverhältnisse betrachtet und – stark vereinfachend – auf die thermischen Auswirkungen gerade der Land-Meer-Verteilung überhaupt keine Rücksicht nimmt (s. Abb. 6.40 und 6.41). Sie ist jedoch ein gut brauchbares erstes Beschreibungsmodell und im Mittel über dem Atlantischen Ozean, besonders aber in weiten Teilen des Pazifischen Ozeans realisiert. Ein notwendiger weiterer Schritt zur Annäherung an die volle Wirklichkeit ist die Hinzunahme des weiter oben bereits angesprochenen Modells der durch die jahreszeitlich wechselnden thermischen Einflüsse der Kontinente erzeugten *monsunalen Zirkulationen*, die beispielsweise über dem Indischen Ozean die planetarische Komponente der allgemeinen Zirkulation im Juli nördlich des Äquators gänzlich unterdrückt (s. besonders hierzu Abb. 6.42). Die Superposition der planetarischen Zirkulation und der monsunalen Zirkulation ergibt dann die beobachteten Druck-, Temperatur- und Windfelder, wie sie aus den Abb. 6.27-6.39 für die Nordhemisphäre bzw. weiter hinten in Kap. 6 (Abb. 6.71 und 6.72) für die ganze Erde hervorgehen.

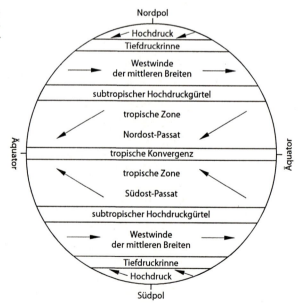

Abb. 6.40. Globales Schema der bodennahen Druck- und Windsysteme der idealisierten Planetarischen Zirkulation (nach Liljequist 1974)

6.10 Großräumige Zirkulation – Strahlströme, Wellen und Wirbel

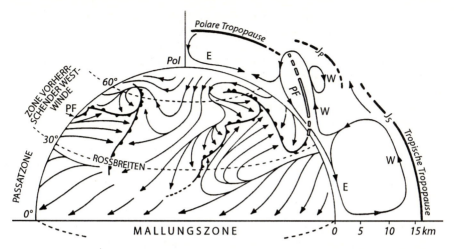

Abb. 6.41. Drei-Zellen-Schema der winterlichen hemisphärischen Vertikalzirkulation nach Palmén 1951 und schematische Strömungsverhältnisse im Meeresspiegelniveau modifiziert nach Defant und Defant 1958 (Nordhalbkugel). Die Zirkulation der Tropenzone ist charakterisiert durch die thermisch angeregte Hadley-Zelle mit dominierender Konvektion in Äquatornähe und Absinken in den Subtropen (Roßbreiten). In der polwärts anschließenden Westwindzone findet im Bereich der Polarfront (*PF*) dynamisch bedingtes Aufsteigen der subtropischen Warmluft sowie Absinken der polaren Kaltluft eher nebeneinander statt; es existiert hier keine geschlossene Zelle im Sinne einer thermisch angeregten Zirkulation. Innerhalb der Polarkalotte überwiegt thermisch und dynamisch bedingtes Absinken. Mit *E* (Ost) und *W* (West) ist die vorherrschende Richtung überlagerter ausgeprägter zonaler Windkomponenten angedeutet. Die durchschnittliche Lage der Tropopause der Haupt-Strahlströme (J_P = Polarer, J_S = Subtropischer Strahlstrom) ist zusätzlich hervorgehoben

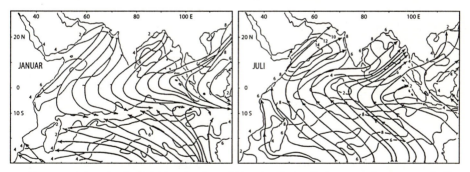

Abb. 6.42. Mittlere oberflächennahe Stromlinienfelder über dem Indischen Ozean im Januar und Juli (nach Hastenrath u. Lamb 1980). (*Bezifferte Isolinien* = Windgeschwindigkeit [m/s]). Deutlich wird, daß im Winter das Bild der planetarischen Zirkulation realisiert ist, weil der vom asiatischen Kontinent wehende Wintermonsun die Richtung des Passats hat; die ITC liegt gut ausgeprägt bei 10°S auf der Sommerhalbkugel. Im Nordsommer hingegen mündet der SE-Passat direkt in den asiatischen Sommermonsun und „überrennt" gewissermaßen die Passatströmung in dieser Region

Die Ablenkung des Antipassats in die Zonalrichtung in etwa 30° Breite bedeutet nun aber, daß dieser nur bis dahin seine Funktion, den meridionalen Energietransport zu besorgen, erfüllen kann und daß er in dieser Breite die tropische Energie schließlich in die obere Westströmung einspeist. Die Vertikalschnitte (Abb. 6.26 und 6.32) zeigen, daß in der Tat ein großer Teil des meridionalen Temperaturgefälles zwischen 0° und 30° Breite weitgehend abgebaut wird, polwärts davon aber der Temperaturgegensatz etwa zwischen 30° und 60° Breite dafür um so stärker wird. Die Hadley-Zirkulation bewirkt also, daß der zunächst hemisphärische meridionale Temperaturgegensatz auf eine relativ schmale, dafür stark barokline Zone, die mit den oberen Westwinden einhergeht, konzentriert wird. Die Frage wäre nun, wie der darüber hinaus erforderliche meridionale Energietransport in dieser baroklinen Zone der mittleren Breiten vor sich geht. Haben wir es in der Hadley-Zelle gewissermaßen mit einem die Erde umschließenden Wirbel mit horizontaler Achse zu tun, setzt sich in den polwärts an die subtropischen Hochdruckgürtel beider Halbkugeln sich anschließenden baroklinen Zonen der meridionale Energietransport in Gestalt quasi horizontaler zyklonaler und antizyklonaler *Wirbel mit weitgehend vertikaler Achse* fort, die durch Instabilitäten der oberen Westwindströmung ausgelöst werden.

6.10.2
Dynamik der extratropischen Wirbel

Es zeigt sich, daß eine barokline Zonalströmung, die weitgehend parallel zu den Breitenkreisen verläuft, als solche nicht stabil bleibt, sondern in horizontale Wellen umschlägt, wenn der meridionale Temperaturgradient größer wird als 3,5–6 K/1 000 km. Man spricht dann von *barokliner Instabilität*. Dieser Grenzwert wird, wie Beobachtungen zeigen, ständig an vielen Stellen einer Hemisphäre erreicht oder gar überschritten, und so zeigt das Westwindband der mittleren Breiten stets eine Mäanderform mit wechselnd großen Amplituden. Dies bestätigt jede Höhenwetterkarte.

Sehen wir uns zum Beispiel Abb. 6.43 genauer an, so bemerken wir, daß das hier dargestellte Druckfeld (besser: Geopotentialfeld der Druckfläche 500 hPa) an vielen Stellen genau jene Konfiguration der Isolinien zeigt, nämlich abwechselnd Konfluenzen und Diffluenzen, wie wir sie bei der Beschreibung der dynamischen Erzeugung von Bodendruckänderungen (Abschn. 6.8.5) als Ausgangslage benutzt hatten. Sie stellte also eine durchaus realistische Situation dar. Wir erkennen aber auch, daß die in den oben erwähnten Vertikalschnitten (Monatsmittel!) zwischen 30 und 60° Breite gelegene breite barokline Zone sich hier, im Einzelfall, auf eine noch viel schmalere, in diesem Kartenmaßstab teilweise linienhafte Zone konzentriert, in Abb. 6.43 dick gestrichelt hervorgehoben. Auf deren Südseite liegen die Temperaturwerte meist nahe –20 °C oder darüber, nördlich davon nahe –30 °C oder niedriger. Dies wird noch deutlicher in Abb. 6.44, in der für einen anderen Tag die Isothermen der 500-hPa-Fläche dargestellt sind. In ihr fällt besonders die mäandrierende Linienbündelung auf, eine Zone sehr starker horizontaler Temperaturgradienten, die in diesem Niveau (5–6 km Höhe) die *hyperbarokline Zone* entlang der Grenze zwischen der kalten polaren Luft und der wärmeren subtropischen Luft markiert. Abbildung 6.45 zeigt einen schematischen Vertikalschnitt durch eine solche hyperbarokline Zone, zumeist auch *Frontalzone* genannt, eine Zone größter Wetterwirksamkeit. Der Schnitt verläuft etwa im rechten Winkel zu den Drängungszonen in der 500-hPa-Temperaturkarte, deren ungefähre Höhenlage in dem Vertikalschnitt durch die seitlichen Pfeile angedeutet ist. Die Entfernungsskala der Abszisse macht darin deutlich, daß der sehr

6.10 Großräumige Zirkulation – Strahlströme, Wellen und Wirbel

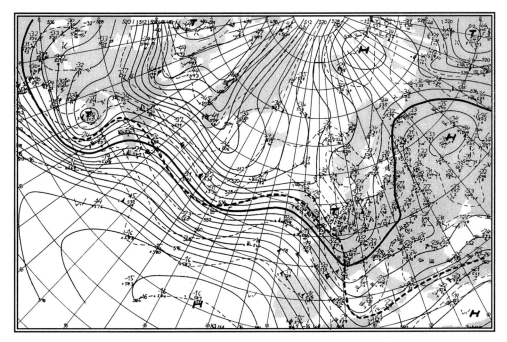

Abb. 6.43. Absolute Topographie der 500-hPa-Fläche vom 1.2.1984, 1Uhr MEZ (aus: Berliner Wetterkarte, Meteorologisches Institut der Freien Universität Berlin). Die *Linie* 5 400 gpm ist verstärkt worden, um das Mäandrieren der „West"-Strömung zu verdeutlichen, die *gestrichelte Linie* markiert die ungefähre Lage des stärksten Temperaturgegensatzes nahe der −25 °C-Isotherme

großräumige, von der unterschiedlichen Strahlungsbilanz herrührende meridionale Temperaturgradient, den wir bereits im Monatsmittel durch großräumige Zirkulationen auf die Breitenzone von 30° bis 60° zusammengedrängt fanden, in diesen, auf einen Zeitpunkt bezogenen Wetterkarten und dem zugehörigen Vertikalschnitt, ganz offensichtlich zu großen Teilen noch weiter auf eine horizontale Erstreckung von nur etwa 100–200 km konzentriert wird. Die Folge davon ist auch eine entsprechende Verschärfung der Neigung der Druckflächen und somit die Konzentration des Westwindbandes zu einer ausgeprägten *Strahlströmung* (engl.: „jet stream"). Hierfür werden wir gleich eine Begründung finden, zuvor aber noch einmal Abb. 6.45 betrachten, denn an dieser können wir abermals den Zusammenhang zwischen horizontalem Temperaturfeld und vertikaler Windstruktur studieren. Der Wind ist hier – kalte Luft auf der linken Seite (!) – in die Bildebene hinein gerichtet. Wir sehen zunächst, daß in der gleichen Weise wie der meridionale Temperaturgegensatz auch die entsprechende obere Westströmung im Vergleich zu den auf Monatsmittelwerten beruhenden Vertikalschnitten der Abb. 6.26 und 6.32 weiter eingeengt ist, und zwar zu einem stark gebündelten Strahlstrom. Die Zone mit einer Windgeschwindigkeit über 50 m/s ist nur etwa 500 km breit, die maximale Windgeschwindigkeit liegt bei mehr als 80 m/s ≈ 290 km/h. Der Strahlstrom liegt mit seinem Kern knapp unterhalb der Tropopause und innerhalb der warmen Luft unmittelbar an ihrer Vordergrenze. Das gesamte Starkwindgebiet befindet sich im wesentlichen oberhalb der Frontfläche, und zwar in der Zone, in der innerhalb der vertikalen Luftsäule sich unten eingeschobene kalte Luft durch eine entsprechende Erniedrigung der darüberliegenden Druckflächen bemerkbar macht. Innerhalb der kalten und innerhalb der warmen Luft liegen die Isothermen jeweils annähernd horizontal, lediglich oberhalb der Frontfläche neigen sie sich zur Front hin und folgen dabei etwa den (hier nicht eingezeichneten) Druckflächen. Innerhalb der beiden Luftmassen findet sich also annähernd Barotropie. Die großräumig barokline Zone ist zur hyperbaroklinen Frontalzone verdichtet. Wie geschieht das?

Die Konzentration eines horizontalen Temperaturgegensatzes zu einer hyperbaroklinen Zone, einer Front, geschieht i. allg. in einem sog. Deformationsfeld, auch *Viererdruckfeld* genannt. Dies ist ein Bodendruckfeld, in dem die Druckgebilde wechselweise, im Idealfall schachbrettartig angeordnet sind (s. Abb. 6.46 und 6.47; darin sind der Anschaulichkeit halber statt der Isobaren gleich die Stromlinien der Luftbewegung gezeichnet). Liegt in einem solchen „hyperbolischen" Druckfeld eine

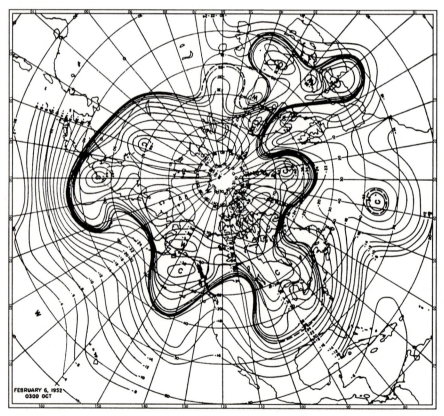

Abb. 6.44. Temperaturverteilung [°C] in der 500-hPa-Fläche am 6. Februar 1952, 03 GMT. Die Isothermen sind im Abstand von 2 K gezeichnet (nach Bradbury und Palmén 1953; aus: Palmén u. Newton 1969)

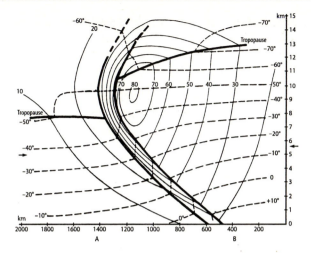

Abb. 6.45. Schematische Isothermen [°C], *gestrichelte Linien*, und Isotachen [m/s], *ausgezogene Linien*, im Bereich einer Frontalzone, der Polarfront. Die dicken Linien bezeichnen Diskontinuitäten des Temperaturgradienten, und zwar begrenzen die des horizontalen Gradienten die Frontalzone, während die des vertikalen Gradienten die Tropopause markieren. Die *Pfeile* deuten die ungefähre Lage der 500-hPa-Fläche, des Niveaus der beiden voranstehenden Wetterkarten, an (nach Palmén und Newton 1969). Es ist zu beachten, daß die Darstellung stark überhöht ist: Die vertikale Skala erstreckt sich über 15 km gegenüber 2000 km in der Horizontalen; d.h. die Frontfläche ist in der Natur viel flacher geneigt, als hier gezeichnet. Zwischen den Punkten *A* und *B* liegt die Zone größter Baroklinität

Temperaturverteilung vor (ausgezogene dicke Geraden), bei der die Isothermen mit der Streckungs- oder Dilatationsachse einen Winkel kleiner als 45° bilden, so läßt sich leicht erkennen, daß diese Strömungskonfiguration die Isothermen beiderseits der Streckungsachse gegeneinander führt und somit den Temperaturgegensatz zwischen den beiden konvergierenden Luftströmen verschärft. Es findet *Frontogenese*, bei genügend langer Dauer die Bildung einer mehr linienhaft verschärften Temperaturdiskontinuität statt. Diese Verschärfung des horizontalen Temperaturgradienten verstärkt in der Höhe – wie weiter vorn besprochen – die Neigung der Druckflächen zwischen dem warmen und dem kalten Gebiet und damit die Stärke des quasi frontparallelen Höhenwindes. Dieser konzentriert sich bei anhaltendem Prozeß schließlich auf ein relativ schmales Starkwindband, den Strahlstrom. Dieser erreicht seine größte Intensität in jener Höhe, bis zu der das horizontale Temperaturgefälle in der gleichen Richtung besteht, also meistens in Tropopausennähe (vgl. Abb. 6.45). In seinem Kern sind Windgeschwindigkeiten von 300 km/h oder darüber keine Seltenheit. Strahlströme spielen für die Navigation und für die Wirtschaftlichkeit der in dieser Höhe mit etwa 850 km/h fliegenden Langstrecken-Flugzeuge eine große Rolle.

Abbildung 6.47 zeigt ein weniger idealisiertes Viererdruckfeld, wie es etwa in Wetterkarten erscheint. Der Strahlstrom befindet sich dann über dem Gebiet größter Isothermendrängung. Dieses Bild – um etwa 45° im Uhrzeigersinn gedreht – erinnert an die Abb. 6.20, und zwar liegen die Hoch- und Tiefdruckgebiete genau dort, wo im früheren Bild die Gebiete mit Druckanstieg bzw. Druckfall lagen.

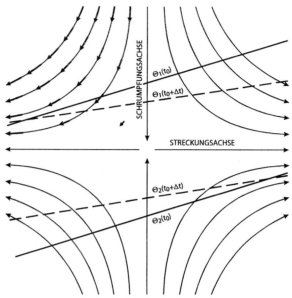

Abb. 6.46. Stromlinien in einem idealisierten Deformationsfeld mit der Lage zweier Isoplethen der potentiellen Temperatur zu zwei aufeinander folgenden Zeitpunkten (*ausgezogene* bzw. *gestrichelte Geraden*) (nach Bergeron 1928)

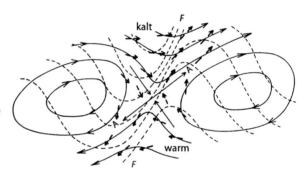

Abb. 6.47. Isobaren (bzw. geostrophische Stromlinien, *ausgezogene Linien*) und Isothermen (*gestrichelte Linien*) im Bereich eines Sattelpunktes im Druckfeld („Viererdruckfeld"); die Richtung ageostrophischer Winde in der Bodenreibungsschicht ist durch kurze dicke *Pfeile* angedeutet (nach Palmén und Newton 1969)

Wir rekapitulieren und erkennen dabei folgenden wichtigen *Wechselwirkungsprozeß*: Ein Höhendruckfeld, das aufgrund eines in einem Gebiet vorhandenen stärkeren Temperaturgegensatzes Konfluenz und Diffluenz aufweist, produziert infolge ageostrophischer Massenflüsse ein charakteristisches Vierer-Bodendruckfeld (Deformationsfeld), das zu einer Verschärfung des bestehenden Temperaturgegensatzes (Frontogenese) führt. Diese verstärkt nun ihrerseits den oberen Strahlstrom. Es ist also durch *positive Rückkopplung* ein Selbstverstärkungsprozess in Gang gekommen, als dessen Folge sich die Wirbel verstärken und die Höhenströmung sich wellenförmig – bis hin zur Wirbelbildung auch in der Höhe – deformiert: Wir haben damit den Wirkungsmechanismus der baroklinen Instabilität kennengelernt. Diese Wechselwirkung zwischen dem Temperatur- und Druckfeld in den bodennahen Schichten einerseits und der Höhenströmung andererseits illustriert Abb. 6.48. Wie man außerdem feststellen kann, ist in dem Frühstadium der Entwicklung (a) die Bodenzyklone fast zur Hälfte mit Warmluft angefüllt. Im Laufe der Entwicklung wird der Warmsektor in Bodennähe immer mehr eingeschnürt (b), bis er schließlich aus dem Zyklonenzentrum heraus an die Peripherie gedrängt wird, während die Warmluft im Innern des Tiefs vom Boden abgeschnitten (okkludiert) und in die Höhe gehoben wird. Der Zyklonenkörper ist also am Ende der Entwicklung unten ganz mit Kaltluft angefüllt, die Warmluft ist seitwärts darüber gehoben worden – aus dem ursprünglichen instabilen

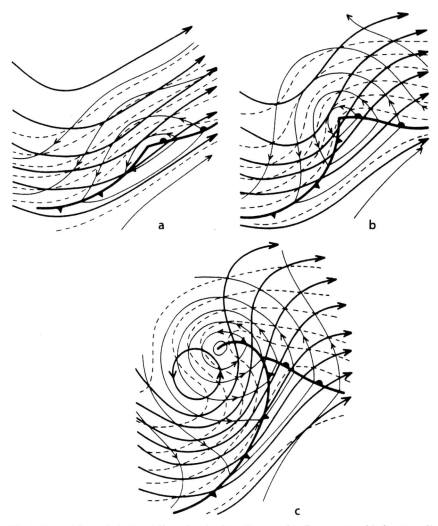

Abb. 6.48 a–c. Schematische Darstellung der absoluten Topographie (bzw. geostrophischer Stromlinien) der 500-hPa-Fläche (ca. 5,5 km Höhe; *dicke, ausgezogene Linien*: Isohypsen bzw. Stromlinien), des Bodendruckfeldes (1000-hPa-Fläche; *dünne, ausgezogene Linien*) und des thermischen Feldes in Gestalt der relativen Topographie 500 hPa/1000 hPa (*gestrichelte Linien*) für 3 Phasen im Selbstverstärkungsprozeß der Zyklogenese: **a** junge *Wellenzyklone* in der Frontalzone, **b** voll entwickelte *Warmsektorzyklone,* **c** Spätstadium, sog. *okkludierende Zyklone.* Die Luftmassengrenzen (Fronten) sind in der üblichen Symbolik gezeichnet: Die Kaltfront ist in der Richtung, in der sie sich bewegt, mit kleinen *Dreiecken* besetzt, die Warmfront in entsprechender Weise mit kleinen *Halbkreisen* (nach Palmén u. Newton 1969)

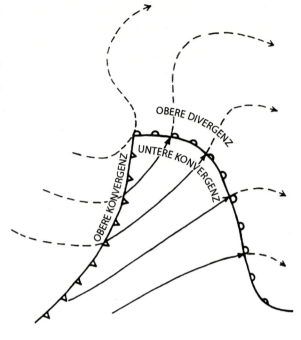

Abb. 6.49. Schematische Darstellung der prinzipiellen Zuordnung von Konvergenz- und Divergenzgebieten der durch Stromlinien wiedergegebenen Höhenströmung über einer nur durch ihre Fronten gekennzeichneten Warmsektorzyklone (nach Palmén u. Newton 1969)

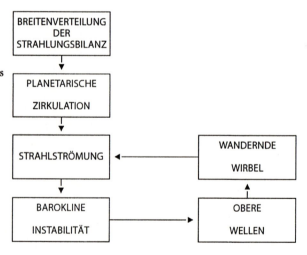

Abb. 6.50. Kausalkette der Erscheinungsformen der allgemeinen Zirkulation der mittleren Breiten, insbesondere der Rückkopplungsmechanismus zwischen Strahlstrom einerseits und Zyklonen und Antizyklonen andererseits.

Nebeneinander der kalten und der warmen Luft ist gewissermaßen ein stabileres Übereinander geworden, die barokline Instabilität ist abgebaut. Es hat sich ein thermisch stabiler Zustand eingestellt, und die zyklogenetischen Prozesse sind damit erlahmt. Der Wirbel schwächt sich, seine kinetische Energie durch Reibungsprozesse dissipierend, allmählich ab und verschwindet – sofern er nicht in großräumigere Vorgänge einbezogen und dabei durch andere Wirbel noch eine Zeit lang mit neuer Energie versorgt wird. Abbildung 6.50 faßt den in diesem Abschnitt verfolgten Gedankengang noch einmal in einer Graphik zusammen, vor allem die Rückkopplungs-

6.10 Großräumige Zirkulation – Strahlströme, Wellen und Wirbel

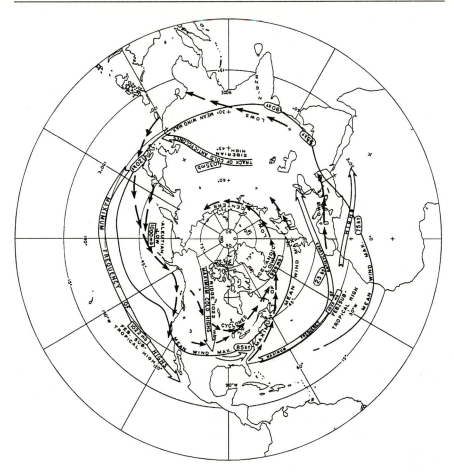

Abb. 6.51. Mittlere Lage der Achse maximaler Windgeschwindigkeit (*dicke, ausgezogene Linie*), mittlere Lage der Achse maximaler Häufigkeit des Auftretens von Zyklonen (*kurze, dünne Pfeile*) und Antizyklonen (*breite, helle Pfeile*) im Winter. Kleine *Rechtecke* bezeichnen Lage und Stärke (zentrale Luftdruckwerte am Boden) der hauptsächlichen quasi-permanenten Hoch- und Tiefdruckgebiete, kleine *Ellipsen* kennzeichnen Lage und Intensität der Strahlstrommaxima in Knoten (nach Palmén u. Newton 1969)

schleife zwischen Strahlströmung und Wirbeln veranschaulichend. Abbildung 6.51 ergänzt das Bild durch Kennzeichnung der durchschnittlichen geographischen Lage bzw. der Zugbahnen einiger Komponenten. Sie zeigt in einer Zusammenstellung die aus klimatologischen Daten abgeleiteten Zusammenhänge zwischen der Lage der Hauptstrahlströme der Nordhalbkugel und den Hauptzugbahnen von Zyklonen und Antizyklonen, den Hoch- und Tiefdruckgebieten. Es gilt zu beachten, daß in unserem Strahlstromschema (Abb. 6.20) im Delta, dem Ausströmgebiet, die zyklogenetischen Effekte auf der linken (nördlichen), die antizyklogenetischen auf der rechten (südlichen) Seite der Strahlstromachse lagen – in weitgehender Übereinstimmung mit der hier wiedergegebenen Beobachtung: Die Zugbahnen der Zyklonen liegen zumeist links (polwärts), die der Antizyklonen rechts (äquatorwärts) von der mittleren Strahlstromachse – auf der Nordhalbkugel. Es zeigt sich, daß die stärksten winterlichen Strahlströme der Nordhalbkugel jeweils vor den Ostküsten der großen Kontinente Asien und Nordamerika liegen, wo die extreme kontinentale Kaltluft außerordentlich warmen Meeresströmungen, dem Kuroshio und dem Golfstrom, unmittelbar benachbart ist, und in ihrem jeweiligen Delta finden sich folglich das Aleuten- und das Islandtief, zwei quasi-permanente Druckgebilde (s. z.B. Abb. 6.27).

6.10.3
Wirbelstruktur, Fronten und Wetter

Die extratropischen Zyklonen und Antizyklonen sind die Träger unserer Wetterdynamik. Dabei kommt es – wie wir sahen – ganz wesentlich auf die ageostrophischen Effekte an und – was Wolken und Niederschläge anbetrifft – auf die beteiligten Vertikalbewegungen. Aus Abb. 6.49 lassen sich, beispielsweise durch Vergleich mit den Abb. 6.17 und 6.19, sogleich einige wichtige Folgerungen hinsichtlich der induzierten Vertikalbewegungen ableiten. So bedingen auf der Vorderseite des Warmsektors die Konvergenz in den unteren Schichten und die Divergenz in der Höhe Aufwärtsbewegung, Hebung. In der Rückseitenkaltluft findet sich dagegen zumeist verbreitetes Absinken infolge der Konvergenz oben und Divergenz in den unteren Schichten; lediglich bei labiler Schichtung (z.B. Kaltluft über warmer Unterlage) können darin kleinräumigere konvektive Vorgänge wie Quellwolken, Schauer und evtl. Gewitter eingelagert sein. Es zeigt sich hier, daß die weiter oben postulierte generelle Hebung der Luft in einer Zyklone differenzierter gesehen werden muß, denn die Hebung verteilt sich nicht gleichmäßig auf den „Zyklonenkörper", sondern ist offensichtlich am ausgeprägtesten auf der Zyklonenvorderseite und an den Fronten. Zum anderen läßt sich im Zusammenhang mit den durch das obere Divergenzfeld induzierten Druckänderungen gleichzeitig auf die Verlagerung des Tiefs schließen, denn die obere Divergenz (hier im Bild rechts vom Tief gelegen) bedeutete ja am Boden Druckfall, die obere Konvergenz links vom Tief, hinter der Kaltfront, bedeutete Bodendruckanstieg; also bewegt sich die Zyklone in dieser Abbildung nach rechts.

Auf andere Weise versucht Abb. 6.52, in einer quasi dreidimensionalen Zusammenschau die soeben besprochenen Zusammenhänge zwischen unteren und oberen Druckfeldern, ihren Divergenzen und Konvergenzen und den dadurch erzeugten Vertikalbewegungen zu zeigen. Hierzu muß bemerkt werden, daß es sich bei den hier besprochenen Vertikalbewegungen natürlich nur um die Vertikalkomponenten an sich dreidimensionaler Bewegungen handelt, denn wir sehen, daß die Zyklonen und Antizyklonen großenteils in die erdumspannende Westwinddrift eingebettet sind. Dabei liegen die horizontalen Windkomponenten in der Größenordnung von 10 m/s, die Vertikalbewegungen dagegen nur in der Größenordnung von 1 cm/s, wie ja auch die hier besprochenen Wirbel an sich sehr flache Gebilde sind, nämlich eine horizontale Ausdehnung von vielen 100 km bis vielleicht 1 000 km oder etwas mehr aufweisen, bei einer Vertikalerstreckung – wenn sie voll entwickelt sind – von lediglich etwa 10 km. Im übrigen wird in dieser Abbildung deutlich, daß wir uns die Zyklonen keineswegs als starre Gebilde vorstellen dürfen. Die Wirbel bleiben zwar als Struktur einige Zeit erhalten, doch werden sie von der Luft, in die sie eingebettet sind, ständig durchweht!

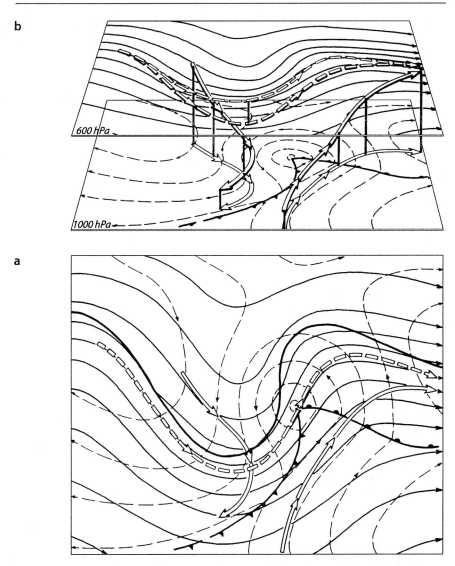

Abb. 6.52 a, b. Zusammenschau der Druck- bzw. Strömungsfelder der 1000-hPa-Fläche (Boden; *gestrichelte Linien*) und der 600-hPa-Fläche (knapp 5 km Höhe; *ausgezogene Linien*) im Bereich einer frontalen Wellenzyklone, und zwar (**a**) in der Aufsicht, d.h. beide Felder in die Bildebene projiziert, (**b**) in perspektivischer Schrägsicht, beide Darstellungen mit ausgewählten dreidimensionalen Trajektorien, die aus einem mittleren Niveau im Innern der Kaltluft bzw. bei der 600-hPa-Fläche aus der bodennahen Warmluft stammen, und deren Projektionen auf den Erdboden bzw. auf die 600-hPa-Fläche; die Pfeillängen entsprechen etwa der Verlagerung in gleichen Zeitabschnitten. Die *ausgezogenen dicken Linien* bezeichnen Fronten; die *Linien* mit den üblichen Symbolen kennzeichnen deren Lage am Boden, jene ohne Symbole die Lage im 600-hPa-Niveau (nach Palmén und Newton 1969)

Das hier vorgestellte Zyklogenesemodell (Abb. 6.53 a–e) ist das der sog. *Polarfrontzyklonen*, weil sie an der Polarfront, der auf beiden Hemisphären die ganze

Erde umlaufenden Grenze zwischen der jeweiligen polaren Kaltluft und dem breiten Gürtel tropischer bzw. subtropischer Warmluft, entstehen. Die mittlere geographische Lage der Polarfronten zeigen u.a. die Abb. 6.71 und 6.72. Diese Polarfrontzyklonen sind die in unseren Breiten – zumindest im Bereich Europa/Atlantik sowie in der Region Ostasien/Pazifik – die häufigsten. Es sei hier aber angemerkt, daß es daneben noch andere dynamische oder – wie wir gesehen hatten – thermische Entstehungsursachen für Zyklonen gibt. So findet z.B. im Lee von überströmten Kettengebirgen häufig als Leewirkung *orographische Zyklogenese* statt; über Nordamerika östlich der Felsengebirge spielt diese verständlicherweise eine große zusätzliche Rolle. Wir hatten aber auch schon die sommerlichen kontinentalen Hitzetiefs (Monsuntiefs) kennengelernt. In Abschn. 6.10.5 wird uns in den tropischen Wirbelstürmen ein ganz anderer Typus begegnen. Darüber hinaus lernen wir aus Satellitenbildserien, daß innerhalb der polaren Kaltluft durch Wechselwirkung mit dem wärmeren Ozean ebenfalls nicht-frontale Zyklogenesen stattfinden, wie z.B. die *Polarluftzyklogenese* aus der sog. „Kommawolke" (s. Abb. 6.54) oder die Bildung von *Polartiefs* (s. Filme Nr. 12 und 14).

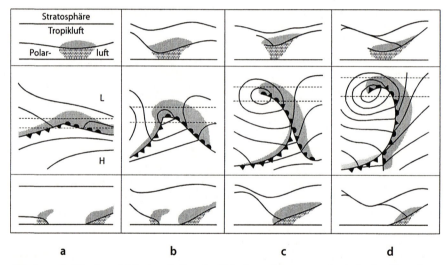

Abb. 6.53 a-d. Die vier wichtigsten Stadien der Polarfrontzyklogenese, wie sie in der Wetterkarte (mittlere Reihe) und in Vertikalschnitten nördlich und südlich vom Tiefzentrum erscheinen: **a** entstehende Wellenzyklone, **b** (reife) Warmsektorzyklone, **c** okkludierendes Tief, **d** völlig verwirbelte, okkludierte Zyklone (nach Bjerknes et al. 1957)

An der Polarfront bilden sich oftmals nacheinander ganze Serien von Zyklonen, sog. *Zyklonenfamilien* (s. Abb. 6.53 e), in denen sämtliche Entwicklungsstadien der Abb. 6.53 a-d nacheinander aufgereiht gleichzeitig vorkommen können. Dies Bild kommt dadurch zustande, daß die Zyklonen während ihrer Entwicklung an der Polarfront entlangwandern, während sich hinter ihnen im Strahlstrom immer neue Wellen bilden, die ihnen sowohl in der Entwicklung als auch in der Bahn folgen.

Abb. 6.53 e. Zyklonenfamilie an der Polarfront – Gleichzeitigkeit aller Stadien in geordneter Folge

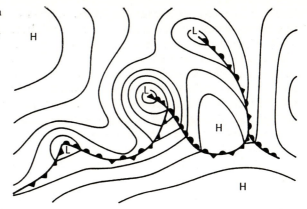

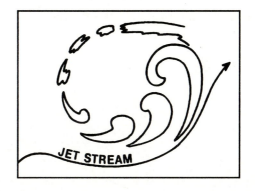

Abb. 6.54. Konzeptionelles Modell der Polarluftzyklogenese, den Lebenszyklus dieser nichtfrontalen Wirbelentstehung von unstrukturierten konvektiven Wolkenmassen über das „Komma"-Stadium bis zur Wolkenspirale konzeptionell zusammenfassend (nach Zick 1987). Der ganze Vorgang spielt sich im zyklonalen Strömungsfeld eines alten, völlig verwirbelten Tiefs innerhalb der Polarluft ab, weit jenseits der eigentlichen, hier durch „Jet Stream" angedeuteten Polarfront

Mit Hilfe der Abb. 6.52 wollen wir unser Bild von den komplexen Vorgängen bei der Zyklonenentwicklung innerhalb der Wirbel weiter vertiefen. Es wird deutlich, daß die in Form des Warmsektors in den Wirbel einbezogene Warmluft in diesem gehoben wird und dann vor allem oberhalb der nach vorn geneigten Warmfrontfläche weiter aufsteigt, was auf der Vorderseite des Tiefs i. allg. zu einem ausgedehnten Wolkenschirm mit verbreiteten, anhaltenden Regenfällen führt. Die kalte Luft an der Rückseite des Tiefs sinkt dagegen, was unmittelbar hinter der *Kaltfront*, der Vordergrenze der kalten Luft am Boden, meistens zu mindestens vorübergehend klarem Himmel führt („postfrontale Aufheiterung") – eine der auffallendsten Erscheinungen in den Satellitenbildern der mittleren und hohen Breiten. An der Kaltfront selbst wird i. allg. stark konvektive Bewölkung erzeugt, oft in Begleitung von Schauern oder Gewittern. Dies geschieht hauptsächlich bei intensivem Anheben der vorgelagerten Warmluft durch die sich darunter schiebende Kaltluft (Ana-Kaltfront). Vorschießen der Kaltluft in der Höhe bei gleichzeitiger Bremsung am Boden kann jedoch gleichfalls zu einer Labilisierung der Schichtung führen. Wie sich das im Falle der Wolken- und Niederschlagsverteilung in einer sog. „Idealzyklone", auch Warmsektorzyklone genannt, aus der „Vogelperspektive" und in Vertikalschnitten darstellt, zeigt schematisiert Abb. 6.55. Dieses Bild stellt jedoch, wie wir gesehen haben, nur die Momentaufnahme eines bestimmten mittleren Entwicklungsstadiums der Zyklonen dar, da sie i. allg. einen mehrere Tage bis zu etwa einer Woche dauernden Lebenszyklus aufweisen, das Endstadium des okkludierten Tiefs allein etliche Tage andauern kann. Der volle Lebenszyklus einer solchen Zyklone war in Abb. 6.53 a–d in den vier markantesten Phasen dargestellt.

Ebenso wie die Polarfront mit ihrem konzentrierten Temperaturgegensatz die Ursache für den oberen Strahlstrom und damit für die Entstehung der die Polarfront deformierenden und schließlich verwirbelnden Zyklonen ist, so spielen ihre Bestandteile, die Kalt-, Warm- und Okklusionsfronten auch für die Wetterstruktur innerhalb des Wirbelregimes der Westwindzone eine tragende Rolle. Wir müssen uns daher mit ihnen noch etwas näher beschäftigen.

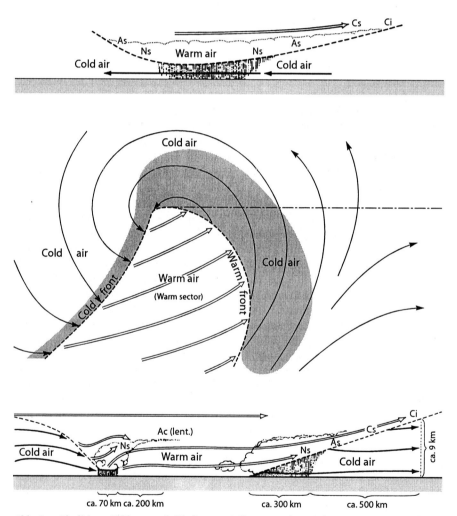

Abb. 6.55. Idealisierte Zyklone nach Bjerknes u. Solberg 1921 (aus: Palmén u. Newton 1969). Die *strichpunktierte Linie* zeigt die Bewegungsrichtung an. Die *Pfeile* sind Stromlinien der bodennahen Luft. Die Diagramme oben und unten sind von links nach rechts verlaufende Vertikalschnitte nördlich vom Zyklonenzentrum und durch den Warmsektor südlich vom Tiefzentrum

6.10 Großräumige Zirkulation – Strahlströme, Wellen und Wirbel

Fronten sind die *Grenzen zwischen* unterschiedlichen *Luftmassen.* Beide bedingen sich gegenseitig. Unter einer Luftmasse versteht man in diesem Zusammenhang ein ausgedehntes Areal von Luft mit horizontal weitgehend homogenen, charakteristischen Eigenschaften, z.B. hinsichtlich ihrer Temperatur, ihres Feuchtigkeits- und Aerosolgehalts, ihrer vertikalen Stabilität, der vorherrschenden Bewölkungsverhältnisse, der Niederschlagsstruktur, Trübung, u.v.a.m. Horizontal homogene Luftmassen entstehen in den großen quasistationären Hochdruckgebieten, so z.B. in den polaren Antizyklonen und in den subtropischen Hochs. Ist der Zustand der Erdoberfläche großräumig einigermaßen homogen – wie das beispielsweise im vereisten Polargebiet oder im verschneiten Kanada bzw. Nordasien und über den subtropischen Meeren der Fall ist – und befinden sich über diesen Gebieten sich wenig bewegende, quasistatiotionäre Hochdruckgebiete, so bilden sich darin durch Wechselwirkung mit der homogenen Unterlage weiträumig relativ einheitlich geartete Luftmassen. In den windschwachen Hochdruckgebieten hat die Luft nämlich Gelegenheit, sich den hygrothermischen Zuständen des Untergrundes anzupassen. Im Falle der polaren Hochdruckgebiete bedeutet das niedrige Temperatur und infolgedessen sehr geringer Wasserdampfgehalt, also niedrige absolute Feuchtigkeit, und im Falle der ozeanischen Subtropenhochs Wärme, verbunden mit entsprechend hohem Wasserdampfgehalt. Wir hatten weiter oben gesehen, daß bestimmte Strömungskonfigurationen diese so unterschiedlich gearteten Luftmassen gegeneinanderführen, wobei sich ihre Gegensätze schließlich auf schmale, schräg im Raum liegende Übergangsgebiete, sog. Frontalzonen konzentrieren. Diese werden in Bodennähe durch eine zusätzliche Windkonvergenz – infolge der Reibungskräfte – meist nochmals zu *Fronten* verschärft, die bisweilen nur wenige Kilometer breit sind. In der Bodenwetterkarte treten sie daher meist als Linien in Erscheinung. Sie sind aber, wie gesagt, dreidimensionale Gebilde. Die Fronten werden nach dem thermischen Charakter der ihr folgenden Luft benannt: *Warmfront* heißt die Vordergrenze einer Luftmasse, die gegen eine kältere vordringt; die wärmere Luft hat es aufgrund ihrer geringeren Dichte schwer, die schwerere kalte Luft vom Boden zu verdrängen, gleitet daher meist über dieser auf; schließlich ist die Schichtung stabil: oben befindet sich warme Luft, darunter kalte. In extremen Wintersituationen kann es vorkommen, daß es heranziehender Warmluft überhaupt nicht gelingt, sich bis zum Boden durchzusetzen, so daß die Warmfront lediglich oberhalb einer meist mit der Obergrenze der planetarischen Grenzschicht zusammenfallenden Inversion vorankommen kann. Zumeist tragen aber vertikaler turbulenter Austausch (Durchmischung) und die Strahlung (Gegenstrahlung!) dazu bei, daß sich die Warmluft – wenn auch vielfach nur allmählich und reichlich verspätet – schließlich doch noch bis zum Boden durchzusetzen kann. Wenn bei Annäherung einer Warmfront die warme Luft in der Höhe über einem Ort schon angekommen ist, beginnt nämlich infolge der erhöhten Gegenstrahlung und der turbulenten Durchmischung die Temperatur am Boden bereits oft langsam zu steigen. Die Lage der Warmfront ist deshalb in den Bodenwetterkarten dadurch definiert, daß mit ihrem Durchzug der advektive Temperaturanstieg gänzlich aufhört.

Kaltfront heißt die Vordergrenze einer Luftmasse, die gegen eine wärmere vordringt; da die kältere Luft schwerer ist als die wärmere, kann sie sich leicht unter diese schieben; wird sie unten gebremst und dringt sie dann in der Höhe entsprechend schneller vor, labilisiert sie die Schichtung von oben her und führt so zu vertikalen Umwälzungen, d.h., sie hat es aus verschiedenen Gründen leicht, die vor ihr sich befindende Warmluft zu verdrängen. Dies führt dazu, daß sie sich i. allg. schneller bewegt als die vorauslaufende Warmfront und sie den Warmsektor einer Zyklone von hinten her laufend einengt, schließlich die langsamer vorauslaufende Warmfront erreicht und damit die Warmluft vom Erdboden abschneidet und nach oben verdrängt, „okkludiert" (lat.: „occludere" = abschneiden). Dieser Vorgang wird daher als *Okklusion* bezeichnet. Da sich nun i. allg. die Kaltluft der Tiefvorderseite und die der Rückseite nach Alter und Herkunft unterscheiden, tritt die Schnittlinie in der Wetterkarte ebenfalls meist als Front in Erscheinung. Sie heißt *Okklusionsfront*, meist verkürzt nur als „Okklusion" bezeichnet. Über ihr befindet sich die gehobene und damit wolkenreiche und Niederschlag spendende Warmluft, so daß diese Front zumeist durch eine Schlechtwetterzone gekennzeichnet ist. Die Okklusionsfront kann am Boden Kaltfrontcharakter annehmen (s. Abb. 6.59 b), wenn die Rückseitenkaltluft merklich kälter ist als die Vorderseitenkaltluft, etwa wenn frische gegen gealterte Polarluft vordringt. Sie kann aber in Bodennähe auch als Warmfront erscheinen, z.B. wenn bei uns im Winter mildere, maritime Polarluft gegen kontinentale Kaltluft vordringt. In diesen Fällen werden die Okklusionsfronten in der Wetterkarte häufig durch zusätzliche Kaltfront- oder Warmfrontsymbole gekennzeichnet (s. Abb. 5.56).

An der Kaltfront treten überwiegend konvektive Prozesse auf, sei es daß die verdrängte Warmluft gehoben und dadurch labilisiert wird, sei es durch Labilisierung der Schichtung von oben, wenn die kältere Luft in der Höhe schneller vordringt als in den bodennahen Schichten.

Bezüglich des Wolkenaufbaus und der Wetterabfolge sind bei den Kaltfronten zwei grundverschiedene Typen zu unterscheiden. Und zwar handelt es sich zum einen um die relativ langsam ziehende Kaltfront 1. Art, die „Ana-Kaltfront", beim sog. „langsamen" oder „subtropischen Wettertyp", und zum anderen um die i. allg. schnell ziehende Kaltfront 2. Art des sog. „schnellen, polaren Wettertyps" (s. Abb. 6.57). Dabei entspricht der Wolkenaufbau der Kaltfront 1. Art etwa dem Spiegelbild der Warmfront, d.h., beim Durchzug einer solchen Front an einem Ort treten quasi die Wettererscheinungen der Warmfront in umgekehrter Zeitfolge auf (vgl. Abb. 6.58). Bei den Kaltfronten kommt im Winter, hauptsächlich an den Westseiten der Kontinente – also auch in Europa – noch eine weitere Variante hinzu, die *maskierte Kaltfront*. Sie ist genetisch und hinsichtlich der sonstigen Wettererscheinungen eine echte Kaltfront, bringt am Boden aber einen Temperaturanstieg, nämlich wenn über dem winterlich kalten Festland eine zähe bodennahe Kaltluftschicht (Inversionswetterlage) durch vergleichsweise wärmere, maritime Polarluft „aufgerollt" wird; diese Kaltfronten bringen zumeist eher durchgreifendes Tauwetter als Warmfronten, die sich – wie bereits betont – schwerer bis in die bodennahe Grenzschicht durchsetzen können, besonders bei Vorhandensein einer Schneedecke.

Abb. 6.56. Frontensymbole in der Wetterkarte

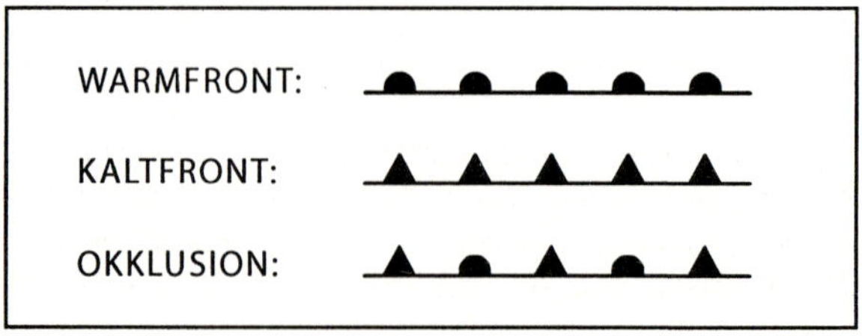

6.10 Großräumige Zirkulation – Strahlströme, Wellen und Wirbel

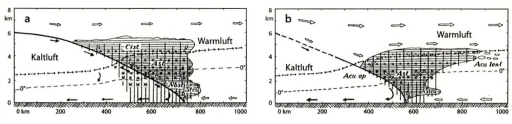

Abb. 6.57 a, b. Vertikalschnitt durch (a) eine Kaltfront 1. Art (Ana-Kaltfront) und (b) eine Kaltfront 2. Art (nach Bergeron 1957)

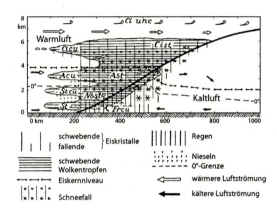

Abb. 6.58. Vertikalschnitt durch eine Warmfront (nach Bergeron 1957)

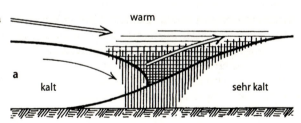

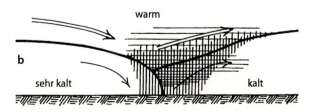

Abb. 6.59. Vertikalschnitt durch eine Okklusion mit (a) Warmfrontcharakter und (b) Kaltfrontcharakter (nach Scherhag 1948)

Die hier vorgestellten klassischen Beschreibungsmodelle der Wetterdynamik von Fronten sind in den letzten Jahrzehnten besonders aufgrund der Ergebnisse neuer Beobachtungstechniken beträchtlich verfeinert worden. Das betrifft sowohl Details der dreidimensionalen Bewegungsvorgänge, wie sie mittels Bewegungsszenen aus

Satellitenbildsequenzen beobachtet werden können (s. z.B. Warnecke 1981, Zick 1987 bzw. Filme Nr. 11–13), als auch Details der internen, mesoskaligen Struktur der Fronten, wie sie sich durch ihre charakteristischen Niederschlagsmuster auf dem Radarschirm abbilden (Battan 1981, Atlas 1989). So besagt beispielsweise Abb. 6.60, daß der meiste Niederschlag in jenem feuchtwarmen Luftstrom innerhalb der Zyklone produziert wird (durch Punktraster markiert), der neuerdings in der Literatur als „conveyor belt" („Förderband", Fließband; Harrold 1973) besondere Beachtung findet. Darin wird die feuchtwarme bodennahe Luft zunächst unmittelbar vor der Kaltfront vehement aus der Grenzschicht (900 hPa) herausgehoben, woraufhin sie parallel zur Kaltfront wehend im Warmsektor allmählich weitersteigt, oberhalb der Warmfrontfläche mit wachsender Höhe zunehmend antizyklonal aufgleitet, um schließlich in der mittleren Troposphäre (etwa im 500-hPa-Niveau) in die obere Strahlströmung einzumünden. Ihre unscharfe Vordergrenze soll andeuten, daß der davor fallende Niederschlag noch in der Luft verdunstet, bevor er den Boden erreicht. Abbildung 6.61a zeigt einen entsprechenden Zeit-Höhen-Schnitt für eine Kaltfrontpassage. Diese Art von Darstellung ist in der Meteorologie viel in Gebrauch. Sie entsteht durch wiederholte Messungen über einem Ort. Im Gegensatz zu einem räumlichen Vertikalschnitt ist hier auf der Abszisse die Zeit aufgetragen. Diese Darstellungsmethode wird i. allg. dann angewandt, wenn Feinstrukturen ermittelt werden sollen, die räumliche Auflösung des Beobachtungsnetzes hierfür aber nicht ausreicht, an einem Ort jedoch Vertikalsondierungen in entsprechend dichter zeitlicher Abfolge möglich sind. Unter der Annahme, daß die über dem Ort beobachteten Änderungen durch ein zeitlich einigermaßen persistentes, horizontal bewegtes System hervorgerufen werden, kann der Zeit-Höhen-Schnitt dann näherungsweise als räumlicher Vertikalschnitt interpretiert werden. Der in Abb. 6.61 b wiedergegebene schematisierte, echt räumliche Schnitt für eine ähnliche Situation belegt dies anschaulich. Aus den hier gezeigten Beispielen ist ersichtlich, daß die stärksten Niederschläge kurzzeitig und in einem relativ schmalen Bereich zu finden sind, in dem die bodennahe feuchtwarme Warmsektorluft rasch und vehement über den Kaltluftkopf gehoben wird – womit eine entsprechend starke Labilisierung durch Hebung dieser Luft verbunden ist (kräftiger Schauerniederschlag!). Danach treten i. allg. vergleichsweise schwächere Niederschläge wechselnder Intensität auf, die aus der über dem allmählich mächtiger werdenden Kaltluftkörper aktiv oder passiv aufgleitenden Warmluft stammen. Es sei erwähnt, daß im Falle quasistationärer Lage einer solchen Front im Sommer u.U.

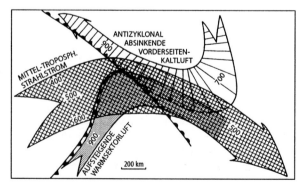

Abb. 6.60. Schematische Darstellung der Luftströme, die die Verteilung der den Boden erreichenden Niederschläge bestimmen. Die Zahlen geben die jeweilige Höhe des Luftstroms (Druckfläche [hPa]) an. Die Niederschlagstätigkeit ist durch *Punktraster* markiert (nach Harrold 1973, aus: Atkinson 1981)

6.10 Großräumige Zirkulation – Strahlströme, Wellen und Wirbel

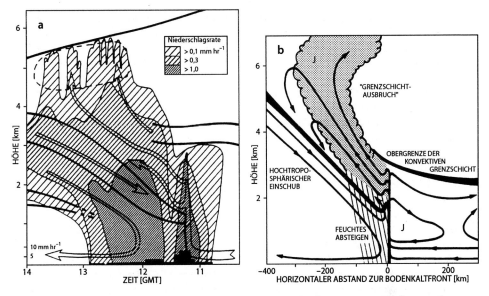

Abb. 6.61 a, b. a Zeit-Höhen-Schnitt für den Durchzug einer scharf ausgeprägten Kaltfront an einem Ort: Niederschlagsintensität und front-senkrechte Bewegungskomponenten. Entlang der Abszisse ist außerdem die am Boden gemessene Niederschlagsintensität [mm/h] angegeben. Die *dick ausgezogenen Linien* bezeichnen Diskontinuitäten im Temperaturfeld, nämlich die schräg liegende, innerhalb der planetarischen Grenzschicht äußerst steile Begrenzung der Kaltfront sowie die Begrenzung quasi-horizontaler Inversionen innerhalb der vorgelagerten Warmluft und in der absinkenden Rückseitenkaltluft. Die *gestrichelte Linie* umreißt in der Höhe einen Bereich besonderer, kleinskaliger Konvektion (nach Browning u. Harrold 1970, aus: Atkinson 1981). **b** Schematisches Strömungsmodell einer Ana-Kaltfront. Die *dünn ausgezogenen Linien* sind Stromlinien des front-senkrechten Windfeldes relativ zum nach rechts sich bewegenden System. Die *stark ausgezogenen Linien* markieren die Kaltfrontfläche sowie innerhalb der vorgelagerten Warmluft die Obergrenze der konvektiven Grenzschicht. Das *Punktraster* bezeichnet den Bereich der Dampfsättigung, die *Schrägschraffur* fallenden Niederschlag. Die Buchstaben *J* geben die Lage der Kerne in die Bildebene hineinwehender Strahlströme an (nach Browning u. Pardoe 1973, aus: Atkinson 1981)

kontinuierlich starke Konvektion (Aufgleitgewitter!) ausgelöst wird, deren Niederschläge – sich über vielleicht 24 oder 36 h kumulierend – örtlich katastrophale Rekordmengen erbringen können. So wurden in Berlin am 15.8.–16.8.1959 in einer solchen Situation Niederschlagsmengen bis zu 210 mm (l/m²) in 32 h (Station Riemeisterfenn) – mehr als ein Drittel der durchschnittlichen Jahresmenge von Berlin (s. Anhang 9.1) – gemessen, die zu erheblichen Überschwemmungen führten.

Aus Abb. 6.61 b geht zusätzlich hervor, daß sich vor dem Kaltluftkopf einer scharf ausgeprägten Kaltfront infolge des auf engstem Raum konzentrierten starken horizontalen Temperaturgradienten in 1–2 km Höhe ein mesoskaliger bodennaher Strahlstrom („low level jet") bildet, dessen horizontale und vertikale Windscherungen eine große Gefahr für Flugzeuge in der Start- und Landephase darstellen. Außerdem ist ersichtlich, daß die Front kräftig Luft aus der planetarischen Grenzschicht (einschließlich der evtl. entwickelten konvektiven Grenzschicht) in die freie Atmosphäre hineinschiebt und damit einen wesentlichen Mechanismus des Austauschs zwischen der Grenzschicht und der übrigen Troposphäre darstellt.

Es zeigt sich aber auch, daß dieser Austausch unter Einschaltung der „Naßphase", also von Kondensation, Wolken- und Niederschlagsbildung, stattfindet – mit entsprechenden Auswirkungen auf etwaige Luftbeimengungen. Dabei geschieht das Aufsteigen der Warmluft im „conveyor belt" durchaus nicht horizontal gleichmäßig, kontinuierlich, sondern in Radarbeobachtungen zeigen sich häufig deutliche mesoskalige Zell- und Streifenstrukturen des fallenden Niederschlages, die sich häufig auch in der resultierenden Verteilung der Regenmengen abzeichnen (s. hierzu Abb. 6.62). Somit ist die zumeist zu beobachtende starke mesoskalige Gliederung von Niederschlagsverteilungen neben der Abbildung topographischer Einflüsse nicht allein auf die Schauertätigkeit auf Zyklonenrückseiten oder Gewittervorgänge zurückzuführen, sondern dazu trägt in den Größenordnungsskalen um 50 km und darunter offenbar zum großen Teil auch die interne dynamische Gliederung der frontalen Niederschlagsprozesse bei.

Den Luftmassen werden – wie gesagt – zunächst in ihren Ursprungsgebieten charakteristische Eigenschaften aufgeprägt. Werden sie aus ihren Entstehungsgebieten herausgeführt, unterliegen sie selbstverständlich Modifikationen, die von der Länge des Weges und der Art und Beschaffenheit der Erdoberfläche, über die sie geführt werden, abhängen. So wird beispielsweise arktische Kaltluft, die nach Mitteleuropa gelangt, hier erstens ganz anders in Erscheinung treten als in ihrem Ursprungsgebiet und zweitens bezüglich der darin auftretenden Wettererscheinungen ganz unterschiedlichen Charakter aufweisen, je nachdem ob ihr Weg beispielsweise von Grönland in einem weiten Bogen über den wärmeren Atlantik hinwegführt, ob sie auf kürzestem Wege von Spitzbergen über das Nordmeer und die Nordsee hinweg labilisiert nach Mitteleuropa gelangt oder ob sie sehr stabil geschichtet über das verschneite Nordrußland, das Baltikum und Polen hinweg zu uns kommt. Auch werden die charakteristischen Luftmasseneigenschaften vor allem über dem Festland stark von der Jahreszeit, d.h. von den Strahlungsbedingungen und dem entsprechenden thermischen Zustand des Erdbodens abhängen. Im Herbst und im Winter wird letzterer stabilisierend, im Frühling und im Sommer labilisierend auf die Schichtung der unteren Troposphäre wirken.

Tabelle 6.6 gibt eine Zusammenstellung der zwölf in Europa hauptsächlich vorkommenden Luftmassen und ihrer Eigenschaften. In der wissenschaftlichen Abkürzung ist zunächst der generelle Ursprung mit einem Großbuchstaben gekennzeichnet (P = Polarluft, T = „Tropikluft", bzw. subtropische Luft), vorangestellt wird ein Kleinbuchstabe, der nach kontinentalem (c) oder maritimem (m) Ursprung unterscheidet, und ein nachgestellter Index sagt weiteres aus über Ursprungsgebiet oder genommenen Weg der Luftmasse. Die charakteristischen Eigenschaften (letzte Spalte der Tabelle) sind von der geographischen Region weitgehend unabhängig und gelten somit auch in anderen Teilen der Welt. Lediglich „volkstümliche Bezeichnung", Ursprungsgebiet und Weg gelten speziell für Mitteleuropa. Für fünf der Hauptluftmassen sind in Abb. 6.61 die charakteristischen hygrothermischen Eigenschaften im Vertikalprofil graphisch wiedergegeben. Die Abbildung beruht auf dem sog. „Skew-T-log p-Diagramm", das vom Stüve-Diagramm insofern verschieden ist, als Isothermen und Isobaren nicht mehr senkrecht aufeinander stehen (daher 'skew'). Die Ordinate trägt aber gleichfalls eine logarithmische Druckskala. Deutlich erkennbarer Vorteil dieses Diagramms ist es, daß durch die gewollte Verzerrung die Winkel zwischen Trocken- und Feuchtadiabaten größer werden als beim „Stüve" und deshalb vertikale Schichtungs- bzw. Stabilitätsunterschiede stärker ins Auge fallen (s. Abb. 6.63).

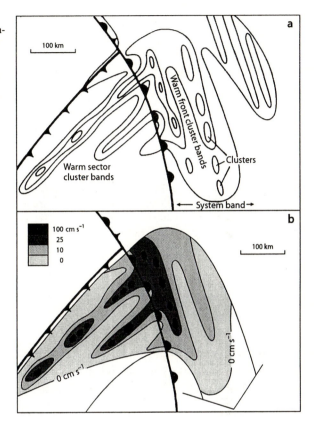

Abb. 6.62. Schematische Darstellung der mesoskaligen Feinstruktur (a) der Niederschläge und (b) der Vertikalgeschwindigkeit im aufsteigenden „conveyor belt" einer teilweise okkludierten Warmsektorzyklone (nach Harrold 1973; aus: Atkinson 1981). Der hier verwendete Begriff „cluster" bedeutet soviel wie Zusammenballung, Bündel, Gruppe

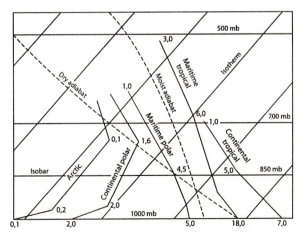

Abb. 6.63. Schematische Vertikalprofile der Temperatur und Zahlenwerte des Wasserdampfgehalts (Mischungsverhältnis in [g/kg] = g Wasserdampf pro kg trockener Luft) für einige wichtige Luftmassentypen in einem schiefwinkligen („skew") T-log p-Diagramm (nach Neiburger et al. 1973).
Achtung: Die Ordinate hat zwar eine logarithmische Luftdruckskala, die im Stüve-Diagramm dazu rechtwinkligen Isothermen sind hier jedoch um 45° nach rechts gedreht; dadurch werden vertikale Änderungen des Temperaturgradienten deutlicher sichtbar

Abkürzung	Wissenschaftliche Bezeichnung		Volkstümliche Bezeichnung	Ursprungsgebiet		Weg	Eigenschaft
cP_A	Arktische Polarluft	kontinental	Nordsibirische Polarluft	Nordsibirien	Polare Zone	Rußland	extrem kalt
mP_A		maritim	Arktische Polarluft	Arktis		Nordmeer (östlich Islands)	sehr kalt, feucht
cP	Polarluft	kontinental	Russische Polarluft	Rußland		Osteuropa	kalt
mP		maritim	Grönländische Polarluft	Arktis		Grönlandmeere (westlich Islands)	kalt, feucht
cP_r	Gealterte Polarluft	kontinental	Rückkehrende Polarluft	Rußland		Südosteuropa	trocken
mP_r		maritim	Erwärmte Polarluft	Arktis		Azorenraum (Atlantik südlich 50° N Breite)	feucht
cT_P	Gemäßigte (Tropik-) Luft	kontinental	Festlandsluft	Mitteleuropa	Gemäßigte Zone	—	—
mT_P		maritim	Meeresluft	Nordostatlantik		England	feucht, mild
cT	Tropikluft	kontinental	Asiatische Tropikluft	Naher Osten (südl. Balkan)	Tropische Zone	Südosteuropa	trocken
mT		maritim	Atlantische Tropikluft	Azorenraum		Westeuropa	feucht, warm
cT_S	Afrikanische Tropikluft	kontinental	Afrikanische Tropikluft	Sahara		—	trocken, heiß
mT_S		maritim	Mittelmeer-Tropikluft	Afrika		Mittelmeer	schwül

Tabelle 6.6. Die Luftmassen Europas (nach Scherhag 1948). Die bei uns in Erscheinung tretenden Tropikluftmassen werden heute meist als „subtropisch" bezeichnet

6.10.4
Darstellung in der Wetterkarte

Die in Abb. 6.64 gezeigte Bodenwetterkarte, die zu der vorher abgebildeten Höhenwetterkarte (s. Abb. 6.43) gehört, wird beherrscht von einer gerade okkludierenden Orkanzyklone bei Neufundland (Mitte links), dem Azorenhoch (Teil des subtropischen Hochdruckgürtels), einem System von mehreren alten, okkludierten und Island umkreisenden Zyklonen („Islandtief", Bildmitte) sowie von einer Reihe von Fronten, die auch mit einigen kleineren Tiefs verbunden sind und gegen das ortsfeste russische Kältehoch anbranden. Diese Fronten bilden zusammen eine zum Teil mehr als 1 000 km breite Schlechtwetterzone, die sich vom Balkan über das östliche Mitteleuropa hinweg bis nach Skandinavien erstreckt. Die Luftmassen sind entsprechend der Klassifikation von Scherhag (s. Tabelle 6.6) eingetragen worden. Beachtenswert ist die Modifikation der kontinentalen Polarluft (cP), die beispielsweise vom östlichen Kanada mit −18 °C auf das offene Meer hinausweht und dort (in der Nähe des linken Bildrandes) am Boden zunächst auf +10 °C, später gar auf +19 °C – innerhalb desselben Kaltluftstromes! – erwärmt wird. Auch die von Grönland südostwärts vorstoßende mP-Luft, die dort mit −14 °C vom Inlandeis kommt, ist bereits weit vor Erreichen der europäischen Westküste auf mehr als +10 °C erwärmt worden. Infolge der dementsprechend großen Labilität dieser Kaltluft über dem warmen Meer zeigen

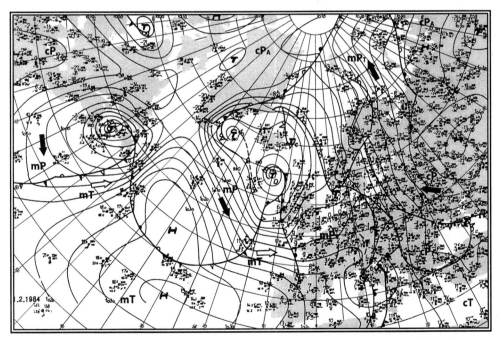

Abb. 6.64. Bodenwetterkarte vom 1.2.1984, 7Uhr (MEZ) (nach: Berliner Wetterkarte 1984). Die Wettermeldungen der einzelnen Stationen sind nach dem international üblichen Schema eingetragen, das in Abb. 6.65 dargestellt und erläutert ist

die Zyklonenrückseiten in Satellitenbildern i. allg. ausgeprägte, charakteristische zellulare Konvektion, die sich im Wetter durch Schauer und Gewitter sowie stark böigen Wind und zwischengeschalteten mehr oder weniger kurzen, ruhigeren Sonnenscheinperioden („Aprilwetter") äußert.

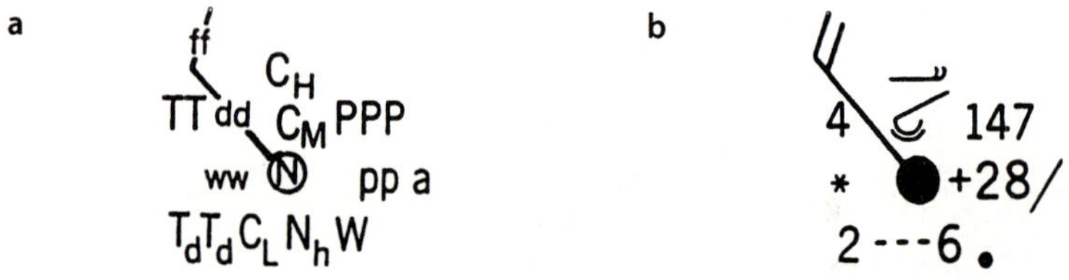

a
$$\begin{array}{c} ff \\ TT\;dd\; C_H \\ C_M\;PPP \\ ww\;\mathbb{N}\quad pp\;a \\ T_dT_d\;C_L\;N_h\;W \end{array}$$

b
$$\begin{array}{c} 4\;\leqslant\;147 \\ *\;\bullet\;+28/ \\ 2\;\text{-}\text{-}\text{-}\;6\;\bullet \end{array}$$

Abb. 6.65. a International übliches Schema der Eintragung von Beobachtungen von Wetterstationen in der Bodenwetterkarte und **b** Beispiel einer Eintragung in die Wetterkarte.
Bedeutung der hier gezeigten Symbole:
In geschweiften Klammern steht jeweils der im Beispiel eingetragene Wert; bezüglich weiterer Symbole s. Abschn. 9.4 im Anhang.

N = im Stationskreis anteilig ausgefüllt die Gesamtbedeckung des Himmels mit Wolken [Achtel] {hier $\bullet$ = 8/8};

N_h = als Zahlenwert Anteil der unter C_L gemeldeten niedrigsten Wolken an der Gesamtbedeckung [Anzahl der Achtel] {6 = 6/8};

$C_L/C_M/C_H$ = in Symbolen die Art der tiefen, mittelhohen und hohen Wolken
{C_L = 7 = ----- = Stratus fractus („Schlechtwetter-Wolkenfetzen") unter Stratus;
C_M = 9 = $\mathrel{\smile}$ = „chaotisches Himmelsbild" (Altocumulus in versch. Niveaus);
C_H = 2 = $\rightarrow$ = Cirrus spissatus};

dd = Windrichtung; das Fähnchen zeigt an, aus welcher Richtung der von Nord über Ost zählenden 360°-Skala der Wind kommt {320°, d.h. Nordwestwind};

ff = Windgeschwindigkeit [kt]; 1 kurze Fieder = 5kt, 1 lange Fieder = 10kt {hier: 20kt, d.h. 18 bis 22kt};

TT = Temperatur [°C] {4 = 4 °C}; T_dT_d = Taupunkttemperatur [°C] {2 = 2 °C};

PPP = Luftdruck im Meeresspiegelniveau (NN) [Zehntel-hPa] unter Weglassung der Tausender und Hunderter {147 = 1014,7hPa};

pp = Luftdrucktendenz, d.h. Änderung während der letzten 3 h [Zehntel-hPa], das Symbol „a" (hier a = 2 = „/") gibt die Art der Änderung optisch wieder {+28/ = gleichmäßiger Luftdruckanstieg von 2,8hPa während der letzten 3 h};

ww = in Symbolen: vorherrschender Wetterzustand während der letzten Stunde (99 verschiedene Arten, s. Linke u.Baur 1970, Bd.I, S.102 ff u. S. 183) { $\star$ = leichter Schneefall mit Unterbrechungen}; (s. auch Glossar Abb. 9.1);

W = Symbol für den Wetterablauf während der letzten 3 bzw. 6 h. (10 Typen) { $\bullet$ = Regen}, wobei sich ww und W in der Beschreibung ergänzen sollen und bei Vorkommen verschiedener Ereignisse, die höhere Schlüsselziffer Vorrang hat {ww = $\star$ und W = $\bullet$ gemeinsam besehen, sagen aus, daß es in den letzten 3 h Niederschlag gegeben hat, zunächst Regen und in der letzten Stunde überwiegend Schnee}

6.10.5
Besondere Erscheinungen in den Tropen

Die zwischen den subtropischen Hochdruckgürteln beider Halbkugeln und der Innertropischen Konvergenzzone (ITC) wehenden Passatwinde bilden den breiten Strom der tropischen Ostwinde. Darin eingelagert finden sich westwärts wandernde wellenartige Störungen, die *„easterly waves"*, die sich durch eine beachtliche Aktivierung der tropischen Konvektion bemerkbar machen und zumeist ausgedehnte Ge-

6.10 Großräumige Zirkulation – Strahlströme, Wellen und Wirbel

A

B
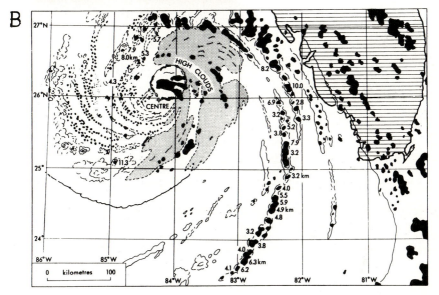

Abb. 6.66 a, b. a Photo des PPI-Bildschirms des horizontal abtastenden Radars von Miami, Florida, vom 8.9.1965. Es zeigt die Abbildung der von großen Regentropfen ausgehenden Reflexionen des Radarsignals im Bereich des Hurricane „Betsy". Deutlich markiert sich das niederschlagsfreie „Auge" im Zentrum des Orkanwirbels, knapp südlich der Station, umgeben von zahlreichen Regenbändern, die sich spiralförmig dem „Auge des Orkans" nähern (Photo: National Hurricane Laboratory, Coral Gables, Florida; nach Atkinson 1981).
b Darstellung von Wolken und Niederschlagsechos (*schwarz*) des Hurricane „Gladys 1968" westlich des südlichen Florida. Es sind photographische Wolkenaufnahmen vom bemannten Raumflug Apollo-7 und Radarbilder der Station Miami, Florida zusammengefaßt. Die Niederschläge der Wolkenbänder westlich des Wirbelzentrums sind vom Radar nicht erfaßt worden, weil sie außerhalb seiner Reichweite lagen. Die Spiralstruktur des Tropischen Wirbelsturms wird abermals deutlich. Die eingefügten *Zahlen* sind gemessene Höhen von Radarechoobergrenzen [km] über NN (nach Gentry et al. 1970; nach Atkinson 1981)

witter-"Cluster" bilden, an deren Vorderseite vielfach vehemente Sturmböen auftreten. In der Höhe wandern in diesem Strom häufig aus der Westdrift nach rechts ausgescherte, durch den Hochdruckgürtel der Subtropen südwärts hindurchgewanderte kalte Höhenwirbel (sog. „cut-off lows"), die durch ihre Abkühlung der Hochtroposphäre ebenfalls für kräftige Labilisierung und entsprechend starke Konvektion sorgen. Die genannten Störungen sorgen auch in den Gebieten, in denen die Passate nicht mehr deutlich meridionale Komponenten aufweisen, zwar in unregelmäßiger Folge, aber doch immer wieder für die Aufrechterhaltung der notwendigen Windkonvergenz zur ITC. Für die ungestörten Regionen sind als „Schönwetterwolken" die „Passat-Cumuli" charakteristisch.

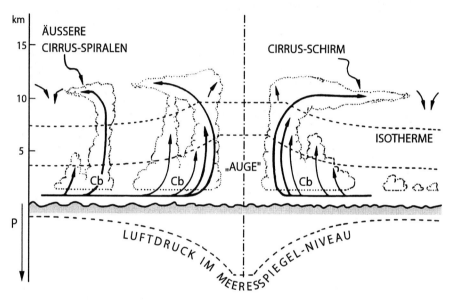

Abb. 6.67. Vertikalschnitt durch einen tropischen Wirbelsturm

Die Zyklonentätigkeit in den Tropen ist von ganz anderer Natur als in den mittleren und hohen Breiten. Aus den erwähnten Störungen der tropischen Ostströmung entwickeln sich gelegentlich auch am Boden erkennbare Tiefdruckgebiete, *„tropical disturbances"* („tropische Störungen"), deren zusätzliche Konvergenz in der Bodenreibungsschicht die Auslösung bedingter Labilität durch entsprechende Hebung fördert und mit der freiwerdenden Kondensationswärme der feuchtwarmen tropischen Luft dem Wirbel beträchtliche Energie zuführt. Es entwickelt sich aus dem Tief dann u.U. ein *„tropical storm"*, ein tropisches „Unwettertief", und aus einigen von diesen entstehen bei Zusammenkommen einer Reihe weiterer wichtiger Umstände (s.w.u.) schließlich *tropische Wirbelstürme*, je nach Region *Taifun* (zentraler und westlicher Pazifik), *Hurricane* (Atlantik und Ostpazifik), *Zyklon* (Indien, Bangladesch), *Mauritius-Orkan* (südlicher Indischer Ozean) oder *Willie-Willie* (Australien) genannt.

6.10 Großräumige Zirkulation – Strahlströme, Wellen und Wirbel

Diese tropischen Wirbelstürme sind thermische Zyklonen besonderer Art. Sie entstehen – wie gesagt – aus Störungen der tropischen Ostströmung. Ihre Energie beziehen sie hauptsächlich aus dem Freisetzen von latenter Energie des Wasserdampfes durch intensive Hebung der viel Wasserdampf enthaltenden tropischen Luft. Ihre Entstehung begünstigende Voraussetzungen sind 1.) mindestens 27 °C warmes Wasser, denn dann erst erhalten sie die zu ihrer Entwicklung notwendigen gewaltigen Energiemengen an latenter Wärme von der verdunstenden Meeresoberfläche, 2.) eine ausgeprägte Konvergenz der Bodenströmung, die die zur Kondensation erforderliche Hebung bewirkt und zugleich für den kontinuierlichen Nachschub von Wasserdampf von ausgedehnten Arealen warmen Meeres sorgt, und 3.) in der Höhe, etwa im Tropopausenniveau, eine starke Strömungsdivergenz, die dem Aufsteigen der feuchtwarmen Tropikluft einen weiteren wichtigen Impuls gibt. Diese Divergenz sorgt schließlich auch für die meist enorme Druckerniedrigung im Zentrum – u.U. um 100 hPa = 1/10 des Normaldrucks –, die schließlich den Orkan erzeugt. Das Aufstrudeln der intensiven Konvektion erfolgt nicht gleichmäßig, sondern in langen, intensiven Gewitterbändern, die sich spiralförmig dem Zentrum des Tiefs nähern (siehe Abb. 6.66 und 6.67). Im unmittelbaren Zentrum selbst wird jedoch in einem etwa 10–50 km weiten Gebiet Luft aus der Höhe eingesogen, die u.U. bis in Bodennähe absinkt, zur Unterdrückung der Konvektion sorgt und damit das zugleich windschwache *Auge des Orkans* bildet, das häufig sogar wolkenlos ist. Wegen der erforderlichen hohen Wassertemperatur liegt die Hauptsaison der tropischen Zyklonen im Spätsommer und Frühherbst, also etwa im August/September auf der Nordhalbkugel, im Februar/März auf der Südhemisphäre.

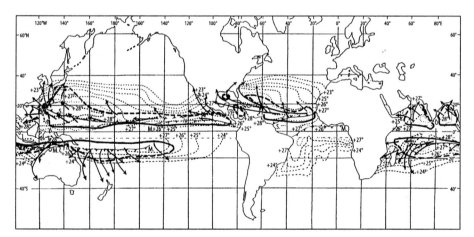

Abb. 6.68. Entstehungsgebiete und schematisierte Zugbahnen tropischer Wirbelstürme. *Pfeile* deuten die Zugbahnen an, *dicke Linien (ausgezogen oder gestrichelt)* kennzeichnen die hauptsächlichen Entstehungsgebiete; die *dünnen gestrichelten Linien* sind Isothermen der mittleren Wassertemperatur während der Orkansaison (hier: September auf der Nordhalbkugel, März auf der Südhalbkugel). Es zeigt sich, daß die Entstehungsgebiete etwa mit den Gebieten mit einer Mitteltemperatur über 27 °C übereinstimmen. Bemerkenswert ist, daß der Südatlantik und der Südostpazifik frei von tropischen Wirbelstürmen sind, hauptsächlich infolge ganzjährig zu niedriger Wassertemperatur (nach Bergeron 1954; aus: Liljequist 1974)

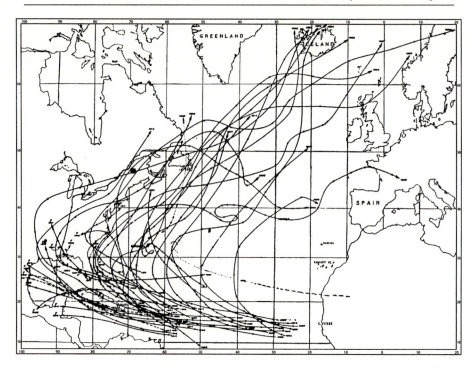

Abb. 6.69. Zugbahnen von tropischen Wirbelstürmen über dem Nordatlantik im August der Jahre 1887–1923 (nach Mitchell, aus: Liljequist 1974)

Neben dem Orkan (Windstärke 12 der Beaufortskala) und entsprechend hoher See auf dem Meer sind die Hauptwirkungen der tropischen Wirbelstürme ihre enormen Niederschläge, an den Küsten hohe Flutwellen durch Windstau (wie z.B. in Bangladesch im Mai 1991) und gegebenenfalls durch das Aufstauen küstennaher Flüsse. Dort, wo alle drei Effekte gleichzeitig zusammentreffen, kommt es in flachen Küstenländern gewöhnlich zu besonders verheerenden Überschwemmungen, die die Schäden durch Windwirkungen oft weit übertreffen. Im Zentrum des Wirbels bedingt außerdem die Druckentlastung im Bereich des „Auges" eine zusätzliche Erhöhung des Wasserstandes, die etwa 1m ausmachen kann (der Normalluftdruck entspricht bekanntlich dem Druck einer Wassersäule von 10 m) und die allein schon für viele Atolle des Indischen und des Pazifischen Ozeans sowie zahlreiche flache Küstenregionen (Bangladesch) „Landunter" bedeutet.

Die tropischen Wirbelstürme ziehen zunächst meist mit der tropischen Ostströmung westwärts, scheren dann aber gewöhnlich auf parabelähnlicher Bahn polwärts aus (s. Abb. 6.68 und 6.69). Die Zugbahnen können jedoch mitunter auch recht skurril sein (Abb. 6.70). Erreichen sie die Westdrift der mittleren Breiten, wandeln sich die tropischen Wirbelstürme häufig in extratropische Zyklonen um, zeichnen sich aber i. allg. noch lange Zeit durch ihre hohe Niederschlagsintensität aus. Schnell lösen sie sich auf über kaltem Wasser, weil sie von der existentiell erforderlichen intensiven Energiezufuhr, Wärme und Wasserdampf vom warmen Meer, abgeschnitten sind, und noch schneller geschieht das über Land, wo zusätzlich die erhöhte Bodenreibung zu einem schnellen Druckausgleich, das heißt zum raschen Auffüllen des Tiefs am Boden führt. Daher sind die Hauptwirkungen im Binnenland meist nur die gewaltigen Niederschläge und in ihrem Gefolge entsprechende Überschwemmungen.

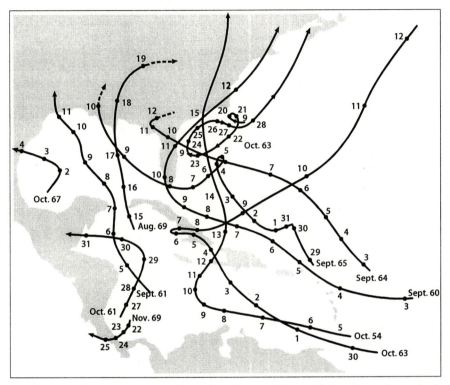

Abb. 6.70. Zugbahnen von 11 ausgewählten atlantischen Hurricanes zwischen 1954 und 1969 (nach Riehl 1972)

Die tropischen Wirbelstürme haben Durchmesser von mehreren hundert Kilometern, leben etliche Tage und ziehen auf Bahnen von u.U. tausenden von Kilometern. Sie dürfen nicht mit den demgegenüber wesentlich kurzlebigeren (Bruchteile einer Stunde), im Gewittergefolge auftretenden *Tornados* verwechselt werden, schlauchartigen Wirbeln von nur wenigen hundert Metern Durchmesser, die allerdings viel höhere Windgeschwindigkeiten aufweisen als die tropischen Orkane.

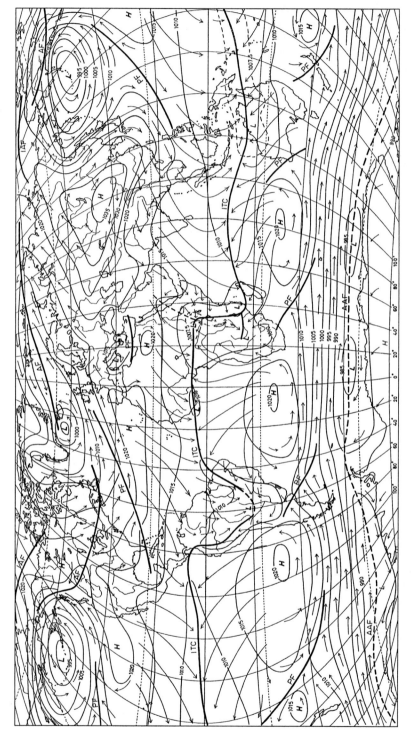

Abb. 6.71. Mittlere globale Luftdruckverteilung [hPa] im Januar (1931–1960) sowie resultierende vorherrschende Winde, Frontalzonen und Konvergenzen am Boden (nach Liljequist 1974). Es bedeuten *AF* Arktikfront, *AAF* Antarktikfront, *IAF* innerarktikfront, *PF* Polarfront, *ITC* innertropische Konvergenz; *lange Pfeile* bezeichnen beständige, *kurze Pfeile* unbeständige Winde

6.10 Großräumige Zirkulation – Strahlströme, Wellen und Wirbel

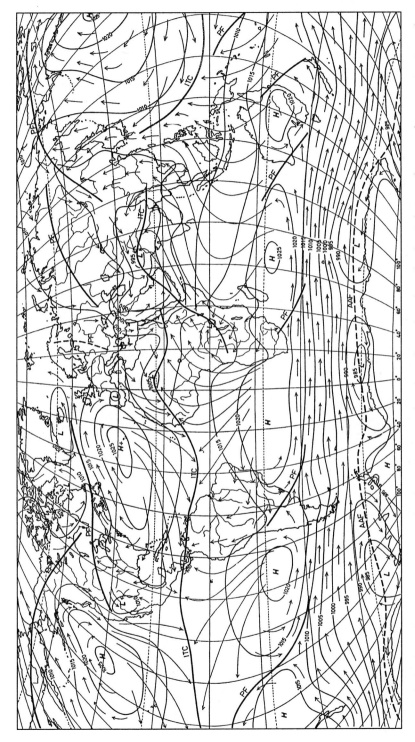

Abb. 6.72. Mittlere globale Luftdruckverteilung [hPa] im Juli (1931–1960) sowie resultierende vorherrschende Winde, Frontalzonen und Konvergenzen am Boden (nach Liljequist 1974). Es bedeuten *AF* Arktikfront, *AAF* Antarktikfront, *IAF* innerarktische Front, *PF* Polarfront, *ITC* innertropische Konvergenz; *lange* Pfeile bezeichnen beständige, *kurze* Pfeile unbeständige Winde

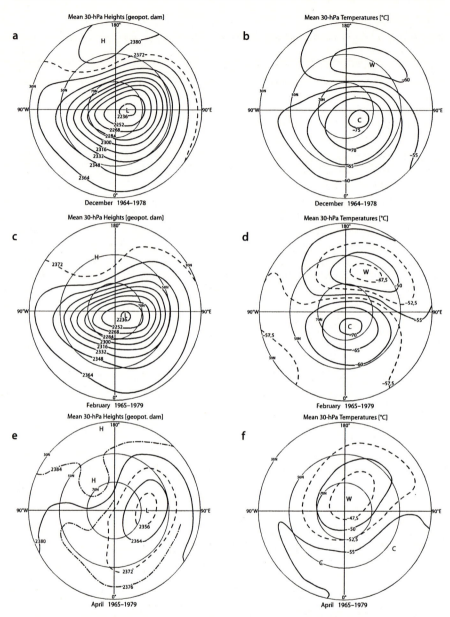

Abb. 6.73 a–f. 15jährige Mittelwerte der Höhe [gpdam] (a, c, e) und der Temperatur [°C] (b, d, f) der 30-hPa-Fläche (ca. 24 km Höhe) für Dezember (1964–1978), Februar und April (1965–1979) (nach Labitzke u. Goretzki 1982). Der Dezember (a, b) zeigt das durchschnittliche, weitgehend ungestörte Winterbild: Ein hemisphärischer, infolge des warmen „Alëutenhochs" leicht asymmetrischer kalter Polarwirbel. Im Februar (d) zeigen sich demgegenüber trotz der anhaltenden Polarnacht höhere Temperaturwerte – als Wirkung der zahlreichen winterlichen Stratosphärenerwärmungen. Die Druck-fläche (c) liegt trotzdem niedriger als im Dezember – eine Folge der anhaltenden Abkühlung der Troposphäre! Im April wird die Temperaturverteilung (f) bereits vom Sommerregime (warmes Polargebiet) beherrscht. Der Polarwirbel ist bereits erheblich geschwächt (e) und steht kurz vor der Auflösung

6.10.6
Besondere Erscheinungen in der Stratosphäre

Einige Grundtatsachen der Stratosphärenzirkulation wurden bereits in Abschn. 6.9 angesprochen. Sie können leicht den kommentierten Abb. 6.30, 6.31 und 6.36 bis 6.39 entnommen werden. So lassen sich bis ca. 16 km Höhe noch Auswirkungen des stark von der Land-Meer-Verteilung geprägten Aufbaus der Troposphäre einschließlich seiner jahreszeitlichen Veränderungen feststellen. In der mittleren und oberen Stratosphäre werden dagegen Strukturen und jahreszeitliche Variation der Zirkulation weitgehend vom Regime der allein breitenabhängigen Einstrahlungsverhältnisse bestimmt, und zwar vor allem von der extremen jahreszeitlichen Schwankung der Einstrahlung über den Polargebieten und den entsprechenden Auswirkungen auf die stark exotherme UV-Absorption des stratosphärischen Ozons: Hohen Sommertemperaturen stehen um ca. 50-70 K niedrigere Winterwerte gegenüber. Mit dem Einsetzen der Polarnacht beginnt im Herbst eine Zeit stetiger Abkühlung der Stratosphäre in den hohen Breiten, mit 0,2-0,3 K/d über der Arktis (Warnecke 1962). Infolge gleichzeitig unverminderter Einstrahlung in den Tropen entwickelt sich zwischen dem Winter-Pol und den niederen Breiten folglich eine starke meridionale Baroklini-

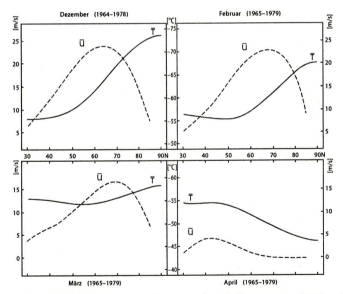

Abb. 6.74. 15jährige Mittel der Meridionalprofile von zonaler Windkomponente [m/s] und Temperatur [°C] der 30-hPa-Fläche (ca. 24 km Höhe) für Dezember (1964-1978), Februar, März, April (1965-1979) (nach Labitzke u. Goretzki 1982). Im Dezember ist der meridio-nale Temperaturgradient auf die Breiten von 50-80°N konzentriert, und die Zone größter Windgeschwindigkeit verläuft am Rande der Polarnacht. Die winterlichen Stratosphärenerwärmungen schwächen zum Februar hin den Temperaturgradienten erheblich; der Wind bleibt aber stark, wegen der - troposphärisch bedingten - un-veränderten starken Neigung der Druckfläche (vgl. Text zu Abbildung 6.73). Im März sind die meridionalen Temperaturgegensätze weitgehend ausgeglichen, die Winde schwächer (Beachte die unterschiedlichen Werteskalen der oberen und unteren Diagramme!). Im April ist bereits die sommerliche Umkehr des Temperaturprofils vollzogen, der zonale Wind entsprechend schwach

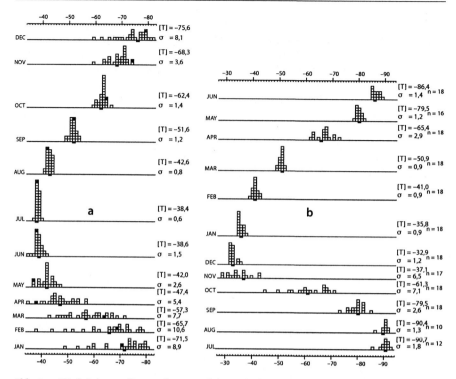

Abb. 6.75. Häufigkeitsverteilungen der monatlichen Mitteltemperatur [°C] der 30-hPa-Fläche; **a** über dem Nordpol (Juli 1955-Juli 1984) und **b** über dem Südpol (1961-1978). $[T]$ = Langzeitliche monatliche Mitteltemperatur [°C] (Juli 1955 bis Dezember 1981); in den Diagrammen ist $[T]$ durch schwarze *Quadrate* hervorgehoben. σ = Standardabweichung. n = Anzahl der monatlichen Mittelwerte, in (b) (nach Labitzke u. Naujokat 1985)

tät, und diese sorgt über den mittleren und hohen Breiten hemisphärisch für eine starke zirkumpolare Weststömung, die als „Polarnachtstrahlstrom" am Rande des Polarnachtgebiets ihre größte Stärke erreicht (s. hierzu Abb. 6.31 sowie 6.73 und 6.74). Der nordhemisphärische Wirbel ist jedoch nicht streng symmetrisch zum Pol, sondern er erfährt durch ein zumeist bei den Aleuten gelegenes Stratosphärenhoch, das Aleutenhoch, eine leichte Asymmetrie (Abb. 6.73). Das Wiedereinsetzen bzw. die Zunahme der Sonneneinstrahlung im Frühjahr (Abb. 6.37) sorgt dann in den hohen Breiten für entsprechende Erwärmung, in deren Gefolge der zyklonale winterliche Polarwirbel zunächst schwächer wird, schließlich sich auflöst und ein hemisphärisches, am Pol zentriertes Hochdruckgebiet entsteht (Abb. 6.39). Dieses ruft dann über dem größten Teil der Sommerhalbkugel schwache östliche Stratosphärenwinde hervor. Wir haben es also in der Stratosphäre mit einem quasi monsunalen, d.h. halbjährlich wechselnden Windregime zu tun: starker Westwind im Winter, schwacher Ostwind im Sommer.

Höchst bemerkenswert ist jedoch das Verhalten der nordhemisphärischen Stratosphäre im Winter, besonders im Mitt- und Spätwinter. Während im Polargebiet die mit dem Nachlassen der Sonneneinstrahlung beginnende und in der Polarnacht fortschreitende, ausstrahlungsbedingte herbstliche Abkühlung der Stratosphäre und die dadurch bedingte Bildung sowie laufende Verstärkung und Ausweitung des winterlichen Polarwirbels bis Mitte November i. allg. stetig und von Jahr zu Jahr recht ähnlich verläuft, ist die daran anschließende Winterzeit hingegen überraschenderweise durch eine extrem große Variabilität des Temperatur- und Windregimes gekennzeichnet (Abb. 6.75). Auffälligstes Merkmal sind abrupte, *„explosionsartige"* Stratosphärenerwärmungen („Berliner Phänomen", Scherhag 1952), bei denen die Temperatur in 20–50 km Höhe binnen weniger Tage um 50–70 K steigen kann. Dabei werden zuweilen höhere Temperaturwerte erreicht als im Sommer nach monatelanger Sonneneinstrahlung (Abb. 6.76). Diese Stratosphärenerwärmungen erfolgen zu sehr unterschiedlichen Zeiten, und zwar offenbar allein aufgrund dynamisch-energetischer

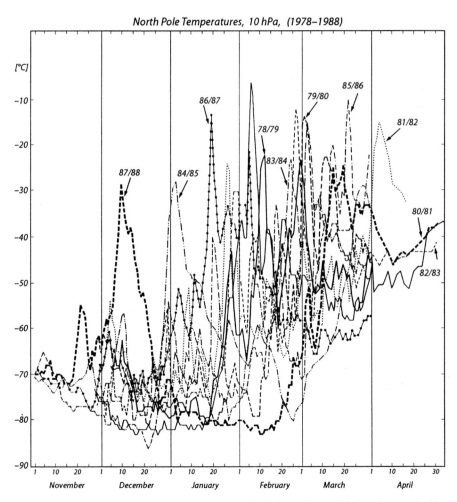

Abb. 6.76. Zeitreihen der Temperatur [°C] der 10-hPa-Fläche (ca. 30 km Höhe) über dem Nordpol im Winter (1978–1988) (nach Labitzke u. Naujokat 1990)

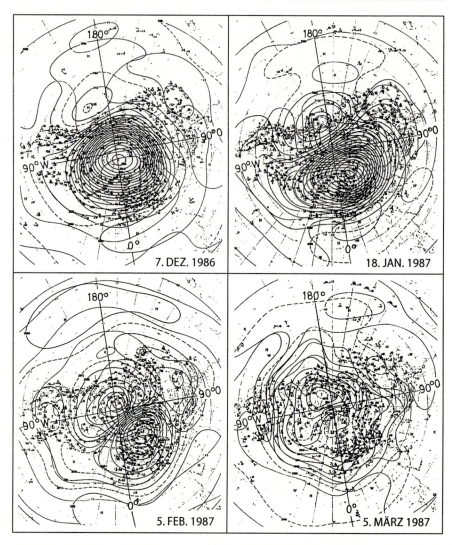

Abb. 6.77. Ausgewählte Wetterkarten der 10-hPa-Fläche (ca. 30 km Höhe) des Winters 1986/87 (Institut für Meteorologie, Freie Universität Berlin). Am 7. Dezember 1986 liegt der winterliche stratosphärische Polarwirbel voll entwickelt mit seinem Zentrum in unmittelbarer Nähe des Nordpols. Seine atlantische Seite ist dabei kälter als die pazifische. Am 18. Januar 1987 hat eine starke Stratosphärenerwärmung (vgl. Abb. 6.76) den Wirbel vom Pol verdrängt. Über dem sibirischen Eismeer werden in dieser Höhe nur −12 °C gemessen; die kälteste Luft mit −80 °C ist über Nordwesteuropa zu finden. Zum 5. Februar hat sich die wärmste Luft zum Nordpol ausgebreitet und in seiner unmittelbaren Nähe ein Hochdruckgebiet aufgebaut, umgeben von einem Tiefdruckring über den mittleren Breiten, der drei separate zyklonale Wirbelzentren aufweist. Einen Monat später hat sich über den mittleren Breiten wieder ein geschlossenes (aber relativ schwaches) Westwindband etabliert, über dem Polargebiet ist die Druckkonstellation von Anfang Februar erhalten geblieben, wobei sich allerdings alle Gebilde wesentlich abgeschwächt haben

6.10 Großräumige Zirkulation – Strahlströme, Wellen und Wirbel

Wechselwirkungen mit der Troposphäre. Mit ihnen geht i. allg. ein völliger Zusammenbruch des hemisphärischen Polarwirbels einher: Das mono-modale zyklonale winterliche Stratosphärenregime schlägt plötzlich in ein multi-modales um (s. hierzu besonders Abb. 6.77!): Der hemisphärische, zyklonale Zirkumpolarwirbel zerfällt meist in mehrere kleinere, die i. allg. in die mittleren Breiten gedrängt werden, und in hohen Breiten macht sich für einige Zeit ein im Zuge der Erwärmung entstehendes Hochdruckgebiet breit, mit verbreiteten, für die Jahreszeit atypischen Ostwinden über weiten Teilen der Hemisphäre.

Tritt eine solche markante winterliche Stratosphärenerwärmung frühzeitig ein („major mid-winter warming", Dezember bis Februar) kühlt sich die polare Stratosphäre mangels Einstrahlung i. allg. danach noch einmal ab (0,2–0,25 K/d), und der Polarwirbel regeneriert sich – wenn auch meistens schwächer als vorher. Das Winterregime wird dann vielfach erst durch eine neuerliche abrupte Erwärmung („final warming") beendet, nach der Temperatur und Zirkulation schließlich in das Sommerregime übergehen. Findet eine starke winterliche Erwärmung („major warming") spät statt (März) übernimmt sie oftmals die Rolle der „final warming", d.h. Temperatur und Zirkulation gehen in ihrem Gefolge fast unmittelbar in das Sommerregime über. Während dieser Erwärmungsperioden erfährt die Stratosphäre der gesamten Nordhalbkugel eine gewaltige spontane horizontale Durchmischung dergestalt, daß starke meridionale, transpolare Strömungen das Gebiet der Polarnacht

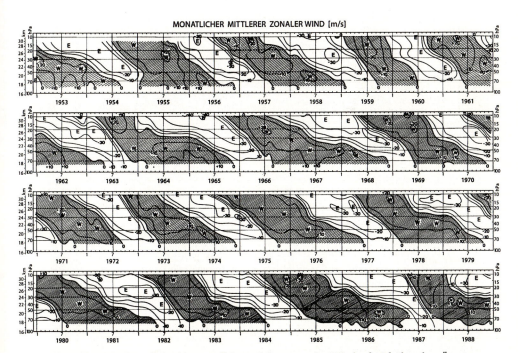

Abb. 6.78. Zeit-Höhenschnitt des monatlichen mittleren zonalen Windes [m/s] über dem Äquator (Januar 1953 bis August 1967: Canton Island, 3°S/172°W; September 1967 bis Dezember 1975: Gan, Malediven, 1°S/73°e; Januar 1976 bis Dezember 1983: Singapur, 1°N/104°E) (nach Naujokat 1986)

durchsetzen und für einen intensiven Luftaustausch zwischen dem Polargebiet und den mittleren und niederen Breiten führen (Abb. 6.77). Diese Durchmischung, aber auch die mit dem Alëutenhoch zusammenhängende Asymetrie des Polarwirbels (Abb. 6.73) führen dazu, daß im Ganzen gesehen die Winterstratosphäre der Nordhalbkugel nicht so kalt wird wie die der Südhemisphäre (s. Abb. 6.75), in der ein Pendant zum Alëutenhoch und auch Mittwintererwärmungen weitgehend fehlen. So liegen die tiefsten winterlichen stratosphärischen Temperaturwerte über der Arktis selten unter -80 °C, über der Antarktis dagegen i. allg. unter -90 °C - mit entsprechenden Auswirkungen auf die Ozon-Chemie, insbesondere auf die Bildung des „Ozonlochs" (s. Kap 3.5.1.2.2).

Eine weitere Merkwürdigkeit weist das stratosphärische Windregime der Tropen auf. In Äquatornähe wechseln Ostwinde und Westwinde in einem ca. 26monatigen Rhythmus einander ab, jeweils von oben nach unten sich durchsetzend (s. Abb. 6.78). Bei dieser *quasi-biennalen Oszillation* („QBO"), bei der das Windsystem der tropischen Stratosphäre abwechselnd an das jeweilige nordhemisphärische oder südhemisphärische Stratosphärenregime angeschlossen ist, handelt es sich offenbar um eine Eigenschwingung der globalen Atmosphäre, deren Periodizität sich - wenn auch weit weniger dramatisch - in unterschiedlichen Wetterereignissen vieler anderer Regionen der Erde nachweisen ließ. In diesem bi-modalen Zirkulationsregime sehen wir also - neben den pazifischen Telekonnexionen (s. Abschn. 2.5) - Hinweise auf ein

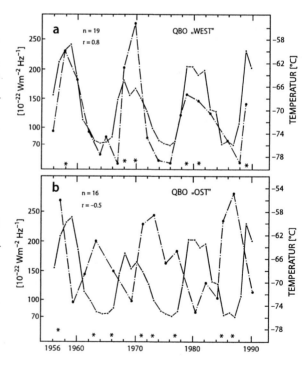

Abb. 6.79 a, b. Solare Radiostrahlung (10,7-cm-Flux) [10^{-22} Wm^{-2} Hz^{-1}] (*ausgezogene Linien*) und über 2 Monate (Januar und Februar) gemittelte Temperatur [°C] der 30-hPa-Fläche (ca. 24 km) über dem Nordpol (*strichpunktierte Linien*) für (a) die 19 Jahre mit Westwindphase und (b) die 16 Jahre mit Ostwindphase der äquatorialen quasi-biennalen Oszillation (QBO) seit 1956.
✱ = Zeitpunkte mittwinterlicher Stratosphärenerwärmungen, n = Anzahl der Jahre, r = Korrelationskoeffizient (nach Labitzke u. van Loon 1990). Aus der Darstellung geht hervor, daß während der Westphasen der QBO (a) die Temperatur der arktischen Stratosphäre mit der solaren Radiostrahlung hoch korreliert ist und Stratosphärenerwärmungen in dieser Phase nur zu Zeiten solarer Störungsmaxima auftreten. Während der Ostphasen (b) ist die Korrelation negativ (!) und markante Stratosphärenerwärmungen treten weit überwiegend nur zu Zeiten minimaler solarer Störungen auf

6.10 Großräumige Zirkulation – Strahlströme, Wellen und Wirbel

weiteres Beispiel globaler, teilweise „vernetzter", in diesem Fall sogar gesamtatmosphärischer, d.h. troposphärisch-stratosphärisch gekoppelter Fernwechselwirkungen. Die Beschreibung des Systems Erdatmosphäre erfordert deshalb immer komplexere Formen. Schließlich konnte – darüber noch hinausgehend – kürzlich gezeigt werden, daß nicht nur Vulkanausbrüche (s. Abschn. 2.1.2 und Labitzke 1988, 1991) nachdrücklich auf die Stratosphäre einwirken, sondern auch solare Ereignisse (Labitzke 1982, Labitzke u. van Loon 1988). Bei letzteren kommt noch ein ganz neuer Aspekt hinzu, nämlich daß offenbar die Reaktion der globalen Atmosphäre auf erhöhte Einstrahlung im Gefolge solarer Störungen zwei deutlich unterschiedliche Modi aufweist, die markant davon abhängen, in welcher Phase der QBO die Erdatmosphäre sich bei einem solaren Ereignis jeweils befindet (s. hierzu Abb. 6.79). Somit erweist sich die Zirkulation der Stratosphäre nicht nur im Zusammenhang mit der Chemie der Ozonschicht als ein wichtiger Faktor, sondern als ein hoch interessantes und nicht trennbares Glied im globalen Klimasystem überhaupt. Welchen vielfältigen, z.T. miteinander verflochtenen Einflüssen dabei allein die Stratosphäre unterliegt, soll zusammenfassend Abb. 6.80 veranschaulichen.

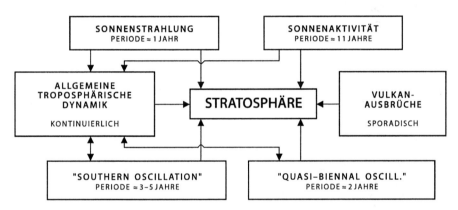

Abb. 6.80. Schematische Übersicht über die auf die Stratosphäre einwirkenden äußeren natürlichen Einflüsse

Die Planetarische Grenzschicht

7.1 Definitionen und allgemeine Beschreibung

Die planetarische Grenzschicht (engl. „planetary boundary layer" = PBL), häufig auch Bodenreibungsschicht oder, verkürzt, nur Reibungsschicht genannt (engl. „friction layer"), ist jene ca. 1 000 m mächtige, der Erdoberfläche – ob diese flüssig ist oder fest – sich anschmiegende Luftschicht, die die Atmosphäre nach unten begrenzt. In ihr unterliegen die von der horizontalen Druckkraft angetriebenen und mehr oder weniger durch die Corioliskraft modifizierten horizontalen Luftbewegungen von der Unterlage her gravierenden zusätzlichen Einflüssen durch

a) *mechanische Bodenreibung* (Bremswirkung aneinander vorbeigleitender Medien unterschiedlicher Geschwindigkeit), die sich in Form von Turbulenz und als Folge davon durch unterschiedliche vertikale Temperaturprofile äußert, und durch
b) *thermische Austauschprozesse* (als Folge großer vertikaler Temperaturgradienten in unmittelbarer Bodennähe), die in den untersten Dekametern im selben „Scale" durch Fluktuationen der Zustandsparameter in Erscheinung treten wie die mechanische Turbulenz und daher von dieser in Beobachtungen nicht zu trennen sind. Mit zunehmender Höhe wachsen jedoch allmählich Raum- und Zeitskalen der Parametervariationen, und diese thermische Turbulenz wird so mehr und mehr als *Thermik* identifizierbar.

Beide Effekte modifizieren – wie wir weiter unten sehen werden – die Bewegungsvorgänge in der planetarischen Grenzschicht in charakteristischer Weise. Wegen der thermischen Komponente der Turbulenz ist der Begriff „Reibungsschicht" für diese Schicht nicht umfassend genug, und man sollte ihn vielleicht nur verwenden, wenn lediglich die mechanischen Reibungsmechanismen angesprochen sind – auch wenn die thermische Turbulenz und die Thermik an der Reibungswirkung beteiligt sind. Die Thermik greift aber vielfach auch über die eigentliche Reibungsschicht hinaus, so daß zeitweilig der Begriff der „Peplosphäre" in Gebrauch war, mit einer unteren „Reibungsschicht" und einer darüber liegenden, bis 2 oder 3 km Höhe reichenden „Konvektionsschicht". Diese Bezeichnungsweise hat sich jedoch nicht eingebürgert, hauptsächlich wohl wegen ihrer höchst variablen Obergrenze. Stattdessen ist der Begriff der *planetarischen Grenzschicht* (PBL) bzw. der „atmosphärischen Grenzschicht" (ABL) international in Gebrauch.

Die planetarische Grenzschicht ist der bedeutendste atmosphärische Teil der Biosphäre. In ihr spielt sich der größte Teil der Wechselwirkungen ab zwischen der Atmosphäre einerseits, sowie Biosphäre, Ozean und fester Erde andererseits. Der größte Teil der anthropogenen Einwirkungen auf die Atmosphäre geschieht innerhalb dieser

Grenzschicht, und bei der lokalen und kleinräumigen Ausbreitung von Luftschadstoffen spielt sie i. allg. die alleinige Rolle. Besonders ihre im Vergleich zur übrigen Troposphäre größere Inversionshäufigkeit (Strahlungsinversion, Reibungsinversion) sowie die ebenfalls ungleich größere Häufigkeit überadiabatischer vertikaler Temperaturgradienten machen sie zu einem entscheidenden Regulator der Ausbreitung bodennah emittierter Luftbeimengungen und damit der bodennahen Schadstoffbelastng.

Die planetarische Grenzschicht insgesamt ist charakterisiert durch eine ausgeprägte *vertikale Zunahme der Windgeschwindigkeit* und eine meist deutliche *Rechtsdrehung der Windrichtung* mit der Höhe. Dabei nimmt der Wind von v = o unmittelbar am Boden definitionsgemäß auf einen etwa dem Druckgradienten entsprechenden Wert an ihrer Obergrenze zu. Bei stark instabiler, ausgeprägt konvektiver Grenzschicht kann in der untersten Schicht die Ablenkung des Windes in den tiefen Druck und somit auch die Drehung mit der Höhe u.U. sehr gering ausfallen. Die planetarische Grenzschicht ist über Land ebenfalls charakterisiert durch große Temperaturschwankungen infolge der tages- und jahreszeitlich stark schwankenden Strahlungsbilanz der Erdoberfläche sowie durch die Schwankungen des aus der insgesamt positiven Strahlungsbilanz der Erdoberfläche resultierenden globalen vertikalen Energiedurchsatzes.

In der „PBL" findet aber (wegen $\partial(m \cdot v)/\partial z > 0$) auch ein ständig von oben nach unten gerichteter mechanischer Energietransport statt, und zwar als vertikaler Impulstransport. Dieser entzieht der Atmosphäre Bewegungsenergie über den Mechanismus turbulenter Dissipation, d.h. turbulente kinetische Energie wird jeweils von größeren auf kleinere Turbulenzelemente bis hinab in molekulare Dimensionen übertragen und schließlich in Form von Wärme oder Impuls an die Erdoberfläche abgegeben. Die ostwärts rotierende Erde wird deshalb stets durch westliche Winde etwas beschleunigt, durch Ostwind gebremst. An der Wasseroberfläche wird diese Impulsabgabe an den dadurch erzeugten Wellen sichtbar, über Land durch zahlreiche andere bekannte Wirkungen, die ja, wie z.B. bei der Beaufortskala, sogar zur Schätzung der Windgeschwindigkeit herangezogen oder bei Windmühlen und Windkraftwerken gar technisch genutzt werden. Auf diese Weise dissipieren insgesamt etwa 1 % der der Erde auf eine horizontale Fläche zugestrahlten Energie von 8,38 kWh/m² d (= ¼ der Solarkonstante S_0), das sind 0,0838 kWh/m²·d oder 3,43 W/m². Zum Vergleich: Der Transport an latenter Wärmeenergie durch Verdunstung von der Erdoberfläche in die Atmosphäre beträgt (s. Kap. 4) insgesamt V = 95 W/m² = 28 % von ¼S_0, der Transport von Wärmenergie durch Wärmeleitung L = 17 W/m² = 5 % von ¼S_0.

Eine Abschätzung ermöglicht es, die globale Bedeutung dieser Energiedissipation einzuordnen: Eine Luftsäule (z = 0 bis z = ∞) von 1 m² Grundfläche, die sich mit einer horizontalen Geschwindigkeit v = 10 m/s bewegt, besitzt eine kinetische Energie von $E_{kin} = 5 \cdot 10^5$ J/m². Davon gehen ca. 5 W/m² (5 J/m²s) in turbulente Bewegung über, d.h. obige E_{kin} reichte für 10^5 s = 1 1/6 Tag, falls v = 10 m/s so lange konstant bliebe. Wenn eine Dissipationsrate angenommen wird, die der kinetischen Energie E_{kin} proportional ist, verringerte sich diese innerhalb von 5,5 Tagen auf 1 % des Ursprungswerts, d.h. ohne ständige Energiezufuhr von außen kämen infolge der beschriebenen Energiedissipation die atmosphärischen Bewegungen binnen weniger Tage zum Erliegen.

7.1 Definitionen und allgemeine Beschreibung

Abb. 7.1. Unterteilung der Planetarischen Grenzschicht

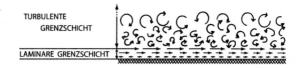

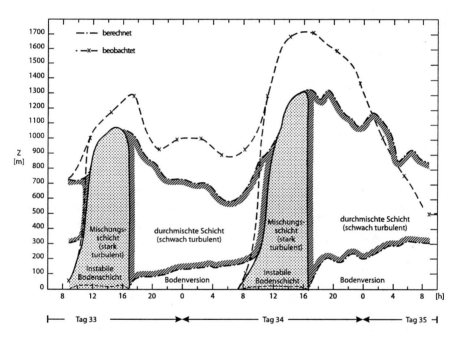

Abb. 7.2. Tägliche Veränderung von Aufbau und Höhe der planetarischen Grenzschicht über ebenem Terrain in Australien nach Beobachtungen und nach Modellrechnungen von Yamada u. Mellor 1975

Die planetarische Grenzschicht läßt sich sinnvoll in drei Schichten unterteilen, in denen jeweils unterschiedliche, charakteristische physikalische Prozesse dominieren.

Die Obergrenze der planetarischen Grenzschicht ist durch jene Höhe definiert, in der der Windvektor mit zunehmendem Abstand von der Erdoberfläche erstmals in die Isobarenrichtung, d.h. in die Richtung des geostrophischen Windes bzw. des Gradientwindes, weist, denn dort verschwindet die reibungsbedingte Ablenkung des Windes in den tiefen Druck (vgl. Abschn. 6.8.4 über den geostrophisch-antitrip-

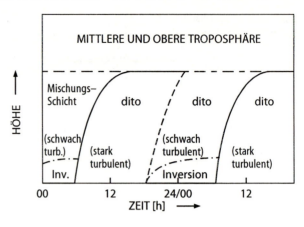

Abb. 7.3. Schematische Darstellung der zeitlichen Veränderung der Struktur der unteren Troposphäre im Laufe zweier Tage mit „Strahlungswetter". Die *ausgezogene Linie* zeigt die Höhe der Mischungsschicht (nach Oke 1978)

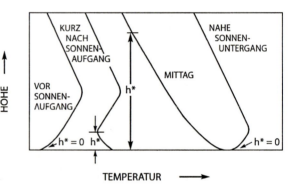

Abb. 7.4. Schematisierte vertikale Temperaturprofile in der Grenzschicht und Höhe h* der Mischungsschicht zu verschiedenen Tageszeiten in ländlicher Umgebung bei „Strahlungswetter" (nach Oke 1978)

tischen Wind). Diese Obergrenze ist weder räumlich noch zeitlich konstant, noch überhaupt eine stets scharf ausgeprägte Erscheinung. Die Mächtigkeit der PBL hängt zum einen von der Stärke der Bodenrauhigkeit („mechanischer Aspekt"), zum anderen von der vertikalen Stabilität der Schichtung („thermischer Aspekt") sowie von der Windgeschwindigkeit ab. Im Falle von Windstille ist die auf der Reibungswirkung beruhende Definition nicht mehr anwendbar. Im Falle hochreichend labiler Schichtung mit entsprechenden vertikalen Umlagerungen (Thermik, Quellwolken, Gewitter) ist die PBL ebenfalls schlecht definiert. Sie ist dann nur – wenn nennenswerte Horizontalbewegungen vorhanden sind – anhand der mechanischen Reibung identifizierbar. Häufig ist die Obergrenze durch eine Inversion im vertikalen Temperaturprofil markiert, besonders wenn – bei sonst stabiler Schichtung – bei genügendem Wind infolge der Bodenreibung eine indifferent geschichtete sog. *Mischungsschicht*, d.h. eine turbulent gut durchmischte Schicht entsteht (s. z.B. Abb. 7.24).

Infolge der Tages- und Jahresperiode von Windgeschwindigkeit, Bodenrauhigkeit (z.B. jahreszeitlich wechselnde Vegetationshöhe, zeitweilige Schneebedeckung) und thermischer Schichtung zeigen Mächtigkeit und Struktur der PBL entsprechende, mehr oder weniger periodische Änderungen. So zeigt z.B. Abb. 7.2, wie sich unter dem Einfluß der Sonneneinstrahlung, vom Boden ausgehend und im Laufe des Vormittags rasch in die Höhe wachsend, eine thermisch instabile und daher stark turbulente Mischungsschicht, die *konvektive Grenzschicht* bildet, mit starker, überwiegend

Abb. 7.5. Form des Vertikalprofils der potentiellen Temperatur und natürliche Fluktuationen der Temperatur und der Vertikalkomponente der Windgeschwindigkeit bei instabiler Schichtung unmittelbar am Boden (etwa mittags an einem sonnigen Tag). Die Registrierzeit der *oberen Kurven* betrug 5 min. $z / |L|$ ist die auf die Gesamthöhe L der überadiabatischen Schicht normierte Höhe (nach Webb 1965)

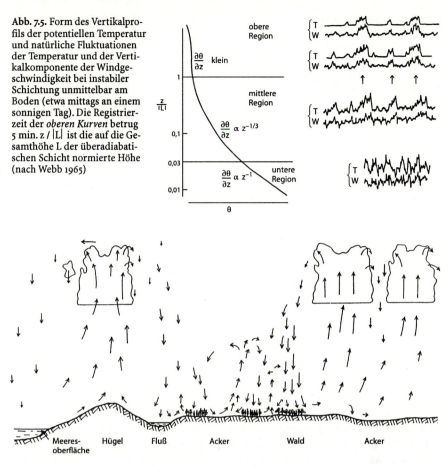

Abb. 7.6. Illustration der thermischen Turbulenz und der kleinräumigen Konvektion, die von der unterschiedlichen Erwärmung des Untergrundes ausgehen. Die stärkeren Thermikelemente führen selbst bei großräumig stabiler Schichtung häufig zu charakteristischen, relativ kleinen Haufenwolken, den „Schönwetter-Cumuli" (aus Liljequist 1974)

thermisch bedingter vertikaler Durchmischung. Mit dem Nachlassen der Sonneneinstrahlung am Nachmittag verschwindet der konvektive Anteil ziemlich plötzlich, und es bleibt eine gut durchmischte, aber hinsichtlich ihrer Turbulenz nicht mehr sehr aktive Mischungsschicht übrig, deren Höhe – und damit die Höhe der gesamten PBL – im Laufe des Abends und der Nacht um etwa 400 m sinkt. Währenddessen, schon vor Sonnenuntergang beginnend, bildet sich infolge der negativ werdenden Strahlungsbilanz des Erdbodens durch dessen Abkühlung eine Bodeninversion, die im Laufe der Nacht auf 200 oder 300 m Höhe anwächst. Nach Sonnenaufgang wird diese dann von unten her wieder abgebaut. In Abb. 7.3 ist das noch einmal schematisch vereinfacht zusammengefaßt, und dazu sind in Abb. 7.4 die an sog. „Strahlungstagen" im Tagesverlauf gewöhnlich zu beobachtenden Veränderungen des vertikalen Temperaturprofils über einem Ort dargestellt. Abbildung 7.5 beschreibt den Zustand

Abb. 7.7. Tagesgang der Temperatur sowie – indirekt – des vertikalen Temperaturgradienten in den untersten Dekametern der planetarischen Grenzschicht im Sommer und Winter, bei „Strahlungswetter" und bei bedecktem Himmel über Südengland. *Ausgezogene Linien*: Temperatur in 1,2 m Höhe, *gestrichelte Linien*: Temperatur in 7 m Höhe, *gepunktete Linien*: Temperatur in 17 m Höhe. *Obere Zahlenreihen* geben jeweils die Windgeschwindigkeit [m/s] in 12 m Höhe (nach Johnson 1929)

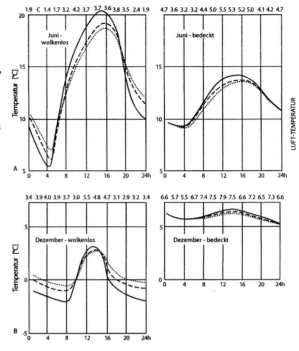

in der tagsüber in unmittelbarer Bodennähe sich bildenden, u.U. mehrere Dekameter mächtigen überadiabatischen, d.h. höchst instabil aufgebauten Erwärmungsschicht innerhalb der Grenzschicht. Die Abbildung illustriert die unterschiedliche Turbulenzstruktur in den sich abzeichnenden drei Unterregionen am Beispiel typischer hochauflösender Registrierungen von Temperatur (T) und vertikaler Windkomponente (W). Die Höhenskala $z / |L|$ ist dabei logarithmisch und in bezug auf die jeweilige Gesamthöhe L dieser überadiabatischen Schicht normiert. Nimmt man beispielsweise an, die Schicht sei 10 m mächtig, dann hieße das, daß in den untersten 30 cm die potentielle Temperatur sich genau linear umgekehrt proportional zur Höhe verhält, darüber die Temperaturabnahme mit der Höhe einem $z^{-4/3}$-Gesetz folgt; oberhalb dieser 10 m ($z / |L|$) wäre dann mit kleinem $\partial\Theta/\partial z$ nahezu indifferente Schichtung. Es zeigt sich, daß die Temperatur- und Windfluktuationen in den untersten Metern Ausdruck einer Mikroturbulenz sind, deren mechanische und thermische Anteile nicht voneinander unterscheidbar sind. Mit zunehmendem Abstand von der Erdoberfläche machen sich aber allmählich zwei offensichtlich unterschiedliche Schwankungsstrukturen bemerkbar. So zeigen zunächst alle Registrierungen eine relativ hochfrequente Fluktuation, die zwischen den einzelnen Niveaus keine Korrelation erkennen läßt und deren Amplituden mit der Höhe geringer werden. Hierbei handelt es sich offensichtlich um die mikroturbulente mechanische Reibungswirkung. Gleichzeitig lassen sich aber auch niederfrequentere Schwankungen erkennen, und bis zur oberen, neutral geschichteten Region schälen sich einige von diesen allmählich zu Pulsationen allein positiver Abweichungen heraus, die in mehreren Höhen gleichzeitig und gleichförmig auftreten. Sie sind darin von der tieferen Mikroturbulenz deutlich verschieden; es handelt sich hier um thermische Turbulenzanteile, die sich mit zunehmender Höhe offenbar in größere warme Aufwindblasen umbilden. In den beiden oberen Kurvensätzen heben sie sich deshalb bereits deutlich als konvektive Elemente heraus; sie bleiben aber noch der „thermischen Turbulenz" zugeordnet. Darüber organisieren sich die aufsteigenden Warmluftblasen (und zum Ausgleich herabsinkende Pakete kälterer Luft) mit der Höhe zunehmend zu größeren, aber unregelmäßigen Zirkulationen, der Thermik. Diese vielfach ebenfalls noch der thermischen Turbulenz zugerechneten kleinräumigen thermischen Zirkulationen veranschaulicht Abb. 7.6.

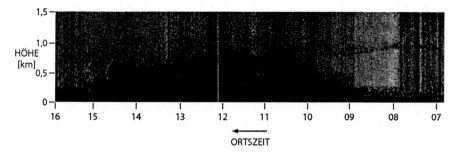

Abb. 7.8. Vertikale Schall-Sondierung (SODAR) nahe Melbourne, Australien am 26. September 1970. Aufgezeichnet ist die in Höhe umgerechnete Laufzeit empfangener, ursprünglich vertikal abgestrahlter und an Dichtediskontinuitäten reflektierter Schallimpulse. Es markiert sich – von rechts nach links fortschreitend – die Entstehung sowie das langsame Wachsen der konvektiven Grenzschicht, die zur Zeit des Sonnenhöchststands etwa 1 km Höhe erreicht, und danach ihr allmählicher Abbau; außerdem sind auch die zeitlichen Fluktuationen abzulesen (nach Shaw 1971, aus Dobbins 1979)

7.2
Die atmosphärische Turbulenz

Das Wort *Turbulenz* ist vom lateinischen „turbare" (aufwühlen, durcheinanderwerfen, verwirren) abgeleitet und bezeichnet in der Physik den Zustand eines bewegten Mediums, bei dem dessen einzelne Bestandteile während der allgemeinen Bewegung ihre gegenseitige räumliche Zuordnung nicht beibehalten, sondern diese ständig und in völlig ungeordneter, nicht vorhersagbarer Weise verändern. Dies geschieht zumeist in Form kleiner kurzlebiger Wirbel. Das Antonym ist die *Laminarität*. In einer laminaren Strömung bleibt die gegenseitige Zuordnung dieser Teilchen erhalten, sie bewegen sich auf geordneten, sich nicht schneidenden Bahnen.
Charakteristika der Turbulenz sind:
1) Die Bewegung ist im Detail nicht vorhersagbar.
2) Die Fluktuationen, d.h. die Abweichungen der Bahn der Einzelteilchen von der generellen Strömung sind dreidimensional;
3) turbulente Medien werden mit der Zeit vollständig durchmischt, d.h. Gradienten irgendwelcher, an die Masse gebundenen Eigenschaften innerhalb des Mediums werden gewissermaßen durch Flüsse von hohen zu niedrigen Werten abgebaut,

4) zur Aufrechterhaltung der Turbulenz in einer Schicht muß – weil die Turbulenz mechanische Energie dissipiert, d.h. in Wärme umsetzt – ständig mechanische Energie zugeführt werden.

Über den laminaren oder turbulenten Charakter einer Strömung entscheidet ihre *Reynoldszahl*:

$$Re = \frac{\varrho \cdot v \cdot L}{\mu} = \frac{v \cdot L}{\nu}$$

Dabei ist ϱ = die Dichte [kg/m³], v = die ungestörte Geschwindigkeit [m/s], L = die Größenskala der Bewegung [m], μ = die dynamische Zähigkeit des Mediums [kg/(m·s)], $\nu = \mu/\varrho$ = die kinematische Zähigkeit [m²/s]. Re selbst ergibt sich daraus als eine dimensionslose Zahl. Der über den Turbulenzzustand einer Strömung entscheidende *kritische Wert* der Reynoldszahl ist

$Re_{krit} = 6\,000$.

Für laminare Strömungen ist Re < 6 000, für turbulente Re > 6 000. Wie ist das nun in der Atmosphäre? Luft unter Normalbedingungen („NTP", s. Glossar) hat eine kinematische Zähigkeit von $\nu = \mu/\varrho = 1{,}5 \cdot 10^{-5}$ m²/s. Wenn nun L = 1 m, liefert v = 0,1 m/s schon

$$Re = \frac{0{,}1\,[m/s] \cdot 1\,[m]}{1{,}5 \cdot 10^{-5}\,[m^2/s]} = 6666{,}6 \, ,$$

und das bedeutet: *Die Atmosphäre ist immer turbulent* (die dünne laminare Grenzschicht natürlich ausgenommen)!

So wie die Brownsche Molekularbewegung in kleinsten Dimensionen als Diffusion bezeichnete Transporte von 1) Impuls (innere Reibung), 2) Wärme (Wärmeleitung) und 3) Materialeigenschaften (Mischung) bewerkstelligt, so bewirkt die Turbulenz gleiches, nur mit einem anderen Mechanismus und dafür wesentlich wirksamer über größere Strecken. Durch kleine, kurzlebige Wirbel, die mit entsprechenden Massenbewegungen verbunden sind, bewirkt sie – sofern die hierfür erforderlichen Gradienten vorhanden sind –

1) einen *Impulsstrom* („Scheinreibung") : $M = \varrho \cdot K_M \cdot \partial v/\partial z$ (K_M = turbulente Viskosität [m²/s],
2) einen *Wärmestrom* („Scheinleitung") : $Q = -\varrho \cdot K_H \cdot c_p \cdot \partial\Theta/\partial z$ (K_H = turbulenter Wärmeaustauschkoeffizient [m²/s]),
3) einen ungeordneten Strom von Beimengungen, „Scheindiffusion" bzw. *turbulente Diffusion* genannt, wie z.B. die Wasserdampfdiffusion: $W = -A_W \cdot \partial s/\partial z$, mit s = spezifischer Feuchtigkeit, A_W = Austauschkoeffizient für Wasserdampf [kg/(m·s)].

Beim Wind äußert sich die Turbulenz in hochfrequenten Fluktuationen von Windrichtung und -geschwindigkeit, die einen großen Teil der *Böigkeit* des Windes ausmachen.

Nach allgemeiner Konvention wird als Wind definiert: Die über 10 min nach Richtung und Stärke getrennt gemittelte vektorielle Windgeschwindigkeit. Zur genauen Charakterisierung des Windes gehörte deshalb neben diesem gemittelten Wert

7.2 Die atmosphärische Turbulenz

eigentlich auch immer eine Angabe über die Stärke und die Frequenz der turbulenten Fluktuationen. In den gewöhnlichen synoptischen Wetterdaten werden letztere aber nicht berücksichtigt; lediglich wenn die *Spitzenböen* während der 10 min Meßzeit oder in definierten Zeiträumen davor bestimmte Schwellenwerte erreichten, die evtl. Schäden verursachen könnten, wird deren Geschwindigkeitswert besonders angegeben. Streng müßte also gelten:

Wind = 10-min-Mittel + momentane Fluktuationen.

Bei längeren Mittelungszeiten, etwa von 30 min bis zu 1 h („Reynoldsmittelung"), wird das Mittel zumeist gekennzeichnet durch einen oberen Querstrich, wie z.B. $\bar{v}$, und der momentane Wind ist definiert als

$$\bar{v}(t) = v + v',$$

wobei v' die turbulente Abweichung vom Mittel ist, $v' = v(t) - \bar{v}$. Eine Zeitreihe von Windmessungen heißt stationär, wenn das Mittel über die Abweichungen, also $\bar{v'} = 0$ ist.

Die mathematische Behandlung der PBL ist schwierig, weil die mechanischen und thermischen Effekte einerseits aus physikalischen Gründen eine getrennte Behandlung erfordern, andererseits aber in der Beobachtung sich schwer bzw. nicht trennbar überlagern.

Reibungskräfte wirken, wenn eine Windscherung, d.h. ein Gradient der Windgeschwindigkeit senkrecht zur Bewegungsrichtung, vorhanden ist – in unserem Fall ein $\partial v/\partial z$. Es tritt dann eine Schubspannung τ [kg/m·s²] auf, die dem Gradienten der Geschwindigkeit proportional ist. Sie wirkt in der gesamten planetarischen Grenzschicht und nimmt von einem durch die Rauhigkeit der Erdoberfläche (Bodenrauhigkeit) bestimmten Wert τ_0 mit der Höhe bis zum Grenzwert $\tau = 0$ an der dadurch definierten Obergrenze der PBL ab.

In der *laminaren Grenzschicht* ist für die Reibungswirkung neben der Größe der Windscherung allein die dynamische Viskosität, d.h. die dynamische Zähigkeit, bestimmend. Die wechselseitig ausgeübte Schubspannung zwischen Erde und Atmosphäre in der laminaren Grenzschicht ist

$$\tau = \pm \mu_m \cdot (\partial v/\partial z).$$

Darin ist μ_m [kg/(m·s)] eine temperaturabhängige Materialkonstante. Tabelle 7.1 gibt hierfür einige Werte.

In der *turbulenten Grenzschicht* gilt für die Schubspannung formal die gleiche Newton-Beziehung, die die Stärke einer Wechselwirkung von einem Eigenschaftsgradienten abhängig macht:

$$\tau = A \cdot \partial v/\partial z,$$

wobei hier aber als Proportionalitätsfaktor der Austauschkoeffizient A auftritt – so genannt, weil hier Massenaustausch beteiligt ist. Dieser ist gewissermaßen als eine „turbulente Viskosität" aufzufassen, ist aber keine Materialkonstante (!), sondern eine multivariable Größe.

Die in der Grenzschicht vorkommenden Werte des Austauschkoeffizienten können sich über mehrere Größenordnungen erstrecken, etwa von *A = 0,001 [kg/(m·s)]*

Tabelle 7.1. Dynamische Viskosität μ_m von Luft bei 760 Torr in Abhängigkeit von der Temperatur sowie Werte einiger anderer Medien zum Vergleich (nach Linke u. Baur 1970)

MEDIUM	TEMPERATUR [°C]	μ_m [kg/(m·s)]
Luft	−40	$1{,}50 \cdot 10^{-5}$
	0	$1{,}72 \cdot 10^{-5}$
	+40	$1{,}92 \cdot 10^{-5}$
Wasser	0	$1{,}8 \cdot 10^{-3}$
Olivenöl	20	0,08
Glyzerin	0	12,1

(bei schwachem Wind und sehr stabiler Schichtung) *bis zu A = 10 [kg/(m·s)]* (bei starker turbulenter vertikaler Durchmischung) *oder gar noch darüber.*

Die Größe des Austauschkoeffizienten hängt ab von der *Bodenrauhigkeit* – sie bestimmt die Stärke der mechanischen Turbulenz, gemeinsam mit der *Windgeschwindigkeit*, sowie von der *Stabilität der Schichtung* – sie bestimmt die Stärke der thermischen Turbulenz.

In der turbulenten Grenzschicht ist die molekulare Viskosität μ_m gegenüber dem Austauschkoeffizienten A vernachlässigbar.

7.3
Turbulenz und vertikales Windprofil

7.3.1
Einfluß von Bodenbeschaffenheit und Stabilität

Die Abnahme der Reibungswirkung mit zunehmender Höhe bewirkt innerhalb der planetarischen Grenzschicht ein parabolisches Vertikalprofil der skalaren Windgeschwindigkeit. Wie dieses im Falle neutraler Schichtung zustandekommt, werden wir im nächsten Kapitel (Prandtl-Schicht) im Detail behandeln. Hier nehmen wir zunächst den allgemeinen Fall zur Kenntnis.

Anhand von Beobachtungen läßt sich zeigen, daß das vertikale Windprofil in der Grenzschicht sich mathematisch in der folgenden Form beschreiben läßt:

$$\frac{\partial \overline{u}}{\partial z} = a \cdot z^{-\beta} \text{ , mit}$$

$\beta < 1$ für $\Gamma < \Gamma_d$, stabile Schichtung;
$\beta = 1$ für $\Gamma = \Gamma_d$, neutrale (indifferente) Schichtung, wir erkennen die im nächsten Kapitel (Prandtl-Schicht) auftretende Formulierung; es folgt hieraus (s.w.u.) ein logarithmisches Windprofil;
$\beta > 1$ für $\Gamma > \Gamma_d$, also überadiabatisches Temperaturgefälle.

Für $\beta \neq 1$ ergibt sich eine vom logarithmischen Profil verschiedene exponentielle Abhängigkeit, die sich nach der Größe der Stabilität bzw. Instabilität und nach der Bodenrauhigkeit richtet; die Zahlenwerte für β liegen meist zwischen 0,8 (bei stabiler Schichtung) und 1,2 (bei instabiler Schichtung). Abbildung 7.9 illustriert die durch

7.3 Turbulenz und vertikales Windprofil

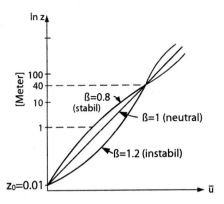

Abb. 7.9. Schematische Windprofile für verschiedene Werte von ß (nach Haltiner und Martin 1957)

unterschiedliche Stabilität erzeugten Modifikationen des (im neutralen Fall) logarithmischen Profils.

Oft findet sich in der Literatur eine sehr praktische, hiervon abweichende Beschreibung der vertikalen Windänderung in Form eines anderen Exponentialgesetzes, des sog. „power law", in dem der Wind in einem Niveau innerhalb der Grenzschicht in Beziehung gesetzt wird zu dem an ihrer Obergrenze z_G befindlichen Gradientwind v_G:

$u(z)/v_G = (z/z_G)^n$, worin $0 \leq n \leq 1$.

Eine große Rolle für die Struktur, aber auch für die Höhe der Grenzschicht spielt die Rauhigkeit der Erdoberfläche. Abbildung 7.10 versucht dies schematisch zu veranschaulichen. Tabelle 7.2 gibt hierfür durchschnittliche Zahlenwerte und die Abb. 7.11 und 7.12 illustrieren deren quantitative Abhängigkeit von der Bodenbeschaffenheit. Beachte besonders bei den dargestellten Windprofilen, daß z.B. in 30 m Höhe (1. Teilstrich) über Städten mit Hochhausbebauung erst 32 %, über Wald bzw. „Gartenstädten" aber bereits 49 %, über flachem Grasland sogar schon 70 % des Gradientwindes erreicht werden. Es zeigt sich auch, daß die Grenzschicht über rauhem Untergrund weit höher hinaufreicht als über einer glatten Erdoberfläche.

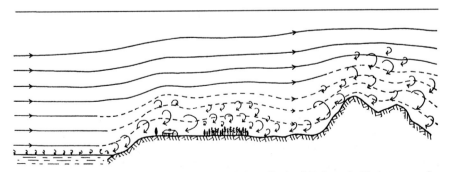

Abb. 7.10. Veranschaulichung der dynamischen Turbulenz, die durch Reibungskräfte hervorgerufen wird, welche von den Unebenheiten der Erdoberfläche (Relief, Bewuchs, Bebauungsform etc.) ausgehen (nach Lijequist 1974)

Tabelle 7.2. Parameter mittlerer vertikaler Profile der Windgeschwindigkeit bei neutraler Schichtung über verschiedenen Oberflächen (nach Davenport 1982). z_0 ist die Rauhigkeitshöhe; n (Exponent) und z_G (Höhe, in der die Geschwindigkeit des Gradientwinds erreicht wird) sind die entsprechenden Parameter des „power law".

ART DER OBERFLÄCHE		z_0 [m]	n	z_G [m]
See	glatt	0,001		
	aufgeraut	0,003	0,11	250
	sehr rauh	0,1		
Ackerland /Prärie	wenig rauh	0,01		
	mäßig rauh	0,03	0,16	300
	sehr rauh	0,1		
Wald /Gartenstadt	wenig rauh	0,1		
	mäßig rauh	0,3	0,28	400
	sehr rauh	1,0		
Großstadt	wenig rauh	1,0		
	mäßig rauh	3,0	0,40	500
	sehr rauh	5,0		

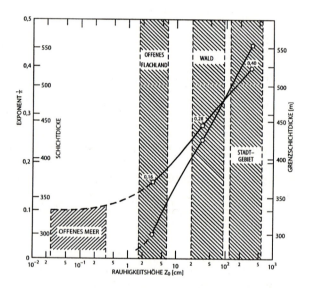

Abb. 7.11. Exponent des „power law" und Höhe der Grenzschicht in Abhängigkeit von der Bodenbeschaffenheit bzw. von der Rauhigkeitshöhe (nach Davenport 1965)

Hinsichtlich der bei diesen Abbildungen als Rauhigkeitsmaß genannten Rauhigkeitshöhe z_0 [cm], wird auf den nächsten Abschnitt verwiesen; hier sei nur so viel vorausgeschickt, daß es sich um jene Höhe über der Erdoberfläche handelt, in der der Wind bereits praktisch null wird.

Der Einfluß der thermischen Schichtung auf das Windprofil läßt sich etwa so verstehen, daß bei stabiler Schichtung die vertikalen turbulenten Bewegungen gedämpft werden, so daß infolge geringeren vertikalen Impulsaustauschs eine im Vergleich zu neutralen Bedingungen raschere vertikale Windzunahme und eine geringere Grenzschichthöhe resultieren; bei instabiler Schichtung dagegen sind zusätzliche Auftriebskräfte vorhanden, die die vertikalen turbulenten Bewegungskomponenten verstärken, so daß die Turbulenz höher hinaufgreift und durch den verstärkten vertikalen Impulsaustausch das vertikale Windprofil damit gleichförmiger gestaltet (s. hier-

7.3 Turbulenz und vertikales Windprofil

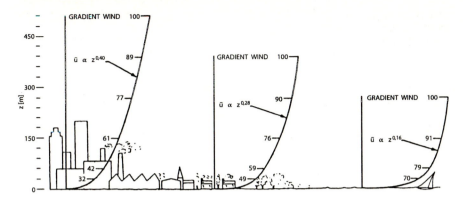

Abb. 7.12. Typische vertikale Windprofile und Höhe der Grenzschicht nach dem empirischen „power law" für unterschiedliches Terrain (nach Davenport 1965). Die an den Kurven stehenden *Zahlen* geben an, wieviel Prozent der an der Obergrenze der Grenzschicht vorhandenen Gradientwindgeschwindigkeit in der jeweiligen Höhe erreicht sind

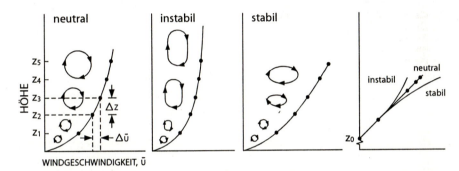

Abb. 7.13. Schematische bodennahe Windprofile bei unterschiedlicher thermischer Schichtung und Einfluß der Stabilität auf die Gestaltung der Turbulenzelemente (nach Oke 1978)

zu Abb. 7.13). Da die vertikale Stabilität i. allg. einen ausgeprägten Tagesgang aufweist, ist der Wind dementsprechend in Bodennähe nachts und frühmorgens vergleichsweise schwach und wenig böig, tagsüber nimmt er jedoch mit wachsender Destabilisierung der Schichtung durch den von oben kommenden Impulstransport an Stärke zu und wird dabei zunehmend böig (vgl. Abb. 7.14). In den oberen Teilen der Grenzschicht verhält sich der Wind dagegen genau umgekehrt und erreicht seine größte Stärke in den Nachtstunden, während er am Tage infolge des Impulsverlustes vergleichsweise schwächer ist („Espy-Köppensches Windgesetz"; zur Veranschaulichung s. Abb. 7.15). Dies hat natürlich entsprechende Auswirkungen auf die Dispersion von Luftbeimengungen. So reichert sich beispielsweise die regelmäßig aus dem Erdboden exhalierte Radiumemanation, ein natürliches radioaktives Gas (Radon), während der Nachtstunden in Bodennähe an und nimmt während des Tages infolge der verstärkten vertikalen Durchmischung entsprechend ab (s. Abb. 7.16). In Registrierungen der natürlichen Radioaktivität der bodennahen Luft markiert sich das Einsetzen vertikaler Durchmischung außerordentlich deutlich.

Abb. 7.14. Tagesgang der Windgeschwindigkeit in Bodennähe (nach Liljequist 1974)

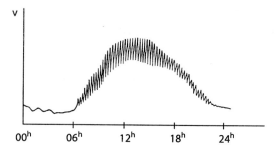

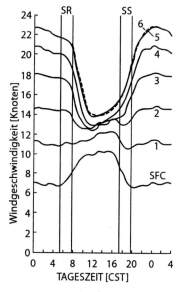
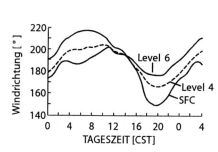

Abb. 7.15. Jahresmittel des täglichen Verlaufs der Windgeschwindigkeit und der Windrichtung an einem 500-m-Mast nahe Oklahoma City, Okla. (Juni 1966 – Mai 1967) (nach Crawford u. Hudson 1973). Die Meßhöhen waren: SFC = 2 m, 1 = 49 m, 2 = 98 m, 3 = 194 m, 4 = 291 m, 5 = 389 m, 6 = 486 m; SR und SS markieren die Zeiträume von Sonnenaufgang und Sonnenuntergang

Abb. 7.16. Tagesgang des Radiumemanationsgehalts der Luft in 1 m (I) und 13 m (II) Höhe über dem Erdboden (t = Tageszeit in h) (nach Geiger 1961)

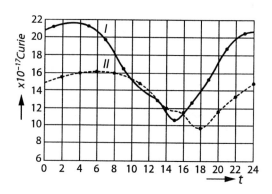

7.3.2
Windstruktur in der Prandtl-Schicht

Die Prandtl-Schicht ist charakterisiert durch eine starke vertikale Windzunahme, wobei der *Schubspannungsvektor* und die aus der erzeugten Turbulenz resultierenden Flüsse von Impuls, sensibler Wärme und Wasserdampf *mit der Höhe* nahezu *konstant* bleiben („constant flux layer"). Der Einfluß der Reibungskräfte ist in dieser Bodenschicht so stark (vgl. Kap. 6), daß trotz der vertikalen Zunahme der Windgeschwindigkeit die damit ebenfalls zunehmende Corioliskraft innerhalb dieser Schicht noch keine erkennbare Richtungsänderung des Windes bewirkt, d.h. in der Prandtl-Schicht ist auch die Windrichtung mit der Höhe konstant. Die Höhe der Prandtl-Schicht h wird von Deardorff (1974) angegeben als h = H/25, d.h. 1/25 (4 %) der jeweiligen Höhe H der gesamten planetarischen Grenzschicht.

Der einfachste Fall der Windstruktur ist der der neutralen Schichtung, so daß keine zusätzlichen (positiven oder negativen) Auftriebskräfte vorhanden sind. Hierfür ergibt sich ein logarithmisches Windprofil. Wie dieses zustande kommt und quantitativ zu beschreiben ist, versuchen wir mit dem *Mischungsweg*modell zu verstehen: Wir nehmen an, daß in einem Niveau z eine horizontale Windkomponente u vorliege; die vertikale Windänderung sei zunächst formal mit dem vertikalen Geschwindigkeitsgradienten $\partial u/\partial z$ beschrieben; der Wind nehme – der Erfahrung entsprechend – mit der Höhe zu. Es sollen nun kleine Luftvolumina mit einer turbulenten Zusatzgeschwindigkeit w' über die Strecke + ℓ bzw. – ℓ vertikal gemischt werden; ℓ ist dabei der sog. Mischungsweg. Die Windgeschwindigkeit ist (s. hierzu Abb. 7.17)

in der Höhe $z + \ell$: $u + \ell \cdot \partial u/\partial z$,

in der Höhe $z - \ell$: $u - \ell \cdot \partial u/\partial z$.

Das heißt, Teilchen aus dem Niveau $z + \ell$, die in das Niveau z hineingemischt werden, bringen hier eine horizontale Zusatzgeschwindigkeit $u' = \ell \cdot \partial u/\partial z$; Teilchen, die aus dem Niveau $z - \ell$ in z hineingemischt werden, bewirken jeweils eine turbulente Zusatzgeschwindigkeit $u' = - \ell \cdot \partial u/\partial z$. Im Niveau z erhalten wir deshalb (mit $\bar{u}$ = mittlerer Wind) als *turbulenten* Wind

$u = \bar{u} \pm \ell \cdot \partial u/\partial z$.

Abb. 7.17. Skizze zum Mischungswegkonzept. *A* und *B* seien Turbulenzelemente, die sich mit denen im Niveau z austauschen

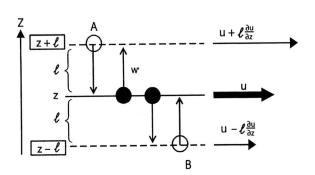

In der Grenzschicht ist der durch Reibung erzwungene Mischungsweg ℓ eine Funktion (a) der Bodenrauhigkeit – bezüglich der mechanischen Turbulenz – und (b) der Stabilität der Schichtung – bezüglich der thermischen Turbulenz. In unmittelbarer Nähe der Grenzfläche kann man annehmen, daß die Turbulenzelemente etwa dem Abstand von der Grenzfläche proportional sein werden: $\ell \sim z$, und tatsächlich zeigt sich, daß i. allg. $\ell = \kappa \cdot z$ ist, mit der sog. Kármán-Konstanten $\kappa = 0{,}4$.

Betrachten wir jetzt die *Schubspannung* $\tau = -\overline{\varrho \cdot w'} \cdot u'$, die sich also durch die Korrelation der vertikalen und horizontalen turbulenten Zusatzgeschwindigkeiten beschreiben läßt, und nehmen an, daß die absoluten Beträge von u' und w' im Mittel ungefähr gleich groß sein werden, also

$|w'| \approx |u'|$, dann können wir für den Betrag der Schubspannung auch schreiben:

$$\tau = \varrho \cdot (u')^2 ,$$

und da $u' = \ell \cdot \partial u/\partial z$, folgt $\tau/\varrho = \ell^2 \cdot (\partial u/\partial z)^2$ bzw. $\partial u/\partial z = (1/\ell) \cdot \sqrt{\tau/\varrho}$ oder

$$\frac{\partial u}{\partial z} = \frac{1}{\kappa \cdot z} \cdot \sqrt{(\tau/\varrho)} = \frac{u_*}{\kappa \cdot z} ,$$

worin $u_* = \sqrt{\tau/\varrho} = \ell \cdot \partial u/\partial z$ als „Reibungsgeschwindigkeit" bezeichnet wird. Wir haben also eine einfache Differentialgleichung für das vertikale Windprofil u(z) gefunden; ihre Lösung ist

$$u(z) = (u_*/\kappa) \cdot \ln(z/z_0) ,$$

mit $\kappa = 0{,}4$ (Kármán-Konstante), $\tau = \mu \cdot \partial u/\partial z = \varrho \cdot \ell^2 \cdot (\partial u/\partial z)^2$ und $z_0 = $ der sog. *Rauhigkeitshöhe*, für die einige durchschnittliche Werte in Tabelle 7.3 angegeben sind. Die Reibungswirkung auf die Änderung der Windgeschwindigkeit mit der Höhe ergibt also bei linearer z-Achse ein parabolisches Profil, bei logarithmischer z-Achse eine Gerade (s. Abb. 7.18).

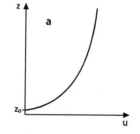
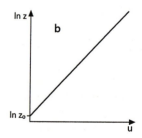

Abb. 7.18. Schematisches Windprofil in der planetarischen Grenzschicht, *links* dargestellt als u = $f(z)$ und *rechts* als u = $f(\ln z)$

Tabelle 7.3. Durchschnittliche Werte der Rauhigkeitshöhe z_0

Watt, Eis	0,001 cm	
Rasen (kurz)	0,1 cm	
Grasland	0,7 cm	– 2,3 cm
Steppe	5 cm	– 9 cm
Obstplantagen	0,5 m	– 1 m
Wald	1 m	– 6 m

7.3.3
Windstruktur in der Ekman-Schicht

Die an die Prandtl-Schicht oben sich anschließende Ekman-Schicht ist dadurch charak-terisiert, daß bei nach oben weiter nachlassender mechanischer Reibungswirkung und infolgedessen mit der Höhe weiter zunehmendem Wind nunmehr die Wirkung der Corioliskraft in Erscheinung tritt. Sie läßt den Wind – auf der Nordhemisphäre mit der Höhe rechtsdrehend, auf der Südhalbkugel linksdrehend – allmählich in die Richtung des Gradientwindes einschwenken. Bei dieser Drehung mit zunehmender Höhe unter gleichzeitiger, allmählich aber nachlassender Geschwindigkeitszunahme beschreibt der Endpunkt des Geschwindigkeitsvektors in der Projektion auf die Horizontalebene (Hodograph) nach der mathematischen Theorie von Ekman eine logarithmische Spirale (s. Abb. 7.19 und 7.20). Sie beschreibt das Prinzip der vertikalen Windänderung ganz plausibel, ist aber in der Natur im Einzelfall nur in mehr oder weniger angenäherter Form realisiert.

Wir legen für unsere Betrachtung ein kartesisches Koordinatensystem so in ein lineares Druckfeld, daß die X-Achse in die Richtung des Gradientwindes, die Y-Achse in die Richtung der Druckkraft (also auf der Nordhalbkugel nach links) weist. Die Komponenten der vektoriellen Windgeschwindigkeit in X-Richtung nennen wir u, die in Y-Richtung v; v_g sei der geostrophische Wind. Wollen wir die vertikale Windänderung innerhalb der Reibungsschicht beschreiben, so ist das gleichbedeutend mit der Beschreibung der vertikalen Änderung des reibungsbedingten ageostrophischen Windes ($v(z) - v_g$ bzw. $u(z) - v_g$). Führen wir also die entsprechenden Komponenten der Reibungskraft $\partial \tau_x / \partial z$ und $\partial \tau_y / \partial z$ ein, so erhalten wir:

$$- f \cdot \{v(z) - v_g\} = \partial \tau_x / \partial z$$

$$f \cdot \{u(z) - u_g\} = \partial \tau_y / \partial z .$$

Die Lösungen dieser beiden Gleichungen ergeben:

$$u(z) = |v_g| \cdot \left\{1 - e^{-k \cdot z} \cdot \cos(k \cdot z)\right\}$$

$$v(z) = |v_g| \cdot e^{-k \cdot z} \cdot \sin(k \cdot z)$$

mit $k = \sqrt{(f / 2 K_M)}$, K_M = turbulente Viskosität. Diese Gleichungen beschreiben die Komponenten einer logarithmischen Spirale. Das Ergebnis ist graphisch in Abb. 7.19 a wiedergegeben. Wir erkennen deutlich, daß in den untersten Schichten unter starker vertikaler Windzunahme die Richtung des Windes nahezu konstant bleibt (Prandtl-Schicht) und erst oberhalb 50–100 m Höhe der Wind bei weiterer, aber allmählich nachlassender Geschwindigkeitszunahme zunehmend nach rechts dreht, bis er schließlich die Gradientwindrichtung annimmt. Das spiralige Aufwinden der Kurve um den Endpunkt des Gradientwindvektors einschließlich der Mehrdeutigkeit für v = 0 ist dabei lediglich ein Bestandteil der formalen mathematischen Lösung. Der Ablenkungswinkel des Bodenwindes vom Gradientwind ergibt sich in der – hier stark vereinfachten – Theorie zu $\alpha_0 = 45°$. Beobachtungen zeigen die in Tabelle 7.4 wiedergegebenen Werte.

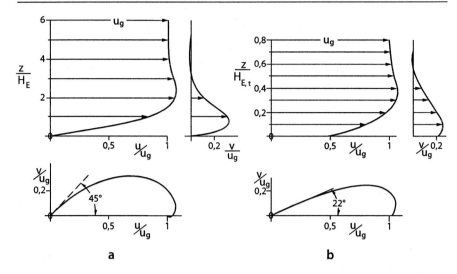

Abb. 7.19 a, b. Mathematische Lösung für die vertikale Windänderung in der Grenzschicht (Ekmanspirale) für eine **a** laminare und **b** turbulente Grenzschicht. z/H_E und $z/H_{E,t}$ bezeichnen die auf die jeweilige Dicke H_E der nicht-turbulenten bzw. $H_{E,t}$ der turbulenten planetarischen Grenzschicht normierte Höhen (nach Prandtl et al. 1984)

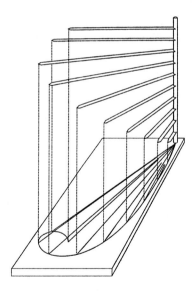

Abb. 7.20. Räumliche Darstellung der vertikalen Windänderung in der planetarischen Grenzschicht der Nordhalbkugel. Die Endpunkte der Windvektoren beschreiben in der Projektion eine logarithmische Spirale: „Ekmanspirale" (nach Byers 1959)

Die *Ekmanspirale* ist ein recht anschauliches Beschreibungsmodell für die vertikale Windänderung in der Grenzschicht, vor allem in der 24/25 der PBL ausmachenden Ekmanschicht, doch erfährt die klassische Form (Abb. 7.19 a) eine Reihe charakteristischer Verformungen, wenn man zu realistischeren Lösungen als der für laminare Strömung übergeht. Abbildung 7.19 b zeigt beispielsweise die Art von Deformation, die – nach der mathematischen Theorie – eine turbulente Ekman-Schicht bewirkt (und die Atmosphäre ist ja immer turbulent!). Weitere Deformationen treten auf,

7.3 Turbulenz und vertikales Windprofil

wenn in der Grenzschicht ein nicht isothermes horizontales Temperaturfeld vorhanden ist („barokline Grenzschicht", Lettau 1957, Lettau u. Davidson 1957), wenn zusätzlich Advektion stattfindet („advektive Grenzschicht") (s. Abb. 7.21) oder wenn die Grenzschicht stark instabil ist („konvektive Grenzschicht" (Griesseier 1985)). Lettau (1967) diskutiert ausgiebig die Windstruktur über geneigtem Terrain.

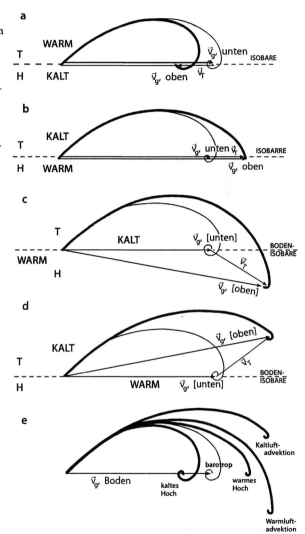

Abb. 7.21 a–e. Schematische Darstellung von Ekmanspiralen in stark barokliner Grenzschicht. a Zum Bodenwind antiparalleler thermischer Wind (zwischen warmem Tief und kaltem Hoch) führt zur Verkürzung der Ekmanspirale; b Zum Bodenwind paralleler thermischer Wind (zwischen kaltem Tief und warmem Hoch) führt zur Streckung der Ekmanspirale; c Warmluftadvektion verursacht eine zusätzliche Rechtsdrehung des Windes mit der Höhe; d Kaltluftadvektion vermindert die reibungsbedingte Rechtsdrehung des Windes mit der Höhe. e Qualitative Zusammenschau der vier Beispiele einer baroklinen Grenzschicht und Vergleich mit dem barotropen Fall

ANMERKUNG: Die hier diskutierten Fälle sind nur als qualitative Beispiele zu verstehen, die die Tendenzen der zu erwartenden Deformationen der Ekmanspirale aufzeigen sollen. Da der thermische Wind jede beliebige Richtung und eine Vielzahl von Beträgen annehmen kann, zeigen die wirklichen Hodographen von Einzelbeobachtungen eine große Mannigfaltigkeit von Formen. Die Bedeutung der barotropen Ekmanspirale liegt darin, daß sie das Prinzip der vertikalen Windänderung beschreibt. In Beobachtungen wird sie nur im Mittel über eine große Anzahl von Beobachtungen wiedergefunden und auch nur, wenn sich Warm- und Kaltluftadvektion im Mittelungszeitraum etwa die Waage halten.

Tabelle 7.4. Werte [Winkelgrad] der reibungsbedingten ageostrophischen Windablenkung (10-16 m Höhe) in Abhängigkeit von der Bodenrauhigkeit, von der thermischen Stabilität und von der geographischen Breite. Es bedeuten I = instabile, N = neutrale, S = stabile Schichtung (nach Haltiner u. Martin 1957)

OBERFLÄCHE	GEOGRAPHISCHE BREITENZONE								
	$\varphi = 20°$			$\varphi = 45°$			$\varphi = 70°$		
	I	N	S	I	N	S	I	N	S
Ozean	25°	30°	40°	15°	20°	30°	10°	15°	25°
Land									
sehr glatt	35°	40°	50°	25°	30°	40°	20°	25°	35°
mittel	40°	45°	55°	30°	35°	45°	25°	30°	40°
sehr rauh	45°	50°	60°	35°	40°	50°	30°	40°	45°

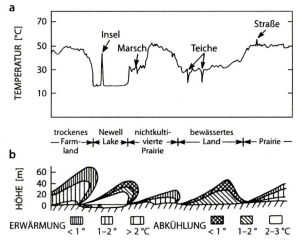

Abb. 7.22. a Horizontalprofil der Strahlungstemperatur der Erdoberfläche und b Struktur der Warm- und Kaltluftfahnen über einer Prärielandschaft mit wechselnden Oberflächenverhältnissen und (im Bild) von links nach rechts wehendem Wind. Den Daten liegen Flugzeugmessungen zugrunde vom 6. August 1968 nahe Brooks, Alberta (Kanada) (nach Oke 1978)

7.3.4
Der Einfluß inhomogenen Terrains auf die Grenzschicht

Weht der Wind über thermisch inhomogenem bzw. hinsichtlich der Rauhigkeit uneinheitlichem Terrain, muß die Struktur der Grenzschicht, muß das Windprofil sich immerfort den jeweils neuen Bodenbedingungen anpassen. Dieser Anpassungsvorgang benötigt eine gewisse Zeit, sich von unten nach oben durchzusetzen, so daß innerhalb der Grenzschicht u.U. mehrere, an verschiedene Unterlagen angepaßte Schichten entwickelt sind, sog. *interne Grenzschichten*. Meistens lassen sich diese an entsprechenden Unstetigkeiten des vertikalen Temperaturgradienten erkennen; u.U.

7.3 Turbulenz und vertikales Windprofil

zeichnen sie sich sogar durch Temperatur-Inversionen aus. Dafür geben die Abb. 7.22 und 7.23 einige Beispiele.

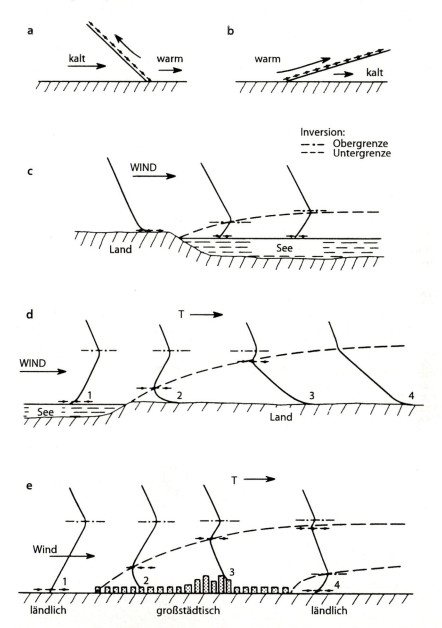

Abb. 7.23 a–e. Advektionsbedingte Inversionen, hervorgerufen durch **a** einen flachen Kaltlufteinschub (Kaltfront), **b** eine Warmfront, **c** Abkühlung der untersten Schicht bodennaher Warmluft, die über kaltes Wasser hinwegweht, **d** bodennahe thermische Destabilisierung von Seeluft, die von kaltem Wasser heranweht (abgehobene Inversion), **e** rauhigkeitsbedingte Durchmischung der nächtlichen bodennahen Schicht über einer Großstadt (nach Oke 1978)

Abb. 7.24. Skizze zur Veranschaulichung des Mischungstemperaturprofils über einer Großstadt

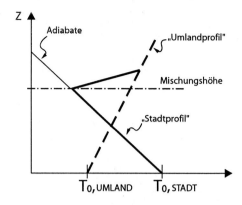

Dabei ist folgendes zu berücksichtigen: Wir hatten weiter vorn gesehen, daß sich bei stärkerem Wind infolge kräftiger vertikaler Durchmischung ein adiabatisches Temperaturgefälle einstellt, also $(\partial T/\partial z) = \Gamma_d$ ist, bzw. $(\partial \Theta/\partial z) = 0$ oder $\Theta(z) = $ const. Weht nun – beispielsweise wie in Abb. 7.23 e – sehr stabil geschichtete Luft von flachem Land, wo sie wegen geringer Bodenrauhigkeit kaum durchmischt wird (Region 1), mit schwachem Wind in ein wesentlich raueres Gebiet, z.B. über eine Großstadt hinweg, dann bildet sich über der Stadt eine vom Stadtrand an stromabwärts an Höhe zunehmende interne Grenzschicht (Regionen 2 und 3), die sich infolge der in ihr stärkeren Durchmischung durch ein adiabatisches Temperaturprofil und an der Obergrenze durch eine entsprechende Inversion auszeichnet. Da in solchem Falle, wie wir gesehen hatten, die Temperatur am Boden steigt (s. hierzu Abb. 7.24), haben wir es hier mit einem Erwärmungseffekt zu tun, der z.B. nicht unwesentlich zum Phänomen städtische Wärmeinsel beiträgt. Die Stadt ist dann um den Betrag $T_S - T_U$ wärmer als das Umland. Gleichzeitig wird dadurch der obere Teil der Mischungs-

Abb. 7.25 a,b. Vergleich der vertikalen Temperaturgradienten über ländlichem und über großstädtischem Terrain unter verschiedenen atmosphärischen Bedingungen: **a** in windstiller, klarer Nacht; über der Stadt ist eher eine vertikale Temperaturabnahme zu verzeichnen, eine Bodeninversion im Umland; **b** ein leichter Wind macht das Temperaturprofil über der Stadt adiabatisch und modifiziert im Lee der Stadt das Umlandprofil im Bereich der Stadtluftfahne (nach Oliver 1973)

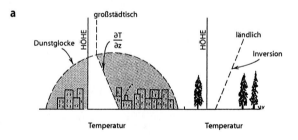

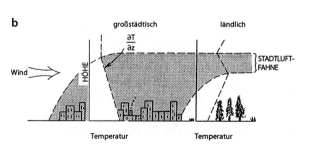

7.3 Turbulenz und vertikales Windprofil 297

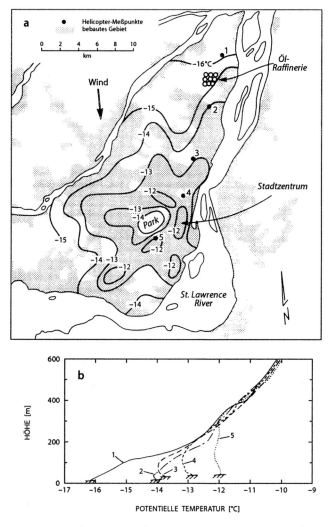

Abb. 7.26 a,b. Die Wärmeinsel von Montreal am 7. März 1968, 7 Uhr morgens bei Nordwind von 0,5 m/s und wolkenlosem Himmel: **a** Lufttemperatur der bodennahen Schicht [°C] nach Meßfahrten mit einem Automobil; **b** Vertikalprofile der potentiellen Temperatur an den in a eingezeichneten und numerierten Stellen, auf Hubschraubermessungen beruhend (nach Oke and East 1971)

schicht abgekühlt, wobei u.U. Wasserdampfsättigung und somit die Bildung von Stratus-Wolken eintreten kann. Eine vorher vorhandene Inversion wird dadurch verstärkt bzw. es wird mit der Ausprägung der Mischungsschicht eine neue Inversion gebildet, die sog. Reibungsinversion. In der so gebildeten Mischungsschicht können unter Umständen in der Höhe aus dem Umland herantransportierte Luftbeimengungen „heruntergemischt" werden (Fumigation, Abschn. 7.4). Im Lee der Stadt (Region 4), wo sich in Bodennähe eine neue interne Grenzschicht durch neuerliche Anpassung an die Bedingungen des Umlandes (stabile Schichtung) von unten her aufbaut, weht dann oberhalb dieser stabilen Schicht ein Schwaden von Stadtluft („Stadtluftfahne", „urban plume") mit allen hineingegebenen anthropogenen Verunreinigungen weit ins Umland hinein. Bei ruhender Luft verharrt diese Stadtluft hingegen als deutlich wahrnehmbare Dunstglocke („urban dome") über der Stadt (s. hierzu Abb. 7.25). Ein sehr schöner Nachweis der urbanen Mischungschicht sowie des beschriebenen Wärmeinseleffekts ist mit den in Abb. 7.26 dargestellten Meßergebnissen von Montreal gelungen.

Der gleiche Erwärmungseffekt wie bei der städtischen Wärmeinsel kann übrigens auch über flacherem Land auftreten, wenn nur eine entsprechende Mischungsschicht durch genügend zunehmenden Wind gebildet wird. Wir haben es dann mit den windabhängigen Temperaturänderungen zu tun, mit denen wir weiter oben interdiurne Temperaturschwankungen in der Arktis während der Polarnacht (s. Kap. 2) erklärten.

7.4
Grenzschichtstruktur und Ausbreitungsvorgänge

Die Detailstruktur der planetarischen Grenzschicht hat natürlich einen starken Einfluß auf die Ausbreitung von Schadstoffen aus bodennahen Quellen, wofür in diesem Rahmen allerdings nur einige Illustrationen als Andeutungen gegeben werden können:

7.4.1
Auswirkungen der Schichtungsstabilität

Unter sehr stabilen Bedingungen, d.h. bei Inversionswetterlagen können Abgaswolken stark gebündelt, d.h. mit relativ geringer vertikaler und auch überraschend geringer seitlicher Dispersion, über weite Strecken (Hunderte von Kilometern) getragen werden. In Abb. 7.28 sind beispielsweise auf Flugzeugmessungen beruhende Ver-

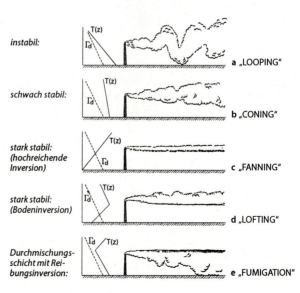

Abb. 7.27 a–e. Typische Formen der Abgasfahnen aus Schornsteinen unter verschiedenen Stabilitätsbedingungen der Grenzschicht, vom „Looping" bis zur „Fumigation" (nach Bierly u. Hewson 1962)

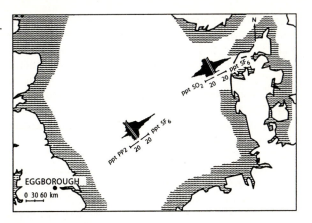

Abb. 7.28. Mit dem Flugzeug in 300 m Höhe vermessene Abgasfahne des Großkraftwerks Eggborough, England, am 29. Januar 1981 über der Nordsee (nach Clark et al. 1984)

Abb. 7.29. Aufnahme von der Nordsee von Bord des US-Wettersatelliten NOAA-8 am 20.8.1983, 09.46 MEZ, im sichtbaren Spektralbereich (0,55–0,75 µm). Neben ausgedehnten Nebel- und Wolkenfeldern über dem Skagerrak sowie über Belgien und Großbritannien zeigen sich über der südlichen Nordsee nur ein paar lockere Haufenwolken, aber vor allem ein ausgeprägter, vom Festland herrührender Dunstschleier (Aufnahme: University of Dundee)

messungen der Abgasfahne eines englischen Großkraftwerks dargestellt. Die Meßhöhe betrug 300 m, die Inversionshöhe 250–600 m, die Abgasfahne war ca. 200 m dick. Es zeigte sich, daß die durch künstliche Tracergase zusätzlich markierte SO_2-Abgasfahne offensichtlich über mehr als 600 km Entfernung hochkonzentriert erhalten blieb. Der Nachweis wurde zunächst dadurch erleichtert, daß es sich um eine relativ isoliert gelegene Quelle handelte, er wurde aber auch durch die zusätzliche Tracer-Beigabe abgesichert, denn i. allg. dürfte es schwierig sein, Abgasfahnen von Einzelemittenten über so weite Entfernungen zweifelsfrei nachzuweisen. Zumeist werden sich nämlich die Emissionen benachbarter Emittenten zu größerskaligen Schadstoffwolken überlagern und mischen, wie das z.B. aus dem Satellitenbild vom 20. August 1983 (Abb. 7.29) hervorgeht. Darin bilden sich die über dem Festland produzierten und auf die Nordsee hinausgetragenen, aus zahllosen Quellen stammenden Luftverunreinigungen vor dem dunklen Hintergrund der Meeresoberfläche deutlich in einem ausgedehnten, im Innern kaum noch strukturierten Dunstschleier ab.

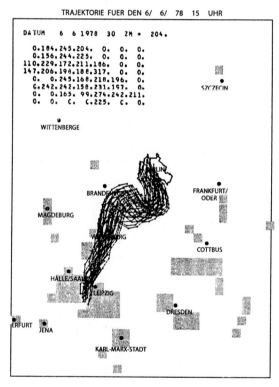

Abb. 7.30. Für 24 Stunden rückwärts gerechnete Trajektorien der am 6.6.1978 um 15 Uhr in Berlin angelangten Luft und Halbstundenmittel der SO_2-Konzentration [µg/m³] sowie der simultane Stadtmittelwert (ZM) des Berliner Luftgüte-Meßnetzes (Datenmatrix *links oben* im Bild) (nach Ossing et al. 1983)

Unter ähnlichen Wetterbedingungen (stabile Wetterlage am Rande eines Hochs) werden beispielsweise auch in Berlin häufig Schadstoffwolken beobachtet, die sich u.a. auf Quellen der sächsisch-thüringischen industriellen Ballungsgebiete zurückführen lassen. Sie werden offenbar hochkonzentriert in der mittleren und oberen Grenzschicht weiträumig verfrachtet und im Berliner Stadtgebiet durch Fumigation bis in Bodennähe herabgemischt. So ließ sich z.B. an Hand der Messungen des Berli-

7.4 Grenzschichtstruktur und Ausbreitungsvorgänge

ner Luftgütemeßnetzes „BLUME" vom 6.6.1978 feststellen, daß bei südlichem Wind die SO_2-Konzentration am südlichen Stadtrand Berlins gegen Mittag plötzlich, von 20–30 µg/m³ (um 6 Uhr) auf 274 µg/m³ (um 15 Uhr), hochschnellte und damit dort weit über dem Stadtmittelwert von 204 µg/m³ lag (s. Abb. 7.30). Da nun sowohl am südlichen Stadtrand von Berlin als auch im unmittelbaren südlichen Vorland der Stadt keine besonderen SO_2-Quellen lagen, konnte es sich nur um Ferntransport handeln, und eine Rückrechnung der Luftbahnen während der vorausgegangenen 24 h ergab, daß die an diesem Tage um 15 Uhr in Berlin eingetroffene Luft aus dem industriellen Ballungsraum Leipzig stammte (Abb. 7.30).

7.4.2
Auswirkungen interner Grenzschichten

Die Wirkung interner Grenzschichten auf die Ausbreitung von Luftbeimengungen sei mittels Abb 7.31 anhand einer Seewindsituation und einer nächtlichen Überströmung einer Großstadt exemplarisch veranschaulicht.

a
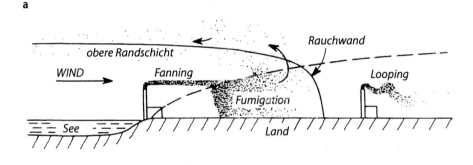

b
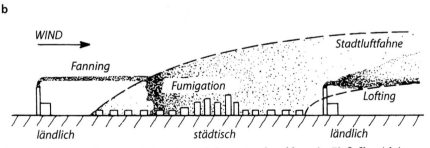

Abb. 7.31 a,b. Schematische Darstellung des Verhaltens von Abgasfahnen im Einflußbereich interner Grenzschichten: a Küstenregion an einem Strahlungstag im Frühsommer, b Großstadt in ländlicher Umgebung bei schwachem Wind in einer klaren Nacht. In beiden Fällen spielt der Effekt der „Fumigation" eine besondere Rolle (nach Oke 1978)

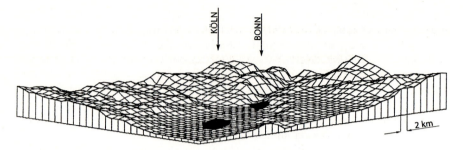

Abb. 7.32. Reliefmodell der Kölner Bucht (nach Scherer u. Stern 1980)

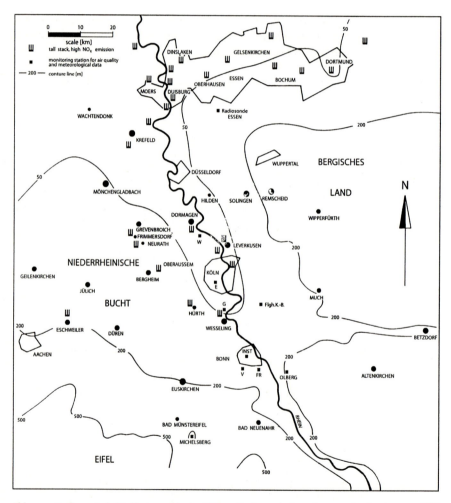

Abb. 7.33. Stark vereinfachte Topographie der Kölner Bucht sowie Lageplan von Großemittenten (⊞) und Meßstationen (■) (nach Stern u. Scherer 1984)

7.4.3
Wirkungen thermischer Zirkulationen über irregulärem Terrain

Unter geeigneten großräumigen Wetterbedingungen, d.h. bei nicht zu starker großräumiger Strömung und weitgehend klarem Himmel, entwickeln sich über unregelmäßigem Terrain bekanntlich (s. Abschn. 6.4.3) diverse Formen tagesperiodischer, kleinräumiger Hang- bzw. Bergzirkulationen, die sich den größerskaligen Strömungsfeldern überlagern. Sie werden dem Strömungsfeld der bodennahen Luftschichten von der horizontalen und vertikalen Struktur der Topographie aufgeprägt und führen u.U. zu einer völligen Entkopplung des Bodenwindes vom synoptischskaligen Windsystem – mit entsprechenden Auswirkungen auf die bodennahen Ausbreitungsbedingungen für Luftbeimengungen. Dies soll am Beispiel der Kölner Bucht kurz illustriert werden.

Die Kölner Bucht öffnet sich trichterförmig rheinabwärts zwischen Eifel und Bergischem Land (Abb. 7.32). Sie zeichnet sich durch die quasi lineare Anordnung von Großstädten (Bonn, Köln, Düsseldorf) sowie Kraftwerk- und Industriekomplexen (Worringen, Leverkusen u.a.) längs des Rheintales aus, die sog. „Rheinschiene" (Abb. 7.33). Die unmittelbar begrenzenden Gebirgsteile überragen die Talsohle um etwa 150–400 m.

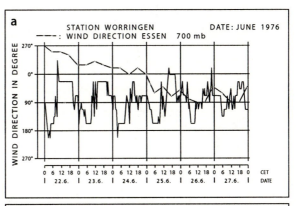
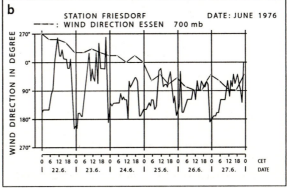

Abb. 7.34 a,b. Windrichtung im 700-hPa-Niveau (knapp 3 km Höhe) über Essen (–·–·–·–) sowie in Bodennähe (———) in Worringen (*oben*) und Bonn-Friesdorf (*unten*) vom 22.–27. Juni 1976 (nach Stern und Scherer 1984)

Während einer einwöchigen sommerlichen Schwachwind-Wetterlage (22.–27.6.1976) am Rande eines Hochdruckgebiets wechselnder Position, bei der die großräumige Strömung kontinuierlich von der Westrichtung über Nord nach Ost drehte, dargestellt durch den Wind der 700-hPa-Fläche in Abb. 7.34, zeigen die rheinnahen Meßstationen Worringen und Bonn-Friesdorf in schöner Regelmäßigkeit die Ausprägung einer tagesperiodischen Variation der Windrichtung. In den Nacht- und frühen Morgenstunden überwiegen südliche Richtungen – es weht ein katabatischer Wind flußabwärts das Rheintal entlang; in den Mittags- und Nachmittagsstunden weht der bodennahe Wind überwiegend aus Nord bis Nordost, d.h. talaufwärts. Das bedeutet, daß offenbar die Luft – abgesehen von den kurzen Zeitabschnitten des Kenterns der Windrichtung – unabhängig von der größerskaligen Gradientwindrichtung fast kontinuierlich – einmal rheinaufwärts, einmal rheinabwärts – längs der Rheinschiene hin und her geschoben wird. Die Emissionen der zahllosen Schadstoffquellen (Industrie- und Autoabgase) summierten sich dabei und führten so zu einer bemerkenswerten Smogsituation. Die bodennahe Ozonkonzentration erreichte mittags durchweg Spitzenwerte nahe 100 ppb (Abb. 7.35). Die Entkoppelung der bodennahen und der oberen Strömung kann im übrigen dazu führen, daß Schadstoffemissionen unterschiedlicher Quellhöhe (etwa jene des Autoverkehrs im Vergleich zu denen von Großkraftwerken) sich u.U. lokal und regional ganz verschieden ausbreiten können. Das stellt natürlich hohe Anforderungen an die horizontale und vertikale Auflösung sowie an die meteorologische und physikalisch-chemische Leistungsfähigkeit von Rechenmodellen, die Schadstofftransporte und -belastungen detailliert simulieren sollen.

Die terrainbedingte Entkoppelung der lokalen bodennahen und der synoptisch skaligen oberen Strömung zeigt auch sehr deutlich die von G. Groß (1992) visualisierte Computersimulation von Schadstoffausbreitungen im Oberrheingraben (s. Film Nr. 16 der Filmliste, Kap. 11).

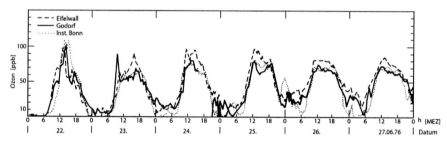

Abb. 7.35. Gemessene Ozonkonzentration [ppb] in der bodennahen Luft in Köln-Eifelwall (Stadt), Gosdorf und Bonn (Stadt) vom 22.–27. Juni 1976 (vgl. Abb. 7.33) (nach Stern u. Scherer 1984)

7.4.4
Auswirkungen besonderer Geländeformen

Bodennahe Turbulenz und kleinräumige Hinderniswirbel hinter Gebäuden oder besonderen Geländeformen stellen nicht nur für Flugzeuge in den besonders empfindlichen Flugphasen von Start und Landung gelegentlich Probleme dar, auch Abgasfahnen können hierbei Modifikationen erfahren, die sie von den sonstigen, groß-

7.4 Grenzschichtstruktur und Ausbreitungsvorgänge

räumigeren Ausbreitungsbedingungen erheblich abweichen lassen. Die Abb. 7.36 und 7.37 geben hierfür einige Beispiele. So können die Rauchfahnen im Lee von Gebäuden abwärts (z.B. zum nächsten Gebäude hin) gedrückt werden, und es kann auch im Lee von großen Gebäuden, besonders aber hinter abfallenden bzw. vor ansteigenden Geländestufen zu sog. „Totluftgebieten" kommen, die an der Überströmung nicht teilnehmen, so daß dahinein emittierte Abgase selbst unter allgemein günstigen Ausbreitungsbedingungen lokal erheblich angereichert werden können.

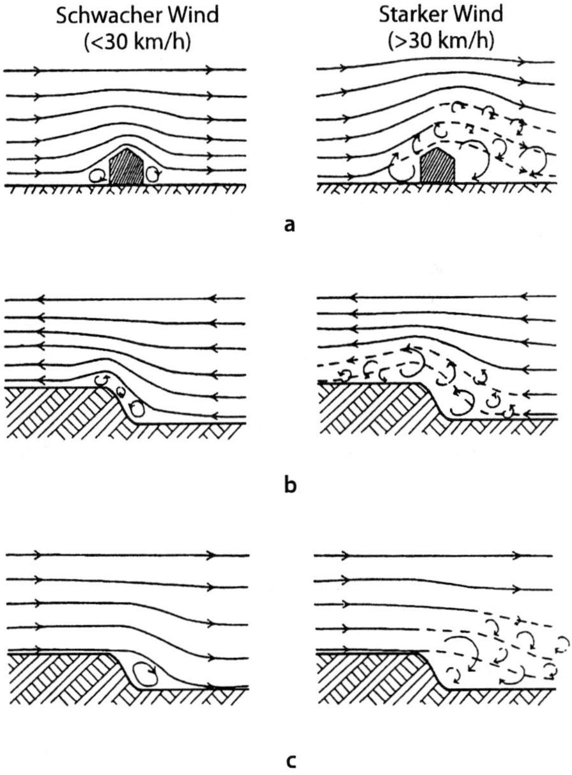

Abb. 7.36 a–c. Beispiele charakteristischer Luftverwirbelungen hinter singulären Erhebungen bzw. markanten Geländestufen bei unterschiedlicher Anströmgeschwindigkeit (nach Liljequist 1974)

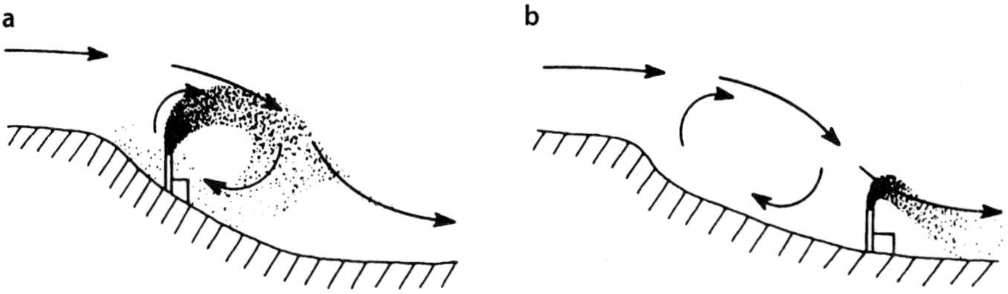

Abb. 7.37 a, b. Ausbreitungsprobleme für eine an steilerem Hang gelegene Schadstoffquelle in Abhängigkeit von der Lage relativ zum Rotor im Lee: a Akkumulation innerhalb des Leewirbels, b sog. „downwash" im Hangabwind (nach Oke 1978)

KAPITEL 8

Anmerkungen zu speziellen Problemen

8.1
Anmerkungen zu den Luftbahnen (Trajektorien)

In der allgemeinen Hydrodynamik unterscheidet man zwei Betrachtungsweisen von Strömungsvorgängen, die nach den beiden Mathematikern *Euler* und *Lagrange* benannt sind. Betrachtungsgegenstand der sog. *Euler-Methode* ist das zeitliche Verhalten von Parameterfeldern in einem festen Koordinatensystem. Das beste Beispiel hierfür sind die Wetterkarten, in denen zu einem Zeitpunkt bzw. für einen möglichst eng begrenzten Zeitraum i. allg. mehrere Parameterfelder gleichzeitig in ihrer räumlichen, meist horizontalen Verteilung dargestellt sind; gewöhnlich handelt es sich dabei um die Datenfelder von Druck, Wind, Temperatur, Feuchte, Bewölkung, Niederschlag etc. Dies ist traditionell die fast ausschließliche Betrachtungsweise in der Meteorologie. Fast sämtliche, nicht nur die hier vorgestellten Beschreibungs- und Vorhersagemodelle für die Atmosphäre basieren auf diesem Prinzip; mit ihm liegen die ausgiebigsten Erfahrungen vor; die Meteorologen denken praktisch „Eulersch". Euler-Felder geben aber jeweils nur einen momentanen Zustand wieder, und hinsichtlich der stattfindenden Bewegungsprozesse läßt z.B. ein Stromlinienfeld – ganz gleich, ob es sich um echte oder aus dem Druckfeld geostrophisch-zyklostrophisch approximierte Stromlinien handelt – allenfalls Schlüsse über kurzzeitige Tendenzen von Bewegung und Entwicklung zu; es erlaubt aber keine Aussage über individuelle Bahnen („Trajektorien") von Luftteilchen oder Beimengungen – es sei denn, das Euler-Feld ist stationär, d.h. es ändert sich zeitlich nicht. Das kann aber in der Realität für kaum eine atmosphärische Feldverteilung angenommen werden, vor allem nicht im Regime der Westwinddrift der mittleren und hohen Breiten.

Wenn es aber um den Transport von gewissen Eigenschaften geht, die an individuelle materielle Luftbestandteile gekoppelt sind, und wenn diese Eigenschaften ungleichmäßig verteilt sind, wie das z.B. bei anthropogenen Schadstoffbeimengungen zumeist der Fall ist, ist für viele Fragestellungen die Verfolgung bestimmter Luftvolumina von Interesse und auch im Prinzip möglich. Die Bewegung individueller Teilchen beschreibt die *Lagrange-Methode*, indem sie die Teilchen durch ihre Anfangskoordinaten markiert, die zeitliche Veränderung ihrer Raumkoordinaten verfolgt und diese in Form von Trajektorien, d.h. Luftbahnen darstellt. Dies ist, wenn man das Verhalten eines ganzen Kontinuums, also einer großen Menge von Teilchen, gleichzeitig betrachten will, ein außerordentlich aufwendiges und zeitraubendes Unterfangen; deshalb hat diese Arbeitsweise bis vor kurzem nie Eingang in die meteorologische Praxis gefunden, die bislang von der Aufgabe der unter großem Zeitdruck stehenden Wettervorhersage dominiert wurde. Erst moderne elektronische Rechenhilfen haben die Berechnung von Trajektorien in größerem Umfange und in der gleichzeitig erforderlichen großen Schnelligkeit – vor allem wenn Berechnungen in „Echtzeit" gefragt sind – möglich gemacht.

In meteorologischen Standardlehrbüchern ist daher höchstens gelegentlich schematisch demonstriert, wie kompliziert im Prinzip Luftbahnen sein können. Saucier (1955) und Petterssen (1956) geben zwar praktische Verfahren zur Trajektorienermitt-

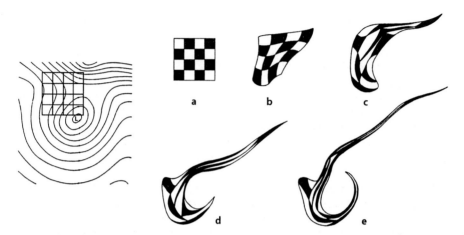

Abb. 8.1 a–e. Illustration der im Zeitraum von 36 h erfolgenden Deformation einer mit der Strömung in der 500-hPa-Fläche (ca. 5,5 km Höhe) driftenden Tracer-Gruppe in einem numerischen Experiment („Barotropes Modell"). Die Zeitpunkte sind: **a**: 0 h, **b**: 6 h, **c**: 12 h, **d**: 24 h, **e**: 36 h (nach Welander 1955)

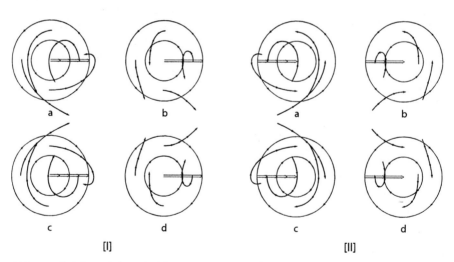

Abb. 8.2 a–d. Schematische Beispiele von Vorwärts-Trajektorien (*I*) und „Rückwärts-Trajektorien" (*II*) für verschiedene und verschieden schnell wandernde Druckgebilde: **a** und **b** sind jeweils Tiefdruckgebiete, **c** und **d** Hochdruckgebiete; in den Fällen **a** und **c** ziehen die Wirbel jeweils mit geringerer Geschwindigkeit als der Wind, in den Fällen **b** und **d** sind sie schneller als der Wind (nach Saucier 1955)

8.1 Anmerkungen zu den Luftbahnen (Trajektorien)

lung an, Ergebnisse von Berechnungen wirklicher Luftbahnen sind aber auch danach in Lehrbüchern so gut wie nirgends zu finden. Eine gute summarische Illustration der Komplexität des Problems gibt beispielsweise Abb. 8.1. Sie zeigt, wie stark bereits nach nur 36 Stunden in einem relativ einfach erscheinenden Strömungsfeld die Deformation eines ausgewählten Anfangsareals, etwa einer idealisierten Schadstoffwolke ist, allein infolge der sehr unterschiedlichen Bahnen, die selbst ursprünglich benachbarte Luftteilchen nehmen können. Abbildung 8.2 macht schematisch deutlich, wie verwickelte Trajektorien sich beim Durchwehen nichtstationärer, d.h. sich bewegender, Druckgebilde ergeben und daß der genaue Verlauf von Luftbahnen bei ein und demselben Druckgebilde auch noch stark vom Verhältnis seiner Verlagerungsgeschwindigkeit zur Windgeschwindigkeit in seinem Bereich abhängt. Von der in der Wirklichkeit hinzukommenden Tatsache, daß Druckgebilde während ihrer Verlagerung gewöhnlich Stärke und Gestalt verändern und vor allem, daß die Trajektorien i. allg. dreidimensionale Gebilde sind, so daß schließlich auch noch die räumlichen und zeitlichen Veränderungen der Druckgebilde mit der Höhe berücksichtigt werden müßten, ist dabei sogar noch abgesehen worden. Im Folgenden sollen zwei Beispiele für Trajektorien gegeben werden, die aus Beobachtungsdaten approximativ berechnet wurden.

Mit einem relativ einfachen, einschichtigen Rechenmodell, in dem mit Hilfe stündlicher Winddaten stündliche Bodenwindfelder konstruiert und daraus, von den Stationen des Berliner Luftgütemeßnetzes ausgehend, die stündlichen Luftversetzungen jeweils zeitlich rückwärts bestimmt wurden, sind die in den Abb. 8.3–8.6 gegebenen Beispiele von „Rückwärts-Trajektorien" für die bodennahe Grenzschicht gewonnen worden. Die gerechneten Fälle sind für Situationen mit besonderer SO_2-Belastung in Berlin ausgewählt worden. Mit ihnen konnte gezeigt werden, daß Schadstoffwolken über mehrere hundert Kilometer hinweg auf u.U. recht skurrilen Bahnen an einen Ort gelangen können, so daß z.B. ursprünglich aus Sachsen oder Thüringen stammende Luftverunreinigungen u.a. auch mit Nordwind ins Berliner Stadtgebiet gebracht werden können, der hier gewöhnlich eher relativ reine Seeluft heranschafft. Es hat sich auch gezeigt, daß die Schadstoffkonzentrationen in der nach Berlin advehierten Luft besonders hoch waren, wenn diese zunächst über einem fernen industriellen Ballungsgebiet einige Stunden stagnierte – wobei sie besonders stark mit Schadstoffen angereichert wurde – und dann recht zügig heranwehte.

Das verwendete Trajektorienmodell durfte so einfach sein, weil es sich nur um bodennahe Quellen (die Schornsteine sind maximal 300 m hoch) handelte und infolge der meist großen Stabilität auch nur eine bodennahe Ausbreitung, d.h. im unteren Drittel der planetarischen Grenzschicht, in Frage kam.

Handelt es sich um die Ausbreitung von Schadstoffen, die nicht allein in die bodennahe Grenzschicht, sondern vielleicht sogar hauptsächlich in höhere Luftschichten emittiert wurden, wie das beispielsweise bei Vulkanausbrüchen oder großen Bränden geschieht, kommt man mit einem einschichtigen Modell nicht mehr aus, da nunmehr auch die vertikalen Windänderungen sowie Vertikalbewegungen eine große Rolle spielen können. Hierfür sind – ausgehend vom Problem der Ausbreitung radioaktiven Materials in der Stratosphäre und in der oberen Troposphäre als Folge der in den 50er Jahren dieses Jahrhunderts in der Atmosphäre ausgeführten Tests von Nuklearwaffen – bereits in den 60er Jahren die ersten Rechenmodelle entwickelt worden (Danielsen 1961, 1964). Mit einem der modernsten Modelle dieser Art hat

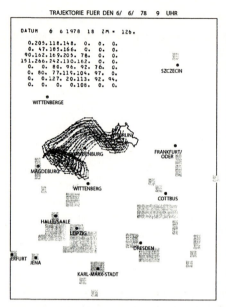 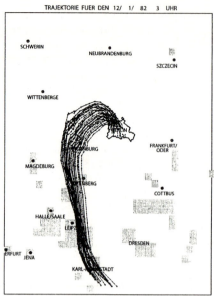

Abb. 8.3. Berechnete 24stündige Rückwärts-Trajektorien für den 6.6.1978, 9 Uhr MEZ. Die Zahlen-Matrix enthält die zu diesem Zeitpunkt im Berliner Luftgütemeßnetz (BLUME) gemessenen SO_2-Konzentrationen [µg/m³]; ZM ist der Mittelwert über alle Stationen (nach Ossing et al. 1983)

Abb. 8.4. Berechnete 24stündige Rückwärts-Trajektorien für den 12.1.1982, 3 Uhr MEZ (nach Ossing et al. 1983)

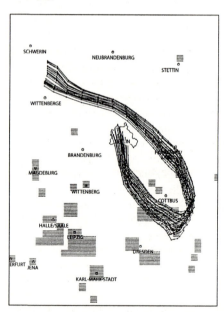 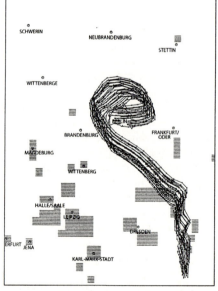

Abb. 8.5. Berechnete Rückwärts-Trajektorien für den 8.7.1984, 11 Uhr MEZ (nach Flor 1987)

Abb. 8.6. Berechnete Rückwärts-Trajektorien für den 11.7.1984, 2 Uhr MEZ (nach Flor 1987)

8.1 Anmerkungen zu den Luftbahnen (Trajektorien)

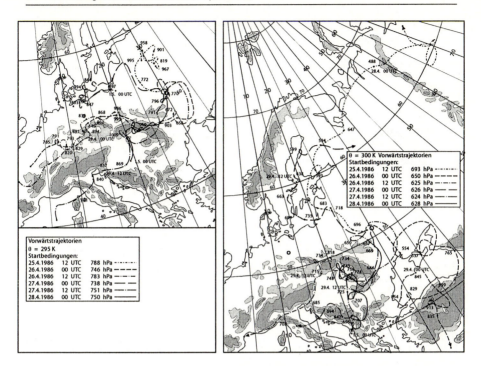

Abb. 8.7. Ausgewählte, mit einem dreidimensionalen Isentropen-Modell berechnete, in verschiedener Höhe von Tschernobyl ausgehende Luftbahnen für die ersten Tage der Reaktorkatastrophe vom 25.4.1986. Ausgangshöhen bei ca. 2,0–2,5 km (*linkes Bild*), bei ca. 3–4 km (*rechtes Bild*) (nach Reimer et al. 1987)

Reimer 1987 nachträglich Trajektorien für die Reaktorkatastrophe von Tschernobyl, Ukraine (25.4.1986) berechnet. Hierbei wurde u.a. davon Gebrauch gemacht, daß sich (s. weiter oben) die potentielle Temperatur eines Luftpakets bei adiabatischen Vertikalbewegungen nicht ändert, so daß man in guter Näherung annehmen kann, daß sich die Teilchen auf isentropen Flächen (Flächen gleicher potentieller Temperatur) bewegen, bzw. durch ihre potentielle Temperatur markiert bleiben. Das Modell bestimmt in 12-Stunden-Intervallen (nur in diesem Abstand liegen die hierfür benötigten Höhenbeobachtungen vor) die meteorologischen Datenfelder, interpoliert diese auf kürzere Zeitschritte und berechnet dann für diese die jeweils dreidimensionalen Wege ausgewählter Luftvolumina – in diesem Fall solche mit den geographischen Koordinaten von Tschernobyl und mehreren unterschiedlichen Emissionshöhen als dreidimensionale Anfangskoordinaten. Einige der Rechenergebnisse sind in Abb. 8.7 exemplarisch zusammengefaßt. Aus ihnen geht eindrucksvoll die Vielfalt der in zwölfstündigem Rhythmus gestarteten Luftbahnen hervor. Selbst in nur wenig unterschiedlicher Höhe gleichzeitig gestartete Luftpartikel können, wie ein Vergleich der beiden Teilbilder uns lehrt, sehr divergieren.

Diese Trajektorien sagen jedoch noch nichts über eine etwaige Deposition radioaktiver Partikel an der Erdoberfläche aus. Große, stark sedimentierende Teilchen fallen schon im näheren Umfeld der Quelle aus. Abbildung 8.8 ist beispielsweise zu ent-

Abb. 8.8. Berechnete (*ausgezogene Linien*) und gemessene (*gestrichelte Linien*) Verteilung ausgewählter Intensitäten radioaktiver Strahlung [millirem pro Stunde] im Nahbereich von Tschernobyl, Ukraine am 29. Mai 1986, einen Monat nach der Reaktorkatastrophe. Die Verteilung ist das Resultat der schwerkraftbedingten Sedimentation von Teilchen größer als 10 µm. NPP markiert den Reaktorstandort. Die Strahlungsintensität nimmt mit der Entfernung von der Emissionsquelle allmählich ab (Quelle: Y.A.Israel; nach ApSimon et al. 1988)

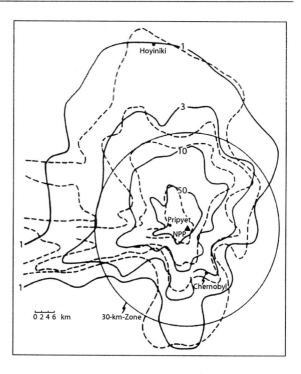

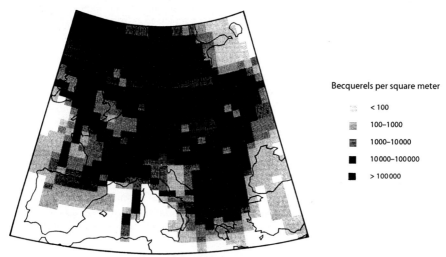

Abb. 8.9. Gesamtdeposition von Caesium-137 in Europa infolge der Reaktorkatastrophe von Tschernobyl; Schätzung, ermittelt mit Hilfe des MESOS-Modells (Imperial College, London). Die Strahlungsintensität nimmt mit der Entfernung von der Emissionsquelle *nicht* allmählich ab. Vielmehr ist die Verteilung der Deposition stark geprägt durch die lokal und regional stark unterschiedliche Interzeption der Schadstoffwolken durch Niederschlagsprozesse (Regen- und Schneefälle). Regionale Messungen zeigen, daß – als Folge der mesoskaligen Struktur der Niederschläge – selbst innerhalb der einzelnen Boxen noch starke Differenzierungen der Intensitätsverteilung der Radioaktivität zu finden sind (nach ApSimon u. Wilson 1987)

nehmen, daß lediglich die während der Emissionszeit beobachteten lokalen Windschwankungen die Verteilung der Strahlungsintensität dieser Deponate strukturierten. Die leichteren Teilchen jedoch wurden sehr viel weiträumiger dispergiert (s. hierzu besonders Abb. 8.10). Deren Depositionsfelder zeigen eine Detailstruktur bei der – interessanterweise – die einfache Sedimentation eine offenbar untergeordnete Rolle spielt. Die kleineren Teilchen werden vielmehr in der Troposphäre hochreichend vermischt und die Deposition wird in starkem Maße von lokalen Wetterereignissen beim Vorüberzug der Schadstoffwolken, d.h. hauptsächlich von konvektiven Niederschlägen geprägt (s. Abb. 8.9).

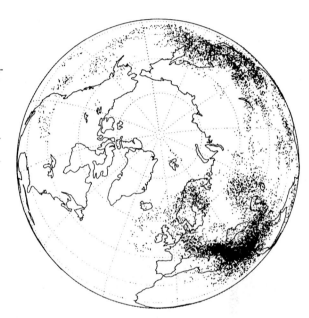

Abb. 8.10. Vom Lawrence Livermore National Laboratory (USA) berechnete horizontale Verteilung der in der Troposphäre bis 10 km Höhe vorhandenen Radioaktivität über der Nordhemisphäre, zehn Tage nach der Reaktorkatastrophe von Tschernobyl. Die Darstellung läßt keine Schlüsse über die Deposition zu, sie soll vielmehr die überraschend starke hemisphärische Ausbreitung – in welcher Schicht der Troposphäre auch immer – in so relativ kurzer Zeit illustrieren (Lange et al.; nach ApSimon et al. 1988)

8.2
Anmerkungen zur Ermittlung von Emittenten-Rezeptor-Beziehungen

Bei der Betrachtung der physiologischen Belastung durch Luftschadstoffe sind zwei Aspekte zu unterscheiden, nämlich die Wirkung von (durchschnittlichen) Dauerbelastungen und die sporadischer Belastungen durch extrem hohe Schadstoffwerte, wobei in Fragen akuter Beeinträchtigungen des Wohlbefindens bzw. Schädigung der Gesundheit letztere von besonderem Interesse sind.

Im Zusammenhang mit dem Genehmigungsverfahren für das Braunkohlekraftwerk Buschhaus bei Helmstedt ist die Frage aufgeworfen worden, in welchem Maße, d.h. mit welcher Häufigkeit und Intensität das Stadtgebiet von Berlin (West) eine zusätzliche Schadstoffbelastung der Luft durch dieses Kraftwerk erfahren würde, insbesondere auch im Hinblick auf akute Erkrankungen von Kindern (z.B. durch „Pseudo-Krupp") infolge etwaiger extrem hoher zusätzlicher Luftbelastungen.

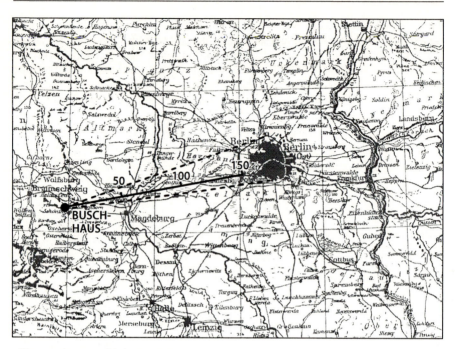

Abb. 8.11. Die geographische Situation

Im Prinzip handelt es sich hierbei um das zunächst harmlos erscheinende Problem einer vermeintlich einfach zu beschreibenden Emittor-Rezeptor-Beziehung, und zwar um die Frage nach der Beeinflussung eines begrenzten, definierten Gebiets - des damaligen Berlin (West) - durch eine einzige, hinsichtlich Lage und Emission ebenfalls definierte Punktquelle (BKW Buschhaus). Buschhaus liegt (Abb. 8.11) ca. 160-175 km westsüdwestlich des Stadtrandes von Berlin im Windrichtungssektor von 250-260°. Das könnte zunächst die Frage nahelegen, wie häufig in Berlin der Wind aus dieser Richtung kommt. Darüber gäbe beispielsweise die klimatologische „Windrose" evtl. Auskunft. So zeigt Abb. 8.12 in einem Polardiagramm die Häufigkeit [o/oo] der Windrichtungen für 2 Windgeschwindigkeitsklassen. Dem ist zu entnehmen, daß die Klasse mit Windgeschwindigkeiten $v \leq 3$ m/s (Bf 2) eine größere Häufigkeit aufweist als die Klasse $v > 3$ m/s - mit Ausnahme der westlichen Richtungen. Da bei höherer Windgeschwindigkeit i. allg. die turbulente Durchmischung größer ist, kann zunächst qualitativ gefolgert werden, daß die Auswirkungen der relativen Häufigkeit der infragekommenden Windrichtung bei stärkerem Wind durch entsprechende turbulente Durchmischung gemildert sein wird. Bei schwachem Wind liegt Buschhaus hinsichtlich der Richtungshäufigkeit dagegen nicht mehr in einer eindeutigen Vorzugsrichtung. Westnordwestliche sowie südwestliche und südliche Richtungen erscheinen mit annähernd gleicher Häufigkeit. Während man aber bei stärkeren Winden vielleicht noch am ehesten davon ausgehen kann, daß die in Berlin beobachtete Windrichtung näherungsweise auch die Windrichtung längs des Ausbreitungsweges Buschhaus-Berlin beschreibt, was der Annahme einer annähernd geradlinigen Trajektorie gleichkäme, läßt sich das im Falle der

Abb. 8.12. Mittlere Windrichtungshäufigkeit [o/oo] für zwei Windgeschwindigkeitsklassen in Berlin-Dahlem für den Zeitraum 1953–1972; (*durchgezogene Linie*: v > 3 m/s; *gestrichelte Linie*: v ≤ 3 m/s) (nach Lenschow 1980)

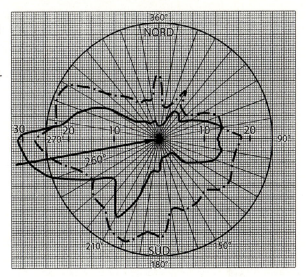

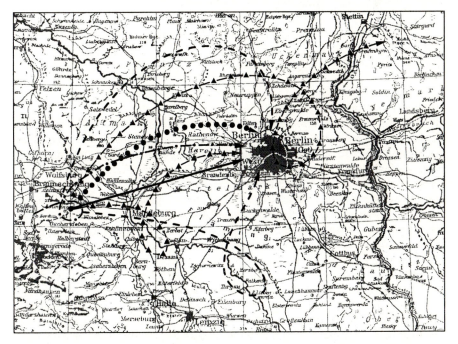

Abb. 8.13. Einige hypothetische Trajektorien zur Illustration der Notwendigkeit einer Trajektorien-Klimatologie zur Beschreibung einer einfachen regionalskaligen Emittor-Rezeptor-Beziehung

für eine erhöhte Schadstoffbelastung besonders prädestinierten Schwachwindwetterlagen, die nämlich besonders in der kalten Jahreszeit mit erhöhter thermischer Stabilität der unteren Troposphäre bzw. größerer Inversionshäufigkeit einhergehen, jedoch nicht mehr durchhalten. Luftbahnen können über solche Entfernungen nicht mehr als geradlinig angesehen werden. Im voranstehenden Abschnitt 8.1 wurde ja bereits hervorgehoben, wie skurril Luftbahnen vielfach sein können, besonderes im Falle der Passage von Hochdruckzentren. Einige hypothetische Beispiele für derartige Trajektorien sind in Abb. 8.13 dargestellt.

Für eine verläßliche Beantwortung unserer Eingangsfrage, der Beschreibung einer Emittor-Rezeptor-Beziehung, muß also eine klimatologische, d.h. langzeitliche, Statistik von jeweils beide Orte berührenden *Trajektorien* herangezogen werden. Wegen der erwähnten Kompliziertheit der Trajektorienbestimmung (s. weiter oben) gibt es derartige Statistiken aber grundsätzlich nicht. Sie müßten vielmehr für jeden konkreten Einzelfall speziell angefertigt werden, was außerordentlich zeit- und rechenaufwendig ist, vor allem wenn sie im Nachhinein aus archivierten Einzelmeßdaten gewonnen werden müssen. Im eingangs erwähnten Fall Buschhaus war aus diesem Grunde eine zuverlässige Aussage hinsichtlich der Häufigkeit von Ereignissen, bei denen dort emittierte Luftschadstoffe tatsächlich Berlin hochkonzentriert erreichen, nicht möglich. In zukünftigen Planungsfällen müßte daher bereits im Stadium der Erwägung von Emittorstandorten für eine laufende, routinemäßige Gewinnung von entsprechenden Trajektorien hinsichtlich verschiedener Rezeptorstandorte mit Hilfe leichter zugänglicher Realzeitwetterdaten gesorgt werden, um zum Zeitpunkt des Genehmigungsverfahrens auf eine wenigstens mehrjährige Trajektorienstatistik zurückgreifen zu können.

8.3.
Anmerkungen zur Simulation regionaler Schadstofftransporte in der Atmosphäre – das TADAP-Modell

Wie bereits im Einleitungskapitel erwähnt wurde, ist für die verschiedensten Zwecke der Meteorologie die numerische Simulation atmosphärischer Vorgänge mit Hilfe elektronischer Hochleistungsrechenanlagen heute die beherrschende Methode. Diese allein bietet – neben der erforderlichen schnellen Verarbeitung der benötigten riesigen Datenmengen – die Möglichkeit der „objektiven" quantitativen Behandlung so komplexer Probleme wie das der regionalen Wettervorhersage (s. Abschn. 2.4, besonders Abb. 2.27), der Beschreibung der allgemeinen Zirkulation der Atmosphäre, der Simulation des globalen Klimas und seiner zu erwartenden Veränderungen, ja selbst der kleinräumigen thermischen Zirkulationen. Da alle diese Probleme Vorgänge in z.T. recht unterschiedlichen Raum- und Zeitskalen betreffen, bedürfen sie wegen der jeweils anderen dominierenden physikalischen Schwerpunkte gesonderter Behandlung. Die Komplexität eines solchen Problems und der Versuch einer angemessenen Lösungsstrategie sollen im folgenden exemplarisch etwas näher beleuchtet werden, und zwar am Beispiel der Simulation regionaler Ausbreitung von Luftschadstoffen.

Es gilt heute als gesichert, daß die in den letzten Jahrzehnten vor allem in Nordamerika sowie in Mittel- und Nordeuropa beobachtete Versauerung von Böden und Gewässern und die großflächige Schädigung von Wäldern auf anthropogene Luftverunreinigungen zurückzuführen sind. Eine besondere Rolle spielen dabei zunächst die direkt emittierten Schadstoffe Schwefeldioxid, Stickoxide und die Kohlenwasserstoffe, die alle über hunderte von Kilometern transportiert werden können und wäh-

8.3 Anmerkungen zur Simulation regionaler Schadstofftransporte in der Atmosphäre

rend des atmosphärischen Transportvorganges durch Oxidationsvorgänge die Bildung von Photooxidantien und Säuren wie der Schwefel- und der Salpetersäure ermöglichen. Gerade diese Oxidationsprodukte gelten z.b. als die Hauptverursacher der in Deutschland beobachteten Waldschäden.

Da die zur Schädigung des Ökosystems führenden Luftverunreinigungen zum größten Teil nicht direkt emittiert werden, sondern während des atmosphärischen Transports, der Phase der sog. „Transmission", vielfach erst auf dem Wege komplizierter chemischer Umwandlungen entstehen, ist es schwierig, die an einem Ort gemessenen Schadstoffe auf bestimmte Quellen oder Quellgebiete zurückzuführen, und dies erschwert u.a. die Einleitung gezielter Maßnahmen zur Minimierung der Belastung von Luft und Boden. Dabei geht es hauptsächlich um die Beantwortung folgender Fragestellungen:

- Welche Quellen und Quellgebiete tragen zu der Schadstoffbelastung (Immission) und Deposition in einem bestimmten Gebiet bei?
- In welchem Zusammenhang stehen Primäremissionen und die Immission sowie die Deposition der sekundären Folgeprodukte?
- Welche Quellen müssen zur Einhaltung gewisser Schwellenwerte kontrolliert werden?
- Genügt zur Bekämpfung übermäßiger Säurebildung in der Atmosphäre und im Ökosystem die Reduzierung von Schwefelemissionen oder müssen Schwefel und Stickoxide (oder andere Schadstoffe wie Kohlenwasserstoffe) gleichzeitig reduziert werden?

Das Problem der Ausbreitung, der chemischen Umwandlung und der Ablagerung von Oxidantien und säurebildenden Luftverunreinigungen und ihrer Folgeprodukte ist wegen der charakteristischen Zeitskalen der daran beteiligten Prozesse regionaler bis überregionaler Natur. Für ihre Simulation bieten sich Ausbreitungsrechnungen an, bei denen mit einem mathematisch-meteorologischen Modell ein Zusammenhang zwischen den Gliedern der folgenden Kausalkette hergestellt werden kann:

- Eintrag primärer Schadstoffe in den Quellgebieten (Emission),
- Transport und Umwandlung in der Atmosphäre (Transmission),
- Ablagerung am Erdboden (Deposition).

Eine Beantwortung der oben gestellten Fragen ist mit solchen Rechenmodellen aber nur möglich, wenn

- die unterschiedliche Ausbreitung der Emissionen aus hohen (z.B. Kraftwerke) und niedrigen (z.B. Kraftfahrzeugverkehr) Quellen,
- die komplexe, nichtlineare chemische Wechselwirkung zwischen Schadstoffen sowohl in der Gas- als auch in der Wasserphase,
- der mit dem Regen erfolgende Ioneneintrag in das Ökosystem explizit berücksichtigt werden.

Ein derartiges Modell wurde im Rahmen der deutsch-kanadischen Zusammenarbeit als Gemeinschaftsauftrag des *Umweltbundesamte*s, des *Ontario Ministry of the Environment* und des *Atmospheric Environment Service of Canada* von der Firma Environment Research and Technology (USA) erstellt und an der *Freien Universität Berlin* an die europäischen Verhältnisse angepaßt und weiterentwickelt. Dieses

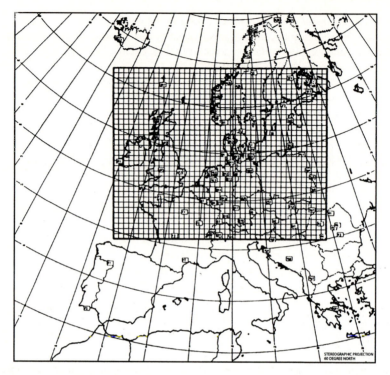

Abb. 8.14. Das TADAP-Simulationsgebiet (innerer Rahmen mit Gitter). Die Maschenweite des 42x33 Punkte enthaltenden Rechengitters beträgt 63,5 km. Die Rechenpunkte liegen jeweils in der *Mitte* der dargestellten Gitterflächen. Der *äußere Rahmen* umfaßt das vom zugehörigen meteorologischen Modell, dem „Europa-Modell" (EUM) des Deutschen Wetterdienstes überdeckte Rechengebiet

„TADAP" genannte Modell (Transport and Deposition of Acidifying Pollutants Modell; Scherer u. Stern 1988), ist ein dreidimensionales Gittermodell. Das Rechengitter erstreckt sich über Nord-, West- und Mittel-Europa; die horizontale Maschenweite beträgt ca. 60 km (s. Abb. 8.14). In der Vertikalen reicht das Gitter vom Boden bis zu einer Höhe von 10 km, mit einer Maschenweite von einigen hundert Metern. An den Gitterpunkten werden die Konzentrationswerte für die Schadstoffe errechnet und gelten per definitionem jeweils für die ganze Fläche des umgebenden Gitterquadrates.

Zur Beschreibung der räumlich-zeitlichen Verteilung der Luftbeimengungen dient ein System von Differentialgleichungen, das sich aus der Massenbilanz aller an dem Ausbreitungs- und Umwandlungsprozeß beteiligten Schadstoffe ableiten läßt. Als Grundgleichung dient die semi-empirische Diffusionsgleichung:

$$\frac{\partial c_i}{\partial t} + \nabla \cdot (\vec{v} c_i) = \frac{\partial}{\partial x}\left(K_h \frac{\partial c_i}{\partial x}\right) + \frac{\partial}{\partial y}\left(K_h \frac{\partial c_i}{\partial y}\right) + \frac{\partial}{\partial z}\left(K_z \frac{\partial c_i}{\partial z}\right) + S_i - L_i \text{ , mit:}$$

c_i = Ensemble-Mittel der Konzentration der Spezies „i",
$\vec{v}$ = mittlerer Windvektor,
K_h = horizontaler turbulenter Austauschkoeffizient,
K_z = vertikaler turbulenter Austauschkoeffizient,
S_i = Quellterm für Spezies „i", der die Emissionen und die chemischen Produktionsterme umfaßt,
L_i = Senkenterm für Spezies „i", der die nasse und die trockene Deposition sowie die chemischen Abbauterme umfaßt.

Das Gleichungssystem beschreibt die zeitliche Veränderung jeder Schadstoffkonzentration an jedem Rechenpunkt des dreidimensionalen Gitters als Ergebnis folgender physikalisch-chemischer Prozesse:

- Regionaler Transport mit dem großräumigen Windsystem,
- Turbulente Durchmischung,
- Chemische Reaktionen in der Gasphase,
- Übergang von der Gasphase in die Naßphase in Abhängigkeit vom Wassergehalt der Atmosphäre,
- Chemische Reaktionen in der Naßphase,
- Entfernung aus der Atmosphäre durch nasse und trockene Deposition.

Alle diese Prozesse werden in dem Modell in geeigneter Weise mathematisch beschrieben. Das Modell ist modular aufgebaut, d.h. alle Prozesse werden in getrennten Teilen des umfangreichen Computerprogramms behandelt. Dieser Aufbau erleichtert es, gegebenenfalls Verbesserungen, Vereinfachungen, Erweiterungen des Modells, z.B. bei neuen Fragestellungen oder Erkenntnissen, vorzunehmen. Die wichtigsten Module dienen zur Berechnung folgender Einflußgrößen:

- Advektion   - Diffusion
- Cumuluswolken   - Stratuswolken
- Gasphasenchemie - trockene Deposition am Boden
- Naßphasenchemie - nasse Deposition mit dem Regen

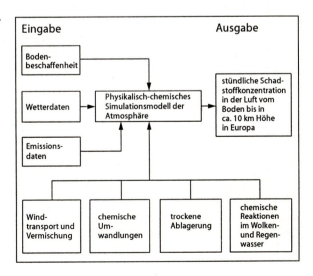

Abb. 8.15. Schema des modular aufgebauten TADAP-Rechenmodells

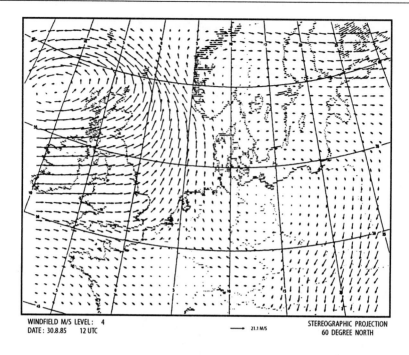
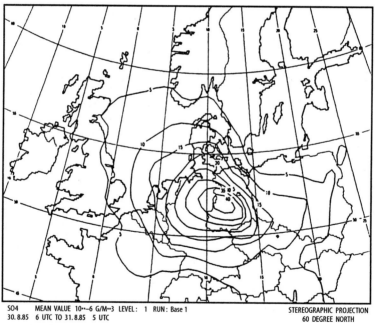

Abb. 8.16. Windfeld der 4. TADAP-Modellschicht (ca. 500–900 m über Grund) um 12 UTC (*oben*) und berechnete 24stündige SO$_4$-Konzentration [µg/m³] am Boden (*unteres Bild*) für den 30. August 1985 (nach Stern et al. 1990)

8.3 Anmerkungen zur Simulation regionaler Schadstofftransporte in der Atmosphäre 321

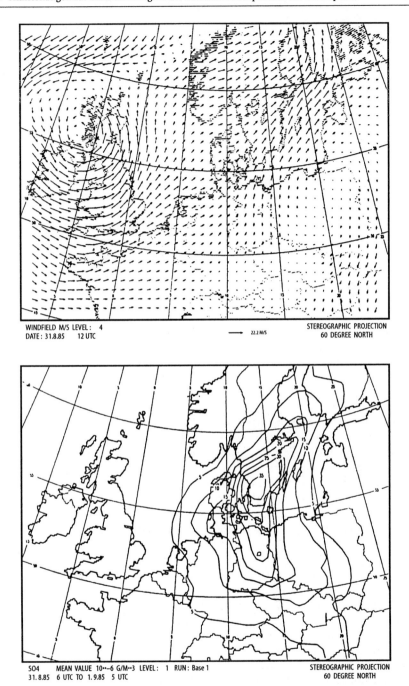

Abb. 8.17. Windfeld der 4. TADAP-Modellschicht (ca. 500–900 m über Grund) um 12 UTC (*oben*) und berechnete 24stündige SO$_4$-Konzentration [µg/m^3] am Boden (*unteres Bild*) für den 31. August 1985 (nach Stern et al. 1990)

Der prinzipielle strukturelle Aufbau des Programmsystems ist in Abb. 8.15 dargestellt. Dabei ist zu beachten, daß sich hinter einzelnen Blöcken zum Teil sehr umfangreiche Rechenmodelle und große Datenmengen verbergen. Dies ist besonders beim Block „Wetterdaten" der Fall. So werden hier beim TADAP als Eingabedaten für das „Wetter" nicht die Original-Wetterbeobachtungen genommen, sondern die Felder der meteorologischen Parameter, die für den Transport, die Umwandlung und den Niederschlag verantwortlich sind (dreidimensionales Windfeld und die Niederschlagsverteilung), mit Hilfe eines Wettervorhersagemodells (sog. „Europamodell" des Deutschen Wetterdienstes (DWD)) berechnet. Dies geschieht, um aus den irregulär verteilten, aus sehr unterschiedlichen Datensätzen (z.B. Bodenwetterstationen, Radiosonden, Flugzeugmessungen, Satellitendaten) stammenden, mehr oder weniger „fehler"behafteten Beobachtungsdaten mit den Bearbeitungsroutinen des DWD zunächst zu einem physikalisch konsistenten, z.B. garantiert hydrostatisch aufgebauten Modell des „Anfangszustands" der Atmosphäre im Rechner zu kommen. Erst diese, außerdem auf die weitere Verwendung speziell zugeschnittenen Daten dienen nunmehr als weitgehend „zuverlässige" Wettereingabewerte für das Ausbreitungsmodell. Dieses liefert dann die stündliche räumliche Verteilung der beteiligten Schadstoffe in der Luft und die Menge der in jedem Gitterquadrat abgelagerten Schadstoffe (trockene und nasse Deposition).

Das Gebiet, auf das sich die Untersuchungen erstrecken, hat 3,3 Mio. km² Ausdehnung und umfaßt die wesentlichen Emissionsgebiete Europas (s. Abb. 8.14). In diesem Gebiet wurden im Rahmen des Programms PHOXA Emissionsdaten für die Stoffe Schwefeldioxid, Stickoxide, Kohlenwasserstoffe und Ammoniak erhoben. Erfaßt wurden ferner unter anderem die Quellen dieser Stoffe und die von ihnen abgegebenen Schadstoffmengen sowie ihre geographische Lage. Ebenfalls erstellt wurde ein Kataster der Landnutzung, in dem die Art der Bodenbedeckung im Untersuchungsgebiet (differenziert nach 10 Klassen) erfaßt wird.

Das Modellsystem wurde an mehrtägigen Episoden besonders hoher sommerlicher wie winterlicher Schadstoffbelastungen der 1980er Jahre überprüft. Die Vergleiche von Simulationsergebnissen und Messungen zeigen, daß das Modell sehr gut in der Lage ist, die wesentlichen Charakteristika (Phasen und Tendenzen) solcher Smogperioden nachzubilden. Das sei an Hand der Abb. 8.16–8.18 wenigstens angedeutet.

Am 30.8.1985 mittags zeigt das Windfeld (Abb. 8.16 oben), daß über Deutschland ein Hochdruckgebiet liegt. Entsprechend hoch ist hier z.B. die als Mittelwert über den ganzen Tag berechnete Sulfatkonzentration (Abb. 8.16 unten). Es ist nun deutlich zu sehen, wie zum nächsten Tag mit aufkommendem südlichen bis südwestlichen Wind (Abb. 8.17 oben) aufgrund der Annäherung eines mit seinem Zentrum bei Schottland angelangten Tiefs – einem ganz normalen Vorgang – die hohen Sulfat-Konzentrationen von den hauptsächlich im östlichen Deutschland gelegenen SO_2-Emissionsgebieten nach Norden in Richtung Skandinavien transportiert werden (Abb. 8.17 unten). Sulfat ist ein Oxidationsprodukt des Schwe-feldioxids und ist, im Regenwasser gelöst, ein wesentlicher Bestandteil des sog. „sauren Regens". Ausgewaschen mit dem Regen können diese Sulfattransporte, die also ihren Ursprung in den Schwefeldioxidemissionen der industriellen Ballungsgebiete Mitteleuropas haben, zur Versauerung der Gewässer und Böden Skandinaviens und Mitteleuropas beitragen.

Abbildung 8.18 zeigt, als weiteres Beispiel, Ergebnisse der Ozonsimulation von TADAP: Es ist klar erkennbar, daß in den sechstägigen Zeitreihen die Simulation so-

8.3 Anmerkungen zur Simulation regionaler Schadstofftransporte in der Atmosphäre

wohl die Charakteristika der beobachteten täglichen wie die der interdiurnen Ozonvariationen, als auch die charakteristischen Unterschiede im beobachteten Tagesgang beider Stationen richtig wiedergibt. An der großstadtnahen Binnenlandstation wird, nebenbei bemerkt, das Ozon während der Nachtstunden durch das dort emittierte Stickoxid viel stärker abgebaut, als das bodennahe Ozon an der Inselstation.

Das Modellsystem kann fortan als Instrument, beispielsweise zur prophylaktischen Untersuchung der Auswirkungen etwa zu erwartender Emissionszuwächse gewisser Schadstoffkomponenten bzw. der Auswirkungen geplanter nationaler und internationaler Strategien und Maßnahmen zur Emissionsminderung auf die Luft- und Bodenqualität Europas dienen.

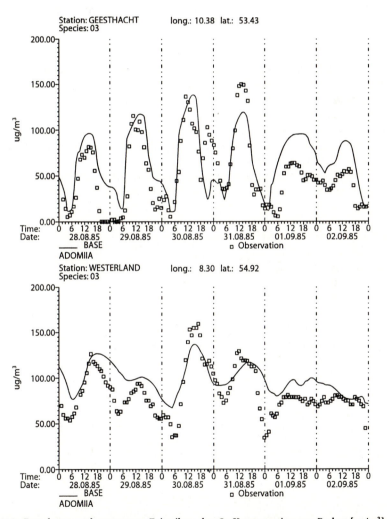

Abb. 8.18. Berechnete und gemessene Zeitreihen der O_3-Konzentration am Boden [μg/m³] vom 28. August–2. September 1985 in Geesthacht bei Hamburg (*oben*) und Westerland/Sylt (*unten*) (nach Stern et al. 1990)

8.4
Anmerkungen zum „Nuklearen Winter"

Eine Einführung in die Meteorologie, die sich an Umweltinteressierte wendet, kann nicht abgeschlossen werden ohne einen nochmaligen, etwas ausführlicheren Hinweis auf die Gefahren der maximal möglichen anthropogenen Einwirkung auf das System Erde-Atmosphäre durch einen weltweiten Atomkrieg, den sog. *nuklearen Winter*.

Eine Zusammenfassung der hierzu wesentlichen Überlegungen und Resultate ist bei Crutzen 1988 zu finden, eine erweiterte und ergänzte Kurzdarstellung, die neuere Erkenntnisse auch über die weiterreichenden Folgewirkungen der in diesem Zusammenhang zu befürchtenden kurz- und mittelfristigen Klimaänderungen über weiten Teilen des Erdballs berücksichtigt, bei Crutzen u. Warnecke 1992. Frühere Darstellungen finden sich z.B. bei Crutzen und Birks 1982, London u. White 1984 sowie bei Harwell 1984. Die ausführlichste Dokumentation bietet der zweibändige SCOPE-Bericht Nr.28, und zwar Bd.I von Pittock u.a. 1989 bezüglich der atmosphärischen Folgen und Bd.II von Harwell u. Hutchinson 1989 hinsichtlich der zu erwartenden katastrophalen Einflüsse auf Ökosysteme und Landwirtschaft.

Hier seien nur kurz die wichtigsten Eingangsdaten und Ergebnisse der weltweiten Untersuchungen zusammengestellt, um einige Vergleichszahlen zur Hand zu haben, wenn es z.B. um eine Abschätzung der klimatischen Auswirkungen von anderen Super-Großbränden, auch nichtnuklearer Ursache, geht – etwa wie im Falle großflächig und anhaltend brennender Ölfelder.

Die wesentlichen Überlegungen bei der Abschätzung der Folgen eines weltweiten Atomkriegs waren:

1. *Ursache:* Die hauptsächliche klimatische Wirkung geht vom Ruß aus, wegen seiner starken Strahlungsabsorption.
2. *Quellgebiete:* Die Injektion der effektiven Rauchmengen erfolgt innerhalb weniger Tage weiträumig über den nordhemisphärischen Kontinenten, hauptsächlich über den USA, über Europa und über der Sowjetunion.
3. *Rauch- und Rußmengen:* Geschätzter Eintrag in die Atmosphäre:
   a) 50–150 Mio. t rußhaltigen Rauchs aus gelagerten fossilen Brennstoffen oder deren Derivaten (Erdölprodukte, Asphalt etc.) mit einem Rußanteil von 50 %;
   b) 30–100 Mio. t rußhaltigen Rauchs aus verarbeitetem Holz, Papier etc. mit einem Rußanteil von 25–35 %;
   c) ca. 20 Mio. t rußhaltigen Rauchs aus verbrannter Vegetation (Wälder etc.) (Wert mit der Jahreszeit stark schwankend) mit einem Rußanteil von 10 %.
4. *Verteilung des Rauchs:* Über den Quellgebieten zunächst bis 7 km Höhe gleichmäßig verteilt, gebietsweise aber auf 10–15 km Höhe getragen, danach weiträumig verteilt. Wo die optische Dicke Werte von 2,5–10 erreicht (Quellgebiete), wird die Sonneneinstrahlung am Erdboden auf weniger als 1 % reduziert, wo sie nur 0,4–1 erreicht, findet immerhin noch Reduktion auf weniger als 50 % statt.
5. *Längerfristig effektive Rauchmengen:* Da angenommen werden kann, daß in den unteren Schichten der Troposphäre kurzfristig Auswaschen von Ruß durch Niederschläge („Schwarzer Regen") erfolgt, bleiben für eine längerfristige Verteilung über zunächst die gesamten mittleren Breiten der Nordhemisphäre 50–150 Mio. t Rauch übrig, mit einem Rußanteil von 30 Mio. t. Dies hat an der Erdoberfläche ei-

ne Einstrahlungsminderung um mehr als 90 % zur Folge, d.h. weniger als 10 % der Sonnenstrahlung dringen bis zum Boden durch.

Die großräumige Einstrahlungsminderung am Erdboden bewirkt in der unteren Troposphäre eine nahezu weltweite Abkühlung. Diese ist am stärksten über der Nordhalbkugel sowie über den Kontinenten zu erwarten (s. Tabelle 8.1).

Bei der Interpretation der Zahlenwerte von Tabelle 8.1 ist zu berücksichtigen, daß die Höchstwerte i. allg. für die zentralen Kontinente gelten, die Minimalwerte für die Ozeane sowie für die Küstenregionen bei auflandigem Wind. Bezüglich der Einschätzung der Auswirkungen dieser Temperaturstürze ist zu beachten, daß diese nicht als alleinige Wirkung auftreten, sondern daß synergetische Effekte in Rechnung zu stellen sind. Im Falle der Vegetation wird der gleichzeitige Lichtmangel die Wirkung des Temperatursturzes z.T. ganz erheblich verstärken. In der Wirkung kämen gleichzeitige Veränderungen in der räumlichen und zeitlichen Verteilung der Wind- und Niederschlagsregime und qualitative Veränderungen des Regens selbst (saurer Regen) u.v.a.m. hinzu. Außerdem ist zu beachten, daß u.U. in manchen Ökosystemen schon relativ geringe Temperaturstürze verheerend wirken könnten, wenn sie nur in entsprechende Wachstumsphasen der Vegetation fielen. Das heißt, daß für die Abschätzung der Gefahr katastrophaler Schäden nicht unbedingt die Stärke der Temperaturerniedrigung allein entscheidend sein muß.

Tabelle 8.1. Vereinfachte Zusammenfassung der durch Modellrechnungen geschätzten Abkühlung [K] als Folge eines verbreiteten nordhemisphärischen Nuklearkrieges, getrennt für die Nord- (*NH*) und die Südhemisphäre (*SH*) sowie jeweils für die Annahme der Katastrophe im Sommer (*So.*) bzw. im Winter (*Wi.*) der Nordhalbkugel (nach Crutzen 1988)

		kurzzeitig (Wochen)	mittelfristig (1–6 Mon.)	langfristig (1 bis einige Jahre)
So.	NH	15 bis 35 K	5 bis 30 K	0 bis 10 K
	SH	lokal 0 bis 10 K	lokal 0 bis 15 K sonst 0 bis 2 K	0 bis 5 K
Wi.	NH	0 bis 20 K	0 bis 15 K	0 bis 5 K
	SH	–	lokal bis 10 K sonst 0 bis 1 K	0 bis 5 K

Kapitel 9

Anhang

9.1
Einige durchschnittliche klimatologische Mittel- und Extremwerte meteorologischer Beobachtungen von Berlin (Quelle: Institut für Meteorologie, Freie Universität Berlin)

Lufttemperatur (in 2 m Höhe) [°C] (Berlin-Dahlem, 1909–1969)

ANMERKUNG: Temperaturangaben für einen Tag beziehen sich bei klimatologischen Daten grundsätzlich auf den Zeitraum von 21.30 Uhr des Vortages bis 21.30 Uhr des angegebenen Tages. Bezüglich einiger Begriffsdefinitionen wird auf das Glossar verwiesen.

Durchschnittliches			Absolutes	
Jahresmittel	Mittleres monatliches			
	Maximum	Minimum	Maximum	Minimum
8,8	18,3 (Jl)	−0,4 (Ja)	37,8 (11.7.1959)	−26,0 (11.2.1907)

Mittleres jährliches absolutes Maximum:	32,9
Mittleres jährliches absolutes Minimum:	−15,5
Mittleres monatliches absolutes Maximum:	31,5 (Jl)
Mittleres monatliches absolutes Minimum:	−11,8 (Ja)
Bisher frühester „Sommertag":	30.3. (1968)
Durchschnittlich erster „Sommertag":	11.5.
Mittlere jährliche Anzahl der „Sommertage":	34
Bisher frühester „heißer Tag":	22.4. (1968)
Durchschnittlich erster „heißer Tag":	16.6.
Mittlere jährliche Anzahl der „heißen Tage":	6
Durchschnittlich spätester „heißer Tag":	5.8.
Bisher spätester „heißer Tag":	20.9. (1947)
Durchschnittlich spätester „Sommertag":	10.9.
Bisher spätester „Sommertag":	4.10. (1966)
Mittlere Anzahl der jährlichen „Frosttage":	88
Mittlere jährliche Anzahl der „Eistage":	26
Durchschnittlich letzter „Eistag":	24.2.
Durchschnittlich letzter „Frosttag":	20.4.
Mittleres absolutes Minimum im April:	−2,3
Maximaler Mai-Frost:	−2,9 (9.5.1941)
Mittleres absolutes Minimum im Mai:	+1,1
Bisher spätester Frost:	20.5. (1952)
Bisher absolut frostfreie Monate in Berlin-Dahlem (2 m Höhe):	Juni, Juli, August
Bisher frühester Frost:	21.9. (1915)
Durchschnittlich frühester Frost:	24.10.
Maximaler September-Frost:	−0,5 (21.9.1915)
Mittleres absolutes Minimum im September:	+3,4
Mittleres absolutes Minimum im Oktober:	−1,1
Bisher frühester „Eistag":	29.10. (1915)
Durchschnittlich frühester „Eistag":	8.12.
Mittl. Anzahl der Tage mit $T_{min} \leq -10,0$ °C:	10/Jahr

Temperatur am Erdboden (5 cm Höhe) [°C] (Berlin-Dahlem, 1909–1969)

Bisher absolut frostfreie Monate in Berlin-Dahlem: Juli, August
Durchschnittliche Anzahl der Tage mit Bodenfrost: 111
Bisheriges absolutes Minimum: −29,2 (9.2.1956)

Temperaturunterschiede im Gebiet von Groß-Berlin

Monatlich mittleres tägliches Minimum (*tägliches Maximum*), 1961–1980:

	Jagen 64 / Eiskeller	Dahlem	Fasanenstraße	Alexanderplatz
Januar	−4,4	−3,1	−2,5	ca. −2,0
Mai	+5,5	+7,9	+8,9	ca. +9,5
Juli	*22,8*	*22,9*	*23,1*	*ca. 23,5*

Niederschlag [mm = l/m²] (Berlin-Dahlem, 1909–1969)

ANMERKUNG: Niederschlagsangaben für einen Tag beziehen sich bei klimatologischen Daten jeweils auf den Zeitraum von 7.30 Uhr des genannten Tages bis 7.30 Uhr des Folgetages.

Mittl. Jahressumme	Max./Jahr	Min./Jahr	Max./Monat	Min./Monat
596,3	803,2	381,4	202,4	0,3
	(1926)	(1911)	(Aug. 1948)	(Okt. 1908)

Maximale Tagesmenge: 124,7 (14.8.1948)

Schnee

Bisher frühester Schneefall: 18.10. (1973)
Durchschnittlich erster Schneefall: 16.11.
Mittlere jährliche Anzahl von Tagen
   mit Schneedecke > 1 cm um 7 Uhr: 45
Mittlere jährliche Anzahl von Tagen
   mit Schneedecke > 0 cm um 7 Uhr: 50
Bisher höchste Schneedecke um 7 Uhr: 49 cm (6.3.1970)
Bisher höchste Schneedecke: 52 cm (6.3.1970, mittags)
Durchschnittliches Datum des spätesten Schneefalls: 13.4.
Datum des bisher spätesten Schneefalls: 13.5. (1927)

Wind (Berlin-Dahlem)

Windrichtung (Häufigkeitsverteilung [%]):

N	NE	E	SE	S	SW	W	NW	Stille
6,4	7,7	12,5	10,8	11,6	17,4	21,1	10,5	2,1

Windgeschwindigkeit:

Durchschnittliches 10-min-Mittel im Jahr: 3,2 m/s
Durchschnittliches niedrigstes monatliches
   10-min-Mittel: 2,8 m/s (August/September)

Durchschnittliches höchstes monatliches
10-min-Mittel: 3,8 m/s (März)
Bisher höchstes 10-min-Mittel: 18,5 m/s (= 36 Knoten) (13.11.1972)
Bisher höchste Bö: 38,3 m/s (= 74 Knoten) (13.11.1972)

Luftdruck [hPa] (Berlin-Dahlem, 1881-1970)

Jahresmittel	absolutes Maximum	absolutes Minimum
1015,2	1057,8	966,6
	(23.1.1907)	(7.1.1955)

9.2 Literaturempfehlungen zur Begleitung und Vertiefung

Meteorologie, allgemein und einführend

Bartels J Das Fischer Lexikon: Geophysik, Fischer Bücherei, 373 S
Byers HR (1974) General Meteorology 4. edn, McGraw-Hill, New York, 461 pp
Campbell IM (1977) Energy and the Atmosphere – A Physical-chemical Approach, John Wiley, London New York, 398 pp
Chamberlain JW (1978) Theory of Planetary Atmospheres – An Introduction to their Physics and Chemistry, Academic Press, London, New York, 330 pp
Cotton WR, Anthes RA (1989) Storm and Cloud Dynamics – International Geophysics Series, Vol 44, 880 pp
Defant A, Defant F (1958) Physikalische Dynamik der Atmosphäre, Akademische Verlagsges, Frankfurt/M, 527 S
Fortak H (1982) Meteorologie – Eine Einführung, 2. Aufl, Dietrich Reimer, Berlin, 300 S
Germann K, Warnecke G, Huch M (Hrsg) (1988) Die Erde – Dynamische Entwicklung, menschliche Eingriffe, globale Risiken, Springer Berlin Heidelberg New York, 220 S
Houghton DD (1985) Handbook of Applied Meteorology, John Wiley, New York Chichester, 1461 pp
Liljequist GH (1974) Allgemeine Meteorologie, Friedr Vieweg, Braunschweig, 384 S
Möller F (1973) Einführung in die Meteorologie, Band I und II, BI Hochschultaschenbücher, Bd 276 (222 S) u. 288 (223 S)
Munn RE (1970) Biometeorological Methods, Academic Press, New York London, 326 pp
Neiburger M, Edinger JG, Bonner WD (1982) Understanding our Atmospheric Environment, 2nd edn, W.H. Freeman, San Francisco, 293 pp
Plate EJ (Ed) (1982) Engineering Meteorology, Elsevier, Amsterdam, 740 pp
Weischet W (1983) Einführung in die Allgemeine Klimatologie, Teubner Studienbücher Geographie, 260 S

Tabellen- und Nachschlagewerke

Huschke RE (Ed) (1959) Glossary of Meteorology, Amer Meteor Soc, Boston, Mass, 638 pp
Linke F, Baur F (1970) Meteorologisches Taschenbuch, Neue Ausgabe, Akademische Verlagsges. Geest & Portig, Leipzig, Band I, 2. Aufl, 1962, 806 S, Band II, 2. Aufl, 712 S
US Standard Atmosphere (1962) US Government Printing Office, Washington 25, DC 20402, 278 pp
US Standard Atmosphere Supplements (1966) US Government Printing Office, Washington 25, DC 20402, 289 pp
US Standard Atmosphere (1976) (neu oberhalb 50 km, sonst wie 1962!), US Government Printing Office, Washington, DC 20402, 227 pp
Valley SL (Ed) (1965) Handbook of Geophysics and Space Environments, McGraw-Hill, New York, 698 pp

Strahlung

Dirmhirn I (1964) Das Strahlungsfeld im Lebensraum, Akademische Verlagsges, Frankfurt/M, 426 S
Foitzik L, Hinzpeter H (1958) Sonnenstrahlung und Lufttrübung Akadem Verlagsges Geest & Portig, Leipzig, 309 S

Iqbal M (1983) An Introduction to Solar Radiation, Academic Press, Toronto New York London, 390 pp
Kondratyev KYa (1969) Radiation In The Atmosphere, Academic Press, London New York, 912 pp
Robinson N (Ed) (1966) Solar Radiation, Elsevier, Amsterdam, 347 pp
Schulze R (1970) Strahlenklima der Erde, Dr Dietrich Steinkopff, Darmstadt, 217 S

Bodennahe Atmosphäre, Luftreinhaltung, Dynamik, Niederschläge

Blumen W (Ed) (1990) Atmospheric Processes Over Complex Terrain, Meteorol Monogr 23, No 45 Amer Met Soc, Boston, MA, 323 pp
Cotton WR, Anthes RA (1989) Storm and Cloud Dynamics, Int Geophys Ser Vol 44, Academic Press, San Diego, CA, 883 pp
Dobbins RA (1979) Atmospheric Motion and Air Pollution, John Wiley, New York Chichester Toronto, 323 pp
Geiger R (1961) Das Klima der bodennahen Luftschicht – Ein Lehrbuch der Mikroklimatologie Friedrich Vieweg, Braunschweig, 646 S
Mason BJ (1975) Clouds, Rain and Rainmaking, Cambridge University Press, Cambridge, UK, 189 pp
Oke TR (1978) Boundary Layer Climates, Methuen, London, 372 pp
Seinfeld JH (1975) Air Pollution – Physical and Chemical Fundamentals, McGraw-Hill, New York, 738 pp

Treibhauseffekt, Ozonloch, Klimaänderungen, Nuklearer Winter

Crutzen PJ, Müller M (Hrsg) (1989) Das Ende des Blauen Planeten? – Der Klimakollaps: Gefahren und Auswege, Verlag CH Beck, München, 271 S
Deutscher Bundestag (Hrsg) (1989) Schutz der Erdatmosphäre: Eine Internationale Herausforderung, Zwischenbericht der Enquetekommission des 11. Dt Bundestages „Vorsorge zum Schutz der Erdatmosphäre", Dt Bundestag, Referat Öffentlichkeitsarbeit, Bonn, ISBN 3-924521-27-1, 618 S
Fabian P (1992) Atmosphäre und Umwelt, Springer, Berlin Heidelberg, 4. Aufl, 144 S
Graßl H, Klingholz R (1990) Wir Klimamacher – Auswege aus dem globalen Treibhaus, S Fischer, Frankfurt/M., 296 S
Houghton JH (1997) Globale Erwärmung, Springer, Berlin Heidelberg, ca. 220 S
Schönwiese C-D, Diekmann B (1988) Der Treibhauseffekt: Der Mensch ändert das Klima, Deutsche Verlagsanstalt, Stuttgart, 2. Aufl, 232 S
Warnecke G, Huch M, Germann K (Hrsg) (1992) Tatort „Erde" – Menschliche Eingriffe in Naturraum und Klima, Springer, Berlin Heidelberg New York, 2. Aufl., 299 S

9.3
Glossar

Absorptionsvermögen („absorptance, absorptivity").

$$\alpha = \frac{\text{absorbierte Strahlungsmenge}}{\text{einfallende Strahlungsmenge}}, (0 \leq \alpha \leq 1);$$

α ist eine dimensionslose Verhältniszahl. $\alpha = 0$ idealer Spiegel, wenn gleichzeitig die Transmission $\tau = 0$; $\alpha = 1$ bedeutet: „Schwarzer Körper" bzw. totaler Absorber, beides für gleichzeitig Transmission $\tau = 0$ und Reflexion $\varrho = 0$, denn es gilt die Beziehung: $\alpha + \varrho + \tau = 1$. Wenn sich α nur auf eine spezielle Wellenlänge bezieht, spricht man vom *spektralen* Absorptionsvermögen.

Albedo. Die Albedo ist der Quotient aus reflektiertem Strahlungsstrom zu einfallendem (meist solarem) Strahlungsstrom, jeweils summiert über den ganzen Halbraum und über alle Wellenlängen. Gelegentlich wird (fälschlich) der Ausdruck „spektrale Albedo" verwendet; gemeint ist dann vielmehr das spektrale Reflexionsvermögen. Häufig wird unter der Albedo allein die planetarische Albedo der (gesamten) Erde (A = 0,30; d.h. 30 %) verstanden!

Aphel. Sonnenfernster Punkt einer (elliptischen) Umlaufbahn um die Sonne (vgl. Perihel).

Astronomische Einheit [1 AE]. mittlerer Abstand der Erde von der Sonne, d.h. 1 AE = 149 Mio. km.

„Arc cloud". Aus der Vogelperspektive gesehen bogenförmige (arc), aus Gewittern herauslaufende Wolkenwalze, am Boden gewöhnlich von der charakteristischen Gewitterbö begleitet.

Baroklinität. Schichtungszustand in einem Fluid, bei dem die isobaren Flächen und die Flächen gleicher Dichte sich schneiden. Die Baroklinität ist um so größer, je mehr Schnittlinien pro Flächeneinheit zu finden sind.

Barotropie. Schichtungszustand in einem Fluid, bei dem die isobaren Flächen und die Flächen gleicher Dichte sich *nicht* schneiden, also ein Zustand der Baroklinität Null.

Bodenfrost. Die Temperatur in 5 cm Höhe über dem Erdboden erreicht Werte unter dem Gefrierpunkt, aber nicht die in 2 m Höhe (vgl. Nachtfrost).

Boltzmann-Konstante. $k = (1{,}380662 \pm 0{,}000044) \cdot 10^{-23}$ J·K^{-1}.

„Cut-off"-Zyklone. Ein hochreichend kaltes Tiefdruckgebiet, das äquatorwärts aus der Westwindzone ausgebrochen ist und sich infolgedessen südlich des oberen Westwindbandes (Nordhalbkugel) befindet. Es ist also vom Kaltluftreservoir der höheren Breiten abgeschnitten.

DMSP. Defense Meteorological Satellite Program = Bezeichnung für eine Serie U.S.-amerikanischer militärischer Wettersatelliten auf quasi-polaren Umlaufbahnen; meteorologische Beobachtungssatelliten mit der besten Bildauflössung (ein Szenenelement mißt ca. 500 x 500 m Fläche im Subsatellitenpunkt).

Dobson-Einheit („Dobson Unit" = DU). s. Ozon.

Eistag. Die höchste Temperatur in 2 m Höhe liegt zwischen 21.30 Uhr des Vortages und 21.30 Uhr des angegebenen Tages unter dem Gefrierpunkt (0 °C), d.h. der Frost hält während dieser ganzen Zeit an.

El Niño. Eine in drei- bis fünfjährigem Rhythmus gewöhnlich kurz nach dem Weihnachtsfest (El Niño = das Kind, gemeint: das „Christkind") einsetzende Klima-Anomalie an der südamerikanischen Westküste, hauptsächlich an der peruanischen. Sie ist gekennzeichnet primär durch eine plötzliche Zunahme der Oberflächentemperatur des sonst relativ kalten Humboldt-Stroms im Südostpazifik – hervorgerufen durch ein Abflauen des Südostpassats. Sie verursacht im küstennahen Meer – weil das gewöhnlich aufquellende nährstoffreiche Tiefenwasser durch nährstoffärmeres Wasser von weniger tiefen Schichten ersetzt wird – zumeist ein markantes, verbreitetes Fischsterben mit entsprechenden, oft katastrophalen wirtschaftlichen Folgen. Über dem sonst ariden, wüstenhaften Küstenland gibt es ungewöhnliche, heftige Regenfälle mit entsprechenden Erosionswirkungen(siehe Philander 1989).

Emissionsvermögen (ε). Verhältnis der (spektralen) Emission [W/m²] einer Fläche in den Halbraum darüber (2 · π sterad) zur Emission [W/m²] eines Schwarzen Körpers gleicher Temperatur. ε ist eine Verhältniszahl, $0 < \varepsilon < 1$.

ENSO. Akronym, gebildet aus den Begriffen „El Niño" und „Southern Oscillation", ist eine zusammenfassende Bezeichnung für das durch Verkopplung dieser beiden

Phänomene entstehende System pazifischer Telekonnexionen (s. gesonderte Einträge, auch Abschn. 2.5).

Energie-Maße. 1 Joule [J] = 1 Wattsekunde [W·s] (= 10^7 erg).

Erdradius. äquatorial: 6378,39 km
polar: 6356,91 km
Kugelradius mit Erdvolumen: 6371,22 km

Erdrotation. Winkelgeschwindigkeit $\Omega = 7{,}292 \cdot 10^{-5}\,\text{s}^{-1}$

Fahrenheit. Veraltete, heute nur noch in Nordamerika in nichtwissenschaftlichen Zusammenhängen benutzte Temperaturskala [°F] mit den Fixpunkten 0 °F = -18 °C und 100 °F = 37,8 °C. Die Umrechnung erfolgt nach:

t*[°F] = 32 + (9/5) ·t [°C]   bzw.   t [°C] = (5/9) · {t*[°F] - 32}.

Eine Temperaturdifferenz von 1 °F entspricht ungefähr 0,5 K.
Merkwerte: -40 °C = -40 °F; 0 °C = 32 °F; 10 °C = 50 °F; 20 °C = 68 °F.

Frosttag. Die tiefste Temperatur in 2 m Höhe liegt zwischen 21.30 Uhr des Vortages und 21.30 Uhr des angegebenen Tages unter dem Gefrierpunkt (0 °C), die höchste Temperatur aber über 0 °C.

Fünf-B-Tief. Zyklone, die sich – zumeist aus einem oberitalienischen Tief – am Ostalpenrand entwickelt und über Österreich, Ungarn und Polen hinweg zur Ostsee zieht längs einer von Van Bebber als Vb (römisch 5) bezeichneten typischen Zugbahn. Die von ihr mitgeführte feuchtwarme Mittelmeerluft ruft beim Aufgleiten auf die nördlich und westlich vom Tief liegende Kaltluft meist sehr ergiebige, anhaltende Niederschläge und in ihrem Gefolge Hochwasser von Weichsel und Oder hervor.

Genua-Zyklone. Tiefdruckgebiet über dem Golf von Genua (Ligurisches Meer), das sich – besonders im Winter und Frühjahr – dort im Lee der Westalpen bildet als Folge eines hochreichenden Kaltlufteinbruchs durch das Rhônetal ins Mittelmeergebiet. Es ruft zumeist ergiebige Niederschläge in den Alpen und in ihrer näheren Umgebung hervor und ist Gegenstand des internationalen Großforschungsprojekts ALPEX („Alpen-Experiment").

Geometrische Höhe. Höhe in Metern [m] des internationalen Maßsystems. Umrechnung in geopotentielle Höhe s. Tabelle G.1.

Geopotentielle Höhe. Höhe in geopotentiellen Metern [gpm]; Definition s. Abschnitt 5.2. Umrechnung in geometrische Höhe s. Tabelle G.2.

Heißer Tag (früher „Tropentag"). Die Temperatur erreicht zwischen 21.30 Uhr des Vortages und 21.30 Uhr des angegebenen Tages einen Höchstwert $T_{max} \geq 30\,°\text{C}$.

Isentrope. Linie konstanter Entropie; in der Meteorologie gleichbedeutend mit einer Linie konstanter potentieller Temperatur (s. Abschn. 5.7) bzw. mit der Trockenadiabate im thermodynamischen Diagramm.

Isotropie. Ein Zustand, bei dem eine Größe oder deren räumliche Ableitungen von der Richtung unabhängig sind.

ITC (Innertropische Konvergenz). In räumlich und zeitlich wechselnder Ausprägung die Erde umspannende windschwache, im allgemeinen quellwolkenreiche, vielfach gewittrige quasiäquatoriale Tiefdruckrinne, in der die Passate beider Halbkugeln konvergieren. Über den Ozeanen auch Mallungszone (engl. „doldrums") genannt.

Kalorie [cal]. In der meteorologischen Literatur findet sich noch die veraltete Maßeinheit für die Wärmemenge, die Kalorie [cal]. Sie war definiert als die Wärmemenge, die benötigt wird, um 1 g reinen Wassers von 14,5 °C auf 15,5 °C zu erwärmen. 1 cal $\triangleq$ 4,1858 J. Am verbreitetsten kommt sie vor in den Maßeinheiten für die Strahlungsflußdichte [cal·cm^{-2}·min^{-1}] oder [Ly·min^{-1}]. Es gelten folgende Umrechnungen:

1 W	=	14,34 cal·min^{-1}
1 cal·min^{-1}	=	0,069781 W
1 W·m^{-2}	=	14,34·10^{-4} cal·cm^{-2}·min^{-1}
1 cal·cm^{-2}·min^{-1}	=	1 Ly·min^{-1} = 697,81 W·m^{-2}

Tabelle G.1. Geopotentielle Höhe (H) ausgewählter geometrischer Höhen (Z) in Abhängigkeit von der geographischen Breite (nach U.S. Standard Atmosphere Supplements 1966)

Z [m]	H [gpm]				
	0°	30°	45°	60°	90°
1 000	997	998	1 000	1 001	1 002
2 000	1 995	1 997	1 999	2 002	2 005
3 000	2 990	2 994	2 998	3 002	3 006
4 000	3 988	3 992	3 997	4 003	4 008
5 000	4 987	4 989	4 996	5 002	5 009
10 000	9 957	9 971	9 984	9 997	10 010
20 000	19 883	19 910	19 936	19 963	19 989
30 000	29 778	29 818	29 858	29 897	29 937
40 000	39 641	39 695	39 748	39 801	39 855
50 000	49 473	49 541	49 607	49 673	49 741
100 000	98 173	98 314	98 446	98 579	98 719

Tabelle G.2. Geometrische Höhe (Z) ausgewählter geopotentieller Höhen (H) in Abhängigkeit von der geographischen Breite (nach U.S. Standard Atmosphere Supplements 1966)

H [gpm]	Z [m]				
	0°	30°	45°	60°	90°
1 000	1 003	1 002	1 000	999	998
2 000	2 005	2 003	2 001	1 998	1 996
3 000	3 008	3 006	3 002	2 998	2 994
4 000	4 011	4 008	4 003	3 997	3 992
5 000	5 014	5 011	5 004	4 998	4 991
10 000	10 043	10 030	10 016	10 003	9 990
20 000	20 117	20 091	20 063	20 037	20 011
30 000	30 223	30 184	30 142	30 104	30 063
40 000	40 359	40 309	40 253	40 201	40 147
50 000	50 527	50 467	50 396	50 331	50 257
100 000	101 883	101 742	101 598	101 465	101 277

Langley [Ly]. (Einheit der „Energiedichte") 1 Ly = 1 cal·cm^{-2}.
La Niña. Das Gegenstück zum El-Niño-Phänomen (s. dort), d.h. die vor der südamerikanischen Westküste kalte Phase der Southern Oscillation.
Lichtgeschwindigkeit (im Vakuum).
   c = (2,99792458 ± 0,000000012) · 10^8 m/s.
Die Lichtgeschwindigkeit c sowie Wellenlänge λ und Frequenz ν der elektromagnetischen Strahlung sind wie folgt miteinander verknüpft:
c [cm·s^{-1}] = λ [cm] · ν [s^{-1}] .
Millibar (mb oder mbar). Veraltete, in der Meteorologie heute aber teilweise noch gebräuchliche Maßeinheit für den Luftdruck.
   1 mb = 10^{-3} bar = 10^3 μbar ≡ 10^2 Pa = 1 hPa.
Nachtfrost. Die Temperatur in 2 m Höhe erreicht während der Nacht Werte unter dem Gefrierpunkt.
NTP. Abkürzung für *„normal temperature and pressure"*, gelegentlich auch S.T.P. („standard temperature and pressure"). Bezeichnet die physikalischen „Normal"-Bedingungen: T = 273,2 K (0 °C) und p = 1 013,2 hPa.
ODP = ozone depletion potential. Effizienz der pro Gewichtseinheit verursachten Ozonzerstörung im Vergleich zu der durch $CFCl_3$ verursachten Ozonverminderung.
Ozon-Maße und Umrechnungen: Der Partialdruck des Ozons wird in [hPa] angegeben, die Partialdichte des Ozons in [μg/m^3], das Volumenmischungsverhältnis in [ppm] oder [ppb], das Massenmischungsverhältnis in [μg/g]. Unter Gesamtozon („total ozone") versteht man den Gesamtgehalt an Ozon in der gesamten vertikalen Luftsäule, dargestellt als Schichtdicke [cmO$_3$NTP] von Ozon allein, reduziert auf Normalbedingungen (NTP). Als Maß dient gewöhnlich die Dobson-Einheit (DU). Sie entspricht einer Schichtdicke von [0,01 mm]. 100 DU = 1 mmO$_3$NTP, 1 000 DU = 1 cmO$_3$NTP.
Umrechnungen:
(1) Partialdruck [hPa] → Dobson-Einheiten/km [cmO$_3$/km]:
   10^{-6}hPa = 0,987 · 10^{-4} · (T$_0$/T) [cmO$_3$NTP/km]
(2) 1,66 μg O$_3$/g Luft = 1 ppm
(3) 1 μg O$_3$/g Luft = 0,6 ppm
Bezüglich weiterer Umrechnungen s. PROMET 1986.
Perihel. Sonnennächster Punkt einer Umlaufbahn um die Sonne.
Planck-Konstante.   h =(6,626176 ± 0,000036) · 10^{-34} J·s
   („Wirkungsquantum").
Polartief. Eine Klasse von im allgemeinen plötzlich auftretenden, z.T. innerhalb von 24 Stunden Sturmesstärke (u.U. bis hin zum Orkan) erreichenden subsynoptischskaligen Zyklonen, die zumeist über dem offenen Meer zwischen Grönland, dem Eismeer und Norwegen innerhalb von Polarluftmassen entstehen (s. Film Nr.13). Ihre Energie gewinnen sie zu großen Anteilen aus den Wärme- und Wasserdampfflüssen, die infolge extremer Instabilität der Schichtung vom relativ warmen Ozean in die darüber befindliche sehr viel kältere Luft gelangen. Ihre Entstehung hat damit gewisse Ähnlichkeit mit tropischen Wirbelstürmen. Einige Polartiefs zeigen in Satellitenbildern zuweilen wie diese ein deutliches „Auge"; auch konnte in einem vergleichbar erscheinenden Wirbel über dem Mittelmeer ein entsprechender „warmer Kern" nachgewiesen werden (Rasmussen u. Zick 1987, s. auch Film Nr.14 der Filmliste).

PPB. Volumen-Mischungsverhältnis ausgedrückt durch die Anzahl von Molekülen im Verhältnis zu 10^9 Luftmolekülen (parts per billion = Teilchen pro Milliarde).

PPM. Volumen-Mischungsverhältnis ausgedrückt durch die Anzahl von Molekülen im Verhältnis zu 10^6 Luftmolekülen (parts per million).

Radian (rad). Der Winkel, der auf der Peripherie des Kreises einen Bogen ausschneidet, der die Länge des Radius hat:

$$r = L \hateq 360/2\cdot\pi = 57°18' = 57,3°$$

Reflexionsvermögen („reflectance", „reflectivity").

$$\varrho = \frac{\text{reflektierte Strahlungsmenge}}{\text{einfallende Strahlungsmenge}}, \ (0 \leq \varrho \leq 1);$$

ϱ ist eine dimensionslose Verhältniszahl. $\varrho = 0$ bedeutet: „Schwarzer Körper" bzw. totaler Absorber, wenn gleichzeitig die Transmission $\tau = 0$. $\varrho = 1$ bedeutet: idealer Reflektor (Spiegel). Wenn sich diese Größe nur auf eine spezielle Wellenlänge bezieht, spricht man vom *spektralen* Reflexionsvermögen. Im übrigen gilt die Beziehung: $\alpha + \varrho + \tau = 1$.

Scale. Aus dem Englischen entlehnte Bezeichnung für die „charakteristische", d.h. etwa durchschnittliche, zeitliche oder räumliche Größenordnung (Dimension) eines Gebildes, Prozesses oder Phänomens. In der Meteorologie dient der Begriff i. allg. zur Klassifizierung von Strukturen und Abläufen nach allgemein akzeptierten Kategorien wie „Mikroscale", „Mesoscale", „synoptischer Scale" u.ä. (siehe Abschn. 2.4), die zumeist eine unterschiedliche mathematisch-physikalische Beschreibung und Behandlung erfordern.

Schwarzer Körper. Der Schwarze Körper ist definiert als ein Körper, der sämtliche auf ihn fallende Strahlung absorbiert (d.h. $\alpha = 1, \varrho = \tau = 0$). Es handelt sich um einen idealisierten Körper, der in der Natur nur näherungsweise vorkommt. Physikalisch realisierbar ist er durch einen innen geschwärzten, geschlossenen, thermisch gut isolierten Kasten mit einem kleinen Loch. Die durch das Loch einfallende Strahlung wird im Laufe mehrerer, wegen der Schwärzung schwacher, Reflexionsvorgänge sehr rasch völlig absorbiert ($\varrho \ll 1$). Aus der Öffnung tritt dann eine – bei gewöhnlichen irdischen Temperaturen unsichtbare – Strahlung, die „Schwarzkörperstrahlung", früher auch häufig „Hohlraum(„cavity")-Strahlung" genannt. Diese weist eine charakteristische spektrale Energieverteilung auf, die vom Material des Körpers unabhängig ist und deren Betrag nur von seiner absoluten Temperatur abhängt. Die Strahlung wird deshalb auch vielfach *thermische Strahlung* genannt. Jeder reale Körper, dessen Temperatur vom absoluten Nullpunkt verschieden ist, sendet diese Strahlung aus. Seine spektrale Energieverteilung beschreibt das *Plancksche Strahlungsgesetz*. Die über alle Wellenlängen summierte ausgestrahlte Energiedichte beschreibt das *Stefan-Boltzmann-Gesetz* (Integration über die Plancksche *Wienssche Verschiebungsgesetz* (Differentiation der Planckkurve).

Seemeile [sm] („nautical mile [nm]"). 1 sm = 1 852,0103 m; entspricht 1' = (1/60)° geographischer Breite

Sichtbare Strahlung. Unser Auge ist empfindlich für elektromagnetische Strahlung (Licht) von 4 000–7 000 Å bzw. 400–700 nm bzw. 0,4–0,7 µm. Diese Wellenlängen werden daher auch Licht-Wellenlängen genannt.

Sommertag. Die Temperatur erreicht zwischen 21.30 Uhr des Vortages und 21.30 Uhr des angegebenen Tages einen Höchstwert 25,0 °C $\leq T_{max} \leq$ 29,9 °C.

Southern Oscillation. Eine drei- bis fünfjährige weiträumige Luftdruckschwingung zwischen dem tropischen Westpazifik und dem Südostpazifik der subtropischen und gemäßigten Breiten mit entsprechenden Auswirkungen auf Windsysteme (bes. Südostpassat) und Meeresoberflächenströmungen (bes. Humboldtstrom und Äquatorialstrom betreffend) (Philander 1989); direkt gekoppelt mit der *Walker-Zirkulation* (s. dort, auch Abschn. 2.5).

Steradian (sr bzw. sterad). Der *Raumwinkel*, der aus der Kugelfläche eine Kalotte ausschneidet, die die Fläche F = r² hat (r = Radius)

$$1 \text{ sr} \,\hat{=}\, \omega = 65°32' = 65{,}54°$$

Die Kugelfläche hat somit $4 \cdot \pi$ sr, die Halbkugel $2 \cdot \pi$ sr.

Strahlungsenergie. Gebräuchlichstes Maß für die Energie von Strahlung ist in der Meteorologie die *Energiestromdichte*, d.h. die Energie pro Zeit- und Flächeneinheit, auch *Strahlungsflußdichte* genannt, vielfach auch *Strahlungsintensität*. Sie wird gemessen in [W·m^{-2}].

Tracer. Dem Englischen („trace" = Spur, Fährte) entlehnte Bezeichnung für eine Eigenschaft (z.B. die potentielle Temperatur bei adiabatischen Verlagerungen) bzw. eine natürliche oder künstliche Substanz (z.B. eine optisch auffällige, chemisch markante oder radioaktive Luftbeimengung), mit deren Hilfe sich Luftpakete „markieren" und ihre Bewegungen (Trajektorien) bzw. Ausbreitungs- und Mischungsvorgänge untersuchen lassen.

Transmissionsvermögen („transmittance", „transmissivity").

$$\tau = \frac{\text{durchgelasseneStrahlungsmenge}}{\text{einfallendeStarhlungsmenge}} \text{ , } (0 \leq \tau \leq 1);$$

τ ist eine dimensionslose Verhältniszahl. Es gibt zwei Extremfälle: $\tau = 0$ bedeutet: undurchlässig (opaque); $\tau = 1$ bedeutet: voll durchlässig (transparent). Wenn sich diese Größe nur auf eine spezielle Wellenlänge bezieht, spricht man vom *spektralen* Transmissionsvermögen. Im übrigen gilt die Beziehung: $\alpha + \varrho + \tau = 1$.

Tropentag. s. unter „heißer Tag"

Überadiabatisch. Bezeichnung für eine vertikale Schichtung der Luft, bei der die Temperatur mit zunehmender Höhe um mehr als 9,76 K/km abnimmt (trockenadiabatischer Temperaturänderungsbetrag), also bei der $-\partial T/\partial z > \Gamma_d$.

Ultraviolett (UV). Auf der kurzwelligen Seite an das sichtbare Licht anschließender Wellenlängenbereich. Hinsichtlich der biologischen Wirksamkeit der UV-Strahlung unterscheidet man gewöhnlich

UV-A: λ = 320–400 nm,
UV-B: λ = 280–320 nm,
UV-C: λ < 280 nm.

Vorticity. Eine kinematische Größe: Gilt allgemein in der Physik die Rotation als Maß für die Wirbelhaftigkeit (Wirbelung) eines Strömungsfeldes, so ist wegen der in der Atmosphäre überwiegend horizontalen Bewegungen in der Meteorologie meistens nur deren Vertikalkomponente, d.h. die in bezug auf eine zur Erdoberfläche senkrechte Achse ausgeführte Drehbewegung eines in der Strömung mitgeführten Luftvolumens von Interesse. Diese Vertikalkomponente des absoluten Wirbelvektors in einem Windfeld wird als Vorticity bezeichnet. Die so definierte absolute Vorticity (ζ_a) setzt sich additiv zusammen aus der relativen Vorticity (ζ), d.h. der Wirbelung relativ zur Erdoberfläche, und dem Coriolis-Paramter (f), der bekanntlich die Rotation des auf die Erdoberfläche bezogenen Koordinatensystems um die Erdachse beschreibt, die Erd-Vorticity (s. Abschnitt 6.8). Mathematisch formuliert ist demnach die

absolute Vorticity: $\zeta_a = \zeta + f$,

die relative Vorticity (in Komponentenschreibweise):

$$\xi = \frac{\partial v}{\partial x} - \frac{\partial u}{\partial y},$$

mit v = meridionale und u = zonale Windkomponente [m·s^{-1}].
Ihre physikalische Dimension ist [s^{-1}], ihre numerischen Werte liegen in der Atmosphäre im allgemeinen in der Größenordnung von 10^{-4}s^{-1}.

Walker-Zirkulation. Thermische Zirkulation entlang des Äquators über dem Pazifischen Ozean. Sie wird hervorgerufen durch den Unterschied der Wasseroberflächentemperatur zwischen dem wärmeren Westpazifik und dem aus dem kalten Humboldtstrom gespeisten und durch äquatoriales Auftriebswasser zusätzlich kühl gehaltenen Äquatorialstrom im Ostpazifik (s. hierzu Abschn. 2.5, besonders Abb. 2.28). Während die Temperatur im Westen nahezu gleich bleibt, schwankt sie im Ostteil mit den Stärkeschwankungen der das Kaltwasser produzierenden Windsysteme. Dadurch unterliegt die Intensität der Walker-Zikulation quasiperiodischen Oszillationen, die unmittelbar mit der „Southern Oszillation" (s. dort) gekoppelt sind (s. ausführlich Philander 1989). Der aufsteigende Ast der Zirkulation über dem warmen Westpazifik ist durch reichliche tropische Niederschläge gekennzeichnet (Indonesien), der absteigende im Osten durch Wolken- und Niederschlagsarmut (Galapagos-Inseln). Die äquatornahen Inseln im zentralen Pazifik (wie z.B. Christmas Isld.) sind in Jahren starker Walkerzirkulation an das niederschlagsarme östliche, bei schwachem Wind an das niederschlagsreiche westliche Regime angeschlossen und weisen deshalb eine extreme Variabilität im Niederschlagsverhalten von Jahr zu Jahr auf.

Wellenlängen-Einheiten. In der Meteorologie sind für die Strahlung die folgenden Wellenlängeneinheiten gebräuchlich:

1 µm   = 10^{-4} cm (auch Mikrometer genannt; früher 'micron' oder nur 'µ');
1 nm   = 10^{-7} cm (früher auch Millimikron genannt)
1 Å   = 10^{-8} cm (die „Ångström-Einheit" = 100 pm)

Wettersymbole. In Wetterkarten werden nach internationaler Vereinbarung im allgemeinen die im Schaubild zusammengestellten Symbole verwendet (Abb. 9.1). Bezüglich vollständiger und exakter Definitionen sei verwiesen auf Linke u.Baur 1962, Bd.I (entsprechende Seitenangaben in Abb. 9.1 unter „L/B").

Windgeschwindigkeitsmaße (Umrechnungen).

1 Knoten [kt] = 1 sm/h = 0,51 m/s = 1,85 km/h
1 m/s = 1,94 kt = 3,6 km/h
1 km/h = 0,54 kt = 0,28 m/s

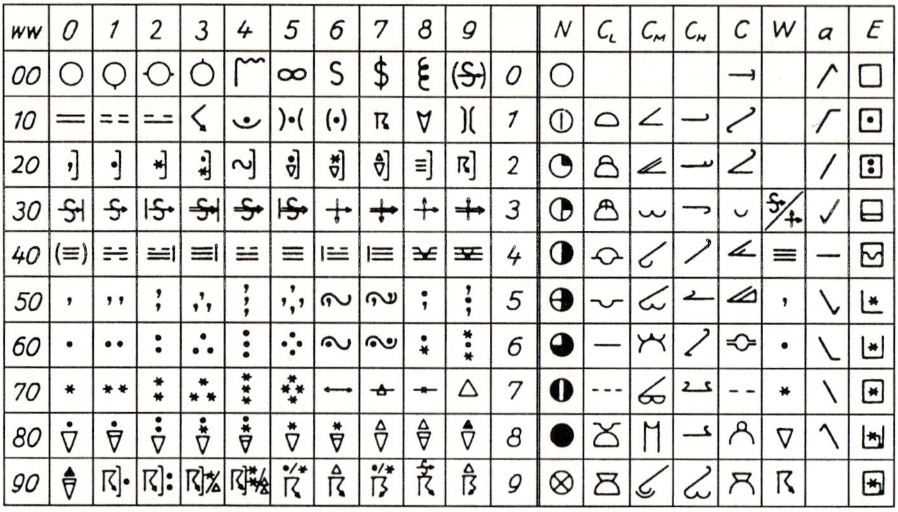

ww	0	1	2	3	4	5	6	7	8	9		N	C_L	C_M	C_H	C	W	a	E
00	○	◌	◔	◯	⌒	∞	S	$	ε	(S)	0	○					→	∧	□
10	=	==	=.	⟨	⌣	)·(	(·)	R	∀	)(	1	①	⌒	∠	⌐	∠		⌐	⊡
20	,]	·]	∗]	∾]	∽	⋅]	∗]	∗]	≡]	R]	2	◐	△	∠	⌐	∠		/	⊡
30	⇝	⇝	⇝	⇝	⇝	⇝	+	+	+	+	3	◐	△	⌣	⌐	⌣	S/+	✓	⊟
40	(≡)	≡≡	≡⏐	⏐≡⏐	≡	⏐≡	≡⏐	≍	≍	4	◐	⌒	∠	/	∠	≡	—	⊠
50	'	''	⁏	∴,	⁏	⁂	∽	∾	⁏	⁞	5	◐	∽	⌒	⌐	⌂	,	⟍	⊡
60	•	••	⁚	∴	⁞	⁘	∽	∾	⁞	⁞	6	●	—	⋈	/	⌒	·	⟍	⊡
70	∗	∗∗	⁂	∴	⁞	⁘	⇀	⇁	⇀	△	7	●	---	⌒	⌓	--	∗	⟍	⊡
80	∇̇	∇̇	∇̇	∇̇	∇̇	∇̇	∇̇	△̇	△̇	△̇	8	●	⌢	M	⇁	⌒	∇	⟍	⊡
90	∇̂	R]·	R]:	R]⁂	R]⁘	⁎/∗ R	△ R	⁎/∗ R	△ R	△ R	9	⊗	⌒	∠	∠	R	R		⊡

Abb. 9.1. Wettersymboltafel (nach Linke u. Baur 1962, Bd. I). Die Matrix „ww" (linker Bildteil) bietet Symbole für 100, mit den Ziffern 00-99 verschlüsselte Wetterzustände zum Beobachtungstermin bzw. (mit dem Zusatz „]" versehen) während der vergangenen Stunde. Die wichtigsten Elementarsymbole sind:
= für Dunst, ≡ für Nebel, ' für Sprühregen (Niesel), · für Regen, ∗ für Schnee, △ für Graupel, ▲ für Hagel, ∾ für Glatteis, ∇ für Schauer, R für Gewitter, S für Staub, ⇝ für Staubsturm, + für Schneetreiben. In dieser Matrix sind die Elemente zeilenweise (mit zunehmender Schlüsselzahl) nach Wichtigkeit wie folgt geordnet (L/B S. 102-105):

00-49: *kein Niederschlag an der Station zur Zeit der Beobachtung*, darunter
20-29: Niederschlag, Nebel, Glatteisniederschlag oder Gewitter an der Station während der letzten Stunde, aber nicht zum Beobachtungstermin;
30-39: Staub- oder Sandsturm, Schneefegen (niedriger als Augenhöhe) oder Schneetreiben (höherreichend als Augenhöhe);
40-49: Nebel oder Eisnebel.
50-99: *Niederschlag an der Station zur Zeit der Beobachtung*, darunter:
    50-59: Sprühregen,
    60-69: Regen, nicht schauerartig,
    70-79: Niederschlag in fester Form, nicht schauerartig,
    80-99: Schauerniederschlag versch. Art sowie Niederschlag während oder nach Gewitter.

Zur Erläuterung einige Beispiele:
ww = 13 = ⟨ = „Wetterleuchten" (Blitzentladungen in der Ferne sichtbar, aber kein Donner hörbar, kein Gewitter an der Station):
ww = 17 = R = Gewitter an der Station (Donner hörbar), aber kein Niederschlag an der Station;
ww = 56 = ∽ = leichter gefrierender Sprühregen;
ww = 63 = ∴ = mäßiger Regen ohne Unterbrechungen;
ww = 99 = △R = starkes Gewitter mit Hagel oder Graupel.

Die Kolonnen im rechten Bildteil beschreiben, jeweils in zehn Kategorien:
N = Himmelsbedeckung mit Wolken, in Achteln; N = 0 = wolkenlos,
    N = 9 = ⊗ = Himmelsbild nicht erkennbar (L/B S. 84);
C_L = sogen. „tiefe Wolken", d.h. Wolken des niedrigen Stockwerks bzw. konvektive Wolken mit niedriger Untergrenze, also alle Formen von Cumulus bis zum Cumulonimbus sowie Stratus, Nimbostratus und Stratocumulus (L/B S. 76);
C_M = „mittelhohe Wolken", d.h. Wolken des mittleren Stockwerks wie Altostratus oder Altocumulus sowie Nimbostratus (L/B S.77);
C_H = „hohe Wolken", d.h. alle Arten von Cirrus (L/B S.75).
W = wichtigstes Wetterereignis der letzten drei bzw. sechs Stunden (L/B S. 101);
a = Art der „Luftdrucktendenz", d.h. der Luftdruckänderung während der letzten drei Stunden(L/B S. 74);
E = Erdbodenzustand (L/B S. 80).

Kapitel 10

Literaturnachweis

Ackermann M (1976) Measurements of minor constituents in the stratosphere. In: Burger JJ, Pedersen A, Battrick B (eds) Atmospheric physics from Spacelab. Reidel, Dordrecht
Anonymus (1987) Meyers kleines Lexikon Meteorologie. Meyers Lexikonverlag, Mannheim, 496 S
Apsimon HM, Wilson JJ (1987) Modelling atmospheric dispersal of the Chernobyl release across Europe. Bound Lay Meteor 41: 123-133
Apsimon HM, Gudiksen P, Khitrov L, Rodhe H, Yoshikawa T (1988) Lessons from Chernobyl: modelling the dispersal and deposition of radio-nuclides. Environment 30: 17-20
Atkinson BW (1981) Meso-scale atmospheric circulations. Academic Press, London, 495 pp
Atlas D (ed) (1989) Radar in meteorology. Am Meteorol Soc, Boston, MA, 806 pp
Battan L (1981) Radar observations of the atmosphere. University of Chicago Press
Baur F (Hrsg) (1953) Linke's Meteorologisches Taschenbuch, Bd II (Neue Ausgabe). Akadem Verlagsges Geest & Portig, Leipzig, 724 S
Baur F (Hrsg) (1970) Meteorologisches Taschenbuch, Bd II, (Neue Ausgabe), 2. Aufl, Akadem Verlagsges Geest & Portig, Leipzig, 712 S
Becker KH, Fricke W, Löbel J, Schurath U (1985) Formation, tansport and control of photochemical oxidants. In: Guderian R (ed) Air pollution by photochemical oxidants. Springer, Berlin Heidelberg, pp 1-125
Bergeron T (1928) Über die dreidimensional verknüpfende Wetteranalyse (I). Geofys Publikasj: 5,6, Norske Videnskaps-Akademie Oslo, 111 S
Bergeron T (1954) The problem of tropical hurricanes. Quart J R Meteorol Soc 80: 131-164
Bergeron T (1957) Physical properties of air masses and fronts. In: Godske CL, Bergeron T, Bjerknes J, Bundgaard RC (eds) Dynamic meteorology and weather forecasting. Am Meteorol Soc, Boston, MA, pp 505-534
Berliner Wetterkarte (1984) Amtsblatt des Instituts für Meteorologie, Freie Universität Berlin
Bierly EW, Hewson EW (1962) Some restrictive meteorological conditions to be considered in the design of stacks. J Appl Meteorol 1: 363-390
Bjerknes J (1969) Atmospheric teleconnections from the equatorial Pacific. Monthly Weather Rev 97: 163-172
Bjerknes J, Solberg H (1921) Meteorological conditions for the formation of rain: Geophys Publikasj: 2, No.3: Norske Videnskaps-Akad, Oslo, pp 1-6
Bjerknes J, Bergeron T, Godske CL (1957) Dynamical analysis of cyclones and anticyclones. In: Godske CL, Bergeron T, Bjerknes J, Bundgaard RC (eds) Dynamic meteorology and weather forecasting. Am Meteorol Soc, Boston, MA, pp 535-578
Blake DR, Rowland FS (1988) Continuing worldwide increase in tropospheric methane 1978 to 1987. Science 239: 1129-1131
Blumen W (ed) (1990) Atmospheric processes over complex terrain. Meteorol Monogr: 23, 45 Am Meteorol Soc, Boston, MA, 323 pp
Bradbury DL, Palmén E (1953) On the existence of a polar-front zone at the 500-mb level. Bull Am Meteorol Soc 34: 56-62
Brasseur G, Verstraete MM (1988) In: Solar-terrestrial energy program: major scientific problems. Proceedings of SCOSTEP Symposium Helsinki July 23, 1988, pp 166-185
Brooks CEP, Carruthers N (1953) Handbook of statistical methods in meteorology. H M Stationary Office, London, 412 pp
Browning KA, Harrold TW (1970) Air motion and precipitation growth at a cold front. Quart J R Meteorol Soc 96: 369-389
Browning KA, Pardoe CW (1973) Structure of low level jet streams ahead of mid-latitude cold fronts. Quart J R Meteorol Soc 99: 619-638

Budyko MI (ed) (1963) Atlas teplovogo balansa zemnogo shara/Atlas of the heat balance of the earth. Akadem Nauk SSSR Prezidium, Mezhduvedomstvennyi Geofis Komitet, Moscow; Guide to the "Atlas of the heat balance of the earth". US Weather Bureau, WB/T No.106, US Weather Bureau, Washington, DC, 1964

Byers HB(1974) General meteorology, 4th edn. McGraw-Hill, New York, 461 pp

Chandrasekhar S (1960) Radiative transfer. Dover Publication, New York, 393 pp

Chapman S (1930) A theory of upper-atmospheric ozone. Mem R Meteor Soc 3: 103–125

Clark PA, Fletcher IS, Kallend AS, McElroy WJ, Marsh ARW, Webb AH (1984) Observations of cloud chemistry during long-range transport of power plant plumes. Atmosph Environ 18: 1849–1858

Climatic Impact Committee (1975) Environmental impact of stratospheric flight: biological and climatic effects of aircraft emissions in the stratosphere. National Academy of Sciences, Washington, DC

Collmann W (1964) Messungen zur Beziehung zwischen Himmelsstrahlung und Trübung. Meteorol Rundsch 17: 135–139

Cook PJ (1989) Eustatic sea-level changes, environments, tectonics and resources. In: Intergovernmental Oceanographic Commission, Bruun Memorial Lectures 1987. IOC Techn Ser 34: 35–37, UNESCO

Crawford KC, Hudson HR (1973) The diurnal wind variation in the lowest 1500 feet in Central Oklahoma: June 1966-May 1967. J Appl Meteorol 12: 127–132

Crutzen PJ (1970) The influence of nitrogen oxides on the atmospheric ozone content. Quart J R Meteorol Soc 96: 320–325

Crutzen PJ (1971) Ozone production rates in an oxygen, hydrogen-nitrogen oxide atmosphere. J Geophys Res 76: 7311–7327

Crutzen PJ (1988a) Ozonabnahme in der antarktischen Stratosphäre, PROMET 4/88. Dt Wetterdienst, Zentralamt, Offenbach/Main, S 21–25

Crutzen PJ (1988b) Atmosphärische Folgen eines Atomkriegs. In: Germann K, Warnecke G, Huch M (Hrsg) Die Erde – dynamische Entwicklung, menschliche Eingriffe, globale Risiken. Springer, Berlin Heidelberg, S 201–220

Crutzen PJ, Birks J (1982) The atmosphere after a nuclear war: Twilight at noon. AMBIO 11: 114–125

Crutzen PJ, Warnecke G (1992) Gefahren und mögliche Konsequenzen eines Atomkrieges für das Klima. In: Warnecke G, Huch M, Germann K (Hrsg) Tatort Erde – menschliche Eingriffe in Naturraum und Klima. Springer, Berlin Heidelberg, 2. Aufl, S 173–196

Danielsen EF (1961) Trajectories isobaric, isentropic, and actual. J Meteorol 18: 479–486

Danielsen EF (1964) Report Project Springfield. Report AD – 607980 (DASA-1517), Defense Atomic Support Agency

Danielsen EF (1968) Stratospheric-tropospheric exchange based on radio-activity, ozone and potential vorticity. J Atmosph Sci 25: 502–518

Davenport AG (1965) The relationship of wind structure to wind loading. Proc Conf Wind Effects on Struct, Sympos 16, Vol I, HMSO, London, pp 53–102

Davenport AG (1982) The interaction of wind and structures. In: Plate EJ (ed) Engineering Meteorology. Elsevier Scientific, Amsterdam, pp 527–572

Deardorff JW (1974) Three-dimensional numerical study of the height and mean structure of a heated planetary boundary layer. Bound Lay Meteor 7: 81–106

Defant, A, Defant F (1958) Physikalische Dynamik der Atmosphäre. Akadem Verlagsges, Frankfurt/M, 527 S

Degens, ET (1984) Auf der Suche nach dem verlorenen Kohlenstoff. Acta Universitatis Carolinae - Geologica 1: 3–17

Degens, ET (1988) Folgen des CO_2-Anstiegs in der Luft. In: Germann K, Warnecke G, Huch M (Hrsg) Die Erde – dynamische Entwicklung, menschliche Eingriffe, globale Risiken. Springer, Berlin Heidelberg, S 129–138

Deutscher Bundestag (Hrsg) (1989) Schutz der Erdatmosphäre – eine internationale Herausforderung; Zwischenbericht der Enquetekommission des 11. Deutschen Bundestages „Vorsorge zum Schutz der Erdatmosphäre". Dtsch Bundestag, Ref Öffentlichkeitsarbeit, Bonn (ISBN 3-924521-27-1), 618 S

Deutscher Wetterdienst 1957 (1978) Internationaler Wolkenatlas (gekürzte Ausgabe). Deutscher Wetterdienst, Offenbach/M 70 S und 72 Tafeln

Dietrich G, Ulrich J (1968) Atlas zur Ozeanographie. Bibliographisches Institut, Mannheim, S 29

Dobbins RA (1979) Atmospheric motion and air pollution. John Wiley, New York Chichester, 323 pp

Dobson GMB (1968) Exploring the atmosphere. Clarendon, Oxford, 209 pp

Dütsch HU (1980) Vertical ozone distribution and troposphere ozone. Proc NATO Adv Study Inst on Atmospheric Ozone, US Department of Transportation, Report FAA-EE-80-20, 7

Dütsch HU (1985) In: Zeferos C, Ghazi A (eds) Atmospheric ozone. Reidel, Dordrecht, pp 263–268

Edelmann W (1986) Die Entwicklung der operationellen numerischen Wettervorhersage im Deutschen Wetterdienst PROMET 4'86. Deutscher Wetterdienst, Offenbach/M, S 21-25
Ellrod G (1985) Dramatic examples of thunderstorm top warming related to downbursts. National Weather Digest, Vol 10, pp 7-13
Fabian P (1989) Atmosphäre und Umwelt, 3. Aufl. Springer, Berlin Heidelberg, 141 S
Fabian P (1992) Die Ozonschicht und ihre Beeinflussung durch den Menschen. In: Warnecke G, Huch M, Germann K (Hrsg) Tatort Erde - menschliche Eingriffe in Naturraum und Klima. Springer, Berlin Heidelberg, 2. Aufl, S 145-156
Fairbridge RW (ed) (1967) The encyclopedia of atmospheric sciences and astrogeology. Reinhold, New York, 1200 pp
Fedorov EK, Mamina EF (1957) Izvestiya Akademii Nauk SSSR, No 5
Fett RW, La Violette PE, Nestor M, Nickerson JW, Rabe K (1977) Environmental phenomena and effects, NAVY tactical applications guide, Vol II. The Walter A Bohan Company, Chicago, IL
Feussner K, Dubois P (1930) Trübungsfaktor, precipitable water, Staub. Gerlands Beiträge zur Geophysik 27: 132-175
Fleagle RG, Businger JA (1980) An introduction to atmospheric physics. Academic Press, New York, 432 pp
Flohn H (1965) Contributions to a synoptic climatology of the Red Sea Trench and adjacent territories. Bonner meteorol Abhdlg 5: 2-33 (auch: Erdkunde 19: 179-191)
Flohn H (1969) Local Winds. In: World survey of climatology, Vol 2, General Climatology, 2. Elsevier, Amsterdam, 266 pp
Flor E (1987) Installierung, Inbetriebnahme und Anwendung eines numerischen Modells zur Berechnung von Backward-Trajektorien. Projekt im Hauptstudium, FB Umwelttechnik, Fachgebiet Luftreinhaltung, Technische Universität Berlin, 92 S
Foitzik L, Hinzpeter H (1958) Sonnenstrahlung und Lufttrübung. Akadem Verlagsges Geest & Portig, Leipzig, 309 S
Fortak H (1971) Meteorologie - eine Einführung. Dietrich Reimer, Berlin, 288 S
Fortak H (1988) Prinzipielle Grenzen der Vorhersagbarkeit atmosphärischer Prozesse, In: Germann K, Warnecke G, Huch M (Hrsg) Die Erde - dynamische Entwicklung, menschliche Eingriffe, globale Risiken. Springer, Berlin Heidelberg, S 169-182
Fortak H (1992) Prinzipielle Grenzen der Vorhersagbarkeit atmosphärischer Prozesse. In: Warnecke G, Huch M, Germann K (Hrsg) Tatort Erde - menschliche Eingriffe in Naturraum und Klima. Springer, Berlin Heidelberg, 2. Aufl, S 257-269
Fujita TT, Byers HR (1977) Spearhead echo and downburst in the crash of an aircraft. Monthly Weather Rev 105: 129-146
Fujita TT, Caracena F (1977) An analysis of three weather-related aircraft accidents. Bull Am Meteorol Soc 58: 1164-1181
Fujita TT (1978) Manual of downburst identification for project nimrod. SMRP Research Paper No 156, University of Chicago, 104 pp
Geiger R (1961) Das Klima der bodennahen Luftschicht. Vieweg, Braunschweig, 646 S
Gentry RC, Fujita TT, Sheets RC (1970) Aircraft, spacecraft, satellite and radar observations of Hurricane Gladys 1968. J Appl Meteorol 9: 837-850
Georgii H-W (1988) Weitere anthropogene atmosphärische Spurengase - Kleine Ursachen, große Wirkungen. In: Germann K, Warnecke G, Huch M (Hrsg), Die Erde - dynamische Entwicklung, menschliche Eingriffe, globale Risiken. Springer, Berlin Heidelberg, S 139-154
Georgii H-W (1992) Weitere anthropogene atmosphärische Spurgengase - Kleine Ursachen, große Wirkungen. In: Warnecke G, Huch M, Germann K (Hrsg) Tatort Erde - menschliche Eingriffe in Naturraum und Klima. Springer, Berlin Heidelberg, S 157-172
Germann K, Warnecke G, Huch M (Hrsg) (1988) Die Erde - dynamische Entwicklung, menschliche Eingriffe, globale Risiken. Springer, Berlin Heidelberg, 220 S
Gold E (1933) Maximum day temperatures and the tephigram. Meteor Off Prof Notes, Vol 5, No 63, London, 9 pp
Guderian R, Tingey DT, Rabe R(1985) Effects of photochemical oxidants on plants. In: Guderian R (ed) Air pollution by photochemical oxidants. Springer, Berlin Heidelberg, pp 129-133
Gurka JJ (1976) Satellite and surface observations of strong wind zones accompanying thunderstorms. Monthly Weather Rev 104: 1484-1493
Griesseier H (1985) Zum Einfluß der Baroklinität und/oder der konvektiven Aktivität auf den Mechanismus der Entstehung und der zeitlichen Entwicklung der planetarischen Grenzschicht. Acta Geophysica XXIX,1: 45-70
Haltiner GJ, Martin FL (1957) Dynamical and physical meteorology. McGraw-Hill, New York, 470 pp
Hann-Süring (1939) Lehrbuch der Meteorologie, Bd 1, 5. Aufl (Süring R, Hrsg). Willibald Keller, Leipzig, 480 S

Harrold TW (1973) Mechanisms influencing the distribution of precipitation within baroclinic disturbances. Quart J R Meteorol Soc 99: 232-251

Harwell MA (1984) Nuclear winter - the human and environmental consequences of nuclear war. Springer, New York, 179 pp

Harwell MA, Hutchinson TC (1985) Environmental consequences of nuclear war, Vol II Ecological and agricultural effects, SCOPE Series 28, 2nd edn. Wiley, Chichester New York, 562 pp

Hastenrath S, Lamb PJ (1980) On the heat budget of hydrosphere and atmosphere in the Indian Ocean. J Phys Oceanogr 10: 694-708

Heaviside O (1902) Telegraphy, I, Theory. Encyclodepia Britannica (10th edn) 33: 213-218

Holmes RM (1969) Airborne measurements of thermal discontinuities in the lowest layers of the atmosphere. Paper presented at 9th Conf Agric Meteorol, Seattle, 18 pp

Holmgren B (1971) Climate and energy exchange on a sub-polar ice cap in summer. Part F. On the energy exchange of the snow surface at the Ice Cap station. Meteorol Inst, Uppsala University, Uppsala

Holton JR (1972) An introduction to dynamic meteorology. Academic Press, New York London, 319 pp

Howard L (1803) On the modifications of clouds, and on the principles of their production, suspension, and destruction. Philosoph Magazine, London (abgedruckt in G Hellmann, Neudrucke von Schriften und Karten über Meteorologie und Erdmagnetismus Nr 3, A Asher, Berlin 1894)

Huschke RE (Ed) (1959) Glossary of Meteorology. Am Meteorol Soc, Boston, MA, 638 pp

Iqbal M (1983) An introduction to solar radiation. Academic Press, Toronto, 300 pp

Jacobs I (1958) 5- bzw. 40jährige Monatsmittel der absoluten Topographien der 1000-mb-, 850-mb- und 300-mb-Flächen sowie der relativen Topographien 500/1000mb und 300/500mb über der Nordhemisphäre und ihre monatlichen Änderungen. Meteorologische Abhandlungen, Inst f Meteorol d Freien Univ Berlin, Bd IV, Heft 2. Dietrich Reimer, Berlin, 168 S

Johnson (1929) A study of the vertical gradient of temperature in the atmosphere near the ground. Geophys Mem 46: Meteorol Office, London, 32 pp

Johnston HS (1971) Reduction of stratospheric ozone by nitrogen oxide catalysts from supersonic transport exhaust. Science 173: 517

Junge CE (1963) Air chemistry and radioactivity. Academic Press, New York, 382 pp

Kant I (1755) Allgemeine Naturgeschichte des Himmels. In: Immanuel Kants Werke in 10 Bänden. Modes und Baumann, Leipzig, 1838 Bd 8, S 217-239

Kennelly AE (1902) On the elevation of the electrically conducting strata of the Earth's atmosphere. Elect World Eng 39: 473

Khalil MAK, Rasmussen RA (1984) Carbon monoxide in the earth atmosphere, increasing trend. Science 224: 54-56

Kochanski A (1955) Cross sections of the mean zonal flow and temperature along 80°W. J Meteorol 12: 95-106

Kondratyev KYa (1969) Radiation in the atmosphere, Academic Press, New York, 912 pp

Koschmieder H (1951) Physik der Atmosphäre, Bd 2, Akadem Verlagsges Geest & Portig, Leipzig. 418 S

Labitzke K (1982) On the interannual variability of the middle stratosphere during northern winters. J Meteorol Soc Jpn 60: S 124-139

Labitzke K (1988) Vulkanismus und Klima. In: Germann K, Warnecke G, Huch M (Hrsg), Die Erde - dynamische Entwicklung, menschliche Eingriffe, globale Risiken. Springer, Berlin Heidelberg, S 101-114

Labitzke K (1992) Vulkanismus und Klima, In: Warnecke G, Huch M, Germann K (Hrsg) Tatort Erde - menschliche Eingriffe in Naturraum und Klima. Springer, Berlin Heidelberg, 2. Aufl, S 197-211

Labitzke K, Goretzki B (1982) A catalogue of dynamic parameters describing the variability of the middle stratosphere during the Northern winters. In: Sechrist CF (ed), Handbook for MAP, Vol 5. Middle Atmosphere Program, SCOSTEP Secretariat, University of Illinois, Urbana, IL, 188 pp

Labitzke K, Naujokat B (1985) On the interannual variability and the trends of the temperature in the middle atmosphere. In: Labitzke K, Barnett JJ, Edwards B (eds), Handbook for MAP, Vol 16. Middle Atmosphere Program, SCOSTEP Secretariat, University of Illinois, Urbana, IL, pp 183-196

Labitzke K, Naujokat B.(1990) CIRA 1986, Section 3521. Pergamon, Oxford

Labitzke K, Van Loon H (1988) Associations between the 11-year solar cycle, the QBO and the atmosphere, Part I The troposphere and stratosphere in the northern hemisphere winter. J Atmosph Terrestr Phys 50: S 197-206

Labitzke K, Van Loon H (1989) Recent work correlating the 11-year solar cycle with atmospheric elements grouped according to the phase of the quasi-biennal oscillation. Space Sci Rev 49: 239-258
Labitzke K, Van Loon H (1990) The state of the atmosphere on the northern hemisphere at solar maximum July 1989 - February 1990. Beilage zur Berliner Wetterkarte 45/90-506/90, Inst f Meteorol, Freie Universität Berlin, 12 S
Landsberg HE (1969) Weather and health - an introduction to biometeorology. Doubleday Anchor Book, Doubleday, Garden City, NY, 148 pp
Lange H-J (1992) Die Chaostheorie und mögliche Anwendungen auf das Wetter- und Klimasystem. In: Warnecke G, Huch M, Germann K (Hrsg) Tatort Erde - menschliche Eingriffe in Naturraum und Klima. Springer, Berlin Heidelberg, 2.Aufl, S 270-292
Lenschow P (1980) Persönl Mitteilung, Sen f Stadtentwicklung und Umweltschutz, Berlin
Lettau HH (1957) Windprofil, innere Reibung und Energieumsatz in den unteren 500 m über dem Meer. Beitr Phys Atmosph 30: 78-96
Lettau HH (1967) Small to large-scale features of boundary layer structure over mountain slopes. Proc Symp Mountain Meteorol June 1967, Atm Sci Paper No 122, Dept Atm Sci, Colorado State Univ, Fort Collins, CO, pp 1-74
Lettau HH, Davidson B (eds) (1957) Exploring the atmosphere's first mile, Vol 1. Pergamon, Oxford, 376 pp
Linke F, Baur F (1962 und 1970) Meteorologisches Taschenbuch (neue Ausgabe). Akadem Verlagsges Geest & Portig, Leipzig, Bd I, 2. Aufl, 806 S; Bd II, 2. Aufl, 712 S
Liljequist GH (1974) Allgemeine Meteorologie. Vieweg, Braunschweig, 384 S
London J (1957) A study of atmospheric heat balance. Final Report, Contract AF19(122)-165, New York University
London J, Angell K (1982) The observed distribution of ozone and its variations. In: Bower FA, Ward RB (eds) Stratospheric ozone and man. CRC Press, Boca Raton, FL, pp 7-42
London J, White GF(1984) The environmental effects of nuclear war. AAAS Selected Symposium 98, Westview Press, Boulder, CO, 204 pp
Maddox RA (1980) Mesoscale convective complexes. Bull Am Meteorol Soc 61: 1374-1387
Maddox RA, Howard KW, Bartels DL, Rodgers DM (1986) Mesoscale convective complexes in the middle latitudes. In: Ray PS (ed) Mesoscale meteorology and forecasting. Am Meteorol Soc, Boston, MA, pp 390-413
Manabe S, Möller F (1961) On the radiation equilibrium and heat balance of the atmosphere. Monthly Weather Rev 89: No 12
Mason BJ (1958) The growth of ice crystals from the vapour and the melt. Adv Phys 7: 235
McCormick MP, Trepte CR (1987) Polar stratospheric optical depth observed by the SAM II satellite instrument between 1978 and 1985. J Geophys Res 92: 4297-4306
Milankovitch M (1930) Mathematische Klimalehre und Astronomische Theorie der Klimaschwankungen. In: Köppen W, Geiger R (Hrsg) Handbuch der Klimatologie, Bd I, Teil A. Borntraeger, Berlin, 176 S
Möller F (1973) Einführung in die Meteorologie, Bd I und II, BI Hochschultaschenbücher, Bd 276 (222 S) und Bd 288 (223 S). Bibliographisches Institut Mannheim, BT Wissenschaftsverlag
Molina JM, Rowland FF (1974) Stratospheric sink for chlorofluor-methanes. Chlorine atom catalysed destruction of ozone. Nature 249: 810-814
Monin AS, Shirshov PP (1975) The role of the oceans in climatic models. In: Joint Organizing Committee, The physical basis of climate and climate modelling. GARP Publications Series, Report No 16 World Meteorological Organization - International Council of Scientific Unions, Geneva, pp 201-205
Munn RE (1970) Biometeorological methods. Academic Press, New York, 326 pp
Naujokat B (1986) An update of the observed quasi-biennial oscillation of the stratospheric winds over the tropics. J Atmosph Sci 43: 1873-1877
Naujokat B, Labitzke K, Lenschow R, Petzoldt K, Wohlfahrt R-C (1989) The stratospheric winter 1987/88. In: Edwards B (ed) Handbook for MAP, Vol 27. Middle Atmosphere Program, SCOSTEP Secretariat, University of Illinois, Urbana, IL, pp 502-521
Neftel A, Moor E, Oeschger H, Stauffer B (1985) The increase of atmospheric CO_2 in the last two centuries evidence from Polar ice cores. Nature 315: 45-47
Neiburger M, Edinger JG, Bonner WD (1973) Understanding our atmospheric environment, 2nd edn, Freeman, San Francisco, 293 pp
Oke TR (1978) Boundary layer climates. Methuen, London, 372 pp
Oke TR, East C (1971) The urban boundary layer in Montreal. Boundary Layer Meteorol 1: 411-437
Oliver JE (1973) Climate and man's environment. John Wiley. New York, 517 pp

Ossing F-J, Tepper H, Warnecke G, Wilcke F (1983) Erstellung und Erprobung eines numerischen Trajektorienmodells zur Rückverfolgung von Berlin erreichenden grenzüberschreitenden Schadstoffwolken. Projekt-Abschlußbericht, Berlin dienliche Forschung, 2. Ausschreibung, Freie Universität Berlin, 120 S

Paetzold H-K (1957) Photochemische Theorie des Ozons. In: Flügge S (Hrsg) Handbuch der Physik, Bd XLVII, Geophysik II. Springer, Berlin, Göttingen, S 395

Palmén E (1951) The role of atmospheric disturbances in the general circulation. Quart J R Meteorol Soc 77: 337–354

Palmén E, Newton CW (1969) Atmospheric circulation systems, Academic Press, New York, 603 pp

Petterssen S (1956) Weather analysis and forecasting, Vol I. McGraw-Hill, New York, 428 pp

Petterssen S (1969) Introduction to meteorology, 3rd edn. McGraw-Hill, New York, 333 pp

Philander SG (1989) El niño, la niña, and the Southern oscillation. Int Geophys Ser 46, Academic Press, San Diego, CA, 289 pp

Pielke RA (1974) A three-dimensional numerical model of the sea breeze over Florida. Monthly Weather Rev 102: 115–139

Pielke RA, Mahrer Y (1978) Verification analysis of the University of Virginia three-dimensional mesoscale model prediction over South Florida for 1 July 1973. Monthly Weather Rev 106: 1568–1589

Pierrehumbert RT (1986) Lee Cyclogenesis. In: PS Ray (ed) Mesoscale meteorology and forecasting. Am Meteorol Soc, Boston, MA, pp 493–515

Pittock AB, Ackermann TP, Crutzen PJ, Mac Cracken MC, Shapiro CS, Turco RP (1985) Environmental consequences of nuclear war, Vol I, Physical and atmospheric effects, SCOPE Series 28, 2nd edn. Wiley, Chichester New York, 342 pp

Plate EJ (ed) (1982) Engineering meteorology. Elsevier Scientific, Amsterdam, 740 pp

Prandtl L, Oswatitsch K, Wieghardt K (1984) Führer durch die Strömungslehre, 8. Aufl. Vieweg, Braunschweig, 622 S

Promet (1986) Bei der Messung des Ozons verwendete Einheiten PROMET 4'86. Deutscher Wetterdienst, Offenbach/M, S 2

Purdom JFW (1986) Satellite contributions to convective scale weather analysis and forecasting. 11th Conference on Weather Forecasting and Analysis, June 17–30, 1986. Am Meteorol Soc, Boston, MA, pp 295–314

Rabbe A (1985) Analysis of a polar low in the Norwegian Sea, 292-13-1984. Technical Report No 14, Subproject No 2, Polar LOWS Project, DMNI and OCEANOR, Norwegen

Raschke E, Vonder Haar TH, Bandeen WR, Pasternak M (1973) The annual radiation balance of the earth-atmosphere system during 1969–70 from Nimbus 3 measurements. J Atm Sci 30: 341–364

Rasmussen E, Zick C (1987) A subsynoptic vortex over the Mediterranean with some resemblance to polar lows. TELLUS 39A: 408–425

Ray PS (ed) (1986) Mesoscale meteorology and forecasting. Am Meteorol Soc, Boston, MA, 793 pp

Reimer E (1982) Fine mesh analysis by use of isentropic surfaces. Workshop on Analysis, ECMWF, Reading, UK, pp 227–239

Reimer E (1985) Analysis of APEX data. Workshop on High Resolution Analysis, ECMWF, Reading, UK, pp 155–181

Reimer E, Langematz U, Hollan E (1987) Trajektorienbestimmung zum Reaktorunfall in Tschernobyl, Beilage zur Berliner Wetterkarte Nr 9/87 (SO 2/87). Institut f Meteorologie, Freie Universität Berlin, 21 S

Riehl H (1972) Introduction to the atmosphere. McGraw-Hill, New York, 516 pp

Robinson N (1966) Solar radiation. Elsevier, Amsterdam, 347 pp

Robock A (1985) An updated climate feedback diagram. Bull Am Meteorol Soc 66: 786–787

Saucier WJ (1955) Principles of meteorological analysis. The University of Chicago Press, Chicago, IL, 438 pp

Schanda E (1986) Physical fundamentals of remote sensing. Springer, Berlin Heidelberg, 187 pp

Scherer B, Stern R (1980) Untersuchung einer Smogepisode im Raum Köln-Bonn. Institut f Geophysikal Wissenschaften, Fachr Meteorologie, Freie Universität Berlin, 80 S

Scherer B, Stern R (1989) Simulation of an acid deposition episode over Europe with the TADAP/ADOM Eulerian regional model. In: Van Dop, H (ed) Proceedings 17th NATO/CCNS Int Techn Meet On Air Pollution Modelling And Its Application, Sept 19–22, 1988, Cambridge, UK. Plenum Press, New York, pp 333–349

Scherhag R (1948) Wetteranalyse und Wetterprognose. Springer, Berlin, Göttingen, Heidelberg, 424 S

Scherhag R (1952) Die explosionsartigen Stratosphärenerwärmungen des Spätwinters 1952. Ber Dtsch Wetterd US-Zone 38: 51–63

Schidlowski M, Wendt H (1982) Kosmos, Erde und Mensch. In: Kindlers Enzyklopädie Der Mensch, Bd I. Kindler München, S 179-221

Schönwiese C-D, Diekmann B (1988) Der Treibhauseffekt. Der Mensch ändert das Klima, 2. Aufl, Deutsche Verlagsanstalt, Stuttgart, 232 S

Schulze R (1970) Strahlenklima der Erde. Dr Dietrich Steinhoff, Darmstadt, 217 S

Seiler W, Warneck P (1972) Decrease of carbon monoxide mixing ratio at the tropopause. J Geophys Res 77: 3204-3214

Seinfeld JH (1986) Atmospheric chemistry and physics of air pollution. John Wiley, New York, 738 pp

Sellers WD (1965) Physical climatology. The University of Chicago Press, Chicago, London, 272 pp

Shapiro MA, Fedor LS, Hampel T (1987) Research aircraft measurements within a polar low over the Norwegian Sea. TELLUS 39A: 272-306

Shaw NA (1971) Ph D Thesis. University of Melbourne (nach Dobbins 1979, pp 134/35)

Simpson JE, Mansfield DA, Milford JR (1977) Inland penetration of sea-breeze fronts. Quart J R Meteorol Soc 103: 47-76

Stern R, Scherer B (1984) Anwendung eines komplexen Ausbreitungsmodells zur Simulation einer photochemischen Smogepisode. Inst f Geophysikal Wiss, Fachr Meteorologie, Freie Universität Berlin, 365 S

Stern R, Scherer B, Schubert S (1990) Anwendung des ADOM Transportmodells zur Untersuchung der Nichtlinearität in Emittor-Rezeptor Beziehungen bei photochemischen Oxidantien. Bericht an das Umweltbundesamt zu UFOPLAN Nr 10402595. GEOS - Angewandte Umweltforschung und Institut für Meteorologie, Freie Universität Berlin, 182 S

Taylor GR (1989) Sulfate production and deposition in midlatitude continental cumulus clouds, Part I, Cloud model formulation and base run analysis. J Atm Sci 46: 1971-1990

Taylor GR (1989) Sulfate production and deposition in midlatitude continental cumulus clouds, Part II, Chemistry model formulation and sensitivity analysis. J Atm Sci 46: 1991-2007

Ueda H, Mitsumoto S, Kurita H (1988) Flow mechanism for the long-range transport of air pollutants by the sea breeze causing inland nighttime high oxidants. J Appl Meteorol 27: 182-187

US Standard Atmosphere (1962) US Government Printing Office, Washington, DC, 278 pp

US Standard Atmosphere Supplements (1966) US Government Printing Office, Washington, DC, 289 pp

US Standard Atmosphere (1976) US Government Printing Office, Washington, DC, 227 pp

Valley SL (ed) (1965) Handbook of geophysics and space environments. McGraw-Hill, New York, 698 pp

Wallace JM, Hobbs PV (1977) Atmospheric science. Academic Press, New York, 467 pp

Walker GT (1924) Correlation in seasonal variations of weather. IX A further study of world weather. Mem Indian Meteorol Dep 24(9): 275-332

Warnecke G (1962) Über die Zustandsänderungen der nordhemisphärischen Stratosphäre, Meteorologische Abhandlungen, Bd XXVIII, Heft 3, Verlag von Dietrich Reimer, Berlin, 33 S

Warnecke G (1987) The visualization of the ceaseless atmosphere. In: Vaughan RA (ed) Remote sensing applications in meteorology and climatology. Reidel, Dordrecht, pp 245-257

Warnecke G (1992) Beobachtung von dynamischen Prozessen aus dem Weltraum in Zeitraffung: Eine neue Wahrnehmungsdimension In: Warnecke G, Huch M, Germann K (Hrsg) Tatort Erde - menschliche Eingriffe in Naturraum und Klima. Springer, Berlin Heidelberg, 2. Aufl, S 220-235

Warnecke G, Zick C (1981) The use of cinematographic methods for the presentation of atmospheric motions as revealed by remote sensing techniques from satellites. In: Cracknell AP (ed) Remote sensing in meteorology, oceanography and hydrology. Ellis Horwood, Chichester, pp 452-473

Webb EK (1965) Aerial microclimate. Met Monogr 6(28): 27-58

Wege K (1957) Druck-, Temperatur- und Strömungsverhältnisse in der Stratosphäre über der Nordhalbkugel. Meteorologische Abhandlungen, Inst f Meteorol d Freien Universität Berlin, Bd V, Heft 4

Welander P (1955) Studies on the general development of motion in a two-dimensional, ideal fluid. TELLUS 7: 141-156

Wergen W (1984) Datenassimilation PROMET 1'84. Dtsch Wetterdienst, Offenbach/Main, S 7-16

WMO (1954) TP3, No 8, World Meteorological Organization, Genf

World Meteorological Organization (WMO) (1975/1987) International cloud atlas; Vol I (Textband, 155 S, 1975), Vol II (Bildband, 212 S, 1987) World Meteorological Organization, Geneva

World Meteorological Organization (1985) Amospheric ozone 1985. Global Ozone Research and Monitoring Project - Report No 16, Vol III, pp 999/1000

World Meteorological Organization (WMO) (1986) Atmospheric ozone 1985. Report No 16 I-III, NASA-FAA-NOAA-UNEP-WMO-CEC-BMFT, Washington, DC

Wright B (1985) The Southern oscillation. An ocean-atmospheric feed-back system? Bull Am Meteorol Soc 66: 398–412
Wyrtki K (1982) The Southern oscillation, ocean-atmosphere interaction and El Niño. Mar Technol Soc J 16: 3–10
Yamada T, Mellor G (1975) A Simulation of the Wangara atmospheric boundary layer data. J Atm Sci 32: 2309–2329
Zick C (1987) Cloud motion analysis of cyclones within cold air masses. In: Vaughan RA (ed) Remote sensing applications in meteorology and climatology. Reidel, Dordrecht, pp 285–300

KAPITEL 11

Filmliste

1 **Kinematik und Thermodynamik eines ziehenden Unwetters,**
Teil 1 Zeichentrick/Farbe/Ton deutsch, englisch/5 min, Autor Ch Zick, Produktion ZEAM-FU Berlin.
Kinematik und Thermodynamik des aufsteigenden Luftstroms („updraft") in einem Gewitter bis zum Reifestadium werden erklärt anhand der Seitenansicht der Wolke sowie mit Hilfe eines thermodynamischen Diagramms Der Film setzt Grundkenntnisse über das Stüve-Diagramm voraus.

2 **Kinematik und Thermodynamik eines ziehenden Unwetters,**
Teil 2 Zeichentrick/Farbe/Ton deutsch, englisch/5 min, Autor Ch Zick, Produktion ZEAM-FU Berlin.
Der Gedankengang des voranstehenden gleichnamigen Films, Teil 1, wird fortgesetzt. Erklärt wird, wie die kalten Abwärtsbewegungen („downdraft") in einem Gewitter entstehen und sich verstärken sowie die grundlegende Kinematik der Böenlinie. Die Druck- und Windvariationen während des Vorbeiziehens eines Gewittersystems werden erläutert.

3 **Ein einfaches physikalisches Modell der Seewind-Zirkulation**
Teil 1 Zeichentrick, Grafik/Farbe/Ton deutsch, englisch/6 min, Autor Ch Zick, Produktion ZEAM-FU Berlin
In einem einfachen Vertikalschnitt wird die Entwicklung der Seewind-Zirkulationszelle infolge der unterschiedlichen Erwärmung der Luft über dem Land und über dem Meer beschrieben, und zwar durch die thermisch bedingte zeitliche Veränderung von drei anfangs horizontal angenommenen Druckflächen.

4 **Seewindzirkulation an den Küsten von Florida, ATS-III, 15.5.1969**
ATS-III-Fotosequenz, Grafik/Trick/Farbe/ Ton deutsch, englisch/7 min, Autor Ch Zick, Produktion ZEAM-FU Berlin
Die Entwicklung von Seewind-Wolkenformationen an den Küsten des südlichen Florida wird gezeigt. Die Einflüsse des Küstenverlaufs, des Okeechobee-Sees und einer west-südwestlichen Grundströmung werden einzeln erläutert, die Ergebnisse des numerischen Modells von Pielke 1974 verifiziert. Siehe hierzu auch Film Nr. 5.

5 **Einfluß der Seewindzirkulation auf das Horizontale Windvektorfeld**
Computer- u Zeichentrick/Farbe/Ton deutsch, englisch/6 min, Autor B Carus, Produktion ZEAM-FU Berlin/IWF Göttingen
Über Florida wird eine sich im Tagesgang intensivierende Seewindzirkulation simuliert, die sich einer Grundströmung von 2,5 m/s aus 110° (ESE) überlagert (Pielke

1974). Konvergenz- und Divergenzzonen lassen deutlich die sich im Tagesverlauf verändernden Positionen der Seewindzirkulations-Zellen erkennen. Es wird der Einfluß von Buchten und Landzungen auf die Ausprägung der SWZ dargestellt sowie die eigene Seewindzirkulation am Okeechobee-See. – Die numerische Simulation stammt von Pielke 1974.

6 Karman Vortex Streets in the Wake of Madeira and the Canary Islands (Kármánsche Wirbelstraßen im Nachlauf Madeiras und der Kanarischen Inseln) – Simplefilm 33
METEOSAT-2, VIS/Farbe/stumm/7 min Produktion ZEAM-FU Berlin
    Die Bewegungsszenen zeigen für den 4., 5. und 22.8.1984 Kármánsche Wirbelstraßen, die bei nordöstlicher Strömung hinter Madeira und den Kanarischen Inseln entstanden. Die Szenen werden außerdem in Relativbewegung gezeigt, in denen ein Wirbel in der Bildmitte gehalten wird und somit die Wirbelkomponenten der Bewegung deutlicher hervortreten. Als Nebeneffekt ist dabei auch die großräumige Divergenz der Passatströmung erkennbar.

7 A Large Dust Cloud over North-West Africa (Eine große Staubwolke über Nordwestafrika), 28.–31.3.1985 – Simplefilm 27
METEOSAT-2, VIS, IR, Grafik/Farbe/stumm/9 min Produktion CDZ-Film Berlin, in Zusammenarbeit mit ESA und ZEAM
    Eine hochreichende Staubwolke entsteht am 28. März 1985 auf der Rückseite eines kleinen, aber intensiven Tiefs über NW-Afrika. Die Ausbreitung dieser Staubwolke nach Westen, Süden und Osten kann bis zum nächsten Tag in der Infrarot-Bildfolge beobachtet werden, einzelne Staubstrukturen sind noch nach 4 Tagen zu erkennen. Die Veränderungen der Staubvorderkante lassen Rückschlüsse auf die vertikale Dynamik ebenso wie auf Einflüsse der Gebirge zu, über die die Staubwolke hinwegzieht.

8 Gewitter und Böenlinien
Zeichentrick und Satellitenbildsequenzen VIS, IR/Farbe/Ton deutsch, englisch/5 min, Autor FJ Ossing, Produktion ZEAM-FU Berlin/IWF Göttingen
    Die Entstehung der Böenlinie, erkennbar an der „arc cloud", durch herabstürzende und sich am Boden ausbreitende Kaltluft einer Gewitterwolke wird zunächst durch Trickfilmszenen erläutert. Zur Illustration durch reale Beobachtungsdaten werden METEOSAT-1-Bildfolgen (IR/Nigeria, VIS, IR/Südalgerien) gezeigt, in denen sich solche Böenlinien abbilden.

9 Cirrus-Schirme bei Gewittern
Zeichentrick und Satellitensequenzen/IR/Farbe/Ton deutsch, englisch/5 min, Autor FJ Ossing, Produktion ZEAM-FU Berlin/IWF Göttingen
    Anhand von Trickaufnahmen wird die Entstehung von Cirrus-Schirmen erläutert und von „overshooting tops" Cirrus-Schirm- und Amboßbildung werden mittels Bildsequenzen von METEOSAT 1 (26.4.1978, 12^{00} Uhr bis 27.4. 1978, 8^{00} Uhr), bzw SMS-1 VIS über Brasilien und bei New Orleans, illustriert.

10 Large Scale Gravity Waves (Großräumige Schwerewellen), 2.7.–3.7.1976 – Simplefilm 14
SMS-2-Sequenz, IR, VIS/sw/stumm/6 min, Produktion ZEAM-FU Berlin

Stark ausgeprägte, ungewöhnlich großskalige Schwerewellen werden von einer großen Zyklone über dem Südpazifik angeregt. Ihre Ausbreitung läßt sich über drei Tage hinweg bis ins Gebiet der ITC verfolgen, wobei die weiträumig vorhandene Konvektionsbewölkung bei Durchzug der Wellenberge deutlich aktiviert wird. Die anschließende VIS-Szene zeigt die Schwerewellen zum Zeitpunkt ihrer stärksten Entwicklung.

11 Zyklonenbildung auf der Wetterkarte
Zeichentrickfilm/sw/stumm/10 min Autor R Mügge, IWF Göttingen
Der Wetterverlauf über Europa wird für einen fünftägigen Zeitraum anhand der zeitlichen Veränderung der Isobaren der Wetterkarten gezeigt. Die Zugbahnen der Zyklonen bzw ihrer Randstörungen werden zusätzlich schematisch dargestellt.

12 A Subsynoptic-Scale Warm-Core Vortex over the Mediterranean (Eine synoptisch-skalige Mittelmeerzyklone mit warmem Kern), 27.9.–2.10.1983
METEOSAT-2, IR/Farbe/Ton englisch/20 min Autoren Ch Zick, E Rasmussen Produktion CDZ-Film in Zusammenarbeit mit ESA-ESOC und ZEAM-FU Berlin
Im Zentrum eines „Cut-off-Low" über dem westlichen Mittelmeer entsteht nach der schnellen Auflösung der frontalen Strukturen am 27. September ein subsynoptisch-skaliger Wirbel. 24stündliche Analysen der METEOSAT-Wolkenbewegung zeigen, daß sich das Gebiet zyklonaler Rotation in der unteren Troposphäre verstärkt und zugleich auf mesoskalige Ausmaße schrumpft, während im Cirrusniveau die zyklonale Vorticity genau über dem Zentrum abnimmt und schließlich sogar negativ (antizyklonal) wird. Diese Änderung des dreidimensionalen Windfelds ebenso wie Bodenbeobachtungen und Temperaturanalysen zeigen, daß innerhalb des üblichen synoptisch-skaligen kalten Kerns des alten Tiefs der Anfangssituation sich allmählich ein subsynoptisch-skaliger „warmer Kern" entwickelt. Dieser Aufbau ist einigen Polartiefs („polar lows") ebenso ähnlich wie dem der Hurrikane (Rasmussen u. Zick 1987).

13 Classical Polar Front Wave Cyclogenesis – Northern Atlantic (Klassische Polarfront-Wellenzyklogenese – Nordatlantik) – Simplefilm 37
METEOSAT-2, IR/Farbe/stumm/6½ min Produktion ZEAM-FU Berlin
Die dreitägige Bildsequenz (18.–20.9.1984) zeigt eine Zyklogenese in einem mitwandernden Koordinatensystem (Relativbewegungen); die Wanderung des Bildausschnitts beträgt dabei 2/3 Längengrade pro Stunde. Interessante Teilaspekte, wie die horizontale Windscherung im Frontalbereich, die Phase der intensivsten Entwicklung und die Veränderung der Temperatur der Wolkenoberflächen werden in speziell dafür aufbereiteten „Loops" gezeigt.

14 Two Polar Low Developments (Zwei Polartief-Entwicklungen), 25.2.–2.3.1984 – Simplefilm 25
METEOSAT-2, IR/Pseudofarbe/stumm/9 min Produktion ZEAM-FU Berlin
Das erste der beiden Polartiefs (26.–27. 2. 1984) entwickelt sich zwischen Grönland und Island in einem Gebiet intensiver Scherbewegung und ist am Mittag des 27.2. am stärksten ausgeprägt (Shapiro et al. 1987). Das zweite dieser Polartiefs (29.2.–1.3.1984) entwickelt sich in einer Scherzone auf der Rückseite einer okkludierten Islandzyklone. Die Wolkenstrukturen erinnern an einen tropischen Wirbelsturm (Rabbe 1985).

15 The Initiation of Convection (Erzeugung von Konvektion)
GOES-Bildsequenzen, VIS, IR/Farbe/Ton englisch/19 min Autor Vincent Oliver, NOAA-NESS-Applications Group, Washington, DC, Produktion Walter A Bohan Company, Park Ridge, Ill/USA

Diverse Satellitenbild-Bewegungsszenen zeigen die Entstehung und Ausprägung von charakteristischer Konvektionsbewölkung für eine Reihe von mesoskaligen Auslösungsmechanismen: 1 Unterschiedliche Erwärmung und Abkühlung, 2 Seewind, 3 Landwind/Seewind, 4 Nebelauflösung und Schönwettercumulus, 5 Hangzirkulation, 6 Wolkenstraßen und Wolkenlinien, 7 Konvektive Wolkenlinien vereinigen sich, 8 Wolken"cluster" vereinigen sich 9 Vorderkante der Gewitterkaltluft.

16 Visualisierung umweltrelevanter metereologischer Phänomene- Visualisierung von simulierten instationären Strömungen
Videofilm ca. 19 min Autoren S Raasch, G Groß (1992) Institut für Metereologie und Klimatologie der Universität Hannover

Konvektive Grenzschicht, Kelvin-Helmholtz-Wellen, Land-See-Wind, Hangwinde, Schadstoffausbreitung im Kasseler Raum, Schadstoffausbreitung im Oberrheingraben, Wirbelschleppen, Gebäudeumströmung, Umströmung eines Einzelbaumes.

17 Globales Ozon im Zeitraffer
Videofilm 10 min Autoren W Schneider J Sundermann (1991) ATMOS Science Program Office Deutsches Fernerkundungsdatenzentrum Deutsche Forschungsanstalt für Luft- und Raumfahrt (DLR) Oberpfaffenhofen

Animierte globale Darstellung auf der rotierenden Erdkugel des totalen Ozongehalts („Gesamtsäulendichte" in Dobson-Einheiten) nach Messungen des TOMS-Instruments von Bord des Nimbus-7-Forschungssatelliten (NASA/GSFC) von Januar 1984 bis Dezember 1988 in geraffter Zeitfolge. Sonderdarstellung der jeweiligen Entstehung und Auflösung des antarktischen „Ozonlochs" während der Jahre 1986 und 1987.

18 METEO DISK – Laser Vision PAL 625/20 CAV active play
Video-Bildplatte von C. Zick, W. Dewitz, G. Warnecke (1991) Zentraleinrichtung für Audiovisuelle Medien, Freie Universität Berlin

Die interaktive Bildplatte METEO DISC enthält in 36 Kapiteln ca. 600 Bildsequenzen geostationärer und polar-umlaufender Wettersatelliten. Die meisten Szenen zeigen METEOSAT-Bilddaten; daneben finden sich Szenen von ATS-3, SMS-1, GOES-E, GMS-1 sowie NOAA-7 und -9. Kapitel 1 bietet eine Übersicht über die räumliche und zeitliche Verteilung der Bilddaten, Kapitel 2 unter verschiedenen Aspekten eine Sammlung von Stichwörtern mit Hinweisen zu den geeigneten Kapiteln. Kapitel 3 ist ein Tonfilm (ca. 10 Minuten) über die Möglichkeiten der Wolkenbewegungs-Darstellung. Zu METEO DISC gehört eine Zusammenstellung täglicher Wetterkarten und eine Diskette mit einem Programm zur Bildplattensteuerung und Wissensverarbeitung. Die Bildsequenzen veranschaulichen eine Vielzahl von dynamischen atmosphärischen und auch ozeanischen Vorgängen, so wie sie sich in Wolken und Wolkensystemen bzw. Temperaturfeldern abbilden.

Kapitel 12

Sachindex

Abgasfahne 299, 300
Absinken 124, 133, 192, 194, 209, 210, 235, 244
Aerosol 22, 23, 72, 76, 85, 180
Aireps 35
Albedo 47, 77–80, 85–88, 117, 330
Alëutenhoch 266, 268, 272
Alëutentief 190, 220, 226, 244
Ana-Kaltfront 247, 250, 251, 253
Anemometerhöhe 171, 172, 208
Antipassat 233, 234
antizyklonal 190, 204–206, 242, 243, 349
Antizyklone 204–206
Äquivalenttemperatur 146, 147, 149, 153, 157
–, potentielle 146, 147, 153
Arc cloud 331, 348
Atmosphäre, mittlere 28, 67
Aufheiterung, postfrontale 247
Auftriebskraft 125
Auge 49, 154, 255, 259, 261, 334, 335
Auge des Orkans 259, 261
Auslösetemperatur 142, 148, 149
Ausstrahlung, effektive 80, 85, 89, 90, 93
Austausch 9, 65, 249, 254
Azorenhoch 257

Baroklinität 182–184, 215, 218, 239, 331, 341
Barometrische Höhenformel 123, 174
Barometrische Höhenstufe 123, 175
Barotropie 183, 215, 218, 238, 331
Beimengungen 15, 35, 36, 72, 129, 159, 186, 194, 282, 307,
Benard-Zellen 192
Bergeron-Findeisen-Prozeß 161, 162, 164
Bergwind 180, 182, 184, 185
Berliner Phänomen 269
Biosphäre 8, 64, 68, 275
Blitz 195
Bodendruckänderung 209, 212
Bodenrauhigkeit 191, 208, 278, 284, 290, 294, 296
Bodenreibung 190, 206, 208, 263, 275, 278
Böenlinie 347, 348
Bora 186

Chaos 33, 35
Coriolisbeschleunigung 178, 199–203, 212, 213
Coriolisparameter 199, 203
Cumulus-Konvektion 148
Cut-off-Low 331, 349

Dampfdichte 89, 115, 138, 140, 152
Dampfdruck 2, 89, 115, 140, 148, 149, 152, 153, 157, 163
Deformation 292, 308, 309
Deformationsfeld 238, 240
Deposition 7, 193, 194, 311–313, 317–319, 322
Diagrammpapier 134, 155, 156
(siehe Auch Stüve-Diagramm)
Diffusion 9, 35, 60, 65, 129, 282, 319,
Diffusionsgleichung 115, 318
Diffusionskoeffizient 115, 116
Dissoziation 26, 56, 66
Divergenz 93–96, 107, 115, 133, 189, 208, 209, 210, 212, 244, 261, 348
Dobson-Einheit 331, 334
Donner 195, 196, 338
Downwash 305
Druckkraft 120, 122, 125, 173, 176, 198, 200–205, 212, 213, 275, 291
Dunst 22, 23, 74–76, 184, 338
Dunstglocke 24, 298
Durchmischung, vertikale 118, 189, 191

ECMWF 34, 35, 344
Eindringtiefe 109, 110, 118
Eiskeime 164, 165
Ekman-Schicht 28, 291–293
Ekmanspirale 291–293
El Niño 40, 331, 346
Emission
–, terrestrische 69, 77–80, 85, 86, 94, 100
–, thermische 44, 46, 49, 78
Emissionsvermögen 46, 47, 80, 85, 331
Energiebilanz 14, 106, 117
Entrainment 194
Erdblitze 195
Espy-Köppensches Windgesetz 287
Euler-Methode 307
Eulerscher Wind 176
Evaporation 114
Evapotranspiration 114
Extinktion 75, 76
Exzentrizität der Erdbahn 81

Fallwinde 186
FCKW 7, 8, 18, 36, 60, 61, 69, 103, 129
Feld, luftelektrisches 195
feuchtadiabatisch 143–144, 150, 151

Feuchte
 –, absolute 152
 –, relative 75, 136, 137, 140, 141, 145, 152–155
 –, spezifische 115, 140–142, 149, 152
Feuchttemperatur 147, 149, 153
Final warming 271
Föhn 146, 189, 190
Föhnkrankheit 190
Front 179, 182, 193, 194, 235–254, 349
Frontalzone 236–241
Frontogenese 239
Fumigation 191, 297, 298, 300

Gegenstrahlung 75, 79, 80, 83, 85, 88–90, 92, 100, 105, 157, 249
 –, atmosphärische 79, 80, 85, 88–90, 92, 100
Genua-Zyklone 191, 332
Geopotential 121, 122, 201, 214
Gewitter 32, 36, 60, 150, 152, 168, 192–197, 244, 258, 278, 338, 347, 348
Glashauseffekt 69, 100
Gleichgewichtstemperatur 78, 100, 102
Gletscherwinde 186
Globalstrahlung 80, 81, 84, 88, 90–92, 153
Gradientwind 204–206, 285, 291
Grenzschicht 111–113, 115, 171, 175, 179, 182, 191, 194, 206, 208, 213, 249, 250, 252, 253, 275–300, 309, 341, 350
 –, interne 182, 294
 –, laminare 111, 113, 115
 –, planetarische 275 (siehe auch PBL)
 –, turbulente 115

Hadley-Zirkulation 37, 38, 39, 233, 236
Hangwind 180, 183–185
Hebung 132–134, 142, 143, 145, 146, 149–151, 179, 187, 189, 196, 209, 210, 244, 252, 260, 261
Himmelsstrahlung, diffuse 80, 84–88, 90
Hoch
 –, kaltes 214, 215, 217
 –, warmes 214, 215, 217
Hochdruckgebiet 204, 206, 217, 268, 270, 271, 322
Hochnebel 168, 211
Hodograph 216, 291
Höhe, geopotentielle 122, 332, 333
Hurricane 259, 260, 341
Hydrostatische Grundgleichung 119–121, 122–125

Idealzyklone 247
Impuls 111, 179, 197, 261, 276, 282, 289
Impulstransport 276, 287
 –, vertikaler 276
Impulsübertragung 111
Infrarot 44, 46, 49, 70, 79, 194, 348–350
Innertropische Konvergenz 226, 233–235, 258, 260, 332, 349
Innertropische Konvergenzzone 226
Instabilität 126, 127, 150, 152, 187, 192, 236, 240, 242, 284
 –, barokline 236, 240, 242
 –, bedingte 150
Instabilitätslinie 193

Interzeption 312
Inversion 129, 151, 190, 195, 249, 278, 295, 296, 297
Ionisation 53, 54
Ionosphäre 28, 53–56, 195
IR (siehe Infrarot)
Isentrope 131, 132, 332
Islandtief 220, 226, 244, 257
Isohypsen 175
Isotherme Deckschicht 118
ITC (siehe Innertropische Konvergenz)

Jet Stream 212, 237, 247

Kaltfront 151, 194, 241, 244, 247, 249–253, 295
 –, maskierte 250
Kaltluftadvektion 192, 216, 293, 294
Kaltluftkopf 252, 253
Klimasystem 2, 35, 273, 343
Kohlendioxid 16, 17, 19, 26, 70, 96, 100
Kommawolke 246
Kondensation 9, 16, 111, 114, 128, 141–143, 145, 146, 148–162, 164, 165, 168, 254, 261
Kondensationskerne 159, 160, 164
Kondensationsniveau 142–146, 148–150, 168
Konvektion 32, 36, 65, 113, 148, 150, 154, 179, 186, 187, 189, 191–193, 195, 196, 233, 235, 253, 258, 260, 261, 279, 350
Konvektionsschicht 192
Konvergenz 93, 133, 179, 182, 191, 194, 208–210, 212, 234, 242, 244, 260, 261, 332, 348
Kreislauf 22
Krümmungseffekt 158, 159

Labilität 127, 134, 150–152, 196, 257, 260
Lambert-Bouguer-Gesetz 71, 72, 74
Landwindfront 179–182
Landwindzirkulation 179–182
Langmuir-Theorie 162
Lapse Rate 129
Leewellen 187, 188, 197
Looping 298
Lösungseffekt 159, 160
Low level jet 253
Luft
 –, feuchte 16, 134, 135, 138–143, 150–154
 –, reine 15
 –, trockene 16, 22, 119, 135, 138–141, 146
Luftmassen 238, 249, 254, 256, 257
Luftschadstoffe 64, 191, 193, 313, 316

Magnus-Formel 115, 135, 136
Major mid-winter warming 271
Massenfluß, ageostrophischer 208–213, 240
Mauritius-Orkan 260
Meeresströmungen 97, 100, 244
Meso-Scale 32, 335
Mesoscale Convective Complexes 194
Mesosphäre 17, 28, 129
Meter, geopotentielles 122
Mie-Streuung 74, 85
Mischungsschicht 180, 182, 190, 193, 195, 278, 279, 297, 298

Sachindex

Mischungsverhältnis 58, 141, 146, 147, 152, 156, 255, 335
Mischungsweg 289, 290
Molekulargewicht 16, 17, 20, 22, 115, 138
Monsun 182, 215, 226
Monsuntief 182, 226
Monsunzirkulation 178

Naßdeposition 167
Nebel 15, 16, 88, 89, 134, 158, 159, 165, 211, 299, 338
Nebelinterzeption 189
Netto-Wasserdampfstrom 114, 115
Nettostrahlungsstrom 93
Niederschlag 86, 105, 146, 157, 161, 164, 165, 168, 250, 252, 253, 258, 307, 322, 328, 338
Niederschlagstropfen 161
Normalbedingungen 58, 282, 334
Nuklearer Winter 330

Okklusion 250, 251
Ozon 16, 17, 23, 56–58, 60–62, 64–68, 70, 96, 129, 130, 272, 323, 331, 334, 350
Ozonschicht 7, 8, 28, 36, 56–58, 60, 218, 224, 273, 341

Partialdruck 115, 135, 136, 148, 152, 334
Passat 39, 235, 260
Passatinversion 190
Passatwinde 37, 190, 233, 258
Passatzirkulation 178, 233
PBL 191, 275–279, 283, 292
Peplosphäre 275
physiologisch 158
PILOT 34
Planckfunktion 42–44, 88
Poisson-Gleichung 130, 134, 141
Polarfront 235, 239, 245–249, 349
Polarluft 189, 193, 247, 250, 254, 257
Polarnacht 60, 63, 82, 218, 223, 224, 266–268, 271, 298
Polartief 334, 349
Power law 285–287
Prandtl-Schicht 284, 289, 291
Predictability 33
Psychrometergleichung 147, 148, 153

QBO (siehe Quasi-Biennial Qscillation)
Quasi-Biennial Qscillation 52, 272, 273, 342

Radioaktivität 7, 287, 312, 313
Rauch 23, 89, 172, 324
Rauhigkeitshöhe 286, 290
Rayleigh-Streuung 72–75, 84, 85
Reflexion 14, 53, 72, 77, 91, 105, 330
Reflexionsvermögen 80, 87, 335
Regen
 –, saurer 167, 322, 325
 –, schwarzer 324
Reibungsinversion 276, 297
Reibungsschicht 28, 151, 191, 206, 209, 275, 291
Reifpunkt 140
Rotor 180, 187, 188, 305

Rückkopplung 13, 14, 39, 40, 240
Rückwärts-Trajektorien 308–310
Ruß 15, 159, 324

Saharastaub 23, 114
Santa-Ana-Wind 186
SATEM 35
SATOB 35
Sättigung 16, 136, 137, 139, 141, 147, 158, 160
Sättigungsdampfdruck 114, 115, 135–138, 140, 154, 155, 159, 162, 163
Sättigungsdefizit 115, 116, 137, 152, 157
Sättigungsverhältnis 137, 152, 155, 159, 160
Sauerstoff 16, 17, 26, 27, 56, 70
Scales 31, 32, 35, 36
Schadstoffe 35, 129, 180, 185, 316–318, 322
Scherwind 217
Schnee 15, 105, 107, 108, 146, 193, 258, 328, 338
Schönwetter-Cumuli 211, 279
Schrumpfen 133
Schubspannung 283, 290
Schwarzer Körper 45, 330, 335
Schwefeldioxid 16, 17, 316, 322
Schwerebeschleunigung 120–122
Schwerewellen 196, 197, 348, 349
Schwüle 157
Sedimentation 15, 312, 313
Seewindfront 179, 180
Seewindzirkulation 36, 178, 179–182, 202, 203, 347
Sichtweite 2, 77
Smog 8, 65, 180
Solarkonstante 44, 49, 51, 78, 84, 85, 276
Sonnenflecken 51, 52
Sonnenhöhe 76, 81, 82, 84, 99
Sonnenscheindauer 11, 81, 83
Sonnenspektrum 50
Sonnenstrahlung, direkte 71, 73, 80, 90
Sonnenwind 47, 48
Southern Oscillation 36–39, 331, 334, 336
Sprungsche Dampfdruckformel 148
Spurengase 8, 17–19, 62, 64, 69, 103, 341
Stabilität, vertikale 125–130, 278
Stadtluftfahne 191, 296
Staub 9, 15, 23, 26, 338, 341
Staubsturm 338
Stefan-Boltzmann-Gesetz 43–45, 78, 335
Strahlstrom 212, 235, 237, 239, 240, 242, 243, 246, 248, 253
Strahlungsbilanz 14, 37, 80, 81, 90–93, 97, 99, 100, 117, 148, 157, 233, 237, 276, 279
Stratopause 28, 68
Stratosphäre 7, 17, 18, 28, 30, 31, 36, 40, 57, 60–64, 68, 96, 129, 194, 215, 218, 223, 224, 230, 231, 267, 268, 271–273, 309, 340, 345
Stratosphärenerwärmungen 30, 31, 266, 267, 269, 272, 344
Strecken 37, 113, 282, 298
Streufunktion 74
Streuung 53, 72–75, 77, 84, 85
Stüve-Diagramm 123, 134, 145, 148, 149, 255, 347
Sublimation 114
System, dynamisches 13

Taifun 260
Talwind 36, 183
Taupunkt 141, 142, 149, 152, 155
Tehuantepecer 186
Telekonnexionen 37, 272, 332
Temperatur 153, 157, 158
 –, potentielle 130–133, 142, 144, 149, 280, 282, 286, 311, 332
 –, psudopotentielle 145, 147, 149
 –, virtuelle 153
Temperaturgradient 89, 112, 128, 129, 150, 183, 215, 236, 237, 267
Temperaturleitfähigkeit 107–110
Temperaturprofil, vertikales 29, 30, 35, 125, 126, 128, 130, 131
Thermik 32, 178, 191, 275, 278, 281
Tief
 –, kaltes 214, 215, 217
 –, warmes 214, 215, 217
Tiefdruckgebiet 204, 206, 210, 217, 331, 332
Topographie
 –, absolute 174–176, 201, 215, 216, 220–232, 237, 241
 –, relative 155, 175, 214, 221, 241
Trägheitskreis 204
Transmission 35, 317, 330, 335
Treibhauseffekt 79, 100, 330, 345
Trockenadiabate 126, 133, 150, 332
Tropfen 143, 158–164
Tropical storm 260
Tropikluft 254, 261
Tropopause 25, 60, 126, 129, 168, 192–194, 197, 210, 218, 235, 237, 239
Troposphäre 28, 35, 37, 57, 60, 61, 64, 66, 68, 95, 96, 121, 126, 129, 143, 154, 164, 170, 175, 192–195, 209–213, 218, 223, 229, 230, 252, 254, 266, 267, 271, 309, 313, 316, 324, 325
Trübung 25, 75–77, 84, 249, 340
Tschernobyl 311–313, 344
Turbulenz 32, 113, 116, 187, 189, 191, 275, 279, 281, 282, 284–286, 289, 290, 304
 –, thermische 275

Übersättigung 115, 159, 160
Ultraviolett 49, 70, 336
Unterkühlung 164
Uratmosphäre 26
UV 26, 49, 52, 55, 60, 61, 66–68, 70, 267, 336

Verdampfungswärme 114, 143, 156
Verdunstung 13, 93, 105, 111, 114–118, 141, 145, 147, 154, 157, 233, 276
Verdunstungsformel von Dalton 116
Verdunstungsrate 7, 117
Verdunstungswärme 114, 143
Vertikalschnitt 163, 173, 219, 225, 236, 237, 251, 252, 260, 347
Viererdruckfeld 238, 239
Viskosität 282–284, 291
Vorwärts-Trajektorien 308

Walker-Zirkulation 36–40, 336, 337

Wärme, latente 37, 143, 146, 147, 194
Wärmeaustausch 105, 106, 111, 124
Wärmebilanz 97, 105, 148
Wärmeempfinden 157
Wärmeinsel 178, 296–298
Wärmekapazität 93, 107, 108, 118
Wärmeleitfähigkeitskoeffizient 107
Wärmeleitung 41, 105, 107, 111, 112, 117, 126, 276
Wärmeleitungsgleichung 107, 109, 113, 115
Wärmestrom 106, 107, 111–113, 116, 282
Warmfront 151, 241, 249–251, 295
Warmluftadvektion 216, 293
Wasserdampf 16, 17, 26, 62, 70, 76, 79, 89, 96, 100, 111, 115, 116, 124, 134–139, 141, 143, 145, 148, 152, 155, 158, 160, 194, 255, 261, 263, 282, 289
Welt-Gewittertätigkeit 195
Wetterleuchten 338
Wettersymbole 337
Willie-Willie 260
Wind 2, 3, 9, 32, 34, 97, 122, 157, 158, 164, 171, 172, 176–179, 185, 186, 189–192, 199, 201–204, 206, 207, 211, 213–218, 237, 249, 258, 260, 267, 276, 278, 282–287, 289, 291–294, 296, 298, 301, 304, 307, 308, 314, 322, 325, 328, 337, 340, 350
 –, antitriptischer 206, 208
 –, geostrophischer 201–204
 –, katabatischer 304
 –, thermischer 215
Windgeschwindigkeit 11, 39, 89, 111, 116, 158, 171, 172, 176, 188, 192, 201, 207, 214, 235, 237, 243, 258, 267, 276, 278–280, 282–284, 286–291, 309, 314, 328
Windprofil 187, 284, 286, 289, 290, 294, 343
 –, logarithmisches 284, 285, 289
Windrichtung 32, 171, 172, 192, 193, 207, 258, 276, 282, 288, 289, 303, 304, 314, 328
Windscherung 217, 283, 349
Windstärke 158, 171, 172, 262
Wolkenarten 89, 168–170
Wolkenblitze 195
Wolkenklassifikation 167, 168
Wolkenstraßen 192, 193, 350

Zeit-Höhen-Schnitt 252, 253
Zentrifugalkraft 204, 205
Zirkulation, thermische 177, 337
Zone, hyperbarokline 236, 238
Zustandskurve 128, 129, 148, 149
Zyklogenese 241, 246, 349
 –, orographische 246
Zyklonal 190, 191, 204–206, 247, 349
Zyklonenfamilie 247